中国科协学科发展预测与技术路线图系列报告

中国科学技术协会　主编

遥

学科路线图

中国遥感应用协会◎组编

中国科学技术出版社

·北　京·

图书在版编目（CIP）数据

遥感学科路线图 / 中国科学技术协会主编；中国遥感应用协会组编 .—北京：中国科学技术出版社，2021.12

（中国科协学科发展预测与技术路线图系列报告）

ISBN 978-7-5046-8599-5

Ⅰ. ①遥…　Ⅱ. ①中… ②中…　Ⅲ. ①遥感技术－学科发展－研究报告－中国　Ⅳ. ① TP7

中国版本图书馆 CIP 数据核字（2021）第 110814 号

策划编辑　秦德继　许　慧
责任编辑　赵　佳
装帧设计　中文天地
责任校对　邓雪梅
责任印制　李晓霖

出　　版　中国科学技术出版社
发　　行　中国科学技术出版社有限公司发行部
地　　址　北京市海淀区中关村南大街16号
邮　　编　100081
发行电话　010-62173865
传　　真　010-62179148
网　　址　http://www.cspbooks.com.cn

开　　本　787mm × 1092mm　1/16
字　　数　380千字
印　　张　19.75
版　　次　2021年12月第1版
印　　次　2021年12月第1次印刷
印　　刷　河北鑫兆源印刷有限公司
书　　号　ISBN 978-7-5046-8599-5 / TP · 430
定　　价　108.00元

本书编委会

序

空天遥感技术作为信息经济社会不可或缺的信息获取手段，是我国社会持续创新发展的核心支撑之一。经过半个多世纪的发展，我国的空天遥感技术正在由跟跑为主转为多项关键技术并跑、领跑，已成为引领我国高新技术自主创新发展的关键之一。

全面分析空天遥感技术发展态势和规律，科学选择遥感学科发展的重点方向和关键技术，夯实遥感学科发展基础，动态分配遥感科技资源，优化遥感学科整体布局，是培育遥感创新技术体系和提升遥感技术国际竞争优势的关键。当今全球科技正处于大发展、大变革、大调整时期，新一轮科技革命和产业变革蓄势待发，学科方向预测与发展规划对于提升自主创新能力、营造科技创新环境、激发科技创新活力发挥着越来越重要的作用。中国遥感应用协会立足自身优势，团结全国遥感信息技术团队和行业专家，分别就发展态势、发展规划、发展方向及关键技术选择、发展路线图等对遥感学科进行了系统梳理，形成了具有重要学术价值的《遥感学科路线图》，为国家科技资源规划和战略布局、学科创新发展和产业升级提供内容丰富、信息权威的科学支持和决策依据，必将引起国内外科学机构的广泛关注。书中指出，当前遥感学科发展更加重视国际前沿热点跟踪和“卡脖子”技术突破，更加强调遥感高新技术的成果转化和遥感产业链的创新变革，更加关注科研体制创新、管理方式改革以及学科人才培养。随着国家科研投入的加大，空天遥感技术队伍不断优化和成长，学科结构逐步改善，科技实力正在不断提升。但是受限于平台机制、资源配置、科普宣传等多方面制约，空天遥感前沿技术和产业服务水平与国际发达国家尚存差距，学科多样性发展和独创性技术突破仍需持续努力。

准确把握国际遥感技术发展新趋势，树立创新自信，瞄准国际遥感技术产业变革方向，深入实施创新驱动发展战略，助力空天遥感技术服务于国家国防安全战略、国民经济改革和社会可持续发展，为实现中华民族伟大复兴的中国梦提供强有力的科技支撑。《遥感学科路线图》的顺利完成，得益于中国遥感应用协会的高度重视、首席科学家的精心组织、遥感学科研究团队的群策群力，在此谨向所有参与工作的专家学者表示衷心感谢，对他们严谨求实的科学态度、精益求精的科学作风和不辞辛劳的敬业精神致以崇高的敬意！

罗格

中国遥感应用协会理事长

前　言

遥感是建立在地球科学、空间科学、电子技术、光学、计算机技术、信息论等基础上的一门综合性新兴技术学科。遥感技术通过非直接接触的方式获取目标物体自身辐射或反射的电磁波信息，并将其转换为人们能够识别的图像或数据，从而对被测目标进行探测和识别。1960 年，美国海军研究院的伊芙琳·普鲁伊特（Evelyn Pruitt）首次提出了“遥感”一词，以代替常规航空摄影的概念。1962 年，第一届国际环境遥感大会在美国密歇根州召开，“遥感”一词被国际科技界正式使用，标志着遥感的诞生，也揭开了人类利用遥感技术开展地球观测的序幕。此后，“遥感”这一术语被科学技术界普遍接受和应用，遥感学科逐步建立并迅猛发展。

摄影测量是遥感技术的基础，起源于 19 世纪。1858 年，法国摄影家贾斯珀 – 费利克斯·图尔纳雄（Gaspard-Félix Tournachon）乘坐热气球获取了第一张航空照片。随着飞机的发明以及摄影技术的发展，以气球、飞艇和飞机为载体的摄影测量技术逐渐发展起来。1957 年 10 月 4 日，苏联发射了第一颗人造地球卫星；1959 年，苏联宇宙飞船月球 3 号拍摄了第一批月球相片；1960 年，第一颗气象卫星 TIROS–1 成功发射，人类第一次实现了从太空观察地球的壮举，取得了第一批地球观测卫星图像；1972 年，美国发射了第一颗地球资源卫星 ERTS–1（后改名为 Landsat 1），其上装载多光谱相机，空间分辨率达 79m，标志着航天遥感时代的开始。

经过几十年的迅速发展，遥感技术取得了巨大的进步，并得到世界各国普遍重视，广泛应用于资源环境、水文、气象、地质地理、国家与公共安全等领域。作为信息经济社会不可或缺的信息获取技术手段，遥感技术已逐步发展为各国支撑国民经济和社会可持续发展的战略必争领域，是国际在相当长时期内激烈争夺的重要战略资源。美欧等发达国家积极发展各自的空间技术，研制和发射自己的对地观测卫星系统，在传感器研制、图像处理、基础理论及应用等方面均占据领先地位；许多发展中国家也十分重视遥感技术的发展，纷纷将其列入国家发展规划中，大力发展本国的遥感技术基础研究和应用，如中国、巴西、泰国、印度、韩国等都已建立专业化的研究应用中心和管理机构，形成了规模化的遥感技术专业高等教育，发展了专业化遥感技术队伍，取得了一批较高水平的成果。

遥感技术是当今世界高科技群中对现代社会最具影响的重要技术之一，也是我国重点发展和培育的战略信息产业。《国家中长期科学和技术发展规划纲要（2006—2020年）》《中华人民共和国国民经济和社会发展第十二个五年规划纲要》《国家民用空间基础设施中长期发展规划（2015—2025年）》和《国务院关于加快培育和发展战略性新兴产业的决定》等重要纲领性文件都对遥感技术领域提出了相关要求。遥感技术本质上是信息经济社会发展中重要战略信息资源技术的一部分，其发展对于占据全球地理空间信息资源获取的战略制高点和主动权、提高服务国家新常态经济建设发展规划的广泛度和技术支持能力，具有重要的战略意义和广泛的经济社会价值，其主要表现包括：

1）国家战略重要抓手、国防建设重要组成部分。构建全方位、高分辨率对地观测系统，无论是对军事行动，还是对重大自然灾害监测与应急响应等，均具有不可替代的作用。随着我国“走出去”和“一带一路”倡议的实施，我国全方位对外开放新格局正在形成，我国经济日益融入国际经济体系，政府、企业、公民越来越多地走出国门，参与国际性事务。同时，我国周边及诸多热点地区各种矛盾交织，恐怖主义、国土安全、生态环境安全等威胁持续上升。我国在政府决策、企业拓展、国际援助等各方面，都迫切需要遥感技术获取的空间信息服务支持，以便及时掌握全球能源、资源的动态变化，实施及时可信的监测与预测，为科学研究全球变化提供支持，从而积极有效地保障国家利益，维护国家主权。

2）国民经济建设和社会发展的重要科技驱动力。党的十八大明确提出了城镇化、生态文明建设、环境保护、资源优化管理等一系列国家重大战略，党的十九大报告部署了加大生态系统保护力度和改革生态环境监测体制等改革举措，需要建立包括全球、国家、区域和城市等多层次、多尺度的时空发展格局和动态演化模式。在新常态经济发展模式下，我国农业、林业、环境、资源、防灾减灾救灾、交通、公共安全和城市建设等各领域发展迫切需要高分辨率、高时效、高质量、高可靠的信息采集和信息服务保障。发展遥感技术，全面掌握空间信息前沿技术与产业化应用服务的主动权，满足我国工业化、城镇化、信息化建设对自主、迅捷、精准空间信息的掌控和多层次信息服务的迫切需求，创新形成新型信息技术服务体系和信息经济产业链，将极大拓展我国信息经济产业，特别是遥感大数据的处理和应用将会衍生新兴的产业发展方向。

3）国家科技创新重要领域与发展动力。遥感技术是跨领域、多学科交叉融合的新型学科，所支撑的应用领域极为广泛，其发展将带动平台系统与载荷技术能力的提升，带动核心元器件自主制造关键技术的突破；在提高数据处理和应用信息提取与服务水平的同时，促进与高性能计算、大数据技术、互联网等信息技术的密切结合，带动智慧城市建设、城镇化建设、环境保护等国民经济建设各行业信息化技术应用效益增长；在突破全球性信息获取技术的同时，全面增强地球观测能力，形成满足地球科学研究信息获取需求的强大技术支撑保障。

本书面向遥感学科未来发展需求，全面回顾国内外遥感卫星资源发展，从光学遥感技术、微波遥感技术、遥感技术行业应用三方面全面回顾遥感学科的发展情况及趋势，对遥感技术标准化工作进展、遥感学科专业发展情况进行了综述，并分析提出了遥感技术的发展趋势及建议；调研了有代表性的国际空间机构遥感技术发展规划、近年来我国遥感技术领域重点研发计划、遥感技术产业化情况等，开展了相关分析；在此基础上，针对遥感学科涉及的若干主要技术方向做了进一步调研，分析了每个方向的国际发展趋势、国内技术现状及差距、技术重要性等，提出遥感学科未来发展方向；最后，结合我国科技发展实际，充分考虑国家科技战略需求和学科前沿技术突破，从学科发展的角度，按照整体规划分步实施的原则，提出遥感学科各阶段发展任务，对产业领域、民生领域遥感技术近期重点任务进行梳理，编制形成遥感学科发展规划路线图，为推动学科健康有序发展、更好地服务社会经济建设提供有力支撑。

目　录

第一章　遥感学科国内外发展趋势分析

第一节　遥感卫星资源发展

随着空间技术、光电技术和信息技术的飞速发展，空间对地观测由于其优越的观测运行模式，已逐步成为获取地理空间数据和地球变化科学数据的主要技术手段，遥感卫星已成为支持各国信息化社会进步和地球科学研究重要的国家战略资源。为此，各国都非常重视遥感卫星资源发展，并不断拓宽其相关应用领域，促进空间遥感产业化发展。

一、国外主要遥感卫星资源

（一）美国 Landsat 系列陆地卫星

美国陆地卫星（Landsat）是世界上最早发射的中分辨率对地观测遥感卫星，是美国用于探测地球资源与环境的系列地球观测卫星系统。Landsat 系列卫星由美国国家航空航天局（National Aeronautics and Space Administration，简称 NASA）和美国地质调查局（United States Geological Survey，简称 USGS）共同管理，主要任务是对地球资源与全球地表变化进行长期连续观测，调查地下矿藏、海洋资源和地下水资源，监测和协助管理农、林、畜牧业和水利资源的合理利用，预报农作物收成，研究自然植物的生长和地貌，考察和预报各种严重的自然灾害和环境污染，拍摄各种目标图像以及绘制各种专题图（地质图、地貌图、水文图）等。自第一颗 Landsat 卫星于 1972 年 7 月 23 日发射升空至今，已经先后发射了 8 颗卫星，分别命名为 Landsat 1 ~ Landsat 8，见表 1-1。

Landsat 系列卫星轨道设计为太阳同步近极地圆形轨道，以确保北半球中纬度地区获得中等太阳高度角的上午观测成像，而且卫星以同一地方时、同一方向通过同一地点，保证了观测条件的基本一致，利于开展观测影像对比分析。除 Landsat 6 卫星于 1993 年 10 月发射失败外，Landsat 系列卫星成功获取并向地面输送了大量高质量的地球表面观测影像和数据，真实记录了地球表面的发展与变迁，为地球资源监测、遥感应用做出了重大贡献。

表 1-1 Landsat 系列卫星基本信息一览表

卫星名称	发射时间	卫星高度 / km	重复周期 / d	扫描幅宽 / km	波段数	传感器	运行情况
Landsat 1	1972 年 7 月 23 日	920	18	185	4	MSS、RBY	1978 年退役
Landsat 2	1975 年 1 月 22 日	920	18	185	4	MSS、RBY	1976 年失效，1980 年修复，1982 年退役
Landsat 3	1978 年 3 月 5 日	920	18	185	4	MSS、RBY	1983 年退役
Landsat 4	1982 年 7 月 16 日	705	16	185	7	MSS、TM	1983 年 TM 传感器失效，退役
Landsat 5	1984 年 3 月 1 日	705	16	185	7	MSS、TM	2011 年发生故障，2013 年 6 月 5 日停止运行
Landsat 6	1993 年 10 月 5 日	发射失败					
Landsat 7	1999 年 4 月 15 日	705	16	185	8	ETM+	2003 年 5 月出现故障
Landsat 8	2013 年 2 月 11 日	705	16	185	11	OLI、TIRS	在役服务

为了保持对地观测的连续性和 Landsat 观测数据的一致性，为了接替 1984 年 3 月发射、连续工作 29 年的 Landsat 5 卫星（2011 年 11 月发生故障）和 1999 年 4 月发射、2003 年因扫描行校正器（Scan Lines Corrector，简称 SLC）故障只能获取有缺损图像数据的 Landsat 7 卫星，Landsat 8 卫星于 2013 年 2 月 11 日发射升空，其上搭载陆地成像仪（Operational Land Imagery，简称 OLI）和热红外传感器（Thermal Infrared Sensor，简称 TIRS），设计寿命 5 年。Landsat 8 搭载的 OLI 主要用于获取可见光、近红外和短波红外谱段的遥感图像（12bit 量化），成像幅宽 185km，包括 9 个波段（Band 1 ~ Band 9），其中全色波段 Band 8 的空间分辨率为 15m，其他波段空间分辨率为 30m。在波段设计上，OLI 保留了 Landsat 7 卫星搭载的增强型专题制图仪（Enhanced Thematic Mapper Plus，简称 ETM+）的所有短波波段（OLI 的 Band 2 ~ 8 对应于 ETM+ 的 Band 1 ~ 5/7/8），但是对各波段的工作波长边界有所调整，如为了排除 0.825μm 处水汽吸收特征的影响，OLI Band 5 的工作波长被调整为 0.845 ~ 0.885μm（ETM+ Band 4 工作波长为 0.775 ~ 0.900μm）；OLI Band 8 的工作波长（0.500 ~ 0.680μm）相比 ETM+ Band 8（0.520 ~ 0.900μm）更窄，以便使其获取的全色影像中有植被的地表与没有植被的地表之间具有更大的反差，从而能够更好地区分植被。OLI 还新增加了 2 个新的波

段——可用于近海区域监测的 Band 1 和用于观测卷云的 Band 9。Band 1 的工作波长为 0.443 ~ 0.453μm，数据可用于测量近海区域海水颜色和叶绿素浓度，分析水质状况；而 Band 9 的工作波长为 1.36 ~ 1.39μm，位于水汽的强吸收带，对高空卷云非常敏感，数据可用来进行云量探测、反演卷云光学厚度以及辅助其他波段的数据校正。此外，OLI 的 Band 5 和 Band 9 的工作波长分别与中等分辨率成像光谱仪 MODIS 的 Band 2 与 Band 26 非常接近，便于开展长、短周期相结合的遥感动态监测研究。

Landsat 8 搭载的 TIRS 专用于热红外谱段成像（12bit 量化），成像幅宽 185km，包括 2 个单独的热红外波段——Band 10 和 Band 11，空间分辨率为 100m，可用于监测陆地和水资源利用情况。与 Landsat 7 卫星 ETM+ 的热红外波段 Band 6 相比（工作波长为 10.40 ~ 12.50μm），TIRS 将该谱段划分为 2 个波段，两个波段数据配合使用便于有效削弱大气影响，获得更高的地表温度反演精度。Landsat 8 遥感载荷详细波段信息见表 1-2。

表 1-2　Landsat 8 遥感载荷详细波段信息

Landsat 8				Landsat 7		
波段	波谱范围 / μm	空间分辨率 / m	数据用途	波段	波谱范围 / μm	空间分辨率 / m
1	0.433 ~ 0.453	30	海岸带观测			
2	0.450 ~ 0.515	30	用于水体穿透，分辨土壤植被	1	0.450 ~ 0.515	30
3	0.525 ~ 0.600	30	用于分辨植被	2	0.525 ~ 0.605	30
4	0.630 ~ 0.680	30	处于叶绿素吸收区，用于观测道路、裸露土壤、植被种类等	3	0.630 ~ 0.690	30
5	0.845 ~ 0.885	30	用于估算生物量，分辨潮湿土壤	4	0.775 ~ 0.900	30
6	1.560 ~ 1.660	30	用于分辨道路、裸露土壤、水，在不同植被之间有好的对比度，且有较好的大气、云雾分辨能力	5	1.550 ~ 1.750	30
7	2.100 ~ 2.300	30	用于岩石、矿物的分辨，也可用于辨识植被覆盖和湿润土壤	7	2.090 ~ 2.350	30
8	0.500 ~ 0.680	15	用于增强分辨率	8	0.520 ~ 0.900	15
9	1.360 ~ 1.390	30	用于卷云检测			
10	10.30 ~ 11.30	100	用于陆地、土壤和水资源监测	6	10.40 ~ 12.50	60
11	11.50 ~ 12.50	100	用于陆地、土壤和水资源监测			

Landsat 数据政策经历了商业化阶段、成本价分发阶段和免费共享阶段。2008 年 10 月，USGS 提出了 Landsat 数据免费共享政策，向所有用户免费开放其直接接收存档的 Landsat 7 卫星数据，并于 2009 年 1 月开始免费提供所有历史存档的 Landsat 系列卫星数据。目前，用户可以通过 USGS 的 3 个网站免费订购包括 Landsat 8 在内的所有 Landsat 数据。

（二）法国 SPOT 系列卫星

法国 SPOT 系列卫星是欧洲首个连续对地观测遥感卫星项目，是由法国国家空间研究中心（Centre National d'Etudes Spatiales，简称 CNES）主导开发、用于监测地球资源与环境的民用商业地球观测卫星系统，由一系列高分辨率光学遥感卫星组成。SPOT 是法文地球观测系统"Systeme Probatoire d'Observation de la Terre"的缩写。SPOT 系列卫星由 CNES 管理，主要任务是通过实施连续长期的高分辨率对地观测，实现地球资源勘测、气候及海洋信息考察预报、人类活动和自然现象监测等。自 1986 年 2 月 22 日第一颗 SPOT 卫星发射至今，CNES 先后发射了 7 颗卫星，分别命名为 SPOT 1 ~ SPOT 7。

SPOT 系列卫星采用近极地圆形太阳同步轨道，重复周期为 26d，由于可采用侧摆成像观测，对同一地区重复观测的时间可以缩短到 4 ~ 5d。多颗 SPOT 卫星在同一轨道平面运行，从而形成卫星星座。自 1986 年以来的 30 多年间，SPOT 系列卫星获取了超过 700 万幅全球卫星数据，提供了准确、丰富、可靠、动态的地理信息源，满足制图、农业、林业、土地利用、水利、国防、环保、地质勘探等多个应用领域的需要。

SPOT 1、2、3 卫星的性能指标大致相同，星上都载有 2 部相同的高分辨率可见光成像仪（High Resolution Visible，简称 HRV）。3 颗卫星运行于同一轨道平面，形成一个卫星星座进行协同观测。HRV 成像幅宽 60km，8bit 量化，具有全色 P 和多光谱 XS 两种工作模式，其中：全色模式空间分辨率为 10m，工作波长 0.51 ~ 0.73μm；多光谱模式空间分辨率为 20m，包含绿、红、近红外 3 个波段（B1 ~ B3）。两台 HRV 同时进行近似垂直扫描成像时，可以产生一对大小 60km × 60km、重叠区域 3km 的影像，便于进行立体测图，标志着卫星遥感发展到一个新阶段。

SPOT 4 卫星于 1998 年 3 月发射，同样搭载 2 部相同的高分辨率可见光 - 近红外成像仪（High Resolution et InfraRouge，简称 HRVIR），成像幅宽 60km，8bit 量化。HRVIR 可以获取空间分辨率 10m 的全色影像和空间分辨率 20m、包含 4 个波段的多光谱影像。HRVIR 的多光谱模式相比 HRV，增加了一个工作波长为 1.58 ~ 1.75μm 的短波红外波段；HRV 的红波段 B2（0.61 ~ 0.68μm）在 HRVIR 中被改进为更宽的波段宽度（0.49 ~ 0.73μm），以替代 HRV 的全色波段。SPOT 4 卫星还搭载了一个宽覆盖植被探测仪（VeGeTation，简称 VGT），幅宽 2250km，空间分辨率 1000m，包含 4 个波段，覆盖可见光 – 短波红外 0.43 ~ 1.75μm 的光谱区间，可用于全球和区域植被、农作物监测。SPOT 4 卫星搭载的 VGT 和 HRVIR 使同一区域同时获取较大范围的粗分辨率数据和小范围高分辨率数据成为可能。

SPOT 5 卫星于 2002 年 5 月发射，星上搭载 2 台高分辨率几何成像装置（Haute Resolution Geometrique，简称 HRG）、1 台高分辨率立体成像装置（Haute Resolution Stereoscopique，简称 HRS）和 1 台宽覆盖植被探测仪 VGT。HRG 包含超分辨率 T 模式、高分辨率 A/B 模式和多光谱 J 模式。HRG 成像幅宽 60km，在 T 和 A/B 模式下可以分别获得空间分辨率为 2.5m 和 5m 的全色影像（0.49 ~ 0.69μm）；在 J 模式下可以同时获得包含 4 个波段的多光谱影像，其中绿、红、近红外波段影像的空间分辨率为 10m、短波红外波段影像的空间分辨率为 20m。HRS 的两个相机沿轨道方向分别前倾、后倾 20°进行实时立体成像，幅宽 120km，空间分辨率为跨轨方向 10m、沿轨方向 5m。较之 SPOT 1 ~ 4 卫星的旁向立体成像模式，HRS 能够在同一时间以同一辐射条件获取立体像对，极大提高了立体影像的获取成功率，其数据在 DEM、制图、虚拟现实领域得到广泛应用。SPOT 5 卫星与同期在轨运行的 SPOT 2、SPOT 4 卫星运行于同一轨道平面上，组成星座实施联合观测，获取空间分辨率 2.5 ~ 1000m 的不同类型遥感影像，满足各种行业需求。

为应对空间对地观测技术的发展和国际遥感数据市场的需求及变化，法国和欧盟相关国家在 SPOT 卫星观测项目基础上继续发展新一代高分辨率光学遥感卫星——Pleiades 卫星计划，以满足民用及国防对空间对地观测的需要。Pleiades 卫星计划以 CNES 为主导，西班牙、意大利和奥地利等 5 个国家参与了该计划。Pleiades 1A、1B 卫星分别于 2011 年 12 月 17 日和 2012 年 12 月 1 日发射成功。两颗卫星及载荷参数完全相同，位于同一轨道平面，相位相隔 180°，形成观测星座。Pleiades 卫星轨道高度为 694km，成像幅宽为 20km，搭载超高分辨率成像装置 VHR。VHR 同样具有全色和多光谱两种工作方式，全色模式下的空间分辨率为 0.5m，多光谱模式下空间分辨率为 2m，包含 4 个波段。每颗 Pleiades 卫星每天可收集约 100 万 km^2（$1km^2$=$100hm^2$，下同）的影像数据。

欧洲宇航防务集团阿斯特里姆公司（EADS Astrium）继续延续 SPOT 系列卫星观测体系，分别于 2012 年 9 月和 2014 年 6 月发射了 SPOT 6 和 SPOT 7 卫星。星上载有

2台被称为“新型 Astrosat 平台光学模块化设备（NAOMI）”的空间相机，12bit 量化，成像幅宽 60km，具备三线阵立体成像功能，能够同时获取空间分辨率为 1.5m 的全色影像和空间分辨率为 6m，包含蓝、绿、红、近红外 4 个波段的多光谱影像。SPOT 6、7 卫星的全色影像无控制点定位精度为 35m，正射影像定位精度达到 10m（CE90），是制作 1∶25000 比例尺地图系列的理想解决方案。SPOT 6、7 卫星还具备非常先进的机动能力，具有长条带、大区域、多点目标、双图立体和三图立体等多种成像模式，单颗卫星可实现 3 天以内全球任意地点重访，双星更大大增加了观测效率，可实现 1 天内对地球任意地点重访，两颗卫星每天的观测覆盖面积可以达到 600 万 km^2。SPOT 6、7 和 Pleiades 1A/1B 卫星共享一个轨道，每颗卫星之间相隔 90°，组成四星星座，该星座具备每日两次的重访能力。SPOT 卫星可以提供大幅宽普查图像，而 Pleiades 卫星针对特定目标区域提供空间分辨率为 0.5m 的详查图像。这 4 颗卫星目前均处于在役状态。SPOT 系列和 Pleiades 系列卫星基本信息见表 1–3。

表 1–3　SPOT 系列和 Pleiades 系列卫星基本信息一览表

卫星名称	发射时间	卫星高度 / km	覆盖周期 /d	扫描幅宽 / km	波段数	传感器	运行情况
SPOT 1	1986 年 2 月 22 日	822	26	60	4	HRV	2003 年 9 月 18 日退役
SPOT 2	1990 年 1 月 22 日	822	26	60	4	HRV	2009 年 6 月脱轨
SPOT 3	1993 年 9 月 26 日	822	26	60	4	HRV	1997 年 11 月 14 日停止运行
SPOT 4	1998 年 3 月 24 日	822	26	60	5	HRVIR、VGT	2013 年 7 月停止运行
SPOT 5	2002 年 5 月 4 日	822	26	60	5	HRG、HRS、VGT	2015 年 3 月 31 日停止运行
Pleiades 1A	2011 年 12 月 17 日	694	26	20	5	VHR	在役
Pleiades 1B	2012 年 12 月 1 日	694	26	20	5	VHR	在役
SPOT 6	2012 年 9 月 9 日	694	26	60	5	NAOMI	在役
SPOT 7	2014 年 6 月 30 日	694	26	60	5	NAOMI	在役

（三）加拿大 RADARSAT 系列雷达卫星

加拿大航天局（Canadian Space Agency，简称 CSA）于 1989 年开始研制合成孔径雷达（Synthetic Aperture Radar，简称 SAR）卫星 RADARSAT-1，并于 1995 年 11 月 4 日成功发射，1996 年 4 月开始正式运行。RADARSAT-1 卫星是一个兼顾商用及科学试验用途的雷达卫星，采用太阳同步轨道，轨道高度为 793 ~ 821km，重访周期为 24d，星上搭载一个 C 波段（5.3GHz）SAR，具有 7 种成像模式和 25 种不同入射角的波束，并首次采用了可变视角的 ScanSAR 工作模式，因而可获取多种分辨率、不同幅宽和多种信息特征的观测数据，适用于全球环境和土地利用、自然资源监测等。

作为 RADARSAT-1 后续星，RADARSAT-2 于 2007 年 12 月 14 日发射，是一颗先进的 SAR 商业卫星。RADARSAT-2 上搭载了具有多种成像模式的全极化 C 波段 SAR，除延续了 RADARSAT-1 的拍摄能力和成像模式外，还增加了 3m 分辨率超精细模式和 8m 全极化模式，并且可以根据指令在左侧视和右侧视之间切换，不仅缩短了重访周期，还增加了立体成像能力。此外，RADARSAT-2 可以提供 20 种成像模式，并将用户提交编程的时限由原来的 12 ~ 24h 缩短到 4 ~ 12h。RADARSAT-2 数据可广泛用于全球环境和自然资源的监测、制图和管理，尤其是在海冰监测、地质勘探、海事监测、救灾减灾、农林资源监测以及地球上的一些脆弱生态的保护等领域。

RADARSAT-1 和 RADARSAT-2 双星互补，加上雷达全天候、全天时监测与主动成像的特点，有利于在一定程度上缓解雷达卫星数据源不足问题。出于上述考虑，CSA 于 2004 年 12 月提出并启动 RADARSAT 星座任务计划。RADARSAT 星座由 3 颗相同卫星组成，轨道高度为 586 ~ 615km，能够日内完整覆盖加拿大陆地与海洋，以及全球大部分区域。该星座的主要任务包括海域监测、灾难处理、环境监测等，还可以监测气候变化、沿海区域变化、土地使用情况及人类活动等。目前，3 颗卫星已经测试完毕，于 2019 年 6 月 12 日成功发射。RADARSAT 系列卫星基本信息及工作模式见表 1-4 和表 1-5。

表 1-4　RADARSAT 系列卫星基本信息一览表

卫星名称	发射时间	卫星高度 / km	重访周期 / d	SAR 传感器波段 / GHz	工作模式	运行情况
RADARSAT-1	1995 年 11 月 4 日	793 ~ 821	24	C 波段（5.3）	7	2013 年 3 月 29 日停止运行
RADARSAT-2	2007 年 12 月 14 日	798	24	C 波段（5.405）	20	在役
RADARSAT 星座	2019 年 6 月 12 日	586 ~ 615	4	C 波段（5.405）	10	在役

表 1-5 RADARSAT 卫星工作模式					
卫星	工作模式	波束位置	入射角 /°	标称分辨率 /m	幅宽 /km
RADARSAT-1	精细模式	F1 ~ F5	37 ~ 48	8	45
	标准模式	S1 ~ S7	20 ~ 49	30	100
	宽模式	W1 ~ W3	20 ~ 45	30	150
	窄幅模式	SN1	20 ~ 40	50	300
	宽幅模式	SW1	20 ~ 49	100	500
	超高入射角模式	H1 ~ H6	49 ~ 59	18 ~ 27	75
	超低入射角模式	L1	10 ~ 23	30	170
RADARSAT-2	聚束模式	可选单极化	20 ~ 49	1	18
	超精细模式	可选单极化	20 ~ 49	3	20
	超精细宽模式	可选单极化	30 ~ 50	3	50
	多视精细模式	可选单极化	30 ~ 50	5	125
	多视精细宽模式	可选单极化	29 ~ 50	8	50
	超精细模式	可选单极化	22 ~ 49	8	90
	船只探测	可选单极化	—	可变	450
	精细模式	可选单、双极化	30 ~ 50	8	50
	精细宽模式	可选单、双极化	30 ~ 45	8	150
	标准模式	可选单、双极化	20 ~ 49	25	100
	宽模式	可选单、双极化	20 ~ 45	25	150
	窄幅模式	可选单、双极化	20 ~ 46	50	300
	宽幅模式	可选单、双极化	20 ~ 49	100	500
	海洋监控	可选单、双极化	—	可变	530
	超高入射角模式	单极化	49 ~ 60	25	75
	超低入射角模式	单极化	10 ~ 23	60	170
	精细全极化模式	全极化	18 ~ 49	12	25
	精细全极化宽模式	全极化	18 ~ 42	12	50
	标准全极化模式	全极化	18 ~ 49	25	25
	标准全极化宽模式	全极化	18 ~ 42	25	50

（四）印度 IRS 系列卫星

印度为了独立发展本国空间遥感技术，加强地球资源的勘察、开发与管理，印度空间研究组织（Indian Space Research Organisation，简称 ISRO）从 1978 年起开始制定 IRS 计划，发展自己的遥感勘测卫星系统——IRS 卫星系统。IRS 卫星系统隶属于印度国家自然资源管理系统，由印度国家自然资源管理系统规划委员会进行协调与管理，由 4 个卫星系列组成，包括：IRS-1、IRS-P、IRS-2 和 IRS-3，见表 1-6。

IRS-1 卫星系列是陆地观测卫星系列，其中 IRS-1A、IRS-1B 是印度第一代业务型遥感卫星，星上搭载线阵图像自扫描仪 LISS-1 和 LISS-2，空间分辨率分别为 72.5m 和 36.25m。IRS-1C、IRS-1D 是第二代业务型遥感卫星，IRS-1C 搭载全色相机、多光谱相机 LISS-3 和宽视场扫描仪 WiFS。全色相机成像幅宽 70km，工作波长 0.5～0.75μm，空间分辨率为 5.8m，具有 ±26°侧视成像能力和立体成像能力，可在 5 天内重复拍摄同一地区；LISS-3 包含 4 个多光谱波段，其中前 3 个可见光近红外波段成像幅宽 141km，空间分辨率为 23.5m，第 4 个短波红外波段成像幅宽 148km，空间分辨率 70m；WiFS 是一个双波段宽视场相机，空间分辨率 188.3m，成像幅宽 810km，可实现 5 天重复拍摄，有利于观测自然资源与动态现象，如洪水、干旱、森林大火等的监测。

IRS-P 系列是专用卫星系列，IRS-P4（Oceansat-1）卫星和 IRS-P6（Resourcesat-1）卫星分别为海洋和资源应用遥感卫星；IRS-P5（Cartosat-1）是高分辨率测图卫星，搭载了两个空间分辨率约为 2.5m 的全色相机，可以构成同轨立体像对，用于地形图制图和数字高程模型（DEM）采集等，对制图和城镇规划等应用具有重要意义。

IRS-2 系列面向全球气候、海洋和大气监测，包括 IMS-1、Oceansat-2 卫星。

IRS-3 系列主要是用于气象探测的雷达卫星，包括 RISAT-2、RISAT-1 卫星。

迄今，印度已成功发射 IRS-1、IRS-P、IRS-2、IRS-3 等系列的多颗卫星，能够提供米级至百米级的各种空间分辨率影像，用于旱涝灾情监测、农作物估产、土地利用制图、林业资源调查、环境污染监测、测绘、城市规划、军事等领域。

表 1-6　印度 IRS 系列卫星资源

卫星系列	名称	发射日期（运行情况）	星载传感器	探测任务
IRS-1 系列	IRS-1A	1988 年 3 月 17 日（失效）	LISS-1、LISS-2A/B	用于自然资源管理
	IRS-1B	1991 年 8 月 29 日（失效）	同 IRS-1A	同 IRS-1A
	IRS-1C	1995 年 12 月 28 日（失效）	全色相机、LISS-3、WiFS	提供更高空间分辨率、更大覆盖区域和立体图像，广泛用于农业、林业、城市规划、环境监测等
	IRS-1D	1997 年 9 月 29 日（失效）	同 IRS-1C	同 IRS-1C
IRS-P 系列	IRS-1E（IRS-P1）	1993 年 9 月 20 日（发射失败）	LISS-1、MEOSS、地球辐射监视器	
	IRS-P2	1994 年 10 月 15 日（失效）	LISS-2	用于自然资源管理
	IRS-P3	1996 年 3 月 21 日（失效）	WiFS、模块化光电子扫描仪（MOS）	海洋卫星，获取海洋和海事数据，进行海洋科学研究
	Oceansat-1（IRS-P4）	1999 年 5 月 26 日（失效）	水色监测仪（OCM）、多频率扫描微波辐射计（MSMR）	用于海洋探测
	Cartosat-1（IRS-P5）	2005 年 5 月 5 日（失效）	两台可见光全色波段摄像仪、两台全色相机	用于土地和水资源管理、环境评估以及各种制图信息系统应用
	Resourcesat-1（IRS-P6）	2003 年 10 月 17 日（在轨）	LISS-4、LISS-3、AWiFS	为资源卫星，可在农业、土地与水资源管理和灾害处理等领域发挥重要作用
	Cartosat-2（IRS-P7）	2007 年 1 月 10 日（失效）	全色相机	用于制图或其他应用
	Cartosat-2B	2010 年 7 月 12 日（在轨）	全色相机	军用侦察卫星，可定期发回大量情报
	Cartosat-2C	2016 年 6 月 22 日（在轨）	全色相机	军民两用卫星，具有立体制图能力
IRS-2 系列	IMS-1	2008 年 4 月 28 日（失效）	多光谱摄像机、超光谱摄像机	使用了多种新技术的遥感摄像卫星，用于资源监测与管理
	Oceansat-2	2009 年 9 月 23 日（在轨）	OCM、Ku 频段扫描散射仪（SCAT）、大气无线电掩星探测器（ROSA）	跟踪海洋生物和鉴别潜在渔区的综合型卫星，可协助预报海事趋势和进行海岸带研究，为天气预报和气象研究提供支持

续表

卫星系列	名称	发射日期（运行情况）	星载传感器	探测任务
IRS-3系列	RISAT-2	2009年4月20日（在轨）	SAR-X	支持全天候对地观测，并有助于绘图和管理自然灾害
	RISAT-1	2012年4月26日（失效）	SAR-C	用于自然资源管理，如农业规划、林业调查及预测和预防洪水

值得一提的是IRS-P5遥感卫星，于2005年5月5日发射，性能指标达到了国际同类卫星的先进水平，标志着印度航天遥感技术进入了一个新的发展阶段。IRS-P5轨道高度为618km，搭载两个相同的可见光全色相机。该相机焦距为1945mm，沿轨道方向分别前视26°、后视5°构成立体像对，基线高度比为0.62，前后视星下点分辨率分别为2.452m和2.187m。这种立体观测方式有利于减小大高差地区的遮挡，其后视影像可以制作良好的正射影像。在立体观测模式下，像对有效幅宽为26km，两个相机获取同名地物影像的时间间隔仅为52s，两幅影像的辐射效应基本一致，有利于立体观察和影像匹配。更值得一提的是，IRS-P5的两个相机各自具有独立的成像系统，同时工作时可以获取长度达数千千米的连续条带的立体像对，其星载存储器可以记录4000km的立体像对条带数据，单个地面站在接收范围内可以获取约4000km的立体像对条带数据。

（五）俄罗斯DK卫星系统

Resurs计划是俄罗斯历史悠久的对地观测计划，其最初开始于1974年苏联的返回式对地观测遥感卫星。目前，Resurs计划已经更新至Resurs-P系列，是Resurs-DK1系列的后续计划，未来Resurs-PM系列将取代Resurs-P系列成为新一代对地观测卫星。

2006年6月15日，俄罗斯“三级联盟号”火箭从拜科努尔发射场成功将一颗民用对地观测卫星Resurs-DK1送入轨道。卫星进入远地点370km、近地点201km、倾角约70°的轨道。Resurs-DK1卫星重6804kg，在轨寿命为3年，用于从太空监视自然资源与突发事件，向政府及商业用户提供服务。这是俄罗斯自1999年之后首次发射对地观测卫星。Resurs-DK1卫星为改进型卫星系列的第一颗，成像分辨率与通信性能得到改进（见表1-7）。Resurs-DK1可提供分辨率为1m的全色图像以及分辨率达2m的多光谱图像。与大多数俄罗斯早期民用遥感卫星不同，Resurs-DK1携带了一套先进通信系统，可迅速将最新图像传回地面站。早期 Resurs 卫星带有一个降落舱，用于将星上摄像机的胶片运回地面进行回收。这种任务通常要延续近一个月，有时要花费科学家及其他人员数周时间对卫星搜集的数据进行检索、分析。而 Resurs-DK1 则将数据传输时间降低为数分钟或数小时。卫星一天可以观测的范围约 27 万 km^2，用于俄罗斯政府各部门、国际团体以及私人客户；这些图像还可帮助了解自然资源利用、环境污染类型以及人类灾难与自然灾害；此外，还可服务于其他研究领域包括洋面状态、冰的观测以及极地天气状况监视，协助对部分偏远地区进行地形图绘制与专题制图。Resurs-DK1 卫星还附带两个额外的次要载荷，分别为意大利的有效载荷“反物质 - 物质探测与轻核天体物理学”（PAMELA）仪器以及俄罗斯的一台粒子探测器。PAMELA 仪器位于卫星顶部，主要研究对象是地球轨道的宇宙射线，目的是进一步了解暗物质以及物质与反物质的关系；俄罗斯的粒子探测器则用来识别地球磁场内的地震先兆。后续 RDK 星计划于未来几年内发射，将执行类似任务。

表 1-7　Resurs-DK1 参数

空间分辨率	全色：1m 多光谱：2m		
发射时间	2006 年 6 月 15 日		
光谱波段	全色	Pan	580 ~ 800nm
	多光谱	Band1	500 ~ 600nm
		Band2	600 ~ 700nm
		Band3	700 ~ 800nm
重访周期	5 ~ 7d		
绕地时间	96min		
幅宽	28.3 ~ 47.2km		
轨道周期	每 24 小时 15 圈		
轨道高度	最低：362km　最高：604km		
轨道倾角	70°（Elliptical）		
动态范围	10bit		

Resurs-P 是资源系列 Resurs-DK1 的后继星，于 2013 年 6 月在拜科努尔发射场发射，继续提供对自然或人为灾害的精确监测数据，以满足俄罗斯在测绘、交通、渔业、气象预报以及国防安全等方面的需求。其轨道高度 500km，卫星运行寿命大于 5 年。Resurs-P 可以获取高精度的 1m 全色影像（1 个波段）和 4m 多光谱影像（5 个波

段）。与 Resurs-DK1 不同，Resurs-P 有两个附加传感器，分别为幅宽 25km、分辨率 25m 的高光谱传感器（96 个波段）以及 97 ~ 441km 幅宽、分辨率 12 ~ 120m 的多光谱传感器。2016 年 3 月 13 日和 24 日，俄罗斯分别成功发射了 Resurs-P3 和 Bar-M2 两颗高分辨率光学对地观测卫星。Resurs-P3 运行于高约 470km、倾角 97.276°的太阳同步轨道，重访周期为 3d，设计寿命 5 年。Resurs-P3 具有在 45s 内侧摆 45°的能力，无地面控制点图像定位精度为 10 ~ 15m，有效载荷包括 Geoton-2 载荷、宽覆盖多光谱载荷（WCME）和高光谱载荷（HSE）。Geoton-2 载荷为全色 / 多光谱高分辨率相机，采用折射成像，全色分辨率 1m、多光谱分辨率 4m、幅宽 38km。WCME 载荷包括高分辨率（HR）宽覆盖多光谱和中分辨率（AR）宽覆盖多光谱 2 台相机，其中，HR-宽覆盖多光谱相机全色分辨率 11.9m，5 通道多光谱分辨率 23.8m，幅宽 97.2km；AR-宽覆盖多光谱相机全色分辨率 59.4m，5 通道多光谱分辨率 118.8m，幅宽 441.6km。HSE 载荷共有 216 个通道，光谱分辨率 5 ~ 10nm，空间分辨率 25 ~ 30m，幅宽 30km。Bar-M2 卫星是光学测绘卫星，采用了模块化结构，相机分辨率 1.1 ~ 1.35m，幅宽 60km，有 7 个工作波段；卫星还携带了激光测高系统，能够针对很多地区难以获取地面控制点的情况，进一步提高测量精度。

（六）韩国 KOMPSAT 系列卫星

韩国军民两用 KOMPSAT（Korea Multi-Purpose Satellite）是由韩国空间局（Korea Aerospace Research Institute，简称 KARI）基于韩国国家空间计划（Korea National Space Program）研制的卫星系列。目前有 4 颗在轨卫星，分别为 KOMPSAT-2、KOMPSAT-3、KOMPSAT-3A 和 KOMPSAT-5（雷达卫星）。

KOMPSAT-1 于 1999 年 12 月发射，这颗卫星是与美国合作，基于 TRW 的“鹰”级轻量化、模块化飞行器制造。它的有效载荷包括地面分辨率为 6.6m 的 CCD 成像系统，以及 TRW 提供的用于海洋和地球资源监测的低分辨率摄像机，卫星上还搭载了测量地球电离层、磁场的设备以及一部分高能粒子探测器。

KOMPSAT-2 卫星是韩国开发的第一颗高分辨率光学侦察卫星，于 2006 年 7 月 28 日在俄罗斯普列谢茨克发射。它采用与 OMPSAT-1 相似的设计，搭载了一部由以色列提供的光学成像仪，全色分辨率为 1m，多光谱分辨率为 4m，具有 4 个多光谱波段（红、绿、蓝、近红外）。

KOMPSAT-3 卫星于 2012 年 5 月 18 日发射，同年 9 月开始传送图像回地面，KOMPSAT-3 每天环绕地球 14.5 圈，可以拍摄 0.7m 分辨率图像（见表 1-8）。

表 1-8 KOMPSAT-3 卫星参数	
分辨率	全色：0.7m（星下点高度 685km） 多光谱：2.8m（星下点高度 685km）
影像宽度	16km（星下点）
光谱波段	全色：450 ~ 900nm
	蓝：450 ~ 520nm
	绿：520 ~ 600nm
	红：630 ~ 690nm
	近红外：760 ~ 900nm
位置精度	<27.5m（CE90）
轨道类型	太阳同步轨道
轨道高度	685.13km ± 1km
轨道倾角	98.127° ± 0.05°
采集能力	170 万 km^2/d

KOMPSAT-3A 卫星于 2015 年 3 月 25 日发射，全色影像分辨率为 0.4m，多光谱影像分辨率为 1.6m，KOMPSAT-3A 卫星比前一代 KOMPSAT-3 卫星的另一大优势在于搭载了一个红外传感器，可提供分辨率为 5.5m 的中波红外影像（见表 1-9）。

表 1-9 KOMPSAT-3A 卫星参数	
分辨率	全色：0.4m 多光谱：1.6m 中红外：5.5m
影像宽度	13km（星下点）
光谱波段	全色：450 ~ 900nm
	蓝：450 ~ 520nm
	绿：520 ~ 600nm
	红：630 ~ 690nm
	近红外：760 ~ 900nm
	中红外：3.3 ~ 5.2μm
设计寿命	4 年
位置精度	9.9m
轨道类型	太阳同步轨道
轨道高度	528km
侧摆范围	± 30° （常规）、± 45° （特殊任务）
采集能力	27 万 km^2/d

KOMPSAT-2、3、3A 卫星均具有全色和多光谱波段，多光谱影像有 4 个波段，分别是蓝、绿、红、近红外波段。KOMPSAT 卫星全色图像的整体质量较好，噪声较小，纹理清晰，细节明显。

（七）美国地球观测系统相关计划

NASA 针对全球变化研究对建立长期数据采集系统的实际需求，于 20 世纪 80 年代初开始规划并于 1990 年发起了由多个国家和国际组织参与的地球观测系统计划（Earth Observing System，简称 EOS）。它是真正意义上以卫星遥感技术（平台、传感器）建设为核心的对地观测系统，由科学研究计划、数据和信息系统（EOS Data Information System，简称 EOSDIS）以及 EOS 观测平台组成。科学研究计划是 EOS 计划的基础，依据国际合作的地球科学研究工作，根据政府指导方针和国际适应性需求进行适当修改和补充；EOSDIS 是将 EOS 信息转化为数值产品为社会服务的重要工具，以有利于研究机构对 EOS 数据与信息的充分利用和向用户长期提供可信度高的观测资料为发展目标，它通过 8 个分布式数据档案中心（DAACs）向用户提供数据与信息服务；EOS 观测平台系列是 EOS 计划的最基本和最重要的环节，与 EOSDIS 同步发展。EOS 卫星系列计划已陆续发射一系列太阳同步轨道环境遥感卫星，构成了连续十多年的数据采集系统。

在 EOS 计划的基础上，2000 年 11 月 NASA 公布了以观测、描述、了解进而预测地球系统变化为宗旨的地球科学事业（Earth Science Enterprise Strategy，简称 ESE 战略计划）。其任务是提高人类对地球系统的科学认识，包括提高关于地球系统对自然与人为引起环境变化响应的科学认识，改进现在和将来对气候、天气和自然灾害的预报和预测。ESE 战略计划衔接和包含了 EOS 计划，是 EOS 计划的延伸和发展，主要研究领域包括云、海洋、陆表、大气化学、水和能量循环、水和生态系统过程、固体地球等。ESE 战略计划的发展分为三个阶段：1998—2002 年，利用对地观测卫星数据进行地球系统相互作用研究；2003—2010 年，理解人为因素对自然的影响；2010 年以后，理解和预测地球系统变化的结果。未来 ESE 战略计划将继续发展性能更优越的新一代对地观测卫星系统和先进的传感器技术，在 EOS 基础上完成从认识地球系统到预测地球系统未来变化的跨越。

自美国地球科学计划开展以来，NASA 计划并实施了大量的地球科学观测卫星计划，具体情况见表 1-10，这些 EOS 任务将提供高空间分辨率的对地观测信息，为开展地球科学研究提供全面系统的观测数据。

表 1-10 NASA 地球科学观测卫星计划				
名称	发射日期	星载传感器	探测任务	目前状态
ERBS	1984 年 10 月 5 日	ERBE、SAGE Ⅱ	地球辐射测量、雾及臭氧数据获取	失效
UARS	1991 年 9 月 12 日	HALOE、MLS、CLAES、PEM、HRDI、WIND Ⅱ、ACRIM Ⅱ、SOLSTICE、SUSIM、ISAMS	HALOE、MLS、CLAES、ISAMS 测量同温层和中层大气化学组成，HRDI、WIND Ⅱ观测同温层、中层和热层的风，ACRIM Ⅱ、SUSIM、SOLSTICE 观测太阳输入能量，PEM 测量大气粒子流	失效
NASA 航天飞机任务	1991—2001 年	—	通过一系列航天飞行试验测量大气臭氧（SSBUV）、大气和太阳动态（ATLAS）、大气悬浮物（LITE）、测量表面高程（SLA），2001 年开始了包括 X-SAR、SIR-C 和 GPS 设备的航天飞机雷达地形测绘任务（SRTM）	—
Meteor-3/TOMS	1991 年 8 月 15 日	TOMS	大气臭氧层监测及制图	失效
TOPEX/Poseidon	1992 年 8 月 10 日	NRA、DORIS、LRA、SSALT、TMR、TRSR	海洋循环研究	失效
Earth Probe/TOMS	1996 年 7 月 2 日	TOMS	臭氧层制图与监测	失效
Orbview-2/SeaWiFS	1997 年 8 月 1 日	SeaWiFS	观测海色，监测海面沉降和海洋生物量	失效
TRMM（与日本合作研制）	1997 年 11 月 27 日	PR、TMI、VIRS、CERES、LIS	热带及亚热带降水分布形势、降水结构、热带气旋观测，得到台风眼位置和降水的垂直结构	失效
QuikSCAT	1999 年 6 月 19 日	SeaWinds	全球海洋洋面风速与风向	失效
Terra	1999 年 12 月 18 日	CERES、MISR、MODIS、MOPITT、ASTER	收集全球大气、陆地、海洋状态及其与太阳辐射之间的交互数据	在轨
ACRIMSAT	1999 年 12 月 20 日	ACRIM3	测量到达大气层并影响风、陆地及海洋的太阳能数量可变性	失效
CHAMP	2000 年 7 月 15 日	GPS 接收器、STAR 加速器、STAR 追踪器	绘制地球重力场及其空间变异，绘制全球磁场及其空间变异，大气 / 电离层探测	失效

续表

名称	发射日期	星载传感器	探测任务	目前状态
EO-1	2000 年 11 月 21 日	ALI、Hyperion、LAC	大气、水汽、气溶胶及陆地成像试验	失效
SAC-C	2000 年 11 月 21 日	GOLPE、HSTC、MMRS、HRTC、ICARE、IST、INES	执行各种环境、磁场、导航和空间辐射等实验	失效
Jason	2001 年 12 月 7 日	DORIS、JMR、LRA、Poseidon 2 高度计、TRSR	海洋循环、海平面特征	失效
Meteor-3M/ SAGE Ⅲ（俄罗斯 Meteor-3M 任务的组成部分）	2001 年 12 月 10 日	SAGE Ⅲ	大气气溶胶、臭氧、水分蒸发、温室气体、温度、气压等，以及大气气溶胶、大气化学成分	失效
GRACE	2002 年 3 月 17 日	GPS、HAIRS、SCA、SSA、USO	地球重力场变化监测	失效
Aqua	2002 年 5 月 4 日	AIRS、AMSR-E、AMSU-A、CERES、HSB、MODIS	研究地球水循环，对地球海洋、大气层、陆地、冰雪覆盖区域以及植被等展开综合观测，搜集全球降雨、水蒸发、云层形成、洋流等水循环活动数据	在轨
ADEOS Ⅱ（日本领导，NASA、CNES 参与）	2002 年 12 月 14 日	AMSR、GLI、JLAS-2、POLDER、SeaWinds	监测臭氧、气溶胶、大气温度、风、水蒸发、海表温度、能量平衡、云、冰雪、海洋颜色与海洋生物	失效
ICESat	2003 年 1 月 13 日	GLAS	提供冰盖高程、云高度和气溶胶分布、地形及植被覆盖数据	失效
SORCE	2003 年 1 月 25 日	SIM、SOLSTICE、TIM、XPS	太阳光谱辐照度、太阳辐照度总量	失效
Aura	2004 年 7 月 15 日	HIRDLS、MLS、OMI、TES	大气化学成分、空气质量、大气各层的化学和动力过程、监测气候的长期变化	在轨
CALIPSO	2006 年 4 月 28 日	CALIOP、IIR、WFC	云和气溶胶的垂直分布	在轨
CloudSat	2006 年 4 月 28 日	CPR	研究厚云在地球辐射平衡中的作用	在轨
OSTM	2008 年 6 月 20 日	AMR、DORIS 卫星追踪系统、GPSP、LRA、Poseidon-3 高度计	确定海表地形以研究海洋循环及其环境应用	失效

续表

名称		发射日期	星载传感器	探测任务	目前状态
Landsat 系列	Landsat 1	1972 年 7 月 23 日	MSS、RBV	用于自然资源保护、能源勘探、环境管理、自然灾害监测等多个研究领域	失效
	Landsat 2	1975 年 1 月 22 日	MSS、RBV		失效
	Landsat 3	1978 年 3 月 5 日	MSS、RBV		失效
	Landsat 4	1982 年 7 月 16 日	MSS、TM		失效
	Landsat 5	1984 年 3 月 1 日	MSS、TM		失效
	Landsat 6	1993 年 10 月 5 日	ETM+		发射失败
	Landsat 7	1999 年 4 月 15 日	ETM+	中高分辨率全球地表观测与监测	失效
	Landsat 8	2013 年 2 月 11 日	OLI、TIRS	保持 Landsat 测量的连续性，提供全球陆地表面高分辨率多光谱连续数据	在轨
OCO		2009 年 2 月 4 日	3 个高分辨率光栅光度计	提供基于空间的大气中二氧化碳观测，气候变化的主要人为驱动力	失效
OCO–2		2014 年 7 月 2 日	3 台共视轴，高分辨率成像光栅光谱仪	全球二氧化碳含量监测	在轨
Glory		2011 年 3 月 4 日	APS、CC、TIM	由后向散射太阳辐射极化确定大气气溶胶特性，测量总的太阳辐照度	发射失败
NPP		2011 年 10 月 28 日	ATMS、CrIS、OMPS、VIIRS	测量大气和海表温度、湿度、陆地和海洋生物量以及云和气溶胶特性	在轨
Aquarius		2011 年 6 月	LBR、LBS	测量全球海表盐分	失效
GPM（与日本合作研制）		2014 年 2 月 27 日	GMI、DPR	全球降雨监测	在轨
NOAA–N		2009 年 2 月	AMSU、AVHRR/3、HIRS、MHS、SAPR 和 SAPP、SBUV/2、SEM–2、DTR	提供用于气象预报、气候研究、环境监测的全球大气和地表参数	发射前摔坏

续表

名称		发射日期	星载传感器	探测任务	目前状态
GOES系列	GOES-O	2009年6月27日	成像仪、探测器、SXI、SEM-2	提供天气影像和定量化探测数据以支持天气预报、风暴追踪、气象研究、灾害管理、公共健康以及飞行安全	在轨
	GOES-P	2010年3月4日			在轨
	GOES-R	2016年11月19日			在轨
ICESat-2		2018年9月15日	ATLAS	测量格陵兰岛和南极洲冰层厚度的变化、陆地和海洋表面高度	在轨
ASCENDS		—	Multifrequency laser	全球二氧化碳监测	计划中
CLARREO		—	GNSS-RO、IR Spectrometer、Reflected Solar Spectrometer	全球气候监测	
CLARREO Pathfinder		2023年	IR、RS光谱仪	用于灾害监测和风险评估	计划中
EMIT		2022年	高光谱仪	为分析气溶胶来源的矿物组成提供数据	计划中
GeoCarb		2022年	3台共视轴，高分辨率成像光栅光谱仪	用于温室气体和植被健康状况监测	计划中
GEDI		2018年	LiDAR	气候和土地利用变化对生态系统结构的影响，为提高对地球碳循环和生物多样性的量化和理解提供数据	在轨
HyspIRI		2024年	高光谱仪	用于农业效率和生态预测	计划中
JPSS-2		2021年	ATMS、CERES、CrIS、OMPS、VIIRS、RBI	天气预报和气候变化监测	计划中
Landsat 9		2021年	OLI-2、TIRS-2	用于全球土地覆盖/利用变化监测、生态系统服务功能、资源调查、气候变化等	计划中
MAIA		2021年	两台推扫式光谱偏振相机	用于大气污染中特殊物质颗粒大小、成分等监测	计划中
NISAR		2022年	L波段极化合成孔径雷达、S波段极化合成孔径雷达	用于生态系统扰动，冰盖崩塌，自然灾害监测	计划中
ISS-OCO-3		2019年5月14日	光栅光谱仪	全球二氧化碳分布监测	在轨
PACE		2023年	SPEXone HARP2	全球海洋水色观测，气溶胶与云廓线探测	计划中
PREFIRE		2021年	小型热红外光谱仪	用于北极气候变暖、海冰冰盖消融监测	计划中

续表

名称	发射日期	星载传感器	探测任务	目前状态
SWOT	2022 年	Ka- 或 Ku- 波段雷达、Ku 波段测高仪、微波辐射计	用于海洋和陆地表面淡水资源高精度测量	计划中
TROPICS	2023 年	12 CubeSats（搭载微波辐射计）	为全周期风暴系统提供对流层热力学和降水结构热力学观测	计划中
TSIS-2	2023 年	总辐照监测仪、光谱辐照监测仪	提供总太阳辐照度和光谱太阳辐照度的绝对测量值	计划中
TEMPO	2022 年	紫外可见光栅光谱仪	用于北美大部分地区大气污染监测	计划中

（八）欧洲哥白尼计划（GMES）

全球环境与安全监测计划（Global Monitoring for Environment and Security，简称 GMES）是由欧洲委员会和欧洲空间局（European Space Agency，简称 ESA，也称为欧空局）联合倡议，于 2003 年正式启动的一项重大航天发展计划，主要目标是通过对欧洲及非欧洲国家（第三方）现有和未来发射的卫星数据及现场观测数据进行协调管理和集成，实现对环境与安全的实时动态监测，为决策者提供数据，以帮助他们制定环境法案，或是对诸如自然灾害和人道主义危机等紧急状况作出反应，保证欧洲的可持续发展和提升国际竞争力。2012 年 12 月 11 日，全球环境与安全监测计划更名为哥白尼（Copernicus）计划（见表 1-11），以提高公众对该地球观测计划的认知。2013 年 3 月，欧洲各国领导人同意在 2014—2020 年多年度财政框架内纳入哥白尼计划，拟分配给哥白尼计划 37.86 亿欧元，包括 GMES 服务、原位组件（陆海空传感器网络）、太空组件，以确保对该计划长期运行阶段的投资。“哨兵”（Sentinel）系列是哥白尼计划的项目成员，目前共有 8 颗卫星在轨（Sentinel-1A/B、Sentinel-2A/B、Sentinel-3A/B、Sentinel-5PS6），最新一颗 Sentinel-3B 于北京时间 2018 年 4 月 26 日由俄罗斯联邦国防部用 Rokot 搭载发射升空，目前已经免费公开了 Sentinel-1A/B、Sentinel-2A/B、Sentinel-3A/B 的数据。

Sentinel-1 由两颗卫星组成，Sentinel-1A 和 Sentinel-1B 卫星分别于 2014 年 4 月和 2016 年 4 月发射升空，能够在任何天气情况下不分昼夜地提供地球陆地和海洋表面实时图像。单颗卫星的重访周期是 12d；双星重访周期缩短至 6d；用于提供陆地和海洋全天候、昼夜雷达成像的服务。它拥有干涉宽幅模式和波模式两种主要工作模式，另有条带模式和超宽幅模式两种附加模式：干涉宽幅模式幅宽250km，地面分辨率5m×20m；波模式幅宽20km×20km，地面分辨率5m×5m；条带模式幅宽80km，地面分辨率5m×5m；超宽幅模式幅宽400km，地面分辨率20m×40m。Sentinel–1卫星采用太阳同步轨道，轨道高度693km，倾角98.18°，轨道周期99min，重访周期12d。此外，Sentinel–1卫星还装载了一台激光通信终端（LCT），它基于陆地合成孔径雷达–X（TerraSAR–X）卫星的设计，功率2.2W，望远镜孔径135mm，通过欧洲数据中继卫星（EDRS）下行传输记录数据。

表1–11　欧洲哥白尼计划有关情况

卫星名称	发射时间	主要应用
Sentinel–1A	2014年4月3日	确保ERS和ENVISAT卫星C波段SAR数据的连续性
Sentinel–1B	2016年4月25日	
Sentinel–2A	2015年6月23日	多光谱卫星，用于土地、海洋监测
Sentinel–2B	2017年3月6日	
Sentinel–2C	2023年3月	
Sentinel–2D	2025年1月	
Sentinel–3A	2016年2月16日	搭载雷达测高仪和海洋水色仪的卫星，设计寿命为7年
Sentinel–3B	2018年4月25日	
Sentinel–3C	2023年9月	
Sentinel–3D	2026年1月	
Sentinel–5P	2017年10月13日	提供大气成分监测数据
Sentinel–5	2023年10月	
Jason–CS（Sentinel–6）	2020年11月12日	海表面形态测量，接替Jason–3卫星维持高精度测高任务

Sentinel–2卫星是高分辨率多光谱成像卫星，主要用于包括陆地植被、土壤以及水资源、内河水道和沿海区在内的全球陆地观测。单星重访周期为10d，A/B双星重访周期为5d。主要有效载荷是多光谱成像仪（MSI），共有13个波段，光谱范围在0.4～2.4μm之间，涵盖了可见光、近红外和短波红外波段，幅宽290km，空间分辨率分别为10m（4个波段）、20m（6个波段）、60m（3个波段）。Sentinel–2A卫星于2015年6月23日发射，在红边范围含有3个波段的数据，这对监测植被健康信息非常有效；Sentinel–2B卫星于2017年3月7日发射。

Sentinel-3 卫星是全球海洋和陆地监测卫星，主要用于全球陆地、海洋和大气环境监测。它运行在高度为 814km、倾角为 98.6°的太阳同步轨道，设计寿命 7.5 年，能够实现海洋重访周期小于 3.8d，陆地重访周期小于 1.4d，2 颗 Sentinel-3 卫星可在 2d 内实现全球覆盖，3h 内交付实时卫星数据产品。卫星搭载的有效载荷包括光学仪器和地形学仪器：光学仪器包括海洋和陆地彩色成像光谱仪（OLCI）与海洋和陆地表面温度辐射计（SLSTR），提供地球表面的近实时测量数据。OLCI 是一种中分辨率线阵推扫成像光谱仪，幅宽为 1300km，视场 68.5°，海洋上空的分辨率为 1.2km，沿海区和陆地上空的分辨率为 0.3km；SLSTR 工作在可见光和红外谱段，幅宽为 750km，热红外通道的分辨率为 1km（天底点），可见光和短波红外通道的分辨率为 500m。地形学仪器包括合成孔径雷达高度计（SRAL）、微波辐射计（MWR）和精确定轨（POD）系统，提供高精度地球表面（尤其是海洋表面）测高数据。SRAL 是地形学有效载荷的核心仪器，这是一台双频（C 和 Ku 频段）高度计，采用线性调频脉冲，地表高度测量的主频率是 Ku 频段（13.575GHz，带宽 350MHz），C 频段（5.41GHz，带宽 320MHz）用于电离层修正，两个频段的脉冲持续时间为 50ms。该高度计有低分辨率模式（LRM）和合成孔径雷达模式两种。Sentinel-3A 卫星已于 2016 年 2 月发射升空，其姊妹星 Sentinel-3B 于 2018 年 4 月发射。

Sentinel-4 将搭载在 MTG-S 卫星上，用于在地球静止轨道上进行大气监测。Sentinel-5P 用于大气监测，主要目的是在 2015—2020 年提供大气成分监测数据，其继任者 Sentinel-5 将搭载在 MetOp 第二代卫星上，用于监测极地轨道上的大气环境；Sentinel-6 携带雷达高度计，可进行全球海面高度测量，主要用于海洋作业和气候研究。

二、我国主要遥感卫星资源

（一）风云气象卫星

我国于 1977 年开始气象卫星研制工作，已发展形成了中国气象业务卫星系列，成为继美、俄之后世界上同时拥有极轨和静止两种轨道气象卫星的国家。自 1988 年首颗气象卫星发射以来，已成功发射了 4 颗“风云一号”极轨气象卫星、8 颗“风云二号”静止气象卫星、4 颗“风云三号”极轨气象卫星、1 颗“风云四号”静止气象卫星，目前在轨运行气象卫星共 8 颗。特别是新一代静止气象卫星“风云四号”A 星的发射，使我国静止气象卫星的整体水平有了极大的提高。风云气象卫星系列的业务化运行为气象、海洋、农业、林业、水利、航空、航海和环境保护等领域提供了大量的公益性、专业性和决策性服务，产生了巨大的社会效益和经济效益，已被世界气象组织列入全球对地综合观测卫星业务序列，同时也是空间与重大灾害国际宪章机制下的值班卫星，为 93 个国家和地区提供服务。

国务院印发《国家民用空间基础设施中长期发展规划（2015—2025 年）》明确，到 2025 年，我国还将发射 3 颗高轨、6 颗低轨风云气象卫星。风云气象卫星体系建设将朝着“全球广域高分辨率气候观测与局地高频次天气监测相结合、全域全要素综合稳定观测与独特要素精细化探测相结合、要素成像与定量多维度观测、主被动结合多手段融合探测”的目标发展。

1.“风云一号”卫星

“风云一号”近极地轨道太阳同步气象卫星（FY-1）共 4 颗，即 FY-1A、FY-1B、FY-1C、FY-1D，分别于 1988 年、1990 年、1999 年和 2002 年发射，目前均已失效。其基本功能是向世界各地实时广播卫星观测的可见、红外高分辨率卫星云图；获取全球的可见、红外卫星云图、地表图像和海温等气象、环境资料。

“风云一号”卫星每天围绕地球飞行 14 圈，北京、广州和乌鲁木齐 3 个地面站能够接收全国和临近周边部分地区的实时原分辨率观测数据，通过星载存储器，也可获取全球 4km 分辨率的卫星数据。“风云一号”卫星数据实行全球免费共享，目前国际气象组织已把“风云一号”卫星列入全球信息共享网络中，可提供历史存档数据，支持时空变化监测相关应用。

2.“风云二号”卫星

“风云二号”气象卫星（FY-2）是中国自行研制的第一代静止业务气象卫星，共分 3 个批次：01 批为两颗试验星（FY-2A、FY-2B）、02 批为 3 颗业务星（FY-2C、FY-2D、FY-2E）、03 批为 3 颗卫星（FY-2F、FY-2G、FY-2H）。其作用是获取白天可见光云图、昼夜红外云图和水汽分布图，进行天气图传真广播，收集气象、水文和海洋等的监测数据，供国内外气象资料站接收利用；监测太阳活动和卫星所处轨道的空间环境，为卫星工程和空间环境科学研究提供监测数据。

FY-2A、FY-2B 分别于 1997 年 6 月、2000 年 6 月发射，姿态均为自旋稳定，只有 1 个三通道扫描辐射计，设计寿命 3 年。从 FY-2C 起，扫描辐射计由 3 个通道增加到 5 个通道，在性能上较 FY-2A/2B 两星有较大的改进与提高，FY-2C、FY-2D、FY-2E 分别于 2004 年 10 月、2006 年 12 月、2008 年 12 月发射。FY-2F、FY-2G、

FY-2H 分别于 2012 年 1 月、2014 年 12 月、2018 年 6 月成功发射，其上搭载包括 1 个可见光和 4 个红外通道的扫描辐射计以及空间环境监测器，可以实现非汛期每小时、汛期每半小时获取覆盖地球表面约 1/3 的全圆盘图像；同时，具备灵活区域的、高时间分辨率的加密扫描能力，能够针对台风、强对流等灾害性天气进行重点区域的 6 分钟加密观测。

目前，FY-2F、FY-2G、FY-2H 均在轨正常运行。"风云二号"主要业务任务是提供以我国中部经度为中心的 1/3 个地球范围内每小时一次的云图资料，确保我国第一代地球静止气象卫星向第二代静止气象卫星实现连续、稳定的过渡。

3. "风云三号"

"风云三号"是我国第二代极轨气象卫星，由 FY-3A、FY-3B、FY-3C、FY-3D 4 颗卫星组成，分别于 2008 年 5 月、2010 年 11 月、2013 年 9 月、2017 年 11 月发射，目前均在轨正常运行。其目的是为中期数值天气预报提供全球均匀分辨率的气象参数；研究全球变化包括气候变化规律，为气候预测提供各种气象及地球物理参数；监测大范围自然灾害和地表生态环境；为各种专业活动（航空、航海等）提供全球任意地区的气象信息，为军事气象提供保障服务。"风云三号"搭载的探测仪器包括 10 通道扫描辐射计、26 通道红外分光计、20 通道中分辨率成像光谱仪、臭氧垂直探测仪、臭氧总量探测仪、太阳辐照度监测仪、微波温度计、微波湿度计、微波成像仪、地球辐射探测仪和空间环境监测器，能够获取全球、全天候、三维、定量、多光谱的大气、地表和海表特性参数。

"风云三号"卫星利用瑞典基律纳地面站，可以接收所有传感器的全球资料，在 4 个小时内，将全球任意地区的数据回传到国家卫星气象中心。

4. "风云四号"

"风云四号"是我国第二代静止气象卫星，将接替自旋稳定的第一代静止卫星——"风云二号"，确保我国静止轨道气象卫星观测业务的连续、稳定。"风云四号"第一颗星 FY-4A，为科研试验卫星，于 2016 年 12 月发射。它采用三轴稳定姿态控制方案，搭载多种有效载荷，包括多通道扫描成像辐射计（AGRI）、干涉式大气垂直探测仪（GIIRS）、闪电成像仪（LMI）和空间环境监测仪器（SEP）等。"风云四号"在国际首次实现地球静止轨道的大气高光谱垂直探测，并与成像辐射计共平台，可联合进行大气多通道成像观测和高光谱垂直探测，垂直探测性能指标已达到在研的欧洲同类载荷的性能指标。另外，星上闪电成像仪的空间分辨率、观测频次、星上对闪电事件处理的灵活性等指标均与欧美同类载荷性能指标一致。目前FY-4A已被世界气象组织纳入全球对地观测气象卫星序列。

“风云四号”卫星计划包括光学和微波两种类型的卫星，其主要发展目标是：卫星姿态稳定方式为三轴稳定，提高观测的时间分辨率和区域机动探测能力；提高扫描成像仪性能，以加强中小尺度天气系统的监测能力；发展大气垂直探测和微波探测，解决高轨三维遥感问题；发展极紫外和X射线太阳观测，加强空间天气监测预警。

（二）资源卫星

我国资源卫星由“资源一号”“资源二号”“资源三号”组成，其中“资源一号”的部分卫星为中巴两国共同投资、联合研制、共同使用，故命名为中巴地球资源卫星，具体包括中巴地球资源卫星01星（CBERS-01/ZY-1 01，已停止运行）、中巴地球资源卫星02星（CBERS-02/ZY-1 02，已停止运行）、中巴地球资源卫星02B星（CBERS-02B/ZY-1 02B，已停止运行）、中巴地球资源卫星04星（CBERS-04/ZY-1 04，已停止运行）以及中巴地球资源卫星04A星（CBERS-04A/ZY-1 04A）；“资源一号”02C卫星（ZY-1 02C，已停止运行）、“资源三号”（ZY-3）、“资源三号”02星（ZY-3 02）为我国独立研制并运行。

1. 中巴地球资源卫星

中巴地球资源卫星（CBERS）是我国第一代传输型地球资源卫星，CBERS-01、CBERS-02、CBERS-02B、CBERS-04和CBERS-04A分别于1999年10月、2003年10月、2007年6月、2014年12月、2019年12月发射。CBERS-01/02卫星搭载了3种传感器：①电荷耦合器件（CCD）相机，星下点空间分辨率19.5m，扫描幅宽113km，在可见、近红外光谱范围内有4个多光谱波段和1个全色波段，具有侧视功能，侧视范围为±32°；②红外多光谱扫描仪（IRMSS），有1个全色波段、2个短波红外波段和1个热红外波段，扫描幅宽为119.5km，可见光、短波红外波段的空间分辨率为78m，热红外波段的空间分辨率为156m；③宽视场相机（WFI），有1个可见光波段、1个近红外波段，星下点空间分辨率为258m，扫描幅宽为890km，可以在很短的时间内获得高重复率的地面覆盖。CBERS-02B是具有高、中、低3种空间分辨率的对地观测卫星，搭载与CBERS-01/02相同的CCD相机和宽视场相机，另外还搭载了2.36m分辨率的高分辨率相机（HR），满足了用户对不同分辨率及光谱波段遥感数据的需求。CBERS-04搭载4个载荷，包括5m全色/10m多光谱相机、20m多光谱相机、红外多光谱相机以及宽视场相机。2019年12月发射的CBERS-04A搭载了

16m 多光谱相机、宽视场相机以及 2m 全色 /8m 多光谱宽幅相机。

2. “资源一号” 02C

“资源一号” 02C（ZY-1 02C）是一颗填补我国民用高分辨率遥感数据获取空白的卫星，于 2011 年 12 月发射，设计寿命 3 年。“资源一号” 02C 搭载两台 HR 相机，空间分辨率为 2.36m，两台拼接幅宽达到 54km；搭载的全色及多光谱相机分辨率分别为 5m 和 10m，幅宽为 60km（详见表 1-12）。该卫星主用户为自然资源部，可用于 1∶25000 和 1∶50000 比例尺土地资源、矿产资源、地质环境调查，以及国土资源、地质灾害应急监测等主体业务，亦可广泛应用于国土资源调查与监测、防灾减灾、农林水利、生态环境、国家重大工程、农业估产、水利监测、林业调查、海岸带及灾害监测、地震灾情监测等应用领域。

表 1-12　ZY-1 02C 卫星主要载荷指标

有效载荷	谱段号	光谱范围 /μm	空间分辨率 /m	幅宽 /km	侧摆能力	重访时间 /d
P/MS 相机	1	0.51 ~ 0.85	5	60	± 32°	3
	2	0.52 ~ 0.59	10			
	3	0.63 ~ 0.69	10			
	4	0.77 ~ 0.89	10			
HR 相机	—	0.50 ~ 0.80	2.36	单台：27 两台：54	± 25°	3

3. “资源三号”

“资源三号”（ZY-3）是我国首颗民用高分辨率光学传输型立体测图卫星，卫星集测绘和资源调查功能于一体，于 2012 年 1 月发射，设计工作寿命为 5 年。ZY-3 可对地球南北纬 84° 以内地区实现无缝影像覆盖，回归周期为 59d，重访周期为 5d，星上搭载的前、后视相机分辨率为 3.46m、幅宽为 52.3km；正视相机分辨率则为 2.08m、幅宽为 51.1km；搭载的多光谱相机分辨率为 5.78m、幅宽为 51km（详见表 1-13）。前、后、正视相机可以获取同一地区 3 个不同观测角度立体像对，能够提供丰富的三维几何信息，填补了中国立体测图这一领域的空白，具有里程碑意义。ZY-3 可用于 1∶50000 测绘产品的生产和更新，1∶25000 地形图修测以及其他专题测绘产品的生产，能够满足大范围基础设施建设规划、评估与环境监测的需求。

“资源三号” 02 星（ZY-3 02）于 2016 年 5 月发射，是我国首次实现自主民用立体测绘双星组网运行，形成业务观测星座，缩短了重访周期和覆盖周期，充分发挥双星效能，可长期、连续、稳定、快速地获取覆盖全国乃至全球的高分辨率立体影像和多光谱影像。ZY-3 02 前后视立体影像分辨率由“资源三号”卫星的 3.5m 提升到 2.5m，实现了 2m 分辨率级别的三线阵立体影像高精度获取能力，为 1∶50000、1∶25000 比例尺立体测图提供了坚实基础（详见表 1-13）。双星组网运行后，将进一步加强国产卫星影像在国土测绘、资源调查与监测、防灾减灾、农林水利、生态环境、城市规划与建设、交通等领域的服务保障能力。

表 1-13　“资源三号”卫星主要参数

卫星名称	“资源三号”卫星	“资源三号”02 星
运载火箭	长征运载	长征运载
发射地点	中国太原卫星发射中心	中国太原卫星发射中心
卫星重量	2630kg	2650kg
运行寿命	设计寿命 5 年	设计寿命 5 年
相机模式	全色正视；全色前视；全色后视；多光谱正视	全色正视；全色前视；全色后视；多光谱正视
分辨率（星下点）	全色：2.1m；前后视 22°全色：3.5m；多光谱：5.8m	全色：2.1m；前、后视 22°全色：2.5m；多光谱：5.8m

（三）海洋卫星

海洋卫星主要用于海洋水色的探测，为海洋生物资源开发利用、海洋污染监测与防治、海岸带资源开发、海洋科学研究等领域服务。我国海洋系列卫星包括海洋水色卫星、海洋动力环境卫星和海陆雷达卫星三大类。目前已发射 7 颗，其中 4 颗“海洋一号”系列卫星（即水色卫星）：“海洋一号”A 星（HY-1A）、“海洋一号”B 星（HY-1B）、“海洋一号”C 星（HY-1C）、“海洋一号”D 星，3 颗“海洋二号”系列卫星（即海洋动力卫星）：“海洋二号”A 星（HY-2A）、“海洋二号”B 星（HY-2B）、“海洋二号”C 星。

1.“海洋一号”

“海洋一号”A 星（HY-1A）是中国第一颗用于海洋水色探测的卫星，于 2002 年 5 月发射，2004 年 4 月停止工作，完成了海洋水色载荷的功能验证。星上搭载两台遥感器，一台是 10 波段的海洋水色扫描仪，另一台是 4 波段的 CCD 成像仪。“海洋一号”B 星（HY-1B）是 HY-1A 的后续星，于 2007 年 4 月发射。“海洋一号”卫星轨道为太阳准同步近圆形极地轨道，轨道高 798km，轨道周期 100.8min，三轴稳定姿态控制，其上搭载的海洋水色扫描仪（COCTS）覆盖周期为1d，主要用于探测海洋水色要素（叶绿素浓度、悬浮泥沙浓度和可溶有机物浓度）及温度场等；海岸带成像仪（CZI）覆盖周期为7d，用于获取海陆交互作用区域的实时图像资料以进行海岸带动态监测。“海洋一号”C星（HY-1C）是“海洋一号”系列的第三颗卫星，也是中国民用空间基础设施“十二五”任务中4颗海洋业务卫星的首发星，于2018年9月成功发射。卫星配置了海洋水色水温扫描仪、海岸带成像仪、紫外成像仪、星上定标光谱仪、船舶自动识别系统等五大载荷，与“海洋一号”A星和B星相比，观测精度、观测范围均有大幅提升。

“海洋一号”D星也于2020年6月发射，通过组建中国首个海洋民用业务卫星星座来大幅提高海洋光学遥感卫星的全球覆盖能力，为全球大洋水色水温环境业务化监测，以及中国近海海域与海岛、海岸带资源环境调查、海洋防灾减灾、海洋资源可持续利用、海洋生态预警与环境保护及气象、农业、水利等行业提供数据服务。

2.“海洋二号”

“海洋二号”A星（HY-2A）是我国第一颗海洋动力环境卫星，于2011年8月发射。该星集主、被动微波遥感器于一体，具有高精度测轨、定轨能力及全天候、全天时、全球探测能力。其主要任务目标是监测海洋动力环境，获得包括海面风场、海面高度场、有效波高、海洋重力场、大洋环流和海表温度场等重要海况参数。HY-2卫星为太阳同步轨道，寿命前期采用重访周期为14d的回归冻结轨道，每天运行13+11/14圈，寿命后期采用重访周期为168d的回归轨道，每天运行13+131/168圈。卫星搭载雷达高度计、微波散射计、扫描微波辐射计、校正微波辐射计，可全天候、全天时探测风、浪、流、潮及海温等海洋水文气象信息，为大幅提升海洋环境预报的准确度和时效性提供支撑。

“海洋二号”B星（HY-2B）于2018年10月发射，“海洋二号”C星（HY-2C）于2020年9月发射。与“海洋二号”A星相比，两星在观测精度、数据产品种类和应用效能方面均有大幅改进，将进一步提升我国海洋遥感业务化观测能力，提高我国海洋预报与监测预警水平和海洋防灾减灾与海上突发事件响应能力，服务海洋资源开发利用，为我国参与全球治理、共同应对气候变化提供技术支撑，助力新时代航天强国、海洋强国建设。

（四）环境与灾害监测预报小卫星星座

环境与灾害监测预报小卫星星座（简称HJ星座）是为实现环境和灾害大范围、

全天候、全天时的动态监测而建设，第一步战略是建成由 2 颗光学小卫星（HJ-1A、HJ-1B）和 1 颗合成孔径雷达小卫星（HJ-1C）组成的“2+1”星座，简称“环境一号”（HJ-1），初步形成对我国灾害和环境进行监测的能力；第二步战略是完成由 4 颗光学小卫星和 4 颗雷达小卫星组成的“4+4”小卫星星座，实现对灾害和环境的全天时、全天候监测。HJ-1A/1B 于 2008 年 9 月以“一箭双星”的方式发射；HJ-1C 于 2012 年 11 月发射，经在轨测试，发现图像存在一定质量问题，但仍可在应急救灾、科研领域等方面发挥一定作用。

在 HJ-1A 和 HJ-1B 上均装载有两台设计原理完全相同的 CCD 相机，以星下点对称放置，平分视场、并行观测，联合完成幅宽为 700km、地面像元分辨率为 30m、4 个波段的推扫成像。此外，在 HJ-1A 上还搭载一台超光谱成像仪，完成幅宽为 50km、地面像元分辨率为 100m、110 ~ 128 个光谱波段的推扫成像，具有 ± 30° 侧视能力和星上定标功能。在 HJ-1B 上还装载一台红外相机，完成幅宽为 720km、地面像元分辨率为 150m/300m、近短中长 4 个光谱波段的成像。另外，HJ-1A 还承担着亚太多边合作任务，搭载泰国研制的 Ka 通信试验转发器。HJ-1C 是中国首颗 S 波段合成孔径雷达卫星，轨道为 500km 高度的太阳同步轨道，具有条带和扫描两种工作模式，成像带宽度分别为 40km 和 100km。HJ-1C 的 SAR 雷达单视模式空间分辨率可达 5m，距离向四视处理分辨率为 20m，提供的 SAR 图像以多视模式为主。

（五）高分卫星

高分辨率对地观测系统重大专项（简称高分专项）是《国家中长期科学和技术发展规划纲要（2006—2020 年）》所部署的 16 个重大专项之一，由天基观测系统、临近空间观测系统、航空观测系统、地面系统、应用系统等组成，于 2010 年经过国务院批准启动实施，2013 年开始陆续研制发射新型卫星并投入使用，至 2020 年 12 月建成整个天基观测系统。“高分一号”“高分二号”已分别于 2013 年 4 月、2014 年 8 月发射，为光学遥感卫星；2016 年 8 月发射的“高分三号”为具有多种成像模式的 C 波段 SAR 卫星，最高空间分辨率 1m；2015 年 12 月发射的“高分四号”为地球同步轨道上的光学卫星，全色分辨率为 50m；2018 年 5 月发射的“高分五号”不仅搭载高光谱相机，而且搭载大气环境和成分探测载荷；2018 年 6 月发射的“高分六号”的载荷性能与“高分一号”相似；2019 年 11 月 3 日发射的“高分七号”则属于高分辨率空间立体测绘卫星；加上 2015 年 6 月发射的“高分八号”、2015 年 9 月发射的“高分九号”、2018 年 3 月发射的“高分一号”02、03、04 星、2018 年 7 月发射的“高分十一号”、2019年10月发射的“高分十号”，以及2019年11月发射的“高分十二号”，2020年10月发射的“高分十三号”、2020年12月发射的“高分十四号”，高分系列卫星已发射17颗覆盖从全色、多光谱到高光谱，从光学到雷达，从太阳同步轨道到地球同步轨道等多种类型，构成一个具有高空间分辨率、高时间分辨率和高光谱分辨率能力的对地观测系统。中国资源卫星中心负责民用高分系列卫星的数据处理与分发任务。

1. “高分一号”

“高分一号”（GF-1）卫星是高分专项的首颗卫星，于2013年4月发射，主要用户为自然资源部、生态环境部、农业农村部，同时还为中国其他10余个用户部门和有关区域提供示范应用服务。该星搭载了2台2m分辨率全色相机/8m分辨率多光谱相机，4台16m分辨率多光谱宽幅相机，设计寿命5~8年。“高分一号”卫星具有高、中空间分辨率对地观测和大幅宽成像结合的特点，2m分辨率全色和8m分辨率多光谱图像组合幅宽优于60km，16m分辨率多光谱图像组合幅宽优于800km，为国际同类民用对地观测卫星观测幅宽的最高水平，在大尺度地表观测和环境监测方面具有独特优势，在国土资源调查、环境监测、精准农业等领域发挥重要作用。

2018年3月，“高分一号”02、03、04卫星以“一箭三星”方式成功发射，组成我国首个民用高分辨率光学业务星座，用于国土资源调查、监测、监管与应急等主体业务，并可服务于环保、农业、林业、海洋、测绘等行业。

2. “高分二号”

“高分二号”（GF-2）卫星是我国自主研制的首颗亚米级民用光学遥感卫星，空间分辨率优于1m，卫星攻克了长焦距、轻型相机及卫星系统研制难题，突破了高精度高稳定度姿态机动、高精度图像定位技术，提升了低轨道遥感卫星长寿命高可靠性能，于2014年8月19日成功发射。该相机在国内高分辨率相机中首次采用了小相对孔径的设计，突破了传统遥感相机口径与分辨率之间关系的极限。“高分二号”搭载有两台高分辨率全色及多光谱相机，其星下点的全色分辨率0.8m、多光谱分辨率3.2m、地面覆盖宽度45km。具有亚米级空间分辨率、高定位精度和快速姿态机动能力等特点，有效地提升了卫星综合观测效能，达到了国际先进水平（GF-2卫星各指标、参数见表1-14和表1-15）。

GF-2的主要用户为自然资源部、住房和城乡建设部、交通运输部、国家林业和草原局等部门，同时还将为其他部门和有关区域提供示范应用服务。

表 1-14　GF-2 卫星轨道和姿态控制参数

参数	指标
轨道类型	太阳同步回归轨道
轨道高度	631km
轨道倾角	97.9080°
降交点地方时	10:30AM
回归周期	69d

表 1-15　GF-2 卫星有效载荷技术指标

载荷	谱段号	谱段范围 /μm	空间分辨率 /m	幅宽 /km	侧摆能力	重访时间 /d
全色及多光谱相机	1	0.45 ~ 0.90	1	45（两台相机组合）	± 35°	5
	2	0.45 ~ 0.52	4			
	3	0.52 ~ 0.59				
	4	0.63 ~ 0.69				
	5	0.77 ~ 0.89				

3.“高分三号”

“高分三号”（GF-3）卫星是一颗 1m 分辨率雷达遥感卫星，由中国航天科技集团公司研制，2016 年 8 月 10 日在太原卫星发射中心发射升空，它是中国首颗分辨率达到 1m 的 C 频段多极化合成孔径雷达成像卫星。“高分三号”卫星具备 12 种成像模式，涵盖传统的条带成像模式和扫描成像模式，以及面向海洋应用的波成像模式和全球观测成像模式，是世界上成像模式最多的合成孔径雷达卫星。卫星成像幅宽大，与高空间分辨率优势相结合，既能实现大范围普查，又能详查特定区域，可满足不同用户对不同目标成像的需求。此外，“高分三号”卫星还是中国首颗设计使用寿命 8 年的低轨遥感卫星，能为用户提供长时间稳定的数据支撑服务，大幅提升了卫星系统效能。

“高分三号”卫星可全天候、全天时监视监测全球海洋和陆地资源，通过左右姿态机动扩大观测范围、提升快速响应能力，可为国家海洋局、民政部、水利部、中国气象局等用户部门提供高质量和高精度的稳定观测数据，有力支撑海洋权益维护、灾害风险预警预报、水资源评价与管理、灾害天气和气候变化预测预报等应用。

4.“高分四号”

“高分四号”（GF-4）卫星是中国首颗地球同步轨道高分辨率光学遥感卫星，由中国航天科技集团公司空间技术研究院（航天五院）研制，于2015年12月29日在西昌卫星发射中心发射升空。它运行在距地面36000km的地球静止轨道，与“高分一号”“高分二号”卫星组成星座，具备高时间分辨率和较高空间分辨率的优势。“高分四号”卫星采用面阵凝视方式成像，具备可见光、多光谱和红外成像能力，可见光和多光谱分辨率优于50m，红外谱段分辨率优于400m，设计寿命8年，通过指向控制，实现对中国及周边地区的观测。

“高分四号”利用长期驻留固定区域上空的优势，实现实时区域性监测，可分钟级甚至秒级速度获取地面信息，将在监测森林火灾、洪涝灾害等方面发挥重要作用。

5.“高分五号”

“高分五号”（GF-5）卫星是生态环境部作为牵头用户的环境专用卫星，也是国家高分重大科技专项中搭载载荷最多、光谱分辨率最高、研制难度最大的卫星，于2018年5月9日在太原卫星发射中心成功发射。“高分五号”卫星首次搭载了大气痕量气体差分吸收光谱仪、主要温室气体探测仪、大气多角度偏振探测仪、大气环境红外甚高光谱分辨率探测仪、可见短波红外高光谱相机、全谱段光谱成像仪共6台载荷。其中，大气环境红外甚高光谱分辨率探测仪具有光谱分辨率高、太阳跟踪精度高、光谱定标精度高的技术特点；全谱段光谱成像仪具有谱段范围宽、空间分辨率高、辐射定标精度高的技术特点。

“高分五号”可对大气气溶胶、二氧化硫、二氧化氮、二氧化碳、甲烷、水华、水质、核电厂温排水、陆地植被、秸秆焚烧、城市热岛等多个环境要素进行监测。

6.“高分六号”

“高分六号”（GF-6）卫星是一颗低轨光学遥感卫星，也是中国首颗精准农业观测的高分卫星，设计寿命为8年，于2018年6月2日在酒泉卫星发射中心成功发射。“高分六号”卫星配置2m全色相机、8m多光谱相机、16m多光谱中分辨率宽幅相机，2m全色/8m多光谱相机观测幅宽90km，16m多光谱相机观测幅宽800km。“高分六号”还实现了8谱段CMOS探测器的国产化研制，国内首次增加了能够有效反映作物特有光谱特性的“红边”波段。

“高分六号”卫星与在轨的“高分一号”卫星组网运行，使遥感数据获取的时间分辨率从4d缩短到2d，大幅提高对农业、林业、草原等资源监测能力，为农业农村发展、生态文明建设等重大需求提供遥感数据支撑。

7.“高分七号”

“高分七号”卫星由中国航天科技集团公司所属空间技术研究院总体部研制，是我国自主研发的亚米级民用光学立体测绘卫星。星上搭载0.8m分辨率的双线阵立体测图相机及一个星载激光雷达。将在高分辨率立体测绘图像数据获取、高分辨率立体测图、城乡建设高精度卫星遥感和遥感统计调查等领域取得突破。

8.“高分八号”

“高分八号”（GF-8）卫星于2015年6月26日在太原卫星发射中心成功发射升空，它由中国航天科技集团公司空间技术研究院抓总研制，主要应用于国土普查、城市规划、土地确权、路网设计、农作物估产和防灾减灾等领域。

9.“高分九号”

“高分九号”（GF-9）是高分专项的一颗光学遥感卫星，地面像元分辨率最高可达亚米级，主要应用于国土普查、城市规划、土地确权、路网设计、农作物估产和防灾减灾等领域，可为“一带一路”等国家重大战略实施和国防现代化建设提供信息保障。卫星与相机采用了多项新技术，实现了卫星快速机动、稳定成像的功能，相机全色分辨率0.5m，多光谱分辨率2m。

（六）天绘卫星

“天绘一号”是中国第一代传输型立体测绘卫星，主要用于科学研究、国土资源普查、地图测绘等领域的科学试验任务。“天绘一号”01星、02星、03星分别于2010年8月、2012年5月和2015年10月发射成功并组网运行。“天绘一号”一体化集成了5m三线阵CCD相机、2m高分辨率全色相机和10m多光谱相机共三类5个相机载荷（详见表1-16），实现了中国测绘卫星从返回式胶片型到CCD传输型的跨越式发展，在中国首次实现了影像数据经过地面系统处理，无地面控制点条件下，与美国航天飞机搭载的SRTM获取DEM数据相对精度12m/6m（平面/高程1σ）同等的技术水平。同时形成了中国第一个完全自主产权和国产化的集数据接收、运控管理、产品生产和应用服务为一体的地面应用系统。未来，航天测绘将重点发展光学、微波、重力、磁力等4种17型50余颗天绘卫星。

表 1-16　天绘卫星参数

卫星名称	“天绘一号”01 星	“天绘一号”02 星	“天绘一号”03 星
发射时间	2010 年 8 月 24 日	2012 年 5 月 6 日	2015 年 10 月 26 日
轨道高度 /km	约 500	约 500	约 500
轨道倾角 /°	97.3	97.3	97.3
轨道偏心率	0	0	0
相机类型	2m 分辨率全色相机、10m 分辨率多光谱相机、5m 分辨率三线阵全色立体相机	2m 分辨率全色相机、10m 分辨率多光谱相机、5m 分辨率三线阵全色立体相机	2m 分辨率全色相机、10m 分辨率多光谱相机、5m 分辨率三线阵全色立体相机
星下点像元分辨率	全色 2m、三线阵全色 5m、多光谱 10m	全色 2m、三线阵全色 5m、多光谱 10m	全色 2m、三线阵全色 5m、多光谱 10m
侧视角 /°	0	± 10	± 10
幅宽 /km	60	60	60
光谱 / 波段范围 /μm	蓝：0.43 ~ 0.52 绿：0.52 ~ 0.61 红：0.61 ~ 0.69 近红外：0.76 ~ 0.90	蓝：0.43 ~ 0.52 绿：0.52 ~ 0.61 红：0.61 ~ 0.69 近红外：0.76 ~ 0.90	蓝：0.43 ~ 0.52 绿：0.52 ~ 0.61 红：0.61 ~ 0.69 近红外：0.76 ~ 0.90
回归周期 /d	58	58	58
摄影覆盖范围	南北纬 80°之间	南北纬 80°之间	南北纬 80°之间
降交点地方时	13:30	13:30	13:30
是否具备编程能力	是	是	是
拍摄能力 / （km^2/d）	100 万	100 万	100 万

（七）遥感系列卫星

从 2006 年 4 月“遥感卫星一号”发射成功，至 2018 年 1 月“遥感卫星三十号”被成功送入太空，遥感系列卫星已应用于国土资源勘查、环境监测与保护、城市规划、农作物估产、防灾减灾和空间科学试验等领域，对中国国民经济发展发挥积极作用。

三、小结

遥感卫星能够长时间、周期性获取地球观测数据，具备数据获取快速、成本低且不受区域限制的特点，已成为人们获取地球空间信息的重要手段。长期以来，世界各国竞相发展航天遥感技术，陆续发射了多种系列遥感卫星，包括光学卫星、高光谱卫星、微波卫星以及非成像电磁卫星等，为各国国防建设、经济建设、科学研究、民生服务和社会可持续发展等提供了大量数据。目前，中国已建成由资源卫星、环境减灾卫星、气象卫星、海洋卫星、高分卫星、科学试验卫星等系列卫星组成的空间对地观测体系，具备了全球、区域和特定目标监测的能力，卫星数据逐步实现业务化应用，数据自主保障和服务能力大幅提升，有力地推动了中国卫星规模化和产业化应用。总体来看，国内外遥感卫星发展展现如下态势：

1）遥感卫星向高空间分辨率、高光谱分辨率、高时间分辨率方向发展。在过去的几十年里，遥感卫星空间分辨率不断提升，目前遥感卫星空间分辨率已达到亚米级，有效提高了对地面目标的识别能力，随着光电器件性能的提升，卫星遥感影像的分辨率将进一步提高；光谱分辨率方面，美国 EO-1 卫星 Hyperion 成像仪共 220 个波段，光谱分辨率为 10nm，Proba 卫星的 Chris 成像仪光谱分辨率最高达 1.2nm，光谱分辨率的提高大幅提升了遥感卫星对地物识别能力和参数反演精度；时间分辨率方面，为了满足高频率动态变化监测需求，很多卫星采用了较强的姿态机动能力设计，大幅缩短重访周期，同时还通过发展小卫星星座、静止轨道卫星等方式有效提高了观测任务的时效性。

2）多系列、多任务遥感卫星协同规划、动态组网，空间对地观测迈入天基网时代。自 1960 年美国发射全球第一颗气象卫星 TIROS-1 以来，已有几百颗遥感卫星发射升空。针对不同监测对象、监测目的，形成了气象、海洋、资源等各类专业卫星系统和卫星星座，并通过编队技术、星际协同技术等，实现了不同类型的卫星组网运行。为了保护地球环境安全，世界各国和国际组织还构建了多个综合运用全球卫星资源的对地观测系统，如地球观测组织（Group of Earth Observations，简称 GEO）实施的全球地球综合观测系统（Global Earth Observation System of Systems，简称 GEOSS）、欧洲的 GMES 等，“天网”正逐步形成。

3）全球范围的对地观测数据共享逐步推进。如同所有资源具有短缺的固有特性一样，对地观测数据资源也因为经济、技术、空间环境等多方面要素的约束，有限的对地观测数据资源总是不能满足难以穷尽的社会经济发展、国家安全和科学研究对其日益增长的应用需求，存在资源“短缺”问题。任何一个领域、一个行业，甚至一个国家通过多发射观测卫星来解决上述问题是不经济的、不科学的，事实上也是不可能实现的。对地观测数据共享已逐渐成为世界各国对地观测技术与应用业界的共识，是国际组织成功实施全球对地观测系统计划的核心，更是提高对地观测技术与应用效能、保持对地观测技术与应用领域健康可持续发展亟须解决的根本性问题。

4）商业遥感卫星蓬勃发展并逐步成为市场主导。全球商业遥感卫星进入技术全面更新和产业化发展时期，高空间分辨率遥感卫星成为商业遥感卫星主流，以美国与法国为代表的航天大国通过积极的政策导向和资金扶持，加快了新一代高性能遥感卫星的研制和商业化运行，形成了政府监管、企业运营、“官助民办”的商业模式，已形成了以 Pleiades 系列、WorldView 系列等卫星星座为代表的商业遥感卫星服务体系。

第二节　光学遥感技术现状与趋势

光学遥感利用可见光、近红外和红外电磁谱段对地物进行观测，它是遥感技术中发展最早、最成熟，也是目前对地观测和空间信息领域中应用最为广泛的技术手段。光学遥感技术经历了从摄影测量初期的灰度图像获取到数百甚至几千波段的高光谱图像获取的发展历程，随着近年来光学成像、电子学与空间技术的飞速发展，高空间、高光谱和高时间分辨率遥感技术不断取得新突破，为光学遥感数据处理与应用技术发展创造了前所未有的机遇和广阔前景。光学遥感数据包含了丰富的地物空间和光谱信息，在农林调查、海洋目标监测、灾害防治、城市规划等方面得到广泛应用。

一、高分辨率可见光遥感技术

（一）航天高分辨率可见光遥感技术

1. *发展现状*

（1）国外发展现状

高空间分辨率一直是光学遥感发展中持续追求的一项非常重要的技术指标。自 1994 年美国政府将分辨率不高于 0.5m 的卫星图像应用合法化以来，美国商业遥感卫星得到快速发展，在军用和商用高分辨率遥感方面技术水平处于世界领先地位，具有高分辨率广域探测能力、红外探测能力、轨道机动能力和成像指向调整能力。1999 年，美国 Ikonos-2 卫星成功发射，开辟了分辨率优于 1m 的商业遥感卫星新纪元。2014 年，美国政府将光学商用遥感分辨率限制进一步放宽到 0.25m。按照时间与技术发展特点，可以将美国高分辨率商业卫星划分为三代。第一代以 Ikonos-2 和 QuickBird-2 卫星为代表。Ikonos-2 上装载的延时积分 CCD（TDICCD）相机，星下点分辨率达到 0.82m；

QuickBird-2 相机星下点分辨率达到 0.61m。第二代以 WorldView-1、GeoEye-1 和 WorldView-2 三颗商业光学遥感卫星为代表，其中，WorldView-1 的相机星下点分辨率达到 0.5m；GeoEye-1 的相机星下点分辨率达到 0.41m；WorldView-2 的相机星下点分辨率达到 0.46m。第三代以 WorldView-3/4 为代表，其星下点分辨率达到 0.31m。另外，2017 年美国 Planet 公司发射了 SkySat-8 卫星，整星重量约 100kg，空间分辨率达到 0.7m。除美国之外，法国的高分辨率对地观测实力也处于世界领先地位，其军事卫星太阳神-2（Helios-2）的分辨率（全色）为 0.35m，Pleiades 星座的分辨率为 0.7m。2017 年印度相继发射了 Cartosat-2D、Cartosat-2E 以及 Cartosat-2F 3 颗高分辨率光学测绘卫星，空间分辨率达到 0.65m，大幅提升了其高精度测绘水平。2018 年 2 月日本发射 IGS-Optical 6 高分辨率光学侦察卫星，空间分辨率达到 0.3m，使其高分辨率对地侦察能力进一步提升。

（2）国内发展现状

2007 年，我国发射了“资源一号”02B 卫星，在配置线阵 CCD 相机的基础上，还配置了我国第一台民用高分辨率 TDICCD 相机，分辨率为 2.3m。继“资源一号”02B 之后，我国又成功发射了约 30 颗中高分辨率光学成像卫星，主要用于国土资源勘查、环境监测与保护、城市规划、农作物估产、防灾减灾和空间科学试验等领域。其中通过高分辨率对地观测系统重大专项，已成功发射“高分一号”（GF-1）高分宽幅、“高分二号”（GF-2）亚米全色、“高分三号”（GF-3）1m 雷达、“高分四号”（GF-4）同步凝视等多颗卫星，极大丰富了我国自主的对地观测数据源。“高分一号”01 星是中国高分辨率对地观测系统的首发星，搭载了两台 2m 分辨率全色 /8m 分辨率多光谱相机，4 台 16m 分辨率多光谱相机；“高分一号”02、03、04 卫星于 2018 年 3 月 31 日以“一箭三星”方式在太原卫星发射中心成功发射，是我国首个民用高分辨率光学业务星座；“高分二号”卫星的发射使我国民用遥感卫星首次达到了亚米级成像能力，全色分辨率 0.8m；“高分四号”卫星实现了地球同步轨道 50m 的分辨率，它是目前世界上分辨率最高的地球静止轨道卫星。我国还发展了以“高景”为代表的高分辨率商业遥感卫星，“高景一号”卫星是我国首个自主研制的高分辨率商业遥感卫星星座，全色分辨率 0.5m、多光谱分辨率 2m，四星组网后全球任一点皆可实现一天重访。

2. 发展趋势

（1）国外发展趋势

从国际高分辨率光学遥感卫星发展来看，其历程呈现分辨率指标逐渐提高的趋势，从 Ikonos-2 卫星的 0.82m 分辨率到 WorldView-3/4 卫星的 0.31m 分辨率，分辨率不断提升，相应的高分辨率遥感图像数据应用面也得到极大拓展，高分商业遥感市场蓬勃发展，商业遥感卫星服务体系逐步形成；同时，国际航天大国高分辨率对地观测卫星已经具备了较强的敏捷成像能力，卫星姿态控制能力也逐步提高，姿态测量部件正朝着更高的精度、更高的动态范围以及更高的数据更新频率等方向发展。在卫星设计方面，采用卫星平台载荷一体化设计理念，大大减轻了卫星的质量和惯量；在 TDICCD 器件不断发展的同时，延时积分 CMOS（TDICMOS）器件应用成为重要的发展趋势，相机成像水平得到不断提升；模块化标准化的低成本光学成像技术发展受到各国重视，卫星研制周期缩短，成本等逐步降低。高轨光学成像卫星具有监视范围广、时间分辨率高的特点，在日间无云的理想情况下，可对拍摄区域内的目标进行持续观测，甚至视频观测；它还具备动态目标探测能力和动态目标揭示的潜力。高轨高分辨率光学成像遥感技术是未来技术研发的重点之一。

（2）国内发展趋势

我国高分辨率光学遥感卫星发展迅猛，载荷观测能力取得较大进步，但相比国外先进水平仍然存在一定差距，卫星姿态稳定度、敏捷性、载荷分辨率、载荷在轨开机时间等有待提高，遥感数据质量亟待提升。我国有效载荷在设计和研制过程中，存在片面追求载荷某些显性指标的先进性、忽视遥感系统整体应用效果的问题，导致图像质量稳定性、定量化水平无法满足应用需求；加之高性能基础元器件、材料供应受限，我国核心元器件、基础材料和制造工艺等工业基础落后于国外先进水平，使得遥感数据市场被国外公司长期垄断，国产卫星数据市场发展受到限制。针对目前国内外高分辨率航天遥感技术发展现状，我国应从国家层面尽快建立全国协调一致的对地观测科学技术发展规划，实现资源的统一规划与调度；同时，加大商业遥感卫星的发展力度，建立自己的卫星数据服务商业运作模式，扩大市场份额。另外，还应提高我国高分辨率卫星的敏捷能力、姿态稳定度和卫星载荷一体化设计能力，提升图像质量和系统整体应用效果，提升载荷的自主研制能力。

（二）航空高分辨率可见光遥感技术

1. 国外发展现状

航空遥感具有机动灵活、响应快、成本低、时效性强等特点，是高分辨率对地观测的一种重要手段。欧美等发达国家的航空对地观测目前最高分辨率达到了厘米级，并形成了有人机与无人机相结合，涵盖光学、红外、合成孔径雷达的综合观测系统。从 20 世纪 80 年代开始，发达国家开始研发传输型高分辨率远距离斜视实时传输型侦察相机，至今已具有很高的水平，代表性的产品主要有 Goodrich 公司的 DB-110，BAE 系统公司的 F-9120，以色列 ELOP 公司的 LOROP 相机。其中，以 DB-110 的应用最为广泛，成功应用于多种航空侦察平台，包括“旋风”战机、F-111、F4、P-3、F-15 和“捕食者”B 等飞机平台。目前，已经有超过 10 个国家（美国、日本、英国、沙特、波兰、希腊等）装备了 DB-110 侦察系统。以色列 LOROP 远距离斜视侦察相机已被瑞典、韩国等国空军采用。另外，随着计算机、通信技术的迅速发展以及各种重量轻、体积小、探测精度高的数字化新型传感器的不断面世，无人机遥感系统正逐步成为卫星遥感、有人机遥感和地面遥感的有效补充手段，给遥感应用注入了新鲜血液。NASA（AMES 中心）一直将无人机民用对地观测作为其重要任务之一，2007 年 9 月起，美国空军陆续将 3 架“全球鹰”无人机移送给 NASA，组织开展了太平洋行动（GloPAC）、飓风和风暴哨兵计划（HS3）、冬季风暴和太平洋大气河流行动（WISPAR）等科学试验；另外，NASA 与挪威联合组织开展极地监测与评估项目（AMAP），利用挪威 CryoWing 固定翼无人机获取了 27000 幅影像。目前，国外主流的数码航摄像机的生产厂商及其产品主要包括 VEXCELImaging 公司的 UltraCamD 大像幅数码航摄像机、Z/I Imaging 公司的 DMC 大像幅数码航摄像机、Leica 公司生产的 ADS40/ADS80 推扫式数码航摄仪。其中 UltraCamD、DMC 均为多面阵传感器，ADS40/80 成像方式为线阵推扫方式，它们均在国内外测绘生产部门得到广泛应用。在航空遥感及摄影测量数据处理方面，国际主流的商业软件包括自动化功能较强的多用途数字摄影测量工作站，如 Autometrie、LH System、Z/I Imaging、Erdas 等产品；其次是部分自动化的数字摄影测量工作站，如 R-Wal 及 3D Mapper，ESPA Systems 等产品；另外还有一系列遥感处理软件系统，主要具备航空光学遥感正射影像等产品处理功能，如 ER Mapper、Matra、MicroImages、LPS、Inpho 等系列产品。

2. 国内发展现状

我国在高精度轻小型航空遥感、无人机遥感、高效能航空 SAR 遥感等方面开展了大量研究，自主研发了多种类型的可见光航空遥感载荷，并在测绘、地矿、农业、环保、减灾、军事以及重大工程建设中发挥了重要作用；从“十一五”开始至今，科技部通过国家科技计划加大了对我国无人机遥感科技创新能力建设的支持，在无人机航空高精度遥感载荷数据获取、处理与应用技术以及应急救灾快速反应能力方面部署了一系列任务，服务于国民经济建设。近年来，各行业部门和民营企业根据不同的应用需求，研发和探索了各类小型无人机的遥感应用与业务运作模式，作为航空遥感的重要组成部分，已广泛应用于各部门各行业的遥感监测业务中，且保持迅速增长的发展态势。国产高分辨率可见光数字航摄仪有中国科学院长春光学精密机械与物理研究所研制的 AMS-3000 机载大视场三线阵航摄仪、中国测绘科学研究院研制的 SWDC 系列数码航摄仪、CKAC 系列宽角航摄仪。特别是 CKAC200 宽角航摄仪，其作业效率是国际品牌航摄仪作业效率的两倍以上，立体测图精度、成像质量和稳定性均已领先国际先进水平，可满足中国不同天气、不同海拔条件下测制不同比例尺地图的需要。我国自主研发了相应航空遥感图像处理系统、数字摄影测量软件，初步形成了从航空光学遥感数据获取到产品数字化输出、分发的技术体系，DPGrid、PixelGrid 等新一代数字摄影测量数据处理平台、全数字摄影测量系统 VirtuoZo、数字摄影测量工作站 JX-4 等优势软件占据了国内摄影测量 99% 的市场份额。

二、红外遥感技术

红外遥感是继可见光遥感之后发展起来的又一光学遥感重要手段，它通过探测目标的红外辐射能量获取目标信息，具有全天时工作的优点。自 20 世纪 60 年代开始，红外遥感技术经历了半个多世纪的发展过程，在气象环境监测、地球勘探、军事侦察等领域具有广泛应用。目前，星载红外遥感仪器按波段数量大体可以分为多光谱红外成像仪和高光谱红外探测仪。

（一）多光谱红外成像仪

多光谱红外成像仪以美国陆地观测卫星 Landsat 为代表。Landsat 5、Landsat 7 搭载了单波段热红外传感器，空间分辨率可达 120m，幅宽 185km；Landsat 8 上搭载了双波段热红外传感器 TIRS（10.3 ~ 11.3μm 和 11.5 ~ 12.5μm），主光学部分采用折射式推扫系统，空间分辨率 100m，幅宽 185km。此外，美国发射的 Terra 和 Aqua 卫星搭载了中分辨率成像光谱仪（Moderate-Resolution Imaging Spectroradiometer，简称 MODIS），该传感器在 3.6 ~ 14.4μm 中长波红外范围内具有 17 个波段，空间分辨率 1km，幅宽 2330km，用于对陆表、生物圈、固态地球、大气和海洋进行长期全球观测；同时，该卫星还搭载了先进的空间热辐射反射测量仪（Advanced Spaceborne Thermal Emission and Reflection Radiometer，简称 ASTER），拥有 5 个热红外波段（8 ~ 12μm），空间分辨率 90m，主要用于矿产调查、大气、陆地、海洋的监测。2008 年我国环境与灾害监测预报小卫星 HJ-1A/1B 发射成功，其中 HJ-1B 搭载了一台单波段热红外传感器和一台多波段中红外传感器，星下点空间分辨率300m与150m，波段范围10.5～12.5μm和3.5～3.9μm，幅宽为720km。我国2018年发射的“高分五号”卫星搭载了全谱段光谱成像仪，拥有4个热红外波段（8～12.5μm），空间分辨率40m，幅宽60km。在气象卫星应用中，美国NOAA-15～19卫星和欧空局MetOp极轨气象卫星均采用了先进甚高分辨率辐射计AVHRR/3，其红外波段（10.8μm和12.0μm）采用HgCdTe探测器，空间分辨率1.1km，幅宽2900km。美国静止气象卫星GEOS-12～15搭载了5通道成像仪，包括2个热红外通道（10.2～11.2μm、13.0～13.7μm），采用南北步进、东西连续的二维扫描方式，空间分辨率4km。美国新一代GEOS-R卫星搭载的先进基线成像仪、日本Himawari-8/9卫星的AHI成像仪、韩国GEO-KOMPSAT-2A卫星的AMI成像仪以及欧空局MTG-I卫星的FCI成像仪均具有类似性能。其中FCI成像仪具有16个通道，红外通道空间分辨率可达2km。我国2004年和2006年先后发射的两颗“风云二号”静止气象卫星FY-2C/2D、2016年发射的“风云四号”静止气象卫星，其上搭载的多通道成像仪均具有热红外通道，其中FY-2C/2D热红外通道（10.3～11.3μm、11.5～12.5μm）空间分辨率5km，FY-4拥有9个热红外通道（6.2～13.3μm），空间分辨率4km，相关技术紧跟美国的NOAA和GOES气象卫星。

（二）高光谱红外探测仪

高光谱红外探测仪通过测量大气光谱获得大气温度/湿度立体分布、云厚度以及大气成分等数据，属于大气探测类载荷，也是目前国际红外遥感研究热点之一。第一代高分辨率红外探测仪HIRS搭载于1975年发射的Nimbous-6卫星，拥有16个红外通道，之后搭载于NOAA-6～19卫星，拥有19个红外通道。此后，NASA的Aqua卫星搭载了大气红外探测仪AIRS，采用光栅分光方式，长波8.80～15.4μm、中波6.20～8.22μm、短波3.74～4.61μm，光谱分辨率分别为0.55cm^{-1}、1.2cm^{-1}、2.0cm^{-1}，星下点空间分辨率13km；欧空局MetOp-A/B卫星上的红外大气探测干涉仪IASI，拥有8461个通道，波谱范围在645～2760cm^{-1}，光谱分辨率0.5cm^{-1}，光谱采样间隔0.25cm^{-1}，幅宽2200km，空间分辨率12km，可提供大气温度和湿度垂直结构信息，用于开展数值天气预报；欧空局第三代气象卫星MTG-S搭载红外探测仪IRS，它采用迈克尔逊干涉仪以及焦平面技术，空间分辨率4km，光谱分辨率0.625cm^{-1}，主要用于大气温度及湿度探测和风廓线分析；美国Suomi NPP卫星上的跨轨扫描红外探测仪CrIS，在3个波长范围内有1305个通道，长波650～1095cm^{-1}（15.38～9.14μm）、中波1210～1750cm^{-1}（8.26～5.71μm）及短波2155～2550cm^{-1}（4.64～3.92μm），光谱分辨率分别为 0.625cm^{-1}、1.25cm^{-1} 及 2.5cm^{-1}，采用迈克尔逊干涉仪，空间分辨率 14km，幅宽 2300km，提供高分辨率三维温度、气压和湿度廓线。另外，日本 2009 年发射的用于温室气体探测的 GOSAT 卫星搭载了 TANSO-FTS 传感器，共设 4 个谱区，谱区 1（0.758 ~ 0.775μm）主要用于监测大气中的 O_2；谱区 2（1.56 ~ 1.72μm）主要用于反演 CO_2、CH_4 柱总量；谱区 3（1.92 ~ 2.08μm）包含许多水汽强吸收波段，用于判断 FTS 视场内是否存在云和高层气溶胶；谱区 4（5.56 ~ 14.3μm）为热红外波段（TIR），主要用于反演大气 CO_2、CH_4 廓线，光谱分辨率 0.2cm^{-1}。我国于 2008 年发射的“风云三号”极轨气象卫星搭载了红外分光计 IRAS，光谱范围 0.69 ~ 15.0μm，通道数 26，地面分辨率 17km；随后，我国“风云四号”搭载了红外干涉式大气垂直探测仪，光谱通道数超过 1650 个，光谱分辨率 0.625cm^{-1}，空间分辨率 16km，用于获取大气温度和湿度垂直结构观测数据；2018 年发射的“高分五号”卫星搭载了大气环境红外甚高分辨率探测仪，光谱范围 750 ~ 4100cm^{-1}（2.4 ~ 13.3μm），是中国首个采用太阳掩星观测方式的甚高光谱分辨率红外光谱仪，光谱分辨率高达 0.03cm^{-1}，实现了国产高精度红外探测仪研制的新突破。

红外遥感技术在地质和矿产、水资源和水文工程、农业、林业、大气和气象、环境、生态、海洋以及军事应用等领域有着广阔的应用前景。目前，红外遥感成像的空间分辨率远低于可见光遥感，一定程度上限制了红外遥感的应用。随着红外探测器及制冷技术、大口径低温光学技术、高精度定标技术等的不断发展，具备高空间和高光谱分辨率的高性能红外传感器研制技术、定量化和精细化的红外遥感应用技术成为目前红外遥感探测技术的发展趋势。

三、激光雷达遥感技术

激光雷达（LiDAR）遥感是一种主动式光学遥感，它以微波雷达原理为基础，将激光作为发射源，对激光穿过传输介质产生的延时、频移，以及激光导致介质引起的吸收、弹性散射、拉曼散射、荧光等信号进行遥测，从而反演出介质的物理和光学特性信息，具有角分辨率高、距离分辨率高、速度分辨率高、测速范围广、能获得目标的多种图像、抗干扰能力强等优点。随着超短脉冲激光技术、高灵敏度的信号探测和高速数据采集系统的发展和应用，激光雷达以它的高测量精度、精细的时间和空间分辨率以及大的探测跨度而成为一种重要的主动遥感工具。自 20 世纪 60 年代以来，激光雷达测距技术得到迅速发展并日臻完善，已广泛应用于数字城市建设、地形地理测绘、数字水利、海洋管理与开发、数字森林、环境生态监测、地质学、农业、野外考察、考古、电力系统巡检和国防应用等领域。

（一）机载激光雷达技术

1. 国外发展现状

机载激光雷达技术起源于20世纪60年代的美国，在初期阶段主要是激光测深技术机理的研究，以美国、加拿大、澳大利亚为代表。1968年，希克曼（Hickman）和霍格（Hogg）搭建了世界上第一个激光水深测量系统，论证了蓝绿激光探测水下目标的可行性。随后，美国海军推出了机载脉冲激光测深系统PLADS，NASA研制出了机载激光水深测量仪ALB，并推出了具有扫描和高速数据记录能力的机载海洋激光雷达系统AOL。加拿大遥感中心于20世纪70年代末成功研制了机载激光水深测量系统MK-1和二代系统MK-2。澳大利亚电子实验室于1976年成功研制了非扫描的WRE-LADS-Ⅰ试验系统以及具有全方位扫描、数据记录和定位能力的WRELADS-Ⅱ系统。20世纪80年代，机载激光雷达测深技术得到了进一步发展，美国等起步较早的国家各自研制出了具有扫描、定位和高速数据记录功能的二代测深系统，不仅可以测深，而且可以测绘海底地貌。到20世纪90年代，机载激光测深系统逐步进入实用化阶段，在第二代系统的基础上，增加了GPS定位功能，并且系统具有自动控制航线和飞行高度的功能，如美国军方和加拿大合作研制了实用的水文探测系统SHOALS，瑞典和加拿大合作研制了实用的Hawk Eye系统，澳大利亚研制了实用的机载激光水文勘测系统LADS。20世纪90年代末开始，机载激光雷达系统进入商业化应用阶段，系统的重复频率得到进一步提高，半导体泵浦固体激光器和双波长系统极大增强了系统的探测能力，而且系统的体积、重量和能耗均有所减少，机动性和续航时间增强。目前激光测深系统中比较先进的商业化系统有SHOALS 3000T和Hawk Eye Ⅲ等，Hawk Eye Ⅲ可以非常容易地安装在飞机上，具备航线规划软件和数据自动后处理程序，可同时采集水深和地形数据，实现陆地和海面的无缝测量，自2005年投入使用以来，在欧洲和美洲多个区域完成了多项近岸海域的测量工作。另外，美国INTEVAC公司从20世纪90年代初开始研制InGaAs三维成像EBCMOS相机，配合不同的选通时序获取目标的三维信息，该相机成像距离达到2km，已在北约盟国的激光主动侦察系统中应用；美国先进科技公司2009年推出的TigerEye 3D闪光激光探测成像系统，采用InGaAs APD阵列，达到了128×128像元，主动光源为1.57μm波长的激光，激光脉冲能量大于3MJ，可以穿过尘土、雾、烟或其他模糊状况进行成像，最大成像距离可以达到

1.5km；美国麻省理工学院林肯实验室（MITLL）研制的机载雷达成像研究实验平台（ALIRT）采用 128×32 阵列规格的 InGaAs 盖革雪崩焦平面器件，完成了 2000km²/h 区域覆盖率的广域地形测绘，在 3km 飞行高度上其距离分辨率达 10cm。

2. 国内发展现状

我国激光雷达技术的研究比国外大约晚 10 年，随着研究的深入和硬件技术的发展，激光雷达技术在我国有了巨大发展。中国科学院光电研究院、中国科学院上海技术物理所率先成功研制了具有自主知识产权的机载激光雷达系统及配套软件，具备了小于 30kg 的轻小型机载激光雷达系统的研制能力。华中科技大学于 2003 年研制了我国第一套机载激光雷达水下探测试验系统，采用 1064nm 和 532nm 双波长激光器，重复频率 100Hz，在海上试验探测到了水深 80~90m 的海底回波信号。“九五”期间，中国科学院上海光学精密机械研究所和海洋测绘研究所开展了机载激光测深系统 LADM 研究，其最大探测深度可达 50m，测深精度为 ±0.3m，测量重复频率 1kHz；2013 年，该所还成功研制了机载双频激光雷达系统样机，由海洋测绘和陆地测绘两台激光器组成，其中海洋测绘激光器输出近红外和蓝绿双波长激光，分别用于测量海面和海底的反射信号，重复频率为 1kHz，最大测量深度 50m（Ⅰ类水质环境）；2017 年，完成了 Mapper 5000 产品定型，最大实测深度达到 51m，最浅水深达到 0.25m，测深精度为 0.23m（统计水深范围为 7~45m），海洋测点密度为 1.1m×1.1m，陆地测点密度为 0.25m×0.25m。

表 1-17 列出了目前国内外常见商业化机载 LiDAR 设备的基本参数。

表 1-17　常见 LiDAR 设备基本参数

设备名称	制造商	最大航高 /m	最小航高 /m	发射频率 /kHz	扫描频率 /Hz	扫描角 /°	回波次数	重量 /kg
ALS80-HA	Leica	5000	100	500	100	75	无限	80
ALTM Galaxy	Optech	4700	150	550	100	60	无限	34
LMS-Q1560	RIEGL	4700	50	800	400	60	无限	69
ax60	Trimble	4700	50	400	200	60	无限	75
Li-Eagle400	北京数字绿土	2050	2.5	950	—	80	无限	36
ARS-1000	武汉海达数云	920	—	550	200	330	无限	—

3. 发展趋势

轻/微小型无人机载激光雷达系统具有重量轻、功耗低、适应性广、方便快捷等特点，能够克服有人机平台飞行作业受气象条件、机场以及空管的影响较大、作业周期长等不足，也不会受到车载系统作业受道路限制等的影响，成为各国优先发展的新型对地观测应用技术。当前国际无人机载激光雷达技术以美国2001年在“线锯”（JIGSAW）计划中由哈里斯公司和MIT林肯实验室合作研发的“捕食者”等中小型无人机载激光雷达为代表，实现了植被信息提取和植被下遮蔽目标的有效探测；芬兰大地测量研究所克服了激光雷达主动成像方式带来的高功耗、大载重问题，研制了重约5kg的低空微小型无人机载激光雷达系统，并开展了数据定标及应用模型验证工作。我国以中国科学院光电研究院自主研制的我国首套实用化微小型、低功耗激光雷达系统“AoEagle光电鹰”为代表，该系统的全系统重量仅3.5kg，功耗仅13W，安装操作简单、便捷，可灵活搭载于浮空器、轻小型无人机、汽车等多种移动平台，能够实现各类复杂地形环境下的高密度、高精度激光雷达点云数据快速获取。与发达国家相比，我国机载激光雷达技术的应用研究起步晚，发展程度还相对落后，为促进机载激光雷达应用的快速发展，应对机载激光雷达的系统组成、数据和图像信息处理技术进行更为深入的研究，积极探索激光雷达新体制，并不断向激光雷达的远程化、多传感器集成化、多功能应用一体化及数据处理智能化等方向发展。

（二）星载激光雷达技术

1. 国外发展现状

在对地观测方面，国外已发射多颗载有激光雷达探测器的卫星，从最初的激光测距，发展到探测云和气溶胶，再到实现大气三维风场的测量，星载激光雷达的探测能力逐步增强，对星载激光雷达的研究越来越受到重视。1994年9月，第一个星载激光雷达系统LITE由“发现号”航天飞机送入近地轨道。该系统为大气探测研究而设计，使用3波长后散射激光雷达对全球60° N～60° S范围内的大气气溶胶、云和大气边界层进行探测，用于论证星载激光雷达进行大气探测研究的可行性。NASA于1996年发射了NEAR和SLA01测距激光雷达，使星载激光雷达具备了探测更多大气参量的能力。2003年，NASA发射了第一颗主要用于极地冰盖测量的冰、云和陆地海拔测量卫星ICESat，搭载了第一台星载对地观测激光高度计GLAS。GLAS共安装3台激光器，采用半导体激光器泵浦、被动调Q的Nd：YAG激光器，通过倍频同时输出基频和倍频波长，重复频率40Hz，1064nm输出脉冲能量75MJ，532nm输出脉冲能量35MJ，垂直分辨率为

10cm，水平分辨率为 170m。2006 年 4 月，NASA 和 CNES 合作研制世界上首台业务型的正交偏振云 – 气溶胶激光雷达 CALIOP，用以探测气溶胶和云的光学性质与形态的垂直分布廓线，采用了全固态 Nd：YAG 激光器，发射波长为 1064nm 及其倍频的 532nm，能量均为 110MJ，重复频率 20.25Hz，光束发散角 100μrad。CATS 空间激光雷达是 NASA 在 2012 年提出的计划安装在国际空间站 ISS 上的多波长散射型气溶胶和云测量激光雷达，在 532nm 波段具有高光谱分辨激光雷达（HRSL）的测量能力，于 2015 年 1 月发射升空。该激光雷达为 3 波长（355nm、532nm 和 1064nm）激光雷达，主要目标是在 CALIPSO 卫星失效后，能够继续 CALIPSO 星载激光雷达的气溶胶和云剖面的数据测量任务。2018 年 8 月 23 日，ESA 首个激光测风雷达卫星 ADM-Aeolus 成功发射，其上搭载大气激光多普勒测量设备 ALADIN，直接从太空探测全球大气的三维风场。2018 年 9 月 15 日，NASA 成功发射卫星 ICESat-2，其上搭载星载激光雷达 ATLAS，共发射 6 束脉冲，分 3 组平行排列，它仅使用 532nm 波段探测，每秒发射 1 万次，主要用于测量海冰变化、地表三维信息，并测量植被冠层高度用以估计全球生物总量。

在深空探测方面，激光雷达也发挥了重要作用。1994 年美国发射了月球探测器 Clementine，该卫星上搭载了一台激光高度计，配合成像相机进行月球表面三维形貌的探测。日本于 2007 年发射的月球探测卫星 SELENE，其运行高度距离月球表面 100km，获取了一幅月球全球地形图，空间分辨率优于 0.5m，利用这些数据可模拟月球岩石圈的力学性能。2008 年印度发射首颗月球探测卫星，其同样搭载了激光高度计（LLRI）获取月球三维形貌，仪器设置两档测距分辨率，粗分辨率为 1.5m，精分辨率为 0.25m，测距精度为 5m。2009 年，在美国重返月球计划中，发射了 LRO 月球探测卫星，其搭载激光高度计 LOLA，测量和寻找月球两极的冰。

2. 国内发展现状

我国于 2007 年发射的第一颗月球探测卫星"嫦娥一号"上搭载了一台激光高度计，实现了卫星星下点月表地形高度数据的获取，为月球表面三维影像的获取提供服务，是我国发射的首例实用型星载激光雷达。近年来，国内多家单位也开始进行星载激光雷达的研究，如中国科学院安徽光机所研发了多种激光雷达，取得了很好的应用效果；中国科学技术大学研发了米 – 瑞利 – 钠荧光和多普勒测风激光雷达；西安理工大学发展了多套不同类型的多波长拉曼偏振大气探测激光雷达产品；中国科学院上海光机所和中国电子科技集团分别研发了测风激光雷达系统；北京理工大学也研制了一台拉曼 – 米散射激光雷达进行气溶胶探测。

（三）高光谱激光雷达技术

高光谱激光雷达技术属于一种全新的主动探测体制，兼具了激光雷达探测和高光谱探测成像的优势，通过激光光源主动发射宽谱段激光脉冲并探测后向回波，从回波中提取被测目标的光谱信息和测距信息，可以从中获取被测目标的几何特性、距离信息、光谱特征等属性。高光谱激光雷达能够克服目前通过分立仪器获取目标数据后融合、配准的困难，并突破自然光照条件的限制，实现三维成像与高光谱一体化对地观测，满足目标精细识别与分类等应用需求，逐渐成为国际科学研究的热点。

1. 国外发展现状

国外已有相关机构开展了高光谱激光雷达探索研究工作。英国伦敦大学 Mullard 空间科学实验室相关研究人员通过仿真手段分析了多谱段点云数据获取的可能性，采用 532nm 和 1064nm 两个谱段的激光作为光源，用分色片将两组回波分离，射向对应的 APD 单元，来实现两个谱段点云数据的获取。爱丁堡大学研究团队提出了 4 波长冠层探测多光谱激光雷达设计方案，利用设计的 4 个波段（531nm、550nm、660nm 和 780nm）激光雷达探测了归一化植被指数（NVDI）和光化学植被指数（PRI）并用来完成植被探测和虚拟森林监测。芬兰地球空间研究所（FGI）自 2007 年起开展高光谱激光雷达技术研究，进行基于测距信息 - 光谱信息 - 点云分类的林业应用探索，设计并研制了一台基于超连续谱光源的双波长通道激光雷达系统；2012 年，FGI 又在国际率先研制出基于超连续谱激光源的全波形高光谱激光雷达系统，系统的光谱覆盖范围为 450 ~ 1050nm，可获取 16 个波长通道的全波形回波数据，利用该系统对挪威云杉进行探测，获取了多谱段的三维点云数据，并进行了包括后向反射率、含水量、叶绿素含量、NVDI 等植被参数提取。另外，芬兰防务技术研究中心、美国空军实验室也都开展了基于超连续激光源的激光雷达技术研究与实验，这些研究多采用红外谱段连续谱光源，以目标识别分辨为应用背景。国外相关研究成果见表 1–18。

2. 国内发展现状

我国学者于 2010 年起开展相关研究工作。武汉大学研究团队搭建了多光谱激光雷达实验室原理验证装置，该装置具有 4 波长通道的发射与接收探测的能力，并且能够获取目标测距信息和光谱信息，测量距离为 4.3m；2012 年，基于该装置采集的数据，对多种植被的含氮量和含水量等参数进行了提取，并对植被进行了分类；随后，又开展了基于该验证装置的光谱强度校正研究，利用该 4 波长（531nm、570nm、670nm、780nm）多光谱全波形激光雷达系统探测了归一化植被指数和光化学植被指数。中国科学院光电研究院自 2014 年起在高光谱激光雷达点云处理技术、激光雷达辐射定标理论、基于高光谱激光雷达同时获取空间 – 光谱信息技术思路的主被动共光路一体化成像技术等方面开展深入研究，2016 年实现了可同步探测光谱范围覆盖可见 – 近红外 – 短波红外的全波形激光回波的 8 通道原理验证样机系统；2017 年使用样机系统开展了测量实验，测量实验紧密结合国际对高光谱激光雷达的研究思路和趋势，对多种目标进行了探测，目标涵盖反射板、靶标布、植物、矿石标本等共计 25 种。目前光电研究院研制的原理样机的探测能力随着研究的深入显著提升，平均探测距离由前期的 3m 提升至 30m，部分特征波长的探测距离可达到 50m。该研究团队在前期研究的基础上，还创新性地提出了移动式高光谱激光雷达技术。2020 年，研制了基于超连续激光源与光栅分光器件的移动式高光谱激光雷达原型验证系统，该系统具备 16 波长通道回波测量能力，目前已获取了四波段的激光高光谱点云数据。利用可移动式平台与扫描装置的配合，实现了室内目标激光高光谱点云数据在空间和时间上的连续获取。中国科学院遥感与数字地球研究所设计了一个 32 通道的高光谱激光雷达系统，工作波长 409 ~ 914nm，平均光谱分辨率 17nm，其植被探测实验距离为 10cm；该团队还研制了 4 通道全波形多光谱激光雷达原理样机，获取带有光谱信息的三维点云，同时探测光谱变化和全波形激光雷达回波信号，用于结构信息和生化组分信息提取。

表 1–18　国外相关研究成果

研究机构	研究内容	研究成果	成果应用
芬兰地球空间研究所	超连续激光源全波形高光谱激光雷达系统	基于超连续激光源的 2 通道全波形高光谱激光雷达系统；基于超连续激光源的 16 通道全波形高光谱激光雷达系统	植被参数提取及森林检测
爱丁堡大学	多光谱激光雷达原型系统	4 波长通道冠层探测多光谱激光雷达系统（multispectral canopy LiDAR，简称 MSCL）	观测植被生长情况
芬兰防务技术研究中心	基于超连续激光器的长距离主动式高光谱探测	输出功率 16W、波长范围 1000 ~ 2300nm 的超连续激光器（SC），作用距离 1.5km，仅接收提取光谱信息，未获取激光点云数据	目标识别
密歇根大学，美国空军实验室	基于高功率短波红外的超连续激光器的主动式高光谱探测技术	输出功率 5W、波长范围 1.55 ~ 2.35μm 的超连续激光器（SC），发射光作用距离 1.6km，CCD 传感器距目标 5.6m	目标识别

从国内外高光谱激光雷达的相关研究可以看出，研究人员主要通过两种方式来进行系统设计，一种是采用多个单色激光器组合的方式，另一种是采用超连续谱激光器作为光源。采用多个单色激光器组合成发射光源的方式仅能获取几个通道的光谱数据，应用场景有限；此外，多个激光器的同步控制和光束融合也较为复杂，接收单元还需要采用滤光片进行分光，整个系统功耗较大且体积庞大，难以做到小型化和轻量化，不利于应用和推广。采用超连续谱激光器作为发射光源的方式可以实现数十至乃数百个光谱通道的激光回波获取，可以得到光谱信息丰富的三维点云数据，这也是当前国际主流研究首选的技术方案，具有较大的发展潜力和广阔的应用前景。

（四）激光雷达数据处理技术

根据不同的应用需求，激光雷达点云数据处理的流程和方法也不尽相同。通用的点云数据处理流程包括预处理、滤波分类及根据应用需求的进一步数据后处理，如目标探测识别、建模及数字地图制图等。伴随商业化激光雷达硬件系统的发展，形成了一批成熟的激光雷达系统，如荷兰 Fugro 公司的 FLI-MAP、Leica 公司的 ALS70，加拿大 Optech 公司的 ALTM Gemini，德国 TopSys 公司的 FALCON Ⅲ等，这些系统都开发了相应的激光雷达点云数据预处理软件。然而，激光雷达数据后处理算法及软件发展相对滞后。目前主要的激光雷达数据处理软件有芬兰的 Terrasolid、Leica 公司旗下的 ERDAS-LPS 模块、德国 Inpho 公司 Inpho 软件的 DTMaster 模块、美国 Merrick 公司的 MARS 软件、Applied Imagery 公司的 Quick Terrain Modeler 软件以及 Pointools 公司推出的 Pointools 软件等。我国也开展了数据处理软件研制工作，中国科学院遥感与数字地球研究所发布了国内首套专注于点云数据处理及行业应用的免费软件点云魔方，具备点云数据加载与展示、点云数据预处理、建筑物建模、制备应用等功能；之后又发布了针对第一代星载激光雷达 ICESat-1/GLAS 数据的处理与应用的波形激光雷达数据处理与应用软件——波形魔方，具备波形显示、数据预处理、波形分析、地形测绘、植被应用等功能。另外，数字绿土自主研发了一款专业激光雷达点云数据处理和分析软件 LiDAR360，主要功能包括海量点云数据可视化编辑、基于严密几何模型的航带匹配、点云自动 / 手动分类、地形产品生成、林业分析、电力巡检。

针对多回波激光雷达波形振幅、回波宽度等信息有效挖掘的需求，国内外研究者尝试开展了激光雷达数据辐射定标与校正的探索性研究，试图消除系统扫描角、发射脉冲对回波数据的影响，但地物自身的方向性反射以及不同地物间的多次散射对波形数据的影响等机理性问题很大程度上制约了研究的深入和广度，多回波激光辐射传输机理的深刻认识和研究已成为当前业界关注的重点问题。中国科学院光电研究院、武汉大学、中国地质大学、中国测绘科学院、中国林业科学研究院等单位在激光雷达数据点云及图像处理、地面目标三维信息提取、激光雷达数据反演与应用方面也取得了一定的技术积累和相关成果。但是，目前我国在激光雷达高精度辐射传输建模、高可靠数据定标、回波信息的精准提取和定量应用等方面的研究尚不深入，难以支撑各行业对经济高效激光雷达数据获取及目标物理属性高精度反演的定量应用需求，激光雷达数据应用的广度和深度还有待进一步发掘。

（五）激光雷达技术发展趋势

从国内外空间激光遥感技术发展来看，空间激光遥感技术从单一功能向多功能发展，从定性探测向定量遥感发展，其主要发展趋势包括：

1）发展多波长、多体制综合探测激光雷达设备，实现多要素定量、连续观测。新技术和新器件不断面世，必将促进激光雷达性能不断改善。通过更高灵敏度的探测技术和更高性能的光源技术，可提升系统的测点密度和探测深度等探测能力；采用更加先进的激光器技术，可不断拓展探测波段，获取更加丰富的光谱剖面信息。另外，新的激光遥感体制正在不断提出，可以实现更多信息的同步测量，在测量地形的同时，提供海底底质、海洋光学参数、生物量等更加丰富的数据产品，形成具备综合能力的遥感设备。在测绘激光三维成像领域，由单波束向多波束发展，由传统的单脉冲激光测距向光子计数测距发展，由单一探测器向探测器阵列发展，实现从窄视场单点测量发展到宽视场阵列探测器测量。

2）向高效率、紧凑型发展，实现多平台应用，提高空间和时间分辨率，实现全球观测。一方面，利用地基激光雷达构建地面监测网络系统，结合机载激光雷达和星载激光雷达构建空基测量系统和卫星遥感系统，利用空中和卫星平台有效范围覆盖大的特点，提升大尺度监测能力，精确测量被测目标的全方位连续实时立体化信息；另一方面，将激光主动遥感、微波遥感、红外遥感等多种遥感方式相结合，发挥各自优势，实现复合探测。

3）激光雷达数据处理速度不断提升及应用领域不断拓展牵引探测机理研究的不断深入。一方面，将成熟的数据处理算法固化到硬件系统内，实现实时数据处理，加快数据成果的输出；另一方面，激光雷达接收到的回波信息并不能直观体现出被测目标的一些深层次特征信息，需要加强机理研究，提升获取目标信息参数的广度和准确度。同时，开展激光与生物量、环境要素和气象要素等相互关联关系的探索，也将为激光探测开辟新的研究领域。

四、高光谱遥感技术

高光谱遥感技术是在成像光谱学基础上发展起来的集光谱探测与成像为一体的新型光学遥感信息获取技术，它具有光谱分辨率高、成像波段多、图谱合一、数据量大等特点，在地物精确分类、目标识别、地物特征信息提取等应用方面拥有巨大优势。特别是近十年来，各种机载、星载和专用高光谱成像系统的成功研制，使其成为地质勘测、海洋研究、植被研究、大气探测、环境监测、防灾减灾、军事侦察等领域的一项重要技术手段。高光谱遥感技术被认为是自遥感技术问世以来与成像雷达技术并列的最重大的两项技术突破，它的出现和发展使人们通过遥感技术观测和认识事物的能力产生了又一次飞跃，也续写和完善了光学遥感影像从黑白全色影像经由多光谱到高光谱的全部影像信息链。

（一）机载高光谱成像技术

1. 国外发展现状

20 世纪 80 年代初，NASA 喷气推进实验室（JPL）成功研制出第一台机载成像光谱仪 AIS，1987 年又研发了机载可见光 / 近红外成像光谱仪 AVRIS。1996 年，美国宇航公司研制出第一台机载热红外成像光谱 SEBASS，用于固体、液体、气体及化学挥发物的探测与识别；并于 2010 年研制了高性能机载热红外高光谱成像仪 MAKO，与 SEBASS 系统相比性能明显提高，探测光谱范围 7.8 ~ 13.4μm，通道数量 128 个，空间分辨率 547μrad。1998 年，美国夏威夷大学地球物理学与行星学研究所研制了机载高光谱成像仪 AHI，主要用于矿物勘测。2004 年，美国斯坦尼斯空间中心研制了一台用于分析近海海水的物理、化学和生物性质的机载推帚式光谱仪——海岸研究成像光谱仪 CrIS，用于研究天然和人工的入海水流（包含生物和化学污染物等）的各种生物效应。

除美国外，其他国家也相继开展了高光谱成像设备的研制工作。1989 年，加拿大 ITRES Research 公司推出了第一种商业上使用的小型机载成像光谱仪 CASI，之后又推出了短波红外的 SASI、中波红外的 MASI 和热红外的 TASI，该系统成像可以通过编程来调整波段数和视场宽度，可组成空间（spatial）、光谱（spectral）和全帧（full）三种工作模式。1993 年，芬兰 Specim 公司研制了一种推扫式成像系统 ASIA，该系统由高光谱扫描组件、微型 GPS/INS 传感器和计算机数据获取单元构成。1997 年，澳大利亚集成光电公司 ISPL 研制生产了一台机载扫描成像光谱仪 HyMap，是典型的航空高光谱成像仪，其在 0.45 ~ 2.5μm 光谱范围有 100 ~ 200 个波段，在商业勘探领域得到了广泛应用。2003 年，德国慕尼黑大学研制出一款机载可见、红外成像光谱仪 AVIS-2，最小化部件、体积、重量以保证在超轻型飞机中的应用，提高了图像数据的质量和沿轨多角度成像的能力。2005 年，瑞士和比利时共同研制了机载成像光谱仪 APEX，用于模拟 ESA 的 PRODEX 计划中的星载成像光谱仪，同时其辐射传递标准可为星载成像光谱仪提供依据和定标服务。随着探测材料、器件工艺、电子科学的发展，机载成像光谱技术日渐成熟，很多国家都研制出了自己特色的光谱仪，目前机载成像光谱仪已经发展到了商业运营阶段，其中芬兰 Specim 的 AISA 系统和加拿大 ITRES 的 CASI 系统是目前商业化程度最高的机载成像光谱仪系统。

2. 国内发展现状

我国机载高光谱成像技术的发展紧跟国际前沿，并跻身国际先进行列。先后研制成功了专题应用扫描仪、红光细分光谱扫描仪 FIMS、热红外多光谱扫描仪 TIMS、19 波段多光谱扫描仪 AMSS、71 波段的模块化航空成像光谱仪 MAIS、128 波段的 OMIS 以及 244 波段的推扫式成像仪 PHI 等。其中，OMIS 是一台光机扫描型高光谱成像仪，其波段覆盖全，从可见光到长波红外的所有大气窗口上均设置了探测波段，采用 70° 以上的扫描视场提高实用化作业效率，工作波段达到 128 个，并通过机上实时定标装置与实验室辐射和光谱定标装置，使系统具备提供定量化成像光谱数据的能力。PHI/WPHI 是 1997 年研制成功的机载推扫式高光谱成像仪，实现了高性能、实用化的总体设计，技术指标达到了国际先进水平，已成功应用于我国广西、新疆、江西等地的生态环境、城市规划等遥感应用项目和日本及马来西亚等国际合作项目。

（二）星载高光谱成像技术

1. 国外发展现状

在机载仪器研制的基础上，2000 年前后国际兴起了星载高光谱成像技术的发展热潮，许多国家进行了仪器研制和卫星发射，还有一些国家公开了自己的星载高光谱发展计划。1997 年 8 月，世界上第一颗载有超光谱成像仪的卫星 NASA/TRW LEWIS 发射，虽然发射失败，但开启了星载高光谱遥感技术发展的新时代。1999 年 12 月，美国 JPL 研制的首台在轨运行星载成像光谱仪——中分辨率成像光谱仪 MODIS，搭载在 Terra 卫星上发射升空，从 2000 年开始向地面传送图像；2002 年 5 月发射的 Aqua 同样搭载了该设备。MODIS 是当前世界上新一代“图谱合一”的光学遥感仪器，有

36 个光谱波段，光谱范围覆盖 0.4 ~ 14.4μm。2000 年 11 月，NASA 发射了载有高光谱成像仪 Hyperion 的对地观测卫星 EO-1，这是世界上第一颗成功发射的星载民用高光谱成像仪，其在可见 / 近红外及短波红外分别采用了不同的色散型光谱仪，使用推扫型的数据获取方式，在 350 ~ 2600nm 的光谱范围内拥有 242 个探测波段，光谱分辨率 10nm，空间分辨率 30m。2000 年 7 月，美国发射的 MightySat Ⅱ-1 卫星搭载了一台傅里叶变换高光谱成像仪 FTHSI，它是干涉式高光谱成像仪的典型代表，采用模块化设计，空间分辨率 28m（跨轨）× 30m（沿轨），光谱分辨率 85.4cm^{-1}。2009 年 5 月，美国发射的“战术卫星 -3”（TacSat-3）搭载高光谱成像仪 ARTEMIS，采用色散型成像光谱仪，空间分辨率达到 5m，光谱范围 0.4 ~ 2.5μm，光谱分辨率 5nm，主要用于战术侦察，具有很高的机动性和准实时战场数据应用能力。美国 EO-1 卫星、MightySat Ⅱ-1、TacSat-3 等高光谱卫星计划很大程度上引领着高光谱技术的发展趋势，在谱段细分、光谱分辨率、空间分辨率和星上智能处理等关键技术上，处于国际领先水平。

欧洲也先后发射了多颗高光谱成像卫星。2001 年，欧空局搭载紧凑型高分辨率成像光谱仪 CHIRS 的天基自主计划卫星 Proba 发射成功，该载荷采用推扫型数据获取方式，探测光谱范围覆盖 405 ~ 1050nm，共有 5 种探测模式，最多的波段数为 64 个，光谱分辨率 5 ~ 12nm，星下点空间分辨率 20m。2002 年，欧空局发射的环境卫星 ENVISAT-1 上搭载推扫型中分辨率成像光谱仪 MERIS，光谱范围 0.39 ~ 1.04μm，光谱分辨率可以通过编程进行调节，波段数可达 576 个，主要用于海岸和海洋生物探测及研究。欧洲全球环境与安全监测系统计划框架下分别于 2015 年 6 月和 2017 年 3 月发射了 Sentinel-2A 和 Sentinel-2B，其上载有一台 13 个谱段的高分辨率多光谱相机 MSI，光学系统采用推帚式成像方式和三反射镜消像散望远镜设计，幅宽 290km，光谱分辨率 15 ~ 180nm，空间分辨率为可见光 10m、近红外 20m、短波红外 60m。美国还将在 2023 年发射搭载高光谱和红外载荷的新一代对地观测卫星 HyspIRI，主要用于在生态系统和碳循环以及地球表面和内部焦点区域的各种科学研究，其光谱范围为 0.38 ~ 2.5μm，光谱通道数为 212 个，光谱分辨率为 10nm，地面幅宽为 145km，地面像元分辨率为 60m。

另外，日本计划 2021 年发射 ALOS-3 卫星，将承载高光谱 / 多光谱组件 HISUI，其中高光谱仪的光谱分辨率为 10 ~ 12.5nm，空间分辨率为 30m，幅宽为 30km。印度于 2017 年发射了 Cartosat-2E 卫星，其上搭载高分辨率光谱辐射度计 HRMX，用于自然资源普查、灾害管理、地面形态以及农作物、植被等探测，波段范围包括可见光范围 0.4 ~ 0.75μm 以及近红外波段 0.75 ~ 1.3μm，空间分辨率为 2m，地面幅宽为 10km；印度还计划发射 Cartosat-3，将搭载近红外光谱仪，用于陆地表面多用途探测，波段范围在 0.75 ~ 1.3μm，空间分辨率可达 1m，地面幅宽为 16km。德国的高光谱卫星计划——环境制图与分析计划 EnMAP 已于 2019 年发射，主要任务是提供地球表面适时的精确高光谱图像，卫星飞行高度为 643km，幅宽为 30km，空间分辨率为 30m × 30m，光谱范围为 420 ~ 2450nm，光谱波段数 244 个，可见及近红外波段采样谱宽 5nm，短波红外谱段采样谱宽 12nm。以色列航天局和意大利航天局共同合作开展了星载高光谱陆地与海洋观测任务 SHALOM，其空间分辨率优于 10m，幅宽大于 10km，光谱范围为 400 ~ 2500nm，光谱分辨率为 10nm，飞行高度为 640km，预计于 2021 年全面投入运营。

2. 国内发展现状

我国在机载高光谱成像仪的基础上，也积极推进星载高光谱成像仪的研制，并已成功发射了星载成像光谱系统。这些成像光谱系统的光谱范围从可见近红外、短波红外至热红外波段，波段数从几十个到几百个。2002 年 3 月，在“神舟三号”飞船中搭载了我国自行研制的中分辨率成像光谱仪，成为继美国在地球观测系统中 Terra 卫星上搭载成像光谱仪之后第二个将高光谱载荷送上太空的国家。其波段数为 34 个，覆盖了可见、近红外、短波红外和热红外波段，在可见近红外波段光谱分辨率为 20nm。2007 年 10 月发射的“嫦娥一号”探月卫星上，成像光谱仪也作为一种主要载荷进入月球轨道，这是我国第一台基于傅里叶变换的航天干涉成像光谱仪，其波段数为 32 个，光谱区间为 480 ~ 960nm，光谱分辨率为 15nm，空间分辨率为 200m。2008 年成功发射了环境和减灾小卫星星座 1A 卫星，搭载了一台干涉式高光谱成像仪 HSI，工作在可见近红外谱段 0.45 ~ 0.95μm，探测波段数 115 个，平均光谱分辨率 5nm，空间分辨率 100m，地面幅宽 50km。2011 年发射的“天宫一号”飞行器，搭载的高光谱成像仪工作谱段覆盖可见近红外和短波红外，空间分辨率达到 10m。2018 年 5 月，“高分五号”成功发射，它是世界上第一颗大气和陆地综合高光谱观测卫星，也是我国光谱分辨率最高、定量化性能最高、探测手段最多的卫星，配置了大气环境红外甚高光谱分辨率探测仪、大气痕量气体差分吸收光谱仪、全谱段光谱成像仪、大气主要温室气体监测仪、大气气溶胶多角度偏振探测仪及可见短波红外高光谱相机 6 台先进载荷，设计寿命 8 年，运行于太阳同步回归轨道，平均轨道高度 705km。

（三）高光谱数据处理与信息提取技术

伴随着高光谱成像技术的迅猛发展，高光谱图像处理与信息提取技术也不断取得新的突破，这方面研究主要包括数据降维、图像分类、混合像元分解和目标识别等方向。

1. 数据降维

高光谱数据降维技术主要是利用低维数据来有效表达高维数据信息，在降低数据冗余、压缩数据量的同时为地物信息提取提供优化的特征，可分为特征提取和特征选择两类方法。

（1）特征提取

主成分分析是最基本的高光谱数据特征提取方法，在此基础上，Fraser 和 Green 提出了定向主成分分析，Chavez 和 Kwarteng 提出了选择主成分分析，刘建贵面向城市地物光谱特征提取提出了基于典型分析的特征提取方法。针对主成分分析方法用于噪声统计分布复杂的图像时会出现严重偏差的问题，Switzer 和 Green 提出了最小 / 最大自相关因子分析方法，Gao 等提出了优化的 MNF 方法。此外，光谱特征提取在非线性处理方面也有一些研究成果，Wang 等提出了基于流形学习的非线性特征提取方法，一些学者还提出了基于核函数的非线性特征提取方法（如 Kernel NWFE 方法、Kernel LDA 方法、核主成分分析方法）。

（2）特征选择

特征选择同样是一种非常重要的高光谱数据降维方法，一直受到研究者的重视。常用的非监督波段选择算法目标函数包括 Bajcsy 和 Groves 提出的信息熵、一阶光谱导数、二阶光谱导数方法，Du 和 Yang 提出的相似度以及 Wang 等提出的单形体体积方法等；在监督波段选择算法中普遍采用的目标函数有离散度、Bhattacharyya 距离、Jeffries-Matusita 距离、最小估计丰度协方差等。

2. 混合像元分解

根据对物理过程抽象程度的不同，高光谱图像光谱混合模型可以分为线性光谱混合模型 LSMM 和非线性光谱混合模型 NLSMM。以线性光谱混合模型为基础的端元提取算法又可以根据设计思路分为几何学方法、统计学方法、稀疏回归方法和人工智能方法等。其中，几何学方法的研究历史最为悠久，算法最为丰富，其典型方法包括 PPI、NFINDR、VCA、SGA、SMACC、AVAMX、SVMAX、MVSA、MVES、RMVES 和 MVC-NMF 等；统计学方法将光谱解混视为一个统计推理问题，主要包括独立成分分析、依赖成分分析和贝叶斯分析等；稀疏回归方法是一类基于半监督学习的光谱解混方法，通常需要一个过饱和光谱库作为先验知识，主要包括 SPICE、SUnSAL、SUnSAL/TV 和 L1/2-NMF 等。近年，基于 LSMM 模型的混合像元分解算法的研究大多集中在已有算法的改进优化以及其他信息或者方法的引入；另外，人们还发展了基于人工智能的算法。非线性光谱混合模型是在线性模型中增加了光子与物体接触时的能量传递过程和光子在不同物体之间的多重散射，可以分为专用模型和通用模型。专用模型主要依据辐射传输理论，并且针对特定的地物类型，最有代表性的模型有 Hapke 建立的针对星球表面矿物的 Hapke 模型，李小文建立的针对植被结构化参数的几何光学模型，Suits 建立的针对植被冠层的 Suits 模型，还有同样针对植被冠层的 SAIL 模型等；通用模型不针对特定地物类型，避免引入复杂的物理过程，代表性的有 Singer 和 Mc Cord 提出的两端元双线性模型，Zhang 等提出的土壤和植被之间光谱相互作用的两端元双线性模型，Nascimento 和 Bioucas-Dias 提出的一种多端元双线性的 NM 模型，Fan 等提出的一种双线性的 FM 模型，Halimi 等提出的广义双线性模型等。另外，神经网络模型已经被广泛应用于混合像元分解过程。

3. 图像分类

高光谱图像分类方法可分为基于光谱特征分类、整合空间与光谱特征分类以及多特征融合分类。

基于光谱特征分类涵盖了高光谱图像分类的大部分方法，具体包括：①光谱曲线分析，即利用地物物理光学性质来进行地物识别，如光谱夹角填图等；②光谱特征空间分类，主要分为统计模型分类方法与非参数分类方法。基于统计模型的最大似然分类是传统遥感图像分类中应用最为广泛的分类方法；非参数分类算法一般不需要正态分布的条件假设，主要包括了决策树、神经网络、混合像元分类以及基于核方法的分类，如支持向量机和子空间支持向量机等。此外，针对小样本问题提出的半监督分类、主动学习方法可利用有限的已知训练样本挖掘大量的未标记像元样本。目前，基于稀疏表达的高光谱图像分类越来越受到关注，将稀疏理论与多元逻辑回归、条件随机场模型、神经网络等方法结合获得优化的分类方法；③其他高级分类器，多以模式识别及智能化、仿生学等为基础引入图像分类，如基于人工免疫网络的地物分类、群智能算法以及深度学习等。

整合空间－光谱特征的图像分类，具体包括：①整合空间相关性与光谱特征分类，可分为光谱－空间特征同步处理和后处理两种策略，基于随机场模型分类方法包括马尔可夫随机场及具有马尔可夫特性的模型，如条件随机场、马尔可夫链、隐马尔可夫随机场等；②面向对象的图像分类，如基于同质地物的提取与分类 ECHO、基于超像元的稀疏模型；③整合纹理特征与光谱特征分类，可归为结构分析法、统计分析法、模型化方法及信号处理方法，如 Clausi 利用灰度共生矩阵进行纹理提取，Li 等采用改进的灰度共生矩阵进行高光谱图像聚类分析，Shen 和 Jia 使用 Gabor 滤波器的纹理分割并分类，赵银娣等利用基于高斯马尔可夫随机场模型的纹理特征提取方法对高分辨率图像进行分类。

第三类方法为多特征融合分类，它将纹理、空间相关性、光谱特征以及其他特征融合用于高光谱图像分类，如 Chen 等用多种方法提取获得纹理特征，利用顺序前进法进行融合，再与光谱信息融合进行分类；赵银娣等将纹理特征、光谱特征及像元形状特征融合对遥感图像进行分类，取得了较好的效果。

4. 目标探测

目标探测一直都是高光谱遥感的优势和重要研究方向。根据是否有目标光谱的先验知识，目标探测算法可以分为需要已知被探测的目标的光谱信息（一个数据或多个光谱数据构成的集合）的监督算法和用于异常探测的非监督算法。早期的高光谱图像目标探测算法都是基于二元假设检验，如 Chen 和 Reed 提出的著名的自适应匹配滤波器（AMF）以及 Kraut 和 Scharf 等人提出的自适应余弦估计（ACE）。Matteoli 等人将 AMF 和 ACE 改进为局部自适应版本的 L-AMF 和 L-ACE，Harsanyi 提出的约束能量最小化（CEM）是另一个广泛使用的目标探测算法。稀疏表示等新技术也被应用于目标探测算法，如 Zhang 等人为高光谱图像目标探测建立了基于稀疏表示的二元假设模型和基于非线性稀疏表示的二元假设模型。在异常探测中应用最广泛的模型是概率统计学中的多元正态分布模型，许多研究者致力于改进 RX 算法，比较有代表性的包括子空间 RX 算法、邻域 RX 算法、迭代 RX 算法、局部自适应迭代 RX 算法、核 RX 算法、正则 RX 算法、拓扑 RX 算法以及加权 RX 算法、线性滤波 RX 算法等。此外，Khazai 等提出了基于单一特征的异常探测算法 SFAD，Banerjee 等提出了一种基于支持向量数据描述 SVDD 的高光谱图像异常探测方法，Li 和 Du 提出了一种基于协同表示的高光谱图像异常探测算法 CRD，Li 等提出了背景联合稀疏表示探测算法 BJSRD。

5. 发展趋势

当前高光谱遥感技术的发展也面临数据获取冗余量大、背景与应用变化时载荷指标不能动态调整、信息提取与信息服务时效性有待提高等问题，高光谱图像处理与信息提取技术需要在理论和方法上进一步创新。首先，随着计算理论和优化理论的不断发展，在模式识别、机器学习和人工智能领域涌现大量新理论、新方法和新技术，应加快高光谱图像处理与信息提取技术的多学科交叉应用；其次，随着高光谱图像实时处理需求的增加以及移动计算、近似计算、专用计算芯片等计算前沿技术的发展，应将高光谱图像处理算法与计算硬件相结合，解决算法与计算架构的匹配优化问题，实现信息在高维特征数据中的精准信息获取；再次，高光谱遥感技术的商用化和普及化将产生更多更具体的应用需求，迫切需要发展更先进、更有效的高光谱图像处理与信息提取方法，为高光谱遥感的应用发展提供支撑。

（四）高光谱遥感技术发展趋势

经过 20 世纪 80 年代的起步与 90 年代初期和中期的发展，至 90 年代后期，高光谱遥感应用由实验室研究阶段逐步转向实际应用阶段。迄今，国际已有许多套航空成像光谱仪与几个卫星成像光谱仪处于运行状态，在科学实验、研究以及信息的商业化方面发挥着重要作用，其总体发展趋势如下：

1）探测波段拓展，分辨率提高，技术性能不断提升。目前，国际已存在多种高光谱遥感观测卫星系统，探测波段范围覆盖了从可见光到热红外，光谱分辨率达到纳米级，波段数增至数百个，空间分辨率将覆盖百米量级、数十米量级、米量级，时间分辨率覆盖数天、数小时、数分钟，遥感信息获取能力正不断增强，高光谱遥感载荷正向着更大幅宽、更高分辨率、更宽谱段甚至是全谱段方向发展，以适应高精度、定量化遥感探测的需要。另外，核心分光元件开始由成熟的色散型及干涉型向多元化方向发展，光学加工工艺不断取得新的发展和进步，编码孔径型成像光谱技术、三维成像光谱技术等新的成像技术不断涌现，这些新原理、新方案的不断提出推动着高光谱成像技术的不断发展。

2）智能化、大数据时代的来临，推动数据处理技术和水平进一步提升，高光谱遥感技术应用领域进一步拓展。随着新型硬件和计算技术的提升，目标和背景光谱特性数据库的不断累积和建设，高光谱成像定标水平的提升及参数反演算法的不断发展，大范围运动目标的准确可靠探测和识别，海量高光谱数据的快速计算，以及神经网络、机器学习等技术的引入，高光谱数据处理能力显著提升并不断深化，应用领域涵盖地质勘测、海洋研究、植被研究、大气探测、生物医学和军事侦察等，正逐步形成高光谱影像“成像—处理—应用”的完整链路。面向高光谱遥感应用，发展以地物精确分类、地物识别、地物特征信息提取为目标的高光谱遥感信息处理和定量化分析模型，提高高光谱数据处理的自动化和智能化水平，开发专用的高光谱遥感数据处理分析软件系统和地物光谱数据库仍是高光谱遥感研究的主要任务，将推动高光谱遥感技术更精准地应用于更多更广的领域；同时，发展具备高光谱成像载荷参数自动定标优化、星上数据信息实时处理与产品生成能力的“智能”高光谱遥感卫星系统是未来发展趋势之一。伴随着高光谱成像遥感仪器分辨率的提高，获取信息维度越来越多，数据量呈现爆炸式增长，如何有效实现高光谱遥感大数据有效信息挖掘，提高数据压缩及数据传输效率，也是未来高光谱遥感需要解决的重要问题。

3）多平台搭载，实现全方位对地综合观测。一方面，高光谱遥感技术不断突破高时间、高空间、高光谱分辨率等，并通过多星多轨道组成卫星星座，满足实时性、广空域、宽时域、宽谱段观测需求；另一方面，高光谱成像仪器的搭载平台不断多样化，由原来的地面、机载、低轨发展到中轨、临近空间、高轨等，形成空天一体化观测网络。另外，随着小型无人机遥感技术及微纳卫星技术的发展，高光谱遥感也正在向着低成本、灵活机动、集成化及实时性强等方向发展。基于小型无人机的轻小型高光谱遥感技术在农林病虫害监测、大型货物光学分拣、安防监测、目标搜寻及抢险救灾等领域具有巨大的应用需求和价值；与微纳卫星技术的结合将促进一体化多功能结构、综合集成化空间探测载荷的创新发展，对未来高光谱遥感轻量化、集成化、系统化，实现空间组网、全天候实时探测具有重要的推动作用。

五、小结

光学遥感是应用领域和规模最为广泛的遥感技术，空间分辨率、光谱分辨率和时间分辨率的不断提高增强了光学遥感的对地观测能力，使其在各行业领域中的应用得以不断深入和拓展。光学遥感技术发展不仅体现在遥感载荷系统性能的提升，更在于数据的处理及信息的挖掘，具体包括：

1）高精准、智能化遥感系统不断研制。一方面，通过新体制、新方法研究与应用，光学遥感载荷空间、时间、光谱分辨率不断提高，地物探测能力显著提升；另一方面，构建具有星上成像参数自动优化、星上数据实时处理和信息快速下传能力的“智能型”遥感卫星系统是未来光学遥感卫星系统发展的一个重要方向。当前大多数光学遥感卫星所采用的固定成像模式，以及复杂的星地数据传输链路和传统的数据分发体制，严重影响了遥感卫星使用的时效性和应用的普及性。因此，智能遥感卫星系统将兼备差异性数据获取功能和智能化信息感知能力，是光学遥感卫星未来面向大众化和商业化发展的重要推进方向。

2）光学遥感图像处理技术快速发展。光学遥感图像在大气校正、图像分类、目标探测、混合像元分解以及参数反演等技术方面已经取得了很大发展。随着遥感卫星种类和数量的不断增加，基于光学遥感图像的多源数据融合技术越来越被大家所重视，通过更加全面、精准的地物遥感时、空、谱信息综合分析将大大提高人们定量化、高精度和高效能理解地球系统的能力。

3）大数据时代的到来加快了遥感数据信息挖掘获取能力。随着遥感数据获取技术的不断发展，光学遥感图像的空间、光谱与时间分辨率不断提高，遥感卫星数量呈爆发式增长，遥感技术与大数据的结合将大大促进光学遥感图像处理与信息提取效能，以实现光学遥感快速、准确、高效应用发展的目标。传统的光学图像处理方法在精度和效率上的不足，也限制了信息的挖掘和使用，基于人工神经网络的深度学习技术的不断创新，可以实现海量数据的高效自动计算和分析，在地物分类、目标检测以及场景理解等方面已展现出巨大的优势和发展前景。近年来，天地一体化对地观测技术的发展为开展光学遥感大数据分析提供了精确的地球表层系统多样化辅助认知数据，传感网、移动互联网和物联网的飞速发展实现了从数据采集到网络发布的技术流程保障，将空中的卫星和地面的传感设备紧密地联系在了一起。深度学习和人工智能科技的出现更将助力大数据时代下的光学遥感图像处理与应用技术的发展，引导光学遥感领域新的理论突破与技术创新。

第三节　微波遥感技术现状与趋势

微波遥感因其具有全天时、全天候、对地表和云层的穿透性以及信息载体多样性等特点，成为地球观测与空间探测的重要手段，并作为重要的战略技术方向得到世界各国的大力发展。微波是指频率为 300MHz ~ 300GHz 的电磁波，是无线电波中一个有限频带的简称，即波长在 1mm ~ 1m 的电磁波，是分米波、厘米波、毫米波、亚毫米波的统称。近年来，300GHz ~ 1THz 的亚毫米波 / 太赫兹频段、低于 300MHz 的射频无线电也逐渐在遥感中获得应用。根据微波遥感器接收能量的来源，可分主动微波遥感和被动微波遥感：主动微波遥感所探测的能量来自探测对象对于遥感器所发射的电磁波信号的反射 / 散射，主要包括合成孔径雷达、雷达高度计和微波散射计；被动微波遥感所探测的能量来自探测对象自身辐射（主要是热辐射）的电磁波，主要是微波辐射计。由于微波与自然 / 人工目标的相互作用主要体现为宏观介电特性、宏观几何特性和气体分子转动与振动能级，因此高精度定量化微波探测主要用于与水有关（如土壤湿度、植被生物量、海水盐度、冰雪覆盖与水当量等）、与表面粗糙度有关（如海面风场、海面波浪等）、与测距及测速有关（如海面高度、水位、海面流场等）以及与大气成分和大气水成物有关（如大气温度、湿度、降水、云、中高层大气成分等）的探测中。

国际微波遥感的发展始于 20 世纪 60 年代，经过一系列的探测试验与验证，自 70 年代开始，成为气象卫星和海洋卫星的重要有效载荷技术并在行星探测中获得应用，80 年代开始在气象和海洋预报中进行应用试验，90 年代在地球系统科学和全球变化研究中得到重视，进入 21 世纪空间微波遥感特别是微波遥感定量处理和分析在对地观测应用业务系统和科学研究中发挥关键作用。我国微波遥感发展起步于 20 世纪 70 年代，在国家科技攻关计划中一直被列为重点研究领域，通过国家“六五”“七五”“八五”重点攻关项目取得了一批合成孔径侧视雷达、微波散射计和辐射计的实际飞行图像和数据，进行了相应的理论研究。

一、微波辐射计及其应用

微波辐射计是一种被动微波遥感器，其本身并不发射电磁波，而是通过被动接收被观测场景目标辐射的微波能量来探测目标特性，其实质上是一种高灵敏度的接收机。它具有功耗低、体积小、质量轻和工作稳定可靠等特点，是气象卫星和海洋卫星的一种主要有效载荷，是气象和灾害监测的重要遥感手段之一，可以全天时、全天候观测大气垂直温度分布、大气水汽含量、降雨量和海面温度等全球性空间气象资料和海洋资料，从而实现中长期数值天气预报，提高天气预报的准确性，实现对海洋的实时和连续监测。

（一）国外发展现状

1962 年，美国发射了用来观测金星的“水手 2 号”（Mariner 2），其上搭载 2 通道（15.8GHz 和 22.2GHz）微波辐射计，第一次获取了太空微波辐射资料。1972 年，美国气象卫星 Nimbus-5 首次将微波辐射计作为主要有效载荷开展有云区域大气温度的探测，微波遥感一举成为气象卫星的重要探测手段。此后，1975 年发射的 Nimbus-6 搭载微波辐射计 ESMR、1978 年 Nimbus-7 搭载微波辐射计 SMMR。1978 年，用于大气探测业务的 TIROS-N 卫星发射，其上搭载微波辐射计 MSU，标志着微波辐射计进入业务应用阶段。MSU 为 4 通道微波辐射计，采用双旋转镜面天线，幅宽 2300km，空间分辨率 110km，用于从较低对流层到较低平流层的大气反演和大气垂直温度探测。MSU 一直是美国 NOAA 气象卫星的主要有效载荷之一，发射了近 10 颗，直至 1998 年，NOAA-15 发射，其上搭载新研制的 20 通道先进微波辐射计 AMSU，取代了原有较低分辨率微波辐射计，美国空间微波探测进入高速发展阶段。2011 年，美国新一代极轨气象卫星联合极轨卫星系统（JPSS）的先导星 NPP 发射，其上搭载 22 个通道的先进技术微波辐射计（ATMS），用来同时测量大气的温、湿度廓线，其通道在 AMSU-A 和 AMSU-B 基础上增加 51.76GHz、183 ± 4.5GHz 和 183 ± 1.8GHz，并将 89GHz 通道和 150GHz 通道分别换成 88.2GHz 和 165.5GHz，星下点分辨率 50km，幅宽 2300km，可以实现全球 1 日全覆盖。2015 年，美国发射的新一代极轨气象卫星 JPSS-1 投入业务应用。另外，美国于 1987 年开始陆续发射了军事气象卫星 DMSP 系列，搭载微波大气垂直探测仪（SMM/T）和微波成像仪（SSM/I），SMM/T（50 ~ 60GHz、91.5GHz、150.0GHz、183.0GHz）用于测量大气温度和湿度，SSM/I（19.3GHz、22.2GHz、37.0GHz、85.5GHz）用于获取大气、海洋、陆地某些特征的辐射图像，从而满足军事气象需求，在军事气象保障、天气预报、强对流天气和洪涝灾害探测等方面发挥了重要作用；从 2005 年发射的 DMSP-16 开始，搭载新一代微波辐射计 SSMIS，共 24 个通道，观测频率 23.8GHz 至 183.0GHz，通过圆锥扫描以固定的入射角对大气和地表的微波辐射进行探测，并利用探测数据反演大气和地表信息。2014 年，美国发射了 DMSP 卫星系列的第 19 颗星（DMSP-19）。

日本发展了用于海洋观测的多种类微波辐射计，主要用来测量海洋表面温度、表面风速、大气中水蒸气、云中含水量和降雨量等液态水含量、海冰年代和覆盖等。AMSR 是被动微波辐射计，日本在 2001 年发射的对地观测卫星 ADEOS-Ⅱ 上搭载了 AMSR 改进型多频率、双极化被动微波辐射计，其观测频率为 6.9 ~ 89GHz，共 14 个探测通道，天线主反射面直径 2m，可提供较高空间分辨率，扫描方式为圆锥扫描；AMSR-E 是在 AMSR 基础上进一步改进的，观测频率为 6.9 ~ 89GHz，共 12 个探测通道，天线主反射面直径 1.6m，圆锥扫描，它搭载在 NASA 对地观测卫星 Aqua 上于 2002 年发射升空，开始了全天候不间断观测海表温度，标志着海洋微波遥感技术的成熟和完全业务化。另外，2012 年 7 月日本全球水圈变化观测卫星 GCOM-W1 发射，其上搭载了第二代先进微波辐射成像仪 AMSR-2，增加了 7.3GHz 通道，并改进了定标功能。

俄罗斯在空间站和对地观测卫星上也装载了许多微波辐射计。2001 年 12 月 Meteor-3M 发射，其上搭载多通道微波辐射计 MTVZA，用来探测陆地和海洋表面、大气含水量及全球大气温度和湿度垂直分布，其观测频率为 18.7 ~ 183GHz，有 26 个探测通道，扫描方式为圆锥扫描。2009 年 9 月及 2014 年 7 月，改进的 MTVZA-GY 分别搭载在 Meteor-M N1 及 Meteor-M N2 上发射升空。

欧洲气象卫星组织的 MetOp 气象业务系列卫星中，微波遥感是服务数值天气预报的关键有效载荷，包括两个被动微波遥感器先进微波探测单元（AMSU-A）和微波湿度计（MHS）。其中 AMSU-A 频率覆盖为 23 ~ 90GHz，MHS 观测频率覆盖为 89 ~ 190GHz，采用交轨方向扫描，分别实现大气温度、湿度廓线探测和水汽总量、降水及云水、云冰等气象要素的探测。新一代 MetOp-SG 卫星则进一步加强了微波探测的能力，被动微波探测包括微波探测仪（23 ~ 229GHz）、微波成像仪（18 ~ 183GHz）和冰云成像仪（183 ~ 664GHz），微波散射计将增加交叉极化探测能力，提高风速探测范围和精度。

（二）国内发展现状

我国从 20 世纪 70 年代开始了微波辐射计的相关研究工作。1977 年研制了机载 3cm 微波辐射计，并参加了新疆哈密航空遥感飞行试验；1979 年研制的机载 3cm 扫描微波辐射计参加了长春净月潭地区综合性航空遥感试验，获得新立城水库的微波辐射图像，并在青岛胶州湾进行了胶州湾石油污染监测、海岸带和海洋地质调查的航空遥感试验；1980 年研制成机载 10cm 微波辐射计，参加了京津唐地区环境遥感调查飞行试验，获得了沿航线目标的微波辐射强度曲线，给出了典型地物对应的亮度温度；1983 年研制成机载 8mm 成像微波辐射计，获得海冰、海上油膜及黄河的微波辐射图像；1985 年研制成机载 1.35cm 微波辐射计，1988 年研制成机载 21cm 微波辐射计等。在星载微波辐射计方面，2002 年 12 月“神舟四号”飞船发射成功，其上搭载多模态微波遥感系统，包括了多频段微波辐射计 MFMR，采用 5 频段（6.6GHz、13.9GHz、19.3GHz、23.8GHz 和 37.0GHz）、双极化、全功率，主要用于土壤水分、降水、大气水汽含量、积雪分布、海面温度等探测。2008 年“风云三号”A 星发射，2010 年“风云三号”B 星发射，其上搭载 3 个微波辐射计，4 通道微波温度计用于全天候探测大气温度垂直分布，5 通道微波湿度计用于全天候探测大气湿度垂直分布、水汽含量、云中液态水含量、降水等，10 通道微波成像仪用于全天候探测全球降水、全球云的液态水含量和云水相态、全球植被、土壤湿度、海冰覆盖等。2013 年“风云三号”C 星发射，其上搭载的微波载荷有了重大突破：微波湿度计在 A/B 星 150GHz 和 183GHz 两个频率、5 个通道的基础上增加 90GHz 和 118GHz 两个探测频率、15 个探测通道，探测功能也由原来的单一湿度探测扩展为温湿度同步探测；微波温度计通道数从 4 个增加到 13 个，探测性能也有较大的提高；微波成像仪所获得的数据产品得到多方面的应用。

（三）发展趋势

从国内外微波辐射计发展历程和技术现状来看，微波辐射计发展表现出如下趋势：①向高频段发展：为了获得更多探测频段、更多探测信息，同时避开地面和空间通信信号干扰，微波辐射计探测频段已拓展至亚毫米波段，并向 200GHz 以上发展，主要用于探测大气温度和大气湿度；②向多通道及精细通道探测方向发展：细化探测通道能够更加细致地了解探测对象物理特性，特别是大气温度和湿度廓线探测，细化探测分层将提高三维反演精度；③向一体化方向发展：多频多极化共用设计，将减小微波辐射计的体积、质量；④向高分辨率发展：通过提高观测频率和增大天线尺寸提高地面分辨率，发展综合孔径微波辐射计、全极化微波辐射计等。我国应从需求出发，积极部署开展极轨轨道微波辐射计、同步轨道微波辐射计、多通道多极化全波段微波辐射计技术研究和产品研发；同时，不断积累空间遥感数据，发展观测目标反演技术。

二、合成孔径雷达及其应用

合成孔径雷达是一种主动微波遥感器，可全天时全天候获取高分辨率微波图像。经过多年的发展，SAR 从开始的单波段、单极化、固定入射角、单工作模式、二维成像，逐渐向多波段、多极化、多入射角、多工作模式、三维成像方向发展，天线也经历了固定波束视角、机械扫描、一维电扫描及二维相控阵的发展过程。SAR 在灾害监测、环境监测、海洋监测、资源勘查、测绘和军事等方面具有独特优势，越来越受到世界各国的重视。

（一）机载 SAR 技术

1. 国外发展现状

美国在有人机载和无人机载 SAR 领域的发展最为全面，包含了多个波段、多种功能、多种应用、多种机型的机载 SAR 设备，性能也较先进。

1）NanoSAR：它是一个超小型合成孔径雷达，载荷重量为 0.9kg，该系统全部采用机上实时成像处理。NanoSAR 工作在 X 波段，发射线性调频连续波（LF-CW），峰值功率为 15W；具有条带工作模式，分辨率 1m，作用距离 1km。NanoSAR 系统的载机包括“扫描鹰”和 E-BUSTER 小型无人机，其中“扫描鹰”无人机机长 1.2m，翼展 3m，续航时间大于 15h，载机重量 12kg。

2）“山猫”Lynx：它是一部轻型、高性能、多工作模式 SAR，雷达载波频率为 15.2 ~ 18.2GHz，天线类型为抛物面天线；具有条带模式、聚束模式和 GMTI 模式，条带模式最高分辨率为 0.3m，最远作用距离为 30km；聚束模式最高分辨率为 0.1m；GMTI 模式最小可检测速度为 11km/h。

3）AN/APY-3（E8-C JSTARS）：美国空军和陆军“联合监视目标攻击雷达系统”JSTARS 是当前美国军方最主要的战场监视雷达系统，装备雷达为 AN/APY-3，是 X 波段无源相控阵多模式侧视机载对地监视雷达。JSTARS 雷达具有两种基本的工作模式：运动目标指示（MTI）和合成孔径雷达，其中 MTI 模式还包括广域监视（WAS）、扇区搜索（SS）、攻击计划（AP）、攻击控制（AC）、小区域目标分类（SATC），它用于全天候对地面静止或运动目标进行探测、定位与跟踪，其探测距离可达到 250km。

4）“全球鹰”HISAR 系统：HISAR 机载高分辨率监视 / 侦察雷达系统是由美国国防部高级研究计划总署资助研制开发的 X 波段 SAR/MTI 雷达，可适用于多种空中平台，用于空 - 地监视、军事侦察、海上巡逻、地面测绘成像、边境监视等。HISAR 雷达包含广域运动目标指示、广域搜索、组合 SAR/GMTI、SAR 聚束、海面监视、空对空 6 种工作模式。

5）RDR-1700B 雷达系统：它是由美国 Telephonics 公司研制的海事多功能雷达，可装载于无人驾驶直升机平台上，整个雷达系统总重为 34kg。RDR-1700B 可提供海面探测、气象规避、SAR/ISAR 成像、飞行数据显示、信标指引 5 种工作模式。

6）ASARS-1 和 ASARS-2 雷达系统：ASARS-1 系统是装备于“黑鸟”侦察机 SR-71 上的实时、高分辨率侦察系统，具有全天时、全天候、远程绘制地图的能力，可以检测和精确定位固定和运动的地面目标。另外美国代表性的 SAR 系统还包括“蓝锆石”（STARLite）、Sandia-miniSAR、TUAVR、“捕食者”（TeSAR）、AIRSAR、GeoSAR、IFSARE 等。

其他国家也在竞相发展机载 SAR 系统，开发出多种应用类型的机载 SAR 实用及试验系统。如：德国研发了干涉测高雷达 DOSAR 系统，1989 年 6 月首次在德国 DLR

的 DO 288 上试飞成功，收集了 C 波段和 Ka 波段的图像，图像分辨率小于 1m。随着时间的推移，DOSAR 系统更新了多次，添加了新的工作模式（如顺轨和交轨单航过干涉测量、扫描动目标显示、聚束模式）、新波段（X 波段和 S 波段）、更高的分辨率（小于 0.5m）和除 Ka 波段以外所有波段的全极化。ESAR 是德国 DLR 的机载多频段、极化 / 干涉 SAR 系统，有 X、C、L、P 4 个工作波段，在飞行过程中系统的极化方式和工作频段可控，该系统装载于小客机 DO 228 上；DLR 对 ESAR 进行了进一步改进，由此产生了 FSAR 系统，工作于 X、C、S、L 和 P 波段，且各个波段皆可工作于全极化模式。法国的 RAMSES 系统是一种多频段（包括 P、L、S、C、X、Ku、Ka、W）、全极化、高分辨率（最高 0.11m）的灵活机载 SAR 系统，由法国航空航天研究中心（ONERA）和电磁雷达科学部（DEMR）研制，以 Transall C160 为搭载平台。瑞典国防研究机构研制的 Carabas（Coherent All Radio Band Sensing）是一部高性能的机载 SAR，用于探测隐藏和伪装的目标，工作在 VHF 频段（20 ~ 90MHz），还可用于环境监测，如检测有毒液体倾倒、水文勘测和测定海洋冰层厚度等。以色列的 EL/M-2060 雷达系统目前有 EL/M-2060P 和 EL/M-2060T 两个型号，其中 EL/M-2060P 可装备 F-16、F/A-18、Gripen、Tornado 等飞机，而 EL/M-2060T 可装备中、小型运输机或商务飞机，该系统具有条带、聚束和条带 / 地面动目标显示模式。

2. 国内发展现状

我国机载 SAR 技术经过多年的发展，系统功能和指标方面不断提升，具备载荷研制能力的研究机构不断增加，例如：中国科学院电子学研究所牵头研制出空间分辨率 0.32m、干涉高程测量精度 2.7m 的先进机载 SAR 系统，在我国内蒙古、渤海湾、河北、山东、海南等地开展了多架次试验和应用飞行，能够满足 1 : 50000 测图精度要求，显示重要的应用前景；中电科技集团公司第三十八研究所牵头突破多极化宽带有源相控阵天线、多通道宽带一致性接收、收发通道间串扰隔离等关键技术，成功研制极化干涉 SAR 系统，并开展了三维地形测绘、土地覆盖分类和资源调查等应用。中国航天科工二院 23 所研制了多部机载 SAR 系统，可以搭载于固定翼飞机、无人机或者直升机等平台，实现 0.5 ~ 3m 分辨率条带成像，1 : 5000 比例尺测绘，还能够对海面舰船目标进行快速搜索和跟踪。此外，中电科技集团公司第十四研究所、北京理工大学等一系列单位研制了各种类型的无人机载小型 SAR 系统。

3. 发展趋势

综上，目前机载 SAR 技术的发展主要体现在：①多波段、多极化、多模式、轻小型一体化：不同波长测量可以区分不同大小的物体，尤其在W波段、太赫兹频段具备与光学/红外传感器成像结果相当的优势，不同类型物体对水平和垂直极化电磁波影响不同；另外，不同分辨率、不同地理环境等因素，使得多波段、多极化、多模式成为机载SAR发展的重要方向；轻小型一体化使得其装备于无人机成为可能；②动目标成像、实时成像是SAR技术发展的需要与方向；③合成孔径雷达干涉技术（Interferometric Synthetic Aperture Radar，简称InSAR）的发展：机载SAR正逐渐实现InSAR模式，以对目标区域立体成像和变化检测，单航过InSAR将成为机载SAR的必备工作模式；④发展SAR成像算法，提高分辨率，一直是机载SAR发展的一个方向。

（二）星载SAR技术

1. 国外发展现状

1978年6月27日，世界第一颗SAR卫星SeaSat（海洋星）发射，标志着星载SAR由实验室研究向应用研究的关键转变，宣告了合成孔径雷达已成功进入太空对地观测的新时代。目前，美国、欧盟、德国、意大利、日本、加拿大、俄罗斯等国家及地区均大力发展SAR卫星。

（1）美国

NASA发射了世界第一颗SAR卫星SeaSat，其任务是论证海洋动力学测量的可靠性，其具体任务是收集有关海面风、海面温度、波高、海洋内波、气态水、海冰特征和海洋地貌的数据。之后，美国在20世纪80年代开始发展航天飞机成像雷达SIR系统，将合成孔径雷达安装于航天飞机标准背板上，先后发展了SIR-A/B/C系统。美国的侦察卫星先后发展了“长曲棍球”（Lacrosse）和“未来成像体系”（FIA）两个系列：Lacrosse卫星共发展了2代5颗卫星，Lacrosse-1、2两颗卫星为第一代，最高分辨率为1m；Lacrosse-3、4、5三颗卫星为第二代，最高分辨率为0.3m。FIA-Radar是Lacrosse卫星的换代系统，于2010年、2012年、2013年、2016年、2018年共发射5颗，最高分辨率0.1～0.3m，均在轨运行。

（2）欧洲

欧洲主要强国注重独立发展军用或军民两用高分辨率雷达成像卫星，以德国、意大利为代表。由欧空局主导的雷达成像卫星主要是民用卫星；微波测绘卫星方面，仅德国发展了军民两用侦测一体卫星系统；环境探测卫星由欧空局统一建设，为欧洲各国提供服务。

德国于2007年发射了首颗雷达成像侦察卫星“合成孔径雷达－放大镜”（SAR-

Lupe），旨在帮助德国构建本国太空侦察体系，具有支持国家安全与战事的能力。SAR-Lupe由5颗SAR卫星组成，从2006—2008年每隔约6个月发射一颗，并最终于2008年7月底完成5颗卫星组网。在民用领域，德国2007年发射了TerraSAR-X，2010年发射TanDEM-X，这两颗星均是基于AstroBus服务模块，都采用了X工作波段，通过紧致并行运行形成了单通SAR干涉构型，并用于全球三维地形的测绘。

"宇宙－地中海"（COSMO-SkyMed）是意大利第一个低轨道、高性能、军民两用的天基雷达侦察项目，先后经过一代、二代两个过程，其中第一代COSMO-SkyMed卫星组从2007年开始发射，于2010年发射完毕，共4颗卫星；第二代COSMO-SkyMed卫星从2015年开始发射，于2016年发射完毕，共2颗卫星。

Sentinel-1雷达卫星是欧空局开发的新一代合成孔径雷达卫星，是其制订的"全球环境与安全监测"计划中的一个部分，首要任务就是为GMES行动提供地球的观测数据，它能提供连续的、全天候的、昼夜的影像，这些影像将应用于不同的领域。欧空局Sentinel-1雷达卫星的应用包括对海洋尤其是海冰和北极环境实施监测；对陆地实施监测，提供地表特性，绘制森林、河流、农田等分布图；用于灾害监测，及时跟踪自然灾害和人类活动导致的灾难，如地震后的地形绘制。TecSAR雷达卫星是以色列国防部小卫星技术演示任务的第一颗合成孔径雷达卫星系统，于北京时间2008年1月21日发射，主要目标是提供全天候、全天时的高分辨率图像。

（3）日本

日本的第一颗L波段合成孔径雷达卫星JERS-1于1992年2月发射，1998年停止工作，传回的数据为资源和环境分析提供了很大帮助。为了延续JERS-1的使命，2006年1月发射了ALOS，其上搭载相控阵型L波段合成孔径雷达（Phased Array type L-band Synthetic Aperture Radar，简称PALSAR），2011年5月12日因为电力故障终结了其观测地球的使命。2014年5月24日，日本宇宙航空研究开发机构（Japan Aerospace Exploration Agency，简称JAXA）成功发射了陆地观测技术卫星ALOS-2（Daichi-2），配备了全球领先的L波段SAR系统，主要是对地球陆地区域进行详细的安全监测。日本的情报收集卫星（Information Gathering Satellites）监视网包括两颗雷达卫星IGS-1B和IGS-3B，分别于2003年3月、2007年2月发射，2007年IGS-1B由于电池系统问题停止工作。

（4）加拿大

加拿大航天局于1989年开始研制RADARSAT-1，并于1995年11月成功发射，

1996 年 4 月正式工作。它是一个兼顾商用及科学试验用途的雷达系统，首次采用了可变视角的 ScanSAR 工作模式，以 500km 的足迹每天可以覆盖北极区一次，几乎可以覆盖整个加拿大，每隔三天覆盖一次美国和其他北纬地区，覆盖全球只需不到 6 天即可完成。RADARSAT-1 用于海水测绘，地质、地形、农业、水文、林业、海洋、沿海地图的绘制等。RADARSAT-2 卫星是由加拿大航天局和 MDA（MacDonald，Dettwiler and Associates Ltd.）联合出资开发的星载合成孔径雷达系统，是加拿大继 RADARSAT-1 之后的商用合成孔径雷达卫星。2019 年，加拿大进一步完成了 RADARSAT 三星星座任务的发射布署，重访时间缩短到 4d（星座）。

（5）俄罗斯

俄罗斯机械制造科研生产联合体（NPO Mashinostroyeniya）研发的 Kondor 系列地球遥感卫星基于多用途平台，可提供雷达分辨率 1m、光学分辨率优于 1m 的信息服务。Kondor 系列 2014 年发射了首颗卫星 Kondor-E 试验卫星，重 1150kg，有效载荷 350kg，运行高度为 800km，轨道倾角为 98°，设计寿命为 3 年。Kondor-E 卫星携带厘米波（波长 9.8cm）合成孔径雷达，雷达的抛物面天线口径 6m，在测绘带宽为 500km 时可提供 1 ~ 3m 的分辨率，还可用于干涉测高和立体成像。

2. 国内发展现状

2012 年 11 月，我国成功发射 HJ-1C 卫星，这是我国环境与灾害监测预报小卫星的一颗雷达卫星，也是中国首颗 S 波段（厘米级微波）SAR 卫星，质量 890kg，轨道高度为 500km、降交点地方时上午 6 时的太阳同步轨道，具有条带和扫描两种工作模式，成像带宽度分别为 40km 和 100km，雷达单视模式空间分辨率可到 5m，距离向四视时分辨率为 20m，提供的 SAR 图像以多视模式为主。“高分三号”卫星是我国首颗分辨率达到 1m 的 C 频段多极化 SAR 民用卫星，是高分对地观测系统的重要组成部分，于 2016 年 8 月发射，能够高时效的实现不同应用模式下 1 ~ 500m 分辨率、10 ~ 650km 幅宽的微波遥感数据获取，服务于海洋环境监测与权益维护、灾害监测与评估、水利设施监测与水资源评价管理、气象研究及其他多个领域，是我国实施海洋开发、进行陆地资源监测和应急防灾减灾的重要技术支撑。我国的商业 SAR 卫星也在逐渐兴起，已有部分商业 SAR 卫星发射运行，后续还有许多规划中的商业 SAR 项目。商业 SAR 卫星的发展，标志着我国 SAR 卫星技术逐渐走向民用领域。

今后星载 SAR 将继续向高分、高轨、实时、智能化、网络化、轻小型化等方向发展，并需要多学科、多技术的融合去满足未来星载 SAR 在体制创新上的需求。将现代光子技术同传统微波技术、数字电子技术相结合，突破传统电子 SAR 在带宽、处理速度、体积重量等方面的物理瓶颈，是未来星载 SAR 的一个重要发展趋势，也是未来新体制星载 SAR 的关键支撑，这一趋势在国内外受到广泛关注，并成为研究热点。

（三）SAR 技术应用

20 世纪 80 年代以来，利用 SAR 图像进行军事目标识别成为 SAR 技术最重要的应用，各国均投入了大量经费进行相关理论研究与系统研制。在干涉、多极化、高分辨率等技术实现突破后，SAR 在民用领域有了蓬勃的发展。SAR 在民用领域的应用成为国内外的重要研究方向，具体应用领域包括：

1）地形地貌绘制与形变监测。干涉 SAR 技术的突破，使 SAR 能够用于测量地表的三维信息，最具典型的是美国搭载于航天飞机的 SRTM（Shuttle Radar Topography Mission）以及德国 DLR 的 TanDEM-X。其中 SRTM 获取的 90m 分辨率 30m 高程精度的 DEM 数据已免费向全球发布，为地质学、筑造学和水文学等领域的研究提供了可靠的数据源。而 TanDEM-X 具有更高的分辨率，能够更精细地刻画地形地貌。

2）海洋应用。1978 年，第一颗装载了 SAR 系统的美国海洋卫星的成功发射标志了 SAR 海洋应用的到来。此后，SAR 广泛应用于研究海洋特性，如海岸线、海浪、海冰、海风和洋流等，以及对海洋生态环境的监测，如海藻生长、海洋溢油和海洋污染等。对于大面积的海洋监测通常选择中低分辨率且具有较大幅宽的 SAR 数据。

3）矿产资源探测考古。利用特殊波长具有对植被和稀疏沙土的穿透能力，SAR 可以用于矿藏资源的探测或者考古，其代表性的事件是考古研究人员使用 SIR-A 发现了撒哈拉沙漠中的地下古河道。

4）灾害救援与评估。通过不同时期的 SAR 图像分析能够快速地对灾害情况与受破坏程度进行评估。我国是自然灾害高发的国家，SAR 图像用于对地震、洪水和山体滑坡等灾害的监测已受到格外重视。SAR 图像还特别适合用于对建筑损毁、道路损害、地壳形变和山体滑坡等信息的分析。

5）环境监测。SAR 适合于对湖泊的水资源调查、森林的生物量、城市的变迁、土壤湿度和降雨量等的研究，能够帮助我们了解所处环境状态。

6）国土资源管理。通过对 SAR 图像的地物分类，可以了解城市建筑面积、道路网络信息、植被覆盖程度以及农作物种植种类等信息。SAR 能够以更低的成本帮助政府部门了解国土资源的利用情况，有利于政府的宏观调控。

大数据背景下 SAR 应用技术的发展将主要体现在以下方面：

1）海量数据中目标特性认知技术。大数据条件下，获取针对感兴趣目标更真实、更全面的样本图像集，为定量计算 SAR 传感器下各种场景和目标的特征响应，分析差异性规律提供了有利条件。

2）大规模 SAR 数据智能解译技术。以深度学习为代表的智能学习方法的出现，为 SAR 数据自动解译提供了一条有效的解决途径，一些新的深度神经网络模型（如 RNN、LSTM）和新的神经网络学习技术的提出（如 Dropout、Batch Normalization），以及对利用小样本深度学习技术进行 SAR 数据解译相关研究的深入，将使 SAR 解译技术在目标检测、目标识别、地物分类等领域取得进一步突破。

3）SAR 与其他来源数据融合分析技术。使用多类传感器，如 SAR、光学照相机、高光谱仪、电子信号等联合工作，对同一目标或者区域进行观测，能够获得对目标更为客观、本质的认识，同时也可以增强系统的抗干扰性能和伪装识别能力，提高系统的可靠性，减少信息的不确定性，甚至能够提高图像的空间分辨率，最大限度地提高系统获取信息的能力。

综上，尽管 SAR 应用技术在现阶段已经取得了长足的发展，但随着应用需求的不断深化，仍有很多值得研究和探索之处。通过对 SAR 成像机理和目标特性的进一步研究，结合大数据智能分析和多源信息融合关联等技术手段，未来 SAR 应用技术将会取得更大的进步。

三、雷达高度计及其应用

雷达高度计是一种主动微波遥感器，通常工作在 Ku 波段或者 C 波段。高度计垂直向下发射脉冲信号，经过地球表面（海、陆、冰等）反射后回到接收天线，通过测量脉冲往返的时间获取地表高度信息。卫星雷达高度计目前已成为重要的海洋环境测量遥感器，其测量的产品包括海面高度、有效波高和海面风速，还可用于海洋地球物理学、海洋动力学、海洋气候与环境、海冰监测等，是测量全球范围内的海面高度变化、海洋大地水准面、极端条件下的海面高度异常、高分辨率海洋重力场、海底地形等的重要手段，对于海洋资源开发也具有重要意义。

（一）国外发展现状

自 1973 年第一颗星载主动微波遥感航天器 Skylab 发射以来，雷达高度计测量技术得到了迅速发展。Skylab 是美国用于科学和工程研究的实验室，飞行高度距地面 435km，携带了国际第一台星载雷达高度计，使用宽度为 0.1ms 的脉冲，分辨率为15m，可以显示、测量出海平面的粗略特征。1974年，美国发射GEOS-3卫星，它是人类历史上第一颗专门的雷达高度计卫星。1978年，NASA发射了一颗新卫星SeaSat-1，其上搭载了一台高性能高度计，采用了full-deramp技术，获取了大量有关海面风速、有效波高、海冰、海面地形等信息。SeaSat发射6年后，美国海军发射了GeoSat卫星，为科学界提供了长时间的高质量的高度计测量数据。

欧空局1991年7月发射了ERS-1，其主要目的是地球观测，特别是对于大气和海洋，在轨高度800km，重访周期35d，星上携带了一台雷达高度计。1995年4月又发射了ERS-2，但由于磁带记录机出现故障，仅能获取欧洲、北大西洋、北极和北美西部高度计数据。ERS上所携带的雷达高度计是Ku波段（13.8GHz），测高精度为10cm。2002年3月，Envisat发射，它是ERS卫星的后继星，其上搭载高度计RA-2，测量精度进一步提高，双向延迟可以达到不到十亿分之一秒，可用来确定海洋环流、海洋测深和海洋大地水准面，还可以用来监测海冰、极地冰盖以及大多数种类的陆地表面。2013年欧空局发射Envisat后续星Earal，其上携带AltiKa雷达高度计，首次采用Ka波段（35.75GHz），提高了空间和垂直方向分辨率，也可提高沿海、内陆水域的观测质量。另外，欧空局还于2010年4月发射了CryoSat-2卫星，其轨道平均高度717km，倾角92°，携带的首要载荷为干涉/合成孔径雷达高度计SIRAL，卫星足迹沿轨0.3km、跨轨1.5km。欧洲用于监测全球海洋、陆地植被和大气环境的Sentinel-3A和Sentinel-3B分别于2016年3月、2018年4月发射，搭载合成孔径雷达高度计（SRAL），它是带有冗余备份的C波段和Ku波段双频率星下点探测高度计，测距误差3cm，用于探测地表地形，提供表面高度、海波高度和海风速度等数据。

1992年8月，法国航空署和NASA联合发射了TOPEX/Poseidon，用于测绘海面高度，其精度达到5cm，重访周期不到10d，用于连续观测全球海面高度，监测洋流对全球气候变化的影响，监测大尺度的海洋特征，用于研究厄尔尼诺、拉尼娜等现象，还可以测绘洋流变动提供全球数据以供验证海洋环流模型，测绘出在海洋上部热量的年间变化，测绘出最精确的全球潮汐图，改进了对于地球重力场的认识。Jason-1仍由法国和美国合作，发射于2001年12月，它对于海面地形测绘的精度可以达到4.2cm，进一步加深了人们对于海洋环流及其对全球气候影响的了解，但由于倾斜角限制，对于北纬66°以上或者南纬66°以上地区无能为力。2008年6月，Jason-2发射，也称大洋表面形态任务OSTM星，为CNES、NASA、欧洲气象卫星组织（EUMETSAT）和美国国家海洋大气局（National Oceanic and Atmospheric Administration，以下简称

NOAA）的一项联合任务，轨道高度为 1336km，轨道倾角 66.039°，重访周期约为 10d，其 GDRs 数据产品海面测高精度可达 2.5 ~ 3.4cm。2016 年 1 月，Jason-3 升空，其上搭载 C 频段（5.3GHz）和 Ku 频段（13.575GHz）双频天底点雷达高度计，用于测量海表高度，测高精度 4.2cm，它还增加了一个试验模式，可对臭氧层、湖泊和河流进行测量。

（二）国内发展现状

早在国家“八五”计划期间，中国科学院空间中心研制出我国第一台机载高度计 ZHG-1 型 X 波段高度计，其主要参数为工作频率 9.0GHz，脉冲宽度 5ns，采样门数 12 个，采样门时间间隔 5ns，天线波束宽度 15°，飞行高度为 3800 ~ 4500m。其测高精度指标为 15cm，波高测量精度为 0.5m 和 10%（取大者）。ZHG-1 型高度计于 1995 年 4 月在山东青岛附近海域进行了校飞试验，试验结果表明，其性能优于最初的设计性能指标。“九五”计划期间，中国科学院空间中心又研制了我国第一台 Ku 波段高度计。其主要参数为工作频率 13.9GHz，脉冲宽度 24us，带宽 333MHz，采样门数 64 个，脉冲重复频率 350Hz。其测高精度指标为 10cm，波高测量精度为 0.5m 和 10%（取大者）。该高度计首次采用了准最大似然跟踪算法，是我国第一台星载雷达高度计——“神舟四号”多模态遥感器高度模块的原型样机。该高度计于 1999 年 11 月在汕头校飞，取得了令人满意的效果。

2002 年 12 月，“神舟四号”（SZ-4）飞船发射，标志着我国微波高度计研制工作进入工程化应用各阶段，其主载荷的多模态微波遥感器（包括高度计、散射计、微波辐射计）是我国微波遥感领域的里程碑，是我国第一台星载微波遥感器，获得了巨大的成功，全方位反演了海洋参数，达到国际先进水平。依托 SZ-4 的成功经验，并得益于我国经济的发展，将雷达高度计应用于我国业务卫星的问题也提上日程。HY-2A 卫星是我国第一颗海洋动力环境卫星，于 2011 年 8 月发射，其上搭载的雷达高度计是一个发射频率为 13.58GHz 和 5.25GHz 的双频雷达高度计，采用脉冲有限工作方式测量海面高度、有效波高和海面风速。该仪器在 20m 有效波高条件下测高精度为 4cm，在 4m 有效波高条件下测高精度达 2cm。我国从 20 世纪 70 年代就开展了卫星遥感海洋应用研究，在 80 年代，我国举行了海洋遥感卫星论证会议，星载雷达高度计被认为是海洋遥感中头等重要的载荷。HY-2B 已于 2018 年 10 月 25 日发射升空，测试阶段的结果表明，HY-2B 卫星高度计不低于 HY-2A 高度计的性能。我国星载高度计参数见表 1-19。

表 1-19 我国星载高度计参数表

	“神舟四号”（SZ-4）飞船	“海洋 2 号”（HY-2）卫星
飞行高度 /km	~ 330	~ 960
天线波束宽度 /°	2.6	1.2
雷达载频 /GHz	13.9	13.58 / 5.25
脉冲宽度 /μs	24	102.4
Chirp 带宽 /MHz	333	320/80/20（Ku） 160（C）
脉冲重复频率 /Hz	1230	1000 ~ 4000（Ku）
发射功率 /W	100	20
回波分辨 FFT 单元数	64	128
距离测量精度 /cm	10	4
波高测量精度	0.5m 或 10%（取大者）	0.5m 或 10%（取大者）
后向散射系测量精度 /dB	0.7	0.5

（三）发展趋势

合成孔径高度计（延时 - 多普勒高度计）和宽刈幅干涉成像雷达高度计是当前国际高度计发展的潮流，比传统高度计的测量精度更高，欧空局的 Sentinel-3 卫星高度计和美国的 Jason-CS 高度计都将采用合成孔径体制。我国在新世纪伊始就进行了合成孔径高度计的研究，突破了综合孔径雷达高度计和宽刈幅干涉成像雷达高度计等关键技术，2016 年发射的“天宫二号”三维成像微波高度计，是国际首个星载宽刈幅雷达高度计，其实现了海陆兼容的高精度水体高度测量，并可对陆地表面进行三维成像，是国际海洋卫星遥感技术的重大突破。

雷达高度计自发明以来，逐渐从军用走向民用，其应用主要集中在海洋和冰川，并扩展至陆地表面。

1）海洋监测。各国发射的雷达高度计主要是应用于海洋探测，通过分析返回脉冲的波形和强度，可以获取海平面地形信息，如有效波高和海面风速的信息等，海平面高度、有效波高和海面风速是卫星高度计的 3 个基本参数，这些参数的获取用于开展海上天气和海平面状态的预报，进而支持全球气候变化研究；高度计的测高数据还可以用于海洋环流的研究，作为辅助数据协助调查溢油污染等。

2）冰川监测。高度计用于海冰、南北极冰盖测绘和监测等。自 1978 年对南北极冰盖的观测数据积累至今，科学家已经可以对极地冰盖得到超过 20 年的时间序列分析，以研究由于降雪和冰融化引起的冰盖表面平衡的季节和年间变化；另外，对冰面高程的精确测量能够用于估算冰盖的总物质平衡量，多高度计任务数据可用于冰川特征监测，高度计回波波形被用于研究冰盖和海冰表面特征的区域、数十年内及年间变化，也可以用于确定海冰边界和延伸情况。

3）内陆湖泊、河流监测。在 20 世纪 80 年代末，已经有学者开始将雷达高度计用于内陆湖泊的水位变化监测，还扩展到湿地监测，现已经到了业务化阶段。

四、微波散射计及其应用

微波散射计是一种主动微波遥感器，专门用来测量地物目标的散射特性。散射计按照扫描方式可分为扇形波束散射计和笔形波束散射计，主要工作在 C 波段（5.3GHz）和 Ku 波段（13.5GHz）。微波散射计利用不同风速下海面粗糙度对雷达后向散射系数的不同响应以及多角度观测间接地反演海表风场信息，是目前唯一被证明可用来同时探测风速和风向的卫星传感器；此外，微波散射计也可用于土壤水分反演、植被覆盖和海冰变化监测等。

（一）国外发展现状

最早的星载微波散射计是装载于美国 1973 年发射的天空实验室上的 E-193，第一次验证了散射计可用于测量风场。1978 年 NASA 发射的 SeaSat 卫星上搭载了 SASS 散射计，它是一个具有 4 根天线的扇形波束散射计，双极化，4 个波束分别沿 ±45° 和 ±135°方位角指向卫星轨道，入射角变化范围为 25°～55°，幅宽 500km，分辨率 50km，风速观测范围 4～26m/s，重复观测周期 3 天，因故障只运行了 3 个月。NSCAT 是 NASA 继 SASS 后发射的星载散射计，搭载于 ADEOS 卫星上 1996 年发射，每边采用 3 根扇形波束天线分别在 45°、115°、135° 3 个方位角向海表发射 8 个波束，前后视波束采用垂直极化，入射角处于 22°～63°，中间波束采用双极化，入射角处于 18°～51°，幅宽 600km，每天 77% 的全球海洋覆盖度，提供空间分辨率 25km 的数据。之后，NASA 于 1999 年和 2003 年发射了两部 Seawinds，分别搭载于 QuickSCAT 和 ADEOS-2 卫星，它采用笔形圆锥扫描天线，双极化，入射角 46°和 54°，幅宽 1800km，空间分辨率 25km，每天可覆盖全球海洋面积的 90%。

ESA 分别于 1991 年和 1995 年发射了 ERS-1、ERS-2，搭载微波散射计 AMI，采用 3 根扇形波束天线，垂直极化，3 波束方位角分为 45°、90°和 135°，前后视波束入射角变化范围 22° ~ 59°，中间波束入射角变化范围为 18° ~ 51°，扫描幅宽 500km，分辨率 50km，测量风速范围为 4 ~ 24m/s。2006 年 10 月，搭载 ASCAT 的 MetOp-1 卫星发射升空，ASCAT 是一个用于探测海面风场（包括风速和风向）的 6 波束的微波散射计，采用 3 根扇形波束天线，扫描幅宽 1100km，入射角变化范围为 25° ~ 65°，分辨率为 25km，其探测数据已经成为欧洲中期气象预报中心（ECMWF）的关键同化数据，用于支持高精度的天气预报。

（二）国内发展现状

2011 年 8 月，我国第一颗海洋动力环境卫星 HY-2A 成功发射，其上搭载微波散射计，采用 Ku 波段笔形波束扫描机制，用于海面风场测量。此外，2018 年 10 月我国和法国联合提出并合作研制的中法海洋卫星（CFOSAT）发射，其利用多波束旋转扫描的真实孔径雷达海洋波谱仪（SWIM）和扇形波束扫描微波散射计（RFSCAT）进行海面波浪方向谱和海面风场的联合观测，开展波浪与风场相互作用研究，为海洋和天气数值预报、海洋灾害预警监测等提供观测能力。

（三）发展趋势

快速、准确获取海面风场信息是散射计面临的首要任务，海面风场分布决定着大洋环流的分布模式，进而影响全球气候变化，诸多海洋、大气科学研究需要海面风场要素，其中气象分析和天气预报是散射计数据最基本的应用，不管是将散射计观测风场数据同化到数值天气预报模型，还是直接用散射计数据进行气象预报都取得了良好的效果。虽然散射计数据分辨率较低，但针对大尺度的空间现象，如海冰、植被覆盖等研究，散射计都具有重要应用价值。AMI、Seawinds 等散射计都已积累了十多年的不间断观测数据，使得在大的时间尺度上监测这些现象的变化成为可能。散射计时间分辨率高，受大气、光照条件限制少以及长时间尺度上累计的观测数据等，将在遥感获取海洋及陆地信息方面发挥更重要的作用。

微波散射计的发展趋势是极化方式和频率越来越多，采样频率逐步提高，今后的研究方向在于如何将散射计与高分辨率合成孔径雷达影像和被动微波数据结合起来开展研究。对于我国微波散射计的发展，在波段选择上可采用笔形波束体制工作模式，开展细致完善的地面定标测试，并开展在轨定标方法研究；同时，还需加强风场反演算法研究，以提高数据应用效能。

五、小结

微波遥感技术经过半个多世纪的技术突破与发展，已走向全面业务化应用阶段，新材料、新器件、新方法的发展和应用，推动了微波遥感技术及其应用能力与水平不断提升。全球变化和地球系统科学研究以及不断拓展的应用对海面高度、海面温度等环境要素探测的精度要求都高出将近一个数量级，对于遥感器和遥感数据处理提出了新的需求，驱动了新技术的发展和应用；近几年来，海底信息的探测显现出其特殊的需求与紧迫性，对微波遥感也提出了新的研究与实践需求，这些都对微波遥感探测的能力提出前所未有的要求和挑战。纵观国内外微波遥感技术的发展，其总体趋势如下：

1）新的探测方法和探测技术的发展和应用，推动了高质量、高可靠、高稳定、连续数据的获取。一方面，多极化、全极化的散射和辐射测量技术的发展和应用，大大提高了微波遥感有效载荷的探测能力，如全极化微波辐射计提高了海面风场、水汽凝结物几何特征等的探测能力，全极化微波散射计大大提高了海面风场测量的动态范围和反演精度，极化成像雷达增强了对目标进行分类和识别的能力等；另一方面，干涉测量的应用获得了多角度、多位置、多极化或不同时间测量的幅度相关性和相位关系的信息，使微波探测器具备了新的探测能力。另外，新频段探测技术的发展和应用为实现新要素的探测提供了可能，如利用太赫兹波谱可探测检测大气中的痕量气体等。再者，一系列提高空间分辨率的新技术得到发展和应用，主要包括展开式大口径天线（包括网状展开天线、膜状天线、充气天线、超材料扫描天线等）及其扫描、微波辐射计的干涉综合孔径技术、基于高阶干涉的成像技术、采用综合孔径技术的新型雷达高度计、基于目标特征的高分辨率成像（如压缩感知成像）等。

2）通过多个卫星组网和编队，实现多要素的联合观测，解决单一卫星难于实现的观测需求。全球变化、地球系统科学等对地球系统关键要素的观测和反演往往很难通过单一传感器实现，而在同一卫星上实现多要素的联合观测又带来了技术和经费的巨大挑战。利用多个卫星组网和编队，实现多传感器的联合观测，为实现这些观测要求提供了重要的技术途径。如以 GPM 卫星为核心，联合国际具有微波成像观测能力的多颗卫星组成降雨卫星星座，通过降水雷达提供的校正参考，有效提高被动微波遥感降水的精度，把高精度降水测量的时间分辨率由 12h 提高到 1 ~ 2h。

3）微波遥感理论和信息提取方法研究不断加强，推动了应用领域的拓展。微波遥感器获取的是各种电磁信号，需要不断加强微波遥感模型理论研究，建立地物目标的有效数理模型，通过开展遥感数据转换、提取、识别和分类，以及计算机模式识别和自动解译等技术研究，推动微波遥感技术的应用与发展。

近年来，我国微波遥感技术与应用发展取得了突破性的进展，特别是“海洋二号”卫星多种微波遥感探测有效载荷的发展和应用、“风云三号”多种微波遥感探测与成像有效载荷的发展和应用、“高分三号”合成孔径雷达的发射和应用等，但与国际先进水平和我国经济社会发展及地球与空间科学对微波遥感与应用提出的要求相比仍然存在明显的不足和巨大的挑战，主要体现在先进有效载荷器件、材料等还大量依赖进口，有效载荷可靠性与国际先进水平相比还有一定差距；对数据处理、数据产品研发、应用模型研究的重视不够，数据应用水平低；定标和真实性检验方面的实质性投入不够，数据产品质量还有较大的提高空间；微波遥感技术发展原始创新不够，特别是地球与空间科学的原始驱动作用尚未发挥主要作用，还未完全突破跟踪发展的模式。因此，我国今后应更加重视和支持基础理论、模型和应用技术的研究，创新发展先进的信息处理及大数据融合分析方法，推动新型遥感载荷的研发与应用；重视和支持定标、真实性检验和数据产品质量改进与保证，更好地满足在业务和科学中的应用；同时，还应充分重视基础器件、材料的发展应用及其国产化，提高我国空间微波遥感发展的核心竞争力。

第四节　遥感技术行业应用现状与趋势

一、农业遥感

遥感技术具有大范围、周期性获取地表信息的特点，被广泛应用于农业、林业、减灾等各个领域。其中，农业是遥感技术发展最早、应用最成熟的领域之一。遥感技术在农情监测中的应用始于 20 世纪初的美国，到 1978 年，其遥感监测覆盖范围从美国扩大到全球，监测作物从单一的小麦扩展到小麦、玉米、大豆和水稻等大宗农作物，估产的精度也不断提高。1980 年，美国开展了“基于空间遥感技术的农业和资源调查计划”（AGRISTARS 计划）。欧盟于 1987 年提出了“农业遥感计划”（MARS 计划）。我国是农业大国，粮食问题是我国政府非常重视的问题，及时准确掌握国家及省级尺度的农情动态信息，对于科学指导农业生产、防灾减灾、确保国家粮食安全以及服务国内外农产品贸易具有重要意义。遥感技术应用于农业主要涉及农作物遥感识别与种植面积监测、农作物长势遥感监测、作物产量遥感估算、农情遥感监测与预报等方面，涵盖了农业遥感机理、方法和应用等多层次和多方面的研究与应用。

（一）农作物遥感识别与种植面积监测

作物遥感分类与识别是农情遥感监测的重要内容，是提取农作物种植面积、长势、产量、灾害等监测的基础。随着空天技术的发展，通过遥感影像解译法进行农作物类型识别逐渐成为一种主流方式。自美国普度大学首次利用遥感数据进行作物种植与分布信息提取后，国内外学者相继利用 MODIS、HJ-CCD、Landsat TM/OLI、Sentinel-2A 和 QuickBird 等影像数据开展了大量的作物分类研究工作。早期，受影像数据种类单一的限制，常采用单源遥感影像数据进行作物分类，而单源数据难以满足分类处理对数据的高时间、高空间和高光谱分辨率要求，并且作物识别具有复杂的时空异质性和尺度敏感性，因而在实际应用中难以获取较高的作物识别精度。近年来，在作物分类研究中所选取的数据源已从单源数据向多源数据转变，如顾晓鹤等基于 Landsat TM 和 MODIS NDVI 两种不同空间尺度的数据进行作物识别，Maselli 等采用 AVHRR NDVI + Landsat TM 两种不同时间尺度的数据进行作物分类的尝试。因多源数据的协同应用能够更有效地区分不同作物在物候、空间和纹理等特征上的差异信息，一定程度上能够削弱作物分类时“同物异谱，同谱异物”的影响，因而能获得较高的作物识别精度。目前，多源数据协同应用主要是以提高分类数据的时间、空间和光谱分辨率为目标，如将多光谱影像与更高分辨率的全色影像融合，在保留影像光谱信息的同时提高其空间分辨率，或者按照时序将时间分辨率不同的多种数据进行复合，提高作物生育期内重复进行地面观测的频率，从而提高分类数据的时间分辨率。多源遥感数据的应用不仅能够提高农作物识别精度，而且有效提升了作物分布信息的时空分辨率。但是，多源多尺度异构数据的协同应用也必然会对农作物遥感识别的技术研究提出全新的要求。

大范围农作物面积遥感监测方法主要包括抽样调查和全覆盖方法。农作物面积遥感抽样调查方法是先将监测区域划分成各个样方，根据抽样调查理论抽选部分样方，再对抽样样方的农作物面积进行调查，最后根据抽样理论推算出整个区域的农作物面积。吴炳方等在农作物区划基础上构建面积抽样框架和产量抽样框架，获取区划单元内作物种植面积成数，提高了作物面积和产量调查效率。Maxwell 等在玉米区域总量确定的前提下，将整个区域划分为极有可能为玉米（“highlylikelycorn”）、可能为玉米

（“likelycorn”）和不可能为玉米（“unlikelycorn”）进行玉米种植面积空间分布的分配。全覆盖测量方法是利用全覆盖的卫星影像，根据不同作物在影像上的光谱或者空间特征，利用计算机自动分类或者人工识别方法，获得全覆盖的农作物类型空间分布图。其中，地块分类法（Per-field classification）通常将遥感影像与数字化地块边界矢量数据联合处理，利用像元空间上下文信息，克服由田块内部的光谱变异所引起的错分问题，同时边界矢量数据又使得影像图斑对象与地面实际地块相对应，能对地块的位置、形状进行十分准确的表达，因而地块分类法能有效排除地块内部光谱差异和地块交界光谱混合的影响。有学者以冬小麦种植面积测量为研究目标，利用纯地块区域和混合地块区域分别进行纯地块分类和混合地块分解方法研究，充分发挥特征向量维数较多的优势，有效地避免了像元分类中的“椒盐”现象，提高了识别精度，同时识别结果也更有利于以地块为基本单元的田间肥水管理。

（二）农作物长势和土壤养分遥感监测

农作物长势是指农作物的生长状况及其生长趋势。在农业生产中，农作物的长势不仅影响着农作物的产量和质量，同时也反映农田管理是否科学合理。传统的农作物长势的监测主要依靠人工判断或作物组织分析诊断，存在主观性强、时效性低、破坏性监测等缺点，以及对测试样本要求高、需要专业人士处理等弊端，难以及时准确全面地掌握农作物的长势信息。遥感技术应用到农作物长势监测中，能够快速及时全面地掌握农作物的生产状况及其生长趋势。遥感技术根据不同作物不同生长阶段的光谱信息不同，运用各种传感器获取作物生长的时间序列影像，根据这些影像信息估算作物叶面积指数、色素含量、氮素含量、水分含量、地上部分生物量等反映作物长势的关键生物物理参数，然后建立各种农业专业模型，得出作物不同生长发育阶段的生长特征和时空变异信息。目前，主要的建模方法包括：经验公式法、非参数法、物理模型等。

1. 经验公式法

经验公式法通过分析作物光谱及其数学变换形式与长势指标之间的统计关系进行建模。Moran等研究表明叶绿素含量与波段700nm附近的光谱反射率有很好的相关性，潘蓓等测定苹果树春梢停止生长期冠层光谱反射率，以400～1350nm任意2波段及微分值组合成8个植被指数与叶绿素含量建立反演模型，最后得出以794nm和763nm组合而成的冠层叶绿素指数为自变量构建的三次多项式模型为最佳模型，模型决定系数R^2为0.62。房贤一等连续两年测定苹果冠层光谱，建立了以重归一化差值植被指数为自变量的抛物线叶绿素估测模型。金震宇等通过测定水稻冠层光谱反射率，发现叶绿素含量与光谱红边拐点处反射率之间有很好的相关性。程乾等利用 MODIS 的增强植被指数 EVI、红边位置 REP 和归一化植被指数 NDVI 与叶绿素含量进行相关分析，得出上述指数与叶绿素含量具有很好的相关性，可较为精确地估测叶绿素含量。

2. 非参数法

非参数法以作物光谱与长势指标之间的数据关系为对象进行数值拟合开展建模，例如：Fang 等和梁雪等学者，选取神经网络、支持向量机等算法描述小麦、玉米光谱与叶面积指数、色素含量等长势指标之间的响应模式，进而完成反演。石吉勇等通过测定新鲜黄瓜叶片的光谱，对原始光谱进行标准正交变换去除噪声，采用联合区间偏最小二乘法和净分析物法提取近红外光谱的特征信息，建立了黄瓜叶片叶绿素线性反演模型。

3. 物理模型

植被辐射传输模型是根据植被辐射传输的物理过程建立的，植被辐射传输模型可以模拟多种植被状态下的反射率情况，输入参数为植被的主要理化参数。Daughtry 等基于实测玉米的叶片反射率光谱，利用 PROSPECT 和 SAIL 模型模拟分析修正型叶绿素吸收反射率指数、转换型叶绿素吸收反射率指数及优化的土壤调整植被指数对叶绿素含量变化的敏感度。孟庆野等在 PROSPECT + SAIL 辐射传输物理模拟基础上建立了监测植被叶绿素含量的一种新的植被指数 MTCARI，发现其与冬小麦冠层叶绿素含量有较好的相关关系，相关系数高达 0.89。李云梅等基于实测的水稻叶片生化参数含量，采用 PROSPECT 叶片辐射传输模型模拟了不同生育期水稻叶片光谱反射率，并与实测的叶片光谱反射率进行对比，结果表明模拟值与实测值相关系数极高，可较为真实地反映水稻光谱。

（三）农作物产量遥感估算

将遥感技术应用于产量估算是最早的农业遥感应用方向之一，早在 20 世纪 70 年代就已开始，至今已经历了近 50 年的探索研究。我国大面积作物长势监测和产量估算中，常用数据为中低空间分辨率 EOS/MODIS、SPOT/VGT、NOAA/AVHRR 和风云卫星等多光谱遥感数据，而中高或高分辨率遥感数据主要用于小范围或田块尺度作物监测评价。随着高分系列卫星陆续发射，国产高分辨率遥感数据也在作物产量估算中得到一定应用。

目前，作物估产方面应用较为广泛的是基于植被指数的经验统计模型。近年来，为提高作物估产精度，研究学者对于基于光学遥感的经验统计方法进行了改进。Zhou等建立了基于多时期遥感数据的多元线性回归模型，结果表明，相比单一时相的遥感估产模型，多时相估产模型精度更高。相比于卫星遥感，基于无人机遥感数据的估产方法提供和加入了更多其他辅助信息，还有学者将遥感数据与作物生长模型相结合，进一步提高了经验模型的可靠性。

（四）农情遥感监测与预报

1. 病虫害监测

遥感技术病虫害监测主要利用作物在遭受不同病虫害后在可见光、近红外等谱段的光谱反射率发生变化来识别和监测病虫害。传统的野外调查方法虽然能取得较好的调查结果，但费时费力，对于大区域尺度的作物病虫害监测不适用。目前，一些学者利用遥感数据开展了作物病虫害监测和预警研究。小麦、玉米、水稻是我国主要的粮食作物，国内外研究学者通过实验观测和光谱分析识别出多种病虫害：针对小麦，主要病虫害有条锈病、赤霉病、白粉病、蚜虫、吸浆虫等；针对玉米，主要的病虫害有玉米螟、黏虫、小斑病等；针对水稻，主要的病虫害有稻飞虱、水稻螟虫、稻瘟病、水稻病毒病等。利用高分辨率的机载高光谱影像在病虫害监测方面能够取得较高的精度，目前研究人员已对小麦条锈病、蚜虫病、白粉病等多种病虫害进行研究，监测制图精度可高达90%以上。

2. 农业干旱监测

土壤干旱是全球性的自然灾害，严重制约着农业的持续发展。其出现的频率、持续的时间及造成的损失是各种自然灾害之首。干旱对作物的生长发育及生理生化代谢的影响也是多方面的，且影响非常广泛深刻。我国干旱、半干旱地区的土地面积占全国总土地面积的50%以上，干旱胁迫抑制作物对养分的吸收，最终影响作物生长和产量。许多重要农作物如水稻、玉米、土豆等对干旱非常敏感，干旱会严重影响其生长发育，造成产量损失，严重威胁到了我国农业发展，水资源短缺已经成为影响国内外农业发展的限制因素之一。

传统的农业干旱监测更多侧重于气象干旱的监测，主要考虑降水和气温等气象因子，构建反映干旱程度的干旱指数，如帕默尔干旱指数（PDSI）和标准降雨指数（SPI）等，划分干旱的区域及等级，评价干旱程度。当作物受到干旱时，作物的生长和发育状况将会发生改变，其光谱响应特征也会在一定程度上发生变化。基于遥感的土壤和植被干旱监测，根据不同传感器探测能力的差异，监测方法也各不相同。许多专家学者以土壤水分、植被指数、温度、地物的光谱反射率为出发点，提取植被的干旱情况。谷艳芳等分析了冬小麦在不同生育时期不同水分胁迫条件下的光谱特征和一阶微分光谱特征，并利用红边特征参数建立了小麦叶绿素的反演模型。一些学者分析了干旱胁迫下农作物的高光谱曲线特征，研究表明受到干旱胁迫的农作物光谱与健康作物在可见光近红外波段范围内光谱存在很大不同；探索了作物冠层光谱反射率和叶片氮素含量的关系，构建不同的光谱指数，对比分析各光谱指数的反演精度，以更精确地估测作物叶片氮素含量。王小平等通过测定黄土高原地区不同水分梯度下小麦光谱，研究了受胁迫的小麦光谱，随水分的减少，在可见光区域和短波红外区域反射率都呈增加趋势，而近红外区域反射率呈下降趋势，并利用红边植被指数构建水分监测模型。Fensholt 等使用 MODIS 的第二和第六波段构建了一个 SIWSI 指数，这对于估测半干旱区的沙赫勒环境受水分胁迫的植被冠层指示物是很有用的。

（五）小结

“十三五”及未来 10 年，随着“高分辨率对地观测系统”重大专项的进一步深入实施以及国家空间基础设施建设的推进，中国将拥有更多的国产卫星。随着传感器、物联网、互联网 +、大数据、人工智能等技术的发展，以及现代农业发展的需求，国内农业遥感技术的研究与应用将进一步深入发展。

1）天空地一体化的农业遥感大数据获取与应用。目前天空地协同观测对农业监测及应用的满足度还不高，卫星和传感器参数设计没有充分体现农业特有需求。关键作物生长期与关键农事管理节点需要微波遥感全天候观测数据的获取；土壤定量遥感、作物品种与品质监测、病虫害遥感监测等需要高光谱遥感数据的支持；作物生理与生长状态监测需要荧光遥感、偏振遥感等新型遥感器的应用；天空地多源观测数据的融合与同化理论和技术方法需要加强。

2）人工智能与大数据等的信息智能提取和挖掘技术应用。无论是土地利用类型、作物种类的分类识别，还是作物生长状态和环境要素的定量遥感，都是非常复杂的认知过程。由于遥感数据本身波段间的相关性，遥感器设计波段的有限性，以及地物同物异谱、异物同谱的光谱复杂性，遥感信息提取和智能挖掘具有病态问题，存在很多不确定性。人工智能与大数据技术的发展，为农业资源环境信息反演、提取与应用提供了崭新的技术途径。

3）农业遥感的应用范围和应用领域的拓宽。遥感观测与导航定位、互联网 +、物联网、大数据等技术的融合，与农学领域的其他学科交叉结合，不仅可以从方法学上推动自身学科发展，同时还能跨领域推动其他学科应用。需要进一步建立天空地一体化的农业管理系统，推进天空地协同遥感观测在精准/智慧农业、作物育种表型、农业保险监测与评估、农业绿色发展、农业政策效果评估等方面的应用深度发展。

二、气象遥感

气象卫星是从外层空间对地球及其大气层进行气象观测的卫星，它的诞生开启了探索地球大气空间的时代。全球气象卫星的两种主要类型是极轨气象卫星和地球静止气象卫星。自1960年美国发射了第一颗气象卫星TROS-1以来，国际已经发射了200多颗气象卫星，例如美国的GOES、NOAA、NPP/JPSS，欧洲的METEOSAT、MSG，俄罗斯的METEOR和GOMS，日本的GMS，以及我国的风云等系列卫星。气象卫星常搭载有包括可见、红外、微波等多类型遥感器，通常具备大幅宽、快速重访特征，可以有效实现天气现象的监测、大气物理结构和化学成分监测、植被监测、火灾监测、水体监测等。气象卫星数据在气象、海洋、农业、林业等领域有着广泛的应用。

（一）气象遥感卫星资料在天气分析中的应用

雾、霾、沙尘暴、台风等特殊天气给人类的生产和生活带来了诸多不便，采用气象遥感卫星资料对这类灾害性天气进行监测和预报具有重要意义，也是气象卫星的重要业务工作之一。

1. 雾监测和预报

雾具有特殊的光谱和结构特性。国外早在20世纪70年代就开始利用SMS-1气象卫星对辐射雾的生消过程进行观测分析，取得了较好的效果。Eyre等首次提出使用AVHRR传感器数据第三、第四个红外通道亮温差来区分夜间雾和低层云。国内在利用遥感对雾监测方面也有大量研究。居为民等利用NOAA和GMS卫星资料进行了沪宁高速公路大雾的监测，获得初步成果。刘健等利用NOAA/AVHRR资料分析了云雾顶部粒子的分布状况和尺度特征，并分析了粒子分布与3通道反照率的定性关系。近年来，我国自主研发的风云系列卫星数据在大雾遥感监测中也有较多的应用。蒋璐璐利用FY-3A/VIRR数据，对2010年4月5日我国东部沿海地区日间雾进行监测分析，通过光谱分析来确定雾识别的阈值，并对监测结果进行精度检验。该方法监测精度较高，普遍可达70%以上，证实FY-3A卫星资料对于雾监测的可行性，并且具备在预报业务中推广的价值。吴晓京等用Streamer模式模拟计算了各种云雾粒子在FY-2C成像仪通道上的辐射特性，用AVHRR数据结合数字高程模型（DEM）提取了新疆北部地区大雾的垂直厚度，反演了大雾区的能见度、垂直水汽含量（LWP）和雾滴有效半径，并用 FY-2B 和 GMS 卫星资料进行了中国陆地大雾消散临近预报，新一代的 FY-3A 及 Himawari-8 卫星传感数据具有较多的观测通道，需要进一步探索其在大雾遥感监测的应用，使其能在雾监测业务中发挥更多作用。

2. 霾监测和预报

随着经济的发展，工厂和机动车数量的增多，霾已经成为大气污染的重要表现形式。霾属于吸收性气溶胶，由于具有较大的复折射指数虚部，它的消光系数表现出特有的随波长变化的光谱特征，这一特征在紫外波段尤为突出。利用遥感技术进行灰霾监测，与大气气溶胶以及大气颗粒物监测研究紧密相关。20 世纪 70 年代中期，国外开始利用卫星遥感数据监测气溶胶光学特性及其分布，为灰霾研究提供了新的思路与方向。20 世纪 90 年代，国外学者开始了灰霾的卫星遥感监测研究，Siegenthaler 等人基于 NOAA/AVHRR 数据研究瑞士等地夏季烟霾期灰霾，指出传感器接收到的天空光信息与对流层底部的霾 / 轻雾有关。虽然灰霾天气在全球区域都可能出现，但在发展中国家更为严重。欧美等发达国家大气污染现象相对较少，导致其开展灰霾卫星监测的动力不足。我国自 2001 年以来霾日数急速增长，最近几年已成为热议话题。姜杰等介绍了霾的遥感监测原理和目前应用较为广泛的遥感监测技术，指出卫星遥感技术可以提供大尺度、长时间序列的污染物时空分布特征和变化趋势，是霾监测与综合治理的重要途径。刘勇洪利用 NOAA/AVHRR 遥感数据对北京地区进行霾识别，取得不错的效果。何月欣等通过美国 Suomi NPP/VIIRS 气溶胶光学厚度产品，分析东北地区 2006—2015 年气溶胶光学厚度（AOD）年际变化和季节性变化特征，进而获取东北地区霾污染的宏观时空分布特征，并深入探讨 2014 年 10 月 14 日重霾污染过程特征及其潜在区域传输路径，结果表明气溶胶光学厚度与地面观测都有显著的相关性，能够反映出此次重霾污染的地面空间分布特征。冯涛等人根据 VIIRS 数据及霾的光谱特性，基于 IDL 建立了一套自动霾识别模块，较好地识别出霾区并极大地减少云干扰和地表类型差异造成的误识别，该识别方法的有效识别率达到 80% 以上，能够为我国霾监测业务提供有效的支持。目前灰霾遥感监测研究虽已取得了显著进展，但监测精度与效果仍存在诸多影响因素，因此还不能满足高水平定量化和系统化业务应用需要，需要进一步深入开展研究工作。

3. 沙尘暴的监测

由于沙尘暴常发生在沙漠、戈壁等人迹罕至的地区，气象卫星遥感资料便成为监测沙尘暴活动的有力工具。特别是极轨气象卫星丰富的多光谱信息，一直被中外科学家用于沙尘暴的监测。Shenk 和 Curran，Carison 和 Griggs 分别利用气象卫星单通道（可见光或红外通道）进行沙尘监测，由于沙尘暴发生时复杂的大气环境，单一通道对于沙尘和云的区分很困难，存在一定局限性。Tsolmon 等人通过解析 NOAA/AVHRR 热红外波段中第四和第五波段亮度温度差（BTDI）不但可以监测沙尘情况，还可以得出尘埃密度比。国内方宗义等撰写了《中国沙尘暴研究》一书，从卫星遥感的角度诠释了对沙尘暴的分析，国家卫星气象中心依托国家科技支撑项目"沙尘暴遥感监测与预报集成技术研究"，提出了利用静止气象卫星全波段图像自动识别沙尘暴的方法，得到了中国沙尘暴源地分布，集成了静止气象卫星沙尘暴监测系统。范一大等针对 NOAA/AVHRR 探测器数据提出基于查找表变换和经验模型的两种沙尘暴信息提取新方法，并通过多光谱合成影像分别对沙尘暴的信息提取和强度监测进行探讨；罗敬宁等利用美国第五代极轨气象卫星 NOAA-KLM 系列卫星、FY-1C 和 FY-1D 数据，根据近红外 1.6μm 波段特性，设计出沙尘强度定量描述的新方法，为多源遥感数据沙尘监测结果的对比提供了重要思路。他们进一步采用"风云三号"卫星的 VIRR 数据，深入阐述沙尘遥感的物理原理，完成多通道沙尘光谱特性分析，提出综合沙尘遥感识别方法，定量获得全球沙尘的强度分布。刘方伟等人利用日本新一代气象卫星 Himawari-8/AHI 数据，对典型地物以及多类型沙尘光谱特性和多波段亮温差均值单倍标准差的分析，提出中红外和热红外通道亮度温度差值的组合阈值法进行沙尘遥感监测，可以达到较高的精度。这些新一代卫星具有较高的时间分辨率及空间分辨率，可以满足业务化监测的需求。

4. 台风监测与预警

台风位居全球十大自然灾害之首，海上台风的监测主要依赖气象卫星观测。卫星观测能够确定台风的初生和中心位置，获取台风路径和其强度变化的规律，判断其登录时间、地点及暴雨范围。在 2005 年 8 月 29 日卡特里娜飓风发生前的 8 月 25 日、8 月 26 日和 8 月 27 日，利用 GOES-12 静止轨道气象卫星拍摄到空中云层和"风眼"在经过美国墨西哥湾沿海地区时被增强了。我国的"风云三号"A 星（FY-3A）的被动微波资料可以提供通道数据和大气温、湿廓线等产品，用于台风温度场和湿度场的垂直结构分析，提取台风暖心和湿中心的范围、强度、垂直厚度等信息，进而实现对登陆台风结构进行诊断分析，为台风监测及预警服务奠定了基础。在气象卫星监测基础上，利用 WRF-3DVAR（天气中尺度数值模式 - 三维变分同化）系统，结合 FY-3A 微波资料直接同化实验对 2008 年"森拉克"（Sinlaku）、"黑格比"（Hagupit）和 2009 年

“莲花”（Linfa）、“莫拉克”（Morakot）4个台风的个例研究发现，同化后路径预报能力得到提高，36～72h路径预报误差平均降低20%。而新一代的静止气象卫星“风云四号”A星（FY-4A）携带的干涉式大气垂直探测仪和闪电成像仪，为探测台风雷电活动以及外围环境场变化提供了新方法。目前气象卫星对台风监测已经基本可以满足气象预报的业务要求，但是还需开发台风自动中心定位系统，以达到台风监测分析业务自动化或半自动化的需求。

（二）气象遥感卫星资料在生态环境监测中的应用

1. 林火监测

森林火灾对于生态系统来说是一种非常严重的自然灾害，因此各国对于防火都相当的重视。传统森林防火信息的采集和传递耗费的周期长，难以大范围应用，气象站点的稀疏分布也给火险预报增添了难度；利用遥感手段对森林防火进行监测弥补了传统方法在时间和空间上的不足，为森林火险的预报提供了全新的技术支撑，并且也取得了一定的成绩。气象卫星火灾监测的基本原理在于当火点出现时，中红外波段亮温会出现急剧的变化，造成与周围像元的明显反差。从20世纪90年代开始，美国采用NOAA/AVHRR热红外数据对全球火情监测做出了重大的贡献，其结果已经被应用在一系列火情监控的系统中，如NOAA危害地图系统、巴西国家空间中心火灾监测系统、南非火灾信息系统及加拿大野外火灾信息系统等。除此之外，搭载在NPP/JPSS极轨卫星上的新一代VIIRS传感器对活跃火灾具有更强的探测灵敏度，为森林火情监测提供了新的途径。另外，中国气象局沈阳大气环境研究所采用日本的Himawari-8和我国的GF-1卫星对林火进行监测，前者可以采用前后关联的火点识别算法进行火点判识，提取中心燃点温度及燃烧范围，后者可以采用近红外光谱、归一化植被指数和全球环境监测植被指数法进行火烧迹地识别，最后对森林燃烧受害程度进行分等定级。目前，采用气象遥感卫星资料对林火进行监测的技术已经具有非常广泛的应用，但是若要实现火灾过程的全方位监测，还需要从火灾监控的时间及空间分辨率上进行完善。

2. 城市热岛效应监测和评估

城市热岛效应是指城市中的气温明显高于外围郊区的现象。陆地表面温度（Land Surface Temperature，简称LST）是研究城市热岛效应的基础，而卫星遥感影像数据是地表温度反演的重要数据之一。目前针对城市热岛效应的监测主要采用Landsat卫星及MODIS传感器数据。考虑到一些气象卫星也同样搭载了热红外传感器，近年来也有部分气象卫星数据被用于城市热岛效应的监测。上海气象局应用我国FY-3新型气象卫星数据，采用单通道、分裂窗以及统计建模等方法，提出遥感地温、气温定量反演模型，全面研究热环境灾害与城市化发展主要敏感因子的关系，并采用卫星遥感与地面观测相结合的天地一体化方法，建立了城市热环境灾害遥感定量评价指标体系、城市热环境灾害空间分析和评估模型、城市人居热环境适宜性评估模型和人体舒适度分布预测方法，开发了城市热环境灾害遥感监测评估预警系统。研究发现，通过气象卫星数据对城市热岛效应进行以地表温度 - 近地层气温为基础的监测预报业务是可行的。但是，数值预报气温与实际温度可能还存在一定偏差，气温预报订正方案还需优化。

3. 蓝藻监测

由于工业废水和有机污染物质的大量排放，使得内陆湖和沿海水域的水体富营养化问题严重，蓝藻水华现象时有发生。蓝藻水华过程具有暴发面积大、时空变化剧烈的特点，传统的逐点监测方式在时效性与空间覆盖度方面都存在缺陷，需要利用卫星手段予以解决。蓝藻暴发时会引起水体温度、色度、透明度和温度等一系列物理性质发生变化，进而导致水体反射波谱特性的改变。根据水华光谱曲线可知，对于不同蓝藻密度的蓝藻水华在近红外波段都有很强的反射，其反射率明显高于水体，而在可见光红光波段有较强的吸收，其反射率甚至低于水体。利用近红外波段和红光波段的比值可以突出蓝藻水华的信息。气象卫星具有大幅宽和快速重访的特征，其可以有效高频次地动态监测水体变化，因此气象卫星数据被大量应用于水体蓝藻监测中。NOAA/AVHRR 影像已成为水体环境污染监测的主力影像数据，加拿大已经采用该数据的短波波段建立了近海水域赤潮监测系统。除此之外，已有大量研究采用该传感器数据监测了各地水体蓝藻的情况，如 Ibelings 等人针对荷兰的艾瑟尔湖水体的蓝藻及表面温度进行监测，建立湖泊的水华在线预警系统。国家卫星气象中心王萌等人利用新一代静止气象卫星 Himawari-8，基于太湖实地光谱测量资料，提出 Himawari-8 卫星资料太湖蓝藻水华动态监测方法，分析了蓝藻水华的出现、发展和消失，计算了蓝藻水华强度的动态变化，估算了蓝藻水华的动态变化速度，为研究蓝藻水华的生长消亡过程提供了支持，并进一步探讨蓝藻水华动态变化与气象要素的关系，发现在相同的温湿条件下，风场对蓝藻水华的形成、运动和消失有直接的驱动作用。

（三）气象遥感卫星资料在大气环境中的应用

1. 臭氧监测

平流层臭氧吸收了太阳紫外线，是地球生命的保护伞。而对流层臭氧是光化学烟雾的组成部分，危害着人体健康。气象卫星主要利用紫外仪器实现大气臭氧总量的探测，其原理是太阳发出的紫外线穿过大气到达地面后再反射回太空后被卫星探测器接收，在这个过程中紫外线因大气中臭氧的吸收而减弱，紫外线的波长越短，臭氧的吸收作用越强，因此，两个波长上观测结果的差异与臭氧总量存在对应关系。搭载在气象卫星上的臭氧探测仪包括 NPP 卫星上的臭氧成像廓线仪（OMPS）、我国 FY-3 卫星上的臭氧总量探测仪（TOU）和紫外臭氧垂直探测仪（SBUS）等。Kramarova 等分析了 OMPS 臭氧观测数据的可靠性，同时利用 OMPS 臭氧观测数据，对 2012 年南极上空臭氧洞的变化过程进行了分析。图 1-1 是利用中国的 FY-3B 气象卫星得到的全球臭氧总量，图中可见南极地区的臭氧总量在 200DU 下，南极上空臭氧洞已经形成。除此之外，马鹏飞等人采用 NPP 卫星上的 CrIS 红外高光谱观测数据对大气臭氧的廓线进行反演，其在平流层所得的臭氧数据几乎和真值一致，最大相对误差不超过 20%。由上可得，目前气象卫星上搭载的紫外臭氧探测仪可以有效分析全球臭氧的空间分布和变化，具有较强的臭氧探测的应用能力。

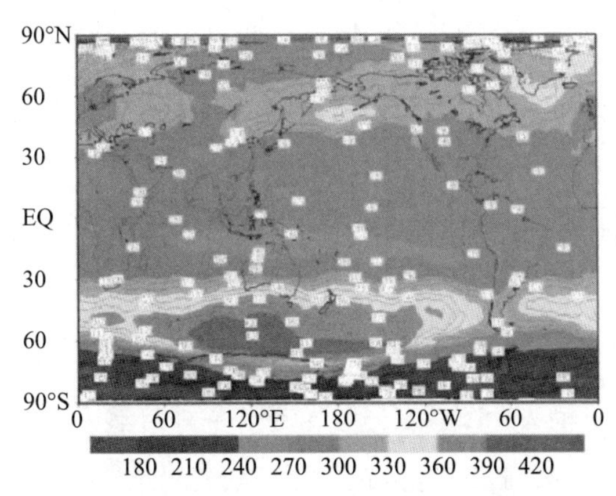

图 1-1　FY-3B 卫星监测的全球臭氧总量分布（单位：DU，2016 年 9 月）

2. 温室气体监测

大气中温室气体主要为 H_2O、CO_2、CH_4、NO_2 等，其气体含量与气候变化密切相关。温室气体辐射强迫引起全球温度升高，导致冰川融化、海平面升高、气候异常，威胁人类生存环境。卫星遥感能够在全球范围内稳定连续地监测大气气体含量，目前已得到了广泛应用。近年来发射的气象卫星通常搭载大气垂直探测类仪器，其通常覆盖整个红外谱段范围，且具有较高的光谱分辨率。由于温室气体在此范围内均有吸收特征，因此气象卫星资料也常被用于对这些气体的总量及垂直分布的监测。Chedin 等人利用 NOAA/TOVS 的实际观测资料反演出了自 1987 年 7 月到 1991 年 9 月大气浓度的年际和季节变化情况。Yang 等人提出了利用 NPP/OMPS 数据进行对流层 NO_2 反演的算法，并获得了全球 NO_2 分布结果。陆宁采用 NPP 的 CrIS 数据反演我国 2013 年 CO_2 浓度分布，分析了我国 CO_2 的季均值变化、月均值变化及空间分布特征。在我国气象卫星数据应用中，戴铁等人采用 FY-3/IRAS 数据探测大气中的 CO_2 浓度，根据 IRAS 的光谱通道特征，发展了 IRAS 的大气辐射传输计算模式，得出在理想状况下，其最高可分辨的大气 CO_2 浓度在 10ppm。

3. 有害气体监测

对有害气体进行遥感监测，主要包括二氧化硫、氟化物、乙烯、烟雾等，常用方法包括反射率分析法、边界分析法两种。也有学者提出反演推断法，参考长期资料进行有害气体监测。我国学者针对不同有害气体进行了观测波段分析，如二氧化氮，其观测波段一般在 432 ~ 448nm。2016 年 11 月，河北某地雾霾严重，技术人员通过反射率分析法进行了有害气体的监测，选取波长为 300 ~ 900nm，涵盖了几乎所有有害气体的观测波段，获取了大气环境信息，并与同一时期北京地区对二氧化硫、二氧化碳的监测结果进行了对照，两组差异平均为 0.2%，检测结果精准可信。边界分析法属于较为典型的匹配分析法，也是开放性监测的一种体现。该方法强调收集大部分常见有害气体、混合气体的监测数据，生成监测结果模型，之后应用遥感技术对当前目标进行监测，匹配监测结果与模型之间的差异，了解有害气体类型和污染态势，一般可用于长期监测。

（四）小结

时至今日，气象卫星遥感图像在气象监控、各种自然灾害监测、生态与环境遥感以及气候变化研究方面发挥着极其重要的作用。随着遥感器技术、计算技术、空间技术的快速发展，气象卫星遥感资料正在向更高空间分辨率、时间分辨率、光谱分辨率以及辐射测量精度方向发展。同时，伴随着大气物理结构、化学构成以及动力过程理解的不断深入，气象卫星能够监测的项目类型及精度也在不断提高。此外，主动式探测、极紫外探测、太赫兹探测、偏振式探测等多种手段的出现和不断完善，为未来全面高效获取更为丰富的大气组分及其三维垂直结构信息提供了契机，这些新型卫星遥感资料的获取，会对气象卫星资料应用产生革命性影响，使卫星应用水平再上新台阶。

三、海洋遥感

海洋是一个复杂的动态系统，大约覆盖地球面积的 70%，包含了地球上大部分的水资源，是重要的生态系统之一。海洋对于国家安全、军事、全球商业、极端天气事件、气候变化、渔业管理、海上油气和矿产开发，以及公众健康和娱乐等都具有重要影响。全球大约50%的人口生活在距离海岸线50km以内的沿海城市，易受海面上升、海啸、飓风和台风等自然灾害的威胁。另外，在公众健康方面，需要对城市向海洋的排污，以及对产生诸如赤潮的浮游生物进行监测和预测。海洋遥感在海洋管理、海洋灾害监测预报、海洋环境监测等方面扮演着重要的角色。

20世纪70年代，美国发射的搭载高度计的GOES-3卫星，被认为是第一颗海洋遥感卫星。此后，不同功能用途的海洋遥感卫星相继发射升空。卫星能够观测的海洋要素包括海面温度、海浪的波高与波向分布、风速与风向、大气水汽含量和降雨率、潮汐、海流和行星波等这些与海面高度变化有关的海洋动力现象，浮游植物、泥沙等水中悬浮物和溶解物的含量，以及极地海冰的面积和类型等。在20世纪80年代之前，上述海洋要素只能通过高成本和低效率的调查船来获取，在极地区域的观测只能通过飞机、破冰船来进行。目前，卫星成像仪能够实时观测1～1000km尺度范围的运动变化，即使采用多艘调查船也很难实现。对于利用遥感观测不能反演得到的参数，如近海面空气温度，则通过锚系和漂流浮标的实测经过中继卫星将数据传回地面；对于卫星不能直接观测的海洋深度，也是通过专业仪器获取海洋深度剖面数据，然后定时返回海面并通过卫星将数据传回。

（一）海洋水文气象与水色遥感

海洋水文要素包括水温度、盐度、密度、海流、潮流、波浪等。水文观测是指在江河、湖泊、海洋的某一点或断面上观测各种水文要素，并对观测资料进行分析和整理的工作。水文测量为水下地形测量、水深测量以及定位提供必要的海水物理、化学特性参数，如：测定海水温度、盐度或密度可以计算声波在水中的传播速度；潮汐观测可为水下地形测量提供瞬时垂直基准；波浪改正可提高测深及定位精度。

海洋中海水的颜色称为海洋水色，简称水色，主要是由海水的光学性质（吸收和散射特性）决定的。实验表明，这些吸收和散射特性与海水的物质组成，即悬浮泥沙、浮游植物、可溶有机质（黄色物质）、污染物质、海面污油等的组成和含量密切相关。科研人员通过使用MODIS、Terra、Aqua、GLI、MERIS等数据对海水颜色进行监测，可对海洋大气碳循环、海洋叶绿素含量等进行观测。

1. 海洋灾害预报

遥感卫星获取的数据能够大面积显示天气状况，是沿海及内海等地区灾害分析必不可少的基础资料。2009 年 11 月至 2010 年 3 月，中国渤海、黄海海域出现了严重的海冰灾害，国家卫星海洋应用中心综合利用 HY-1B 卫星等多颗光学和雷达卫星影像资料，对渤海和黄海北部海冰冰情进行了监测，制作并发布了 79 期海冰监测通报，成为海冰预报的重要数据源之一。2010 年，利用 HY-1B 等卫星数据，共监测到 79 次绿潮，向国家海洋局有关单位及沿海相关省市发布 98 期监测通报。2009 年下半年，FY-3 卫星成功监测到“莲花”“莫拉克”“巴玛”等台风的发生、发展及迁移过程，为中国东南沿海地区防灾减灾、避免巨大的生命及经济财产损失发挥了重大作用。

2. 海洋大气气候生态变化观测

海洋卫星为海洋表面的气候变化研究及预测提供表面水温、盐度、密度、洋流方向、海面风速等参数信息。气象卫星则能够提供监测的气溶胶、臭氧总量和垂直分布，以及其他痕量气体等参数信息。利用这些卫星数据资料，人们能够反演海表温度、积雪、海冰等信息，监视并预测区域乃至全球海洋气候变化情况。

3. 生物量反演

海面水体中不同物质在海洋水色的各个波段影像中具有不同程度的显示，通过海洋水色观测可以获得海面悬浮泥沙、浮游植物（叶绿素）、可溶有机物、海面油膜和污染水团等海洋水色的专题信息。通过这些信息可以对海洋水体中的生物量进行反演。

（二）海洋生态遥感与渔场渔情分析预报

海洋作为鱼类赖以生存的基本空间，海洋环境影响着鱼类的繁殖、补充、生长、死亡及空间分布。由于海洋环境与海洋渔业资源的分布及数量的变动存在紧密关系，海洋渔业资源的开发、管理与保护需要大量的海洋环境数据。而卫星遥感能大面积、长时间、近实时地获取海洋环境数据，使其在海洋渔业资源开发、管理与保护中的作用越来越大。当前，卫星遥感数据已广泛应用于海洋渔业资源评估、渔情预报、鱼类栖息地分类与保护、渔船监测、渔业安全等方面。

加拿大研究人员通过机载遥感技术按预定的南北走向平行航线在 100m 低空飞行，记录发现鲸的海区的精确纬度并拍下照片，同时结合 NOAA 卫星海洋表面图像弄清了加拿大西北部海域鲸的生态环境、习性、栖息海域和洄游规律，为该海域鲸群预报工作提供了重要情报。日本列岛东部太平洋近海海域，是北上的黑潮暖流和南下千岛寒流的交汇处，激烈的搅动产生交汇海域高营养区和丰富的饵料食物，以及水团间温度梯度较大的冷暖锋面，使该海域成为世界优良渔场。日本研究人员使用 NOAA 卫星监测图像，寻找到了北海道以东洋面黑潮暖流和千岛寒流交汇的中尺度涡旋，得到了赤乌贼和松鱼渔场的渔汛情况。我国渔业部门从 1982 年开始，利用日本渔业服务中心发布的 NOAA 卫星海况图进行渔业生产调度，主要分析地区包括东海与黄海地区。1987 年国家海洋局制作“东海、黄海渔况速报图”，大连海洋渔业公司通过对速报图的分析，预测中心渔场位置，派船在该区域连续 3 天捕鱼约 600t，产值 100 万元；上海渔业公司在预报图所标参考中心渔场附近生产、捕鱼 1480t；宁波海洋渔业公司利用速报图指挥生产，捕获鲐鱼 640t，缩短了侦渔时间，节省燃料 20%。

（三）海洋污染遥感监测

自现代工业社会以来，海洋就成了人类最大的“垃圾箱”。由于海洋的巨大容量和稀释自净能力，大量的污染物被海洋所“吸收”。随着现代生产的不断扩大发展和人类生活水平的不断提高，进入海洋的污染物数量将逐步超过海洋的自然净化能力，特别是超过某些海域的自然净化能力，造成了海洋污染。防止海洋污染，借以保持地球上人们正常的生活条件和保证人类进一步利用海洋食物的可能性，是现代科学、经济、政治和社会最重要的问题之一。尽管已有很多环境保护的国际性协议，包括 1972 年 80 个国家签订的《防止投弃废物和其他物质污染海洋公约》，然而，随着现代工业的发展和人类生活的现代化，海洋污染程度仍在不断地发展。因此，必须对整个海洋的污染程度和性质进行观测和研究。传统水体动态测量方法效率较低，无法快速准确地获取全局准确情报。航天航空遥感由于具有宏观、快速和同步等诸多优点，得到了迅速发展和推广。

1. 海洋石油污染遥感监测

海洋石油污染与烃渗漏是资源与环境遥感关注的重要方向之一。国内外学者基于光学和微波遥感数据对该领域进行了研究。光学遥感识别分类的探测目标已经明确，即泄油污染形成的海面油膜、黑色浮油与油水混合物，海底烃渗漏形成的海面油膜与近海表大气碳氢化合物气体异常。这些目标对入射光具有不同的光学作用过程（如反射、吸收、散射、干涉等），会产生不同的光学响应特征，是光学遥感识别、分类与定量估算的理论基础。在实际应用中，目标介质面（不同类型、折射率与粗糙度的油面与海面）的菲涅尔反射差异，有利于目标探测的同时，也给目标识别分类与定量估算带来诸多不确定性影响。

微波遥感在该领域的理论与应用研究同样表明对波长为 8mm、1.35cm 和 3cm 的微波，不论入射角和油膜厚度如何，油膜的微波比辐射率都比海水高。因此，用微波辐射计就可以观测区分海面油膜。同时，由于油膜比辐射率还随其厚度变化，相应的微波辐射计影像灰度也随油膜厚度变化，因此使用微波辐射计可以监测到油膜的厚度。除微波辐射计这类被动遥感仪器以外，还包括主动式微波传感器——雷达，通过接收海面目标区的后向散射微波能量来提取海面信息。

2. 赤潮遥感监测

赤潮是海水因浮游植物的大量繁殖而使海面呈另一颜色的现象。赤潮的发生会对海洋渔业资源造成严重破坏，因此赤潮的监测研究意义重大。通过机载或星载多光谱摄像机、多光谱扫描仪和海岸带水色扫描仪（CZCS）等传感器，可获得赤潮在可见光和红外波段的增强彩色图像。美国、日本、俄罗斯和加拿大等国在赤潮产生的范围、时间的监测方面，取得了不少成果与经验。我国也在赤潮遥感监测方面取得了许多喜人成果。2008—2018 年，中国黄海发生了世界上最大的赤潮现象，中国研究人员通过 MODIS 卫星图像数据对该现象进行了分析并为之后的赤潮预防工作提出了相应对策。

3. 海洋倾废遥感监测

20 世纪 70 年代之前，由于陆地倾废的危害和人类陆地活动场地狭小，人们逐渐选择向海洋倾倒工业、生活废弃物。直到 70 年代初，人们逐渐认识到海洋倾废的危害性，工业和生活废弃物、港口疏浚污泥的倾倒，往往会造成海域水质和沉积物的缓慢变化。倾废物中有毒有害污染物的快速或缓慢释放，会使得水质下降，原海洋环境变得不再适于海洋生物生存。对遥感而言，凡是能造成水面电磁波谱与自然水体有差异的污染水体，都有可能被航空或航天传感器探测到。

水体的热污染是典型的海洋倾废污染之一，其主要来源于工矿企业向江河排出的冷却水，其中主要以电力工业为主，即热电厂和核电厂排出的冷却水；其次是冶金工业，如炼钢厂、轧钢厂，以及化工、石油、造纸、建材、机械等工业。大量热废水的连续排放，会造成沿海近岸港湾自然界水体生态环境发生很大变化。为快速准确监测水体温度变化情况，可以使用红外扫描影像来研究水面热污染的分布。运用航天航空热红外影像，均可将水面排水热污染扩散的温度场直观反映出来。

此外，利用遥感技术，人们可以深入了解海洋倾废场废弃物在表层流场中的运动扩散、废弃物的运移与沉降规律。结合这些运动规律，人们一方面能够及早发现污水排污口等，对污染源及入海废水的输移扩散进行整体监测；另一方面能够为选择合理的海上倾废场所提供指导，减小工业生活废弃物对周围海洋生态环境的影响。

（四）小结

科学技术的快速发展提高了卫星观测及监测全球海洋和大气的能力。同样，计算机技术和软件的发展使得快速获取和处理海量的卫星数据成为可能，例如：获取和处理全球海浪、全球大尺度海流的变化、海面风场，以及区域和全球海洋生物的变化等方面的数据。卫星获取的这些有用数据同化到数值模式中，能够进一步改善海洋、气象预报的精度。海洋遥感总体趋势与需求如下：

1）提高观测精度与时空分辨率。日益增长的海洋研究水平和海洋应用能力对海洋卫星观测精度与时空分辨率提出了更高的要求，这也是海洋卫星的发展方向。在海洋环境要素的反演精度方面，目前叶绿素浓度达到35%；海面温度由1K提高至0.3～0.5K；卫星测高精度由米级提高至2～3cm；海面风场观测精度优于2m/s，风向优于20°等等。伴随着海洋遥感技术的发展和数据处理技术的提高，海洋环境要素的观测精度还会不断提高。随着电脑运算能力的提高，海洋环境预报模式的空间网格越来越细，海洋环境过程需要更精细的尺度支持，这对海洋遥感的空间分辨率提出了更高的要求，需要提供亚中尺度或更精细尺度以及高时效的海洋过程的观测信息。

2）提升定量遥感水平。定量化应用是海洋卫星数据应用的特点。由海洋卫星数据生产的叶绿素、悬浮泥沙、海温、海面高度、海面风场、海浪场等遥感产品，都属于定量化反演应用的范畴。可靠完善的定标技术和检验手段是确保高质量海洋卫星数据产品的关键。早期的海洋水色遥感器、雷达卫星数据都没有经过定标，雷达高度计卫星也没有精密定轨载荷，这些严重影响了海洋卫星数据精度和数据的应用。目前典型的星载海洋遥感器定标精度不断提高，如海洋水色遥感器总辐亮度绝对定标精度已优于5%，雷达卫星绝对辐射精度提升至1.0dB，这保证了海洋卫星定量化应用水平的提高。

3）发展新型海洋遥感载荷。积极发展新型海洋遥感载荷是海洋卫星发展的重要推动力。世界各国都在积极发展海洋遥感载荷技术，使得海洋卫星可观测要素不断增加，测量精度不断提高，拓展了卫星应用领域，有力推动了卫星应用水平的不断提高。从目前国际列入研制计划的新型海洋遥感载荷的技术指标来看，今后技术创新主要体现在以下几个方面：①星载雷达遥感器体积小型化，电子部件低功耗；②高频段（尤其Ka频段）高效、高功率发射机，微波遥感载荷向高频、多频、多极化等方向发展以及微波与光学遥感器的协同使用；③星上数据处理能力和数据下传能力进一步提高；④针对不同空间尺度的海洋环境要素或海洋目标设计专用的工作模式；

⑤多角度、多谱段、多通道成像光谱仪，进一步提高稳定性、信噪比和大气修正能力；⑥在开发新型遥感载荷和技术不断创新的同时，可采用稳定可靠的多星组网方式来进一步提高海洋要素观测的时空分辨率。

根据《海洋气象发展规划（2016—2025年）》文件，我国计划到2025年逐步建成布局合理、规模适当、功能齐全的海洋气象业务体系，实现近海公共服务全覆盖、远海监测预警全天候、远洋气象保障能力的显著提升，即近海预报责任区服务能力基本接近内陆水平、远海责任区预报预警能力达到全球海上遇险安全系统要求、远洋气象专项服务取得突破、科学认知水平显著提升，基本满足海洋气象灾害防御、海洋经济发展、海洋权益维护、应对气候变化和海洋生态环境保护对气象保障服务的需求。

四、国土资源遥感

国土资源是一个国家及其居民赖以生存的物质基础，是由自然资源和社会经济资源组成的物质实体。狭义的国土资源只包括土地、江河湖海、矿藏、生物、气候等自然资源，广义的国土资源还包括人口资源和社会经济资源。国土资源是一个国家进行各方面发展的重要基础条件，是国家极为重要的战略资源。我国土地资源虽然非常丰富，但人均占有量却不及世界平均水平的三分之一，再加上人们对土地的过度开发及不合理利用，导致了人地矛盾日益激化，因此国土资源方面研究越来越得到重视利用。

国土资源信息的获取、管理与应用是事关国家发展繁荣的重大工作，而对国土资源进行科学化、信息化管理和利用是时代和社会发展的必然要求，是充分合理利用国土资源、对各种矿藏进行勘探开发的有效前提和保证，也是新时代保护资源环境和进行可持续发展的必然要求。传统方法主要依靠大量人工进行，效率较低，并且存在较多误差与问题。遥感作为一门对地观测综合性科学技术，它的出现和发展既是人们认识和探索自然界的客观需要，更具有诸如大面积、同步性、时效性和周期性等其他技术手段无法比拟的优点。因此，自20世纪70年代以来，遥感技术在国土资源方面发挥着越来越重要的作用。

（一）矿产探测与应用

遥感在国土资源方面最早的应用之一就是地质找矿。矿产资源作为我国重要的资源之一，其应用范围十分广泛，为我国生产力发展提供了强有力的支持。但是，矿产探测开发难度大，市面上常常供不应求，从而导致矿产资源价格也随之提高。对于矿产而言，大都分布在岩石中，这在某种程度上为其开采和定位带来了很大的困难。在遥感技术应用之前，人们只能根据现有设备进行人为勘探，这种人为勘探不仅耗费时间长，而且开采效率低下，成本耗费巨大，且最终成果不佳。随着遥感技术的发展和应用，利用对矿床、土壤以及对周围植被的光谱特征和变化规律进行探测分析，大大提升了地质找矿效率，为开矿工作的展开提供了便利。

原地质部在20世纪五六十年代就开展了遥感找矿应用，主要是以黑白航片解读来指导地质调查和找矿。到了70年代，开始酝酿引进现代的遥感技术以提高地质调查和找矿效率。1988年，原地质矿产部在勘查技术司下设遥感处，主管地矿行业遥感地质工作。

目前，遥感找矿应用一般分为直接应用和间接应用。

1. 直接应用

在地质找矿中，遥感蚀变信息提取法是遥感找矿最常见的方法之一。岩石属性受岩浆热液或汽水热液的影响，使岩石的结构、构造和成分发生改变，即蚀变。由于岩石类型的不同，其蚀变程度也会大不相同，使得不同的金属矿石在受到岩浆热液侵蚀后，就会显现不同的岩石性状，而这种岩变特征将会为遥感技术提供参考价值。地球上万物受地球引力的影响，都会产生磁场，岩石在磁场的影响下会产生出不同的光谱特性。其光谱特性与其内在的物理化学特性紧密相关，物质成分和结构的差异造成物质内部对不同波长光子的选择性吸收和反射，各种矿物都有自己独特的电磁辐射特征，这就为遥感探测创造了条件。根据遥感获取的岩石光谱信息与参考资料库中的参考光谱进行对比，可以准确判定岩石位置，从而帮助判断出矿床所在位置。

2. 间接应用

由于遥感技术大范围、周期性的特点，根据对目标区域不同时期的影像数据进行对比分析，可以对矿床变化的位置进行评估和预判。在这些不同的影像中，根据专业的分析方法，对比整理出相关的矿床信息，根据经验规律进行变化分析，来判断矿床的变化情况，熟知矿床的分布规律，从而为找矿带来便利，有针对性地开矿。

遥感技术作为矿产勘查的一种手段，取得了一定成就。随着高光谱数据、数据融合技术以及计算机技术的发展，更为找矿工作提供了强大技术支撑。如今，遥感信息的定量解译方法已成为普遍使用的方法。它与地面以及其他地质工作方法的配合，使地质研究向定量化和更高的水平发展，图像处理软件向结构化、标准化、专题化方向发展，使地质人员能普遍掌握应用。多数据集联合分析、数据库系统建立、图像处理系统智能化和自动化都取得重大的进展，图形的叠合显示、自动成图技术的发展使遥感信息能够快速显示并定量地有效地揭示各类地质规律。同时，在矿产资源有限的今天，也更需要遥感技术成像的精确性，同时，也要针对“盲矿”做出相关的技术方面的改进，为相关人员在探索盲矿的过程中提供更多的便利。

（二）地质勘查应用

由于遥感的大范围、时效性等特点，在地质勘查中有着极大的应用优势。1985年10月21日，我国在酒泉基地成功发射了第一颗国土普查卫星；1986年10月6日，又成功发射了第二颗国土普查卫星。利用遥感技术对我国的铁矿、铀矿等资源，以及地形地貌、海岸带变迁、平原水体变迁、活动性断裂带等环境因素进行了大范围的资源与环境综合调查，为首钢及王滩大厂等工厂选址、大秦铁路等铁路选线、唐山等城市规划、胜利油田开发、黄河三角洲自然变迁研究、南沙群岛新岛的发现等，提供了科学依据。

1. 应用遥感地质勘查技术获取地质构造信息

通常而言，很多内生矿所赋存位置多为一些异常或者是边缘的位置，在不同的板块结构结合位置处，矿产资源的赋存相对丰富，而针对此类区域中的相关地质信息均能够借助于遥感地质勘查加以测量。

2. 应用遥感地质勘查技术进行岩性以及高光谱矿物识别

岩矿光谱技术属于遥感地质勘查技术中非常重要的一项技术，其能够有效地提取多光谱蚀变信息，能够有效地识别岩性信息以及高光谱矿物信息。

3. 应用遥感地质勘查技术进行植被光谱异常信息分析

通过利用遥感地质勘查技术能够更加准确地对植被光谱存在的异常信息加以分析，把一些存在异常的色调进一步进行分离，依照异常的光谱特征，进一步分析勘查区域内是否存在矿产资源，更好地指导地质勘查工作。

4. 应用遥感地质勘查技术进行地质异常检测

通过利用遥感地质勘查技术能够发现地质异常部分，为地质灾害预警和灾后分析提供有力的数据支撑。

当今，随着技术的发展和地质勘查的需要，遥感地质勘查应用也有了新的发展：3S技术进一步融合。3S技术指的是遥感技术、地理信息技术以及全球定位技术。通过应用全球定位技术能够更加精准地定位，精确地分析位置坐标同时加以科学的管理。由于遥感技术观测数据非常多，因此也需要非常多的存储空间，所以，也要求拥有性能非常优良的管理系统。在现阶段人力资源成本逐渐增加的过程中，开展地质调查工作时，需要遥感技术和地理信息技术以及全球定位技术的进一步融合，以更少的成本投入获得更多的效益。在3S技术不断发展的过程中，会进一步提升数据可解译程度，同时还能够有效地提升数据解译速度。另外，数据整合技术快速发展。在地质勘查技术不断发展的过程中，传感器装置也随之得以革新与改进，目前已经有很多传感器能够把不同空间中的信息以及光谱反应获得的矿物特征整合为对应的多元数据，确保多元数据能够和单元数据形成互补。虽然单元数据能够在一定程度上体现矿物特征，不过其通常仅仅可以反映某方面特征，无法从多层次对所勘查目标进行反映。而多元数据技术的发展能够进一步将数据加以整合，去除其中没有意义的数据信息，从而进一步提升数据处理效率。

（三）土地资源调查应用

土地是人类生存的基础，各领域的建设，甚至人类文明的发展都是以土地作为基石，对其的分析以及管理未曾停止过。在对土地资源进行分配之前，必须对其有全面而具体的了解，这就需要进行全方位的调查和研究。将遥感技术应用到土地利用与调查工作中，主要依靠遥感技术的高效率、大面积等特点，方便国家相关部门根据土地资源调查资料对土地资源进行科学合理的分配，并且能够有效节约土地资源调查的时间，同时还能保证土地资源调查的全面性与准确性，对推动我国现有土地资源工作的开展十分有利。遥感在土地资源调查中的应用主要包括：土地覆盖及利用、土地资源评价及土地退化的遥感动态监测及辅助土地执法巡检检查工作等。

1. 遥感在土地覆盖监测中的应用

土地覆盖是指地球表面由于自然因素和人为因素等影响所形成的覆盖物，包括地表植被、土壤、湖泊、冰川及各种建筑物等。因为不同的地物辐射的光谱特征不同，遥感技术能够接收并分析处理不同的光谱，进而将地物区分出来，直接反映土地覆盖。遥感数据资料可进行大区域面积的土地覆盖和土地利用的研究，借助GIS的定量研究，建立全球或区域尺度的土地覆盖数据库。

另外，在对土地覆盖变化调查中，遥感技术可以获取土地利用现状的动态变化影像与相关的数据信息，提高土地利用现状变更调查的工作效率。此外，还可以对土地资源的利用现状进行动态变化监控，方便定期检查，并且能够将动态变化的数据信息反映到图纸上，节省工作人员编制调查报告的时间。

20世纪90年代以来，美国环保局（EPA）联合有关部门开展了多尺度土地覆盖监测，建立了以Landsat/TM/ETM+为信息源的国家级一、二级分类的土地覆盖数据库，并实现5年左右周期的动态更新。

2. 遥感在土地利用监测中的应用

土地利用根据不同的土地类型及利用程度分为不同的类别和等级。遥感技术对于土地利用方面的应用主要分为两大类，一类是对农业土地利用的变化监测，另一类是对城市土地利用的变化监测。其中，在农业土地利用方面表现为对耕地面积的监测以及作物估产的变化，在城市土地利用方面表现为城市热岛效应的监控以及废弃物排放的面积变化等。

另外，土地总体规划设计由于工作强度大、工作量多，是一项十分复杂的系统性工作。传统的土地资源利用规划设计工作主要依靠大量人工，工作效率较低，并且还存在较多误差与问题，对土地资源利用与规划设计工作质量有较大影响。而利用3S技术可以快速收集土地资源信息，并可对土地资源地理位置进行准确定位。另外，还能够建立土地资源信息数据库，对信息库进行不定期或者定期更新，不仅能够提高土地利用与规划设计效率，还能够确保规划设计的科学性与合理性，减少人工规划设计的问题与缺陷，促进土地资源管理水平的提高。

3. 遥感在土地资源评价及土地退化的动态监测中的应用

土地资源评价主要是指通过选取对某个地区生产力发展影响较大的若干影响因子作为评价的限制指标，然后根据影响力较大因子的现状对生产发展的影响程度从而确定土地资源等级。在土地资源评价方面，利用遥感来进行土地资源评价主要是基于遥感手段快速获取和选择最佳限制因子，并根据区域特点为每个限制因子进一步划分不同的评价指标，进而将各个评价指标量化，最终建立土地资源评价模型。人类对土地的不合理利用导致了土地退化，而在土地退化的监控方面，遥感发挥了重要的作用。通过遥感与GIS的结合进行土地退化监测不仅可以提供土地退化现状的及时定量分析，还能从不同时空尺度快速地提供对土地退化状况的动态监测和土地资源评价，为进一步调控预测提供科学依据。

4. 遥感在土地执法巡检检查工作中的应用

在土地执法巡检检查工作中，可以使用遥感技术对收集到的国土资源数据信息以及图像进行对比分析，从中获取最具开发利用价值的土地资源动态信息，并且可以对土地资源的状态进行动态监控，起到预防与警示违法犯罪的作用。还可以利用GIS技术将使用遥感技术获得的土地资源信息数据、土地资源利用的现状以及土地资源的地理数据等信息进行统一汇总与整理，建立全国范围的土地资源监察管理数据库，方便土地执法巡检检查人员对国土资源的利用情况进行对比分析。

（四）测绘应用

近些年来，随着遥感技术发展日益成熟，其应用领域逐渐拓展，地质测绘就是其中一个十分重要的领域。遥感测绘技术的出现，使得该领域不再单纯地依靠传统的技术，也不必耗费大量的人力物力。与传统的测绘技术相比，遥感测绘更具优势。首先，获取资料的范围更广、程度更深，利用先进的设计可以更大范围内地收集目标数据，经过数据分析，做出更准确的判断；其次，效率更高，因为遥感技术受到的限制相对较小，而且数据收集以及整理的方式逐渐增加，因此效率也就更高，在同等的时间内，可以收集和处理更多的信息。

遥感技术是现阶段测绘领域使用最为广泛的辅助方式，包括区域地理分析、地形测绘等。

1. 区域地理分析

基于卫星系统，利用遥感技术对某一区域所有地形地貌进行探测，获取数据后根据不同地物所产生电磁波特性的差异进行地物类型识别和属性判读，从而解析出该地区各类地物的空间位置几何大小分布情况和覆盖范围等信息，用于区域地理的分析研究和规划发展，突破了传统测绘的局限性。

2. 地形测绘

利用遥感技术可获取地表物体和现象的三维信息，进而依据规范标准进行精化，并整理为地形数据。雷达遥感技术具有全天时、全天候工作，不受云雾雷雨等恶劣天气及夜暗影响的特性，利用 SAR 可进行连续的立体摄影测量。

3. 正射影像制作

利用数字高程模型对扫描处理的航空影像或卫星遥感影像（单色或彩色）进行逐个像元投影差改正，再进行影像镶嵌，根据图幅范围裁剪生成具有丰富信息、直观逼真的正射影像数据。

4. 目标动态监测

动态监测也是遥感技术在地理测绘工作中的一个重要应用，即利用航空或卫星等收集设备的电磁波信息对关注目标进行识别和空间发展态势监测，一般涉及地面覆盖、近地表状况、大气、海洋等，主要包括矿山监测、水环境监测、气象监测、地质灾害监测、地表变形监测等内容。通过对目标在不同时段的现实状况进行实时监测观察，研究分析其发展趋势和影响范围，为预警防治提供保障。

（五）林业遥感应用

遥感技术的迅猛发展带动了数字林业关键技术向定量化、智能化、可视化、高效化方向的发展。装备全数字化 CCD 航摄像机、激光雷达、高光谱等新型遥感器的航空遥感系统和地面传感器网络系统在林业行业逐步得到规模化的发展和应用。日本实施了 ALOS PALSAR 卫星发射和应用计划，美国、欧空局和我国也分别制定了未来的相关卫星发射计划（如 DESDynl、BIOMASS），这些计划的核心目标都是形成对区域 / 全球森林资源和森林碳储量高分辨率制图的能力，以便在履行国际环境公约和环境外交谈判中争取最大的国家利益。同时，多源空间信息的展示、分发和辅助决策支持在现代地理信息系统技术、网络技术、移动通信和空间定位技术的支持下，可实现高效多层次按需服务。按照林业对空间数据源的特殊需求，发展具有行业特色的天地一体化林业空间信息采集、加工、分发、表达和决策支持系统已成为国际发展趋势。

1. 森林资源遥感调查业务

国内外相关学者发展了高精度地形几何 – 辐射自动校正算法，形成了基于地物极化散射特征分析和面向对象的分层决策分类方法，提出了基于 InSAR 和光学遥感相结合、激光雷达与光学遥感相结合、地面样地调查数据与多光谱遥感相结合的高精度森林资源信息半经验反演模型和非线性统计估测模型等，实现了对森林资源的监测与评估。

2. 森林灾害遥感监测与评估技术

以全面提升森林灾害管理水平，降低灾害损失为目标，将遥感技术结合 GIS、网络等高新技术应用于森林灾害监测预警。国内外相关学者直接利用新型对地观测技术中的航天、航空平台获取光学、微波等遥感数据源，研发了满足森林灾害地面数据采集、航空、航天遥感监测的实用技术，能有效实现对森林病虫害、林火等灾害的预警和预测预报。

（六）小结

随着科技发展和国土资源应用需求的深入，遥感技术在国土资源诸多方面发挥着越来越重要的作用，也受到越来越多的重视。为了更好地服务于经济建设，宏观、准确地把握国土资源状况，为国家规划和政策制定提供支撑，需要进一步地发展遥感技术在国土资源中的应用。

首先，要进一步提高多源遥感数据的融合应用。目前，随着遥感技术发展，微波、多光谱、高光谱等大量功能各异的传感器不断问世，它们以不同的空间尺度、时间周期、光谱范围等多方面反映地物目标的各种特性，形成同一地区的多源数据。相比单源数据，多源数据既存在互补性，又存在冗余性，任何单源信息只能反映地物目标的某一方面或几个方面的特征。为了更准确地识别目标，必须从多源数据中提取比单源数据更丰富、有用的信息。多源数据的综合分析，互相补充促使数据融合技术的不断发展，通过数据融合，一方面可以去除无用信息，减少数据处理量；另一方面将有用的信息集中起来，便于各种信息特征的优势互补。

其次，要促进遥感技术和其他学科的结合。遥感技术本身是物理学科知识的结晶，这项技术目前已经被成功地应用在了地理学科的研究中，这也是学科融入的典范。在遥感技术的进一步深入发展中，还应进一步注意这项技术和其他学科的结合，使这项技术的性能可以得到进一步加强，更好地完成各项国土资源的应用。

再次，利用遥感技术推动国土资源大数据战略。实施国土资源大数据是实施国家大数据战略的重要内容，是新时期国土资源事业发展的迫切需要，充分认识国土资源大数据的内涵对于实施国家大数据战略具有重要意义。遥感技术在数据采集和分析上有着巨大优势，能够为大数据集成夯实基础。

最后，要推动多级无人机遥感技术的发展。无人机以其小型化、快速、便捷、高效等特点，在国土资源数据获取中应用面越来越广。其数据采集的多样化、智能化，拓宽了遥感技术的时空尺度，比地面静态观测、卫星航天观测更加灵活，所获得的影像分辨率更高，可以满足小面积、高精度、快反应的探测需求。目前无人机遥感技术在国土资源调查应用中逐步发展。

当然，国土资源遥感应用技术的发展，也需要借助其他技术辅助完成。它需要借助航天技术，利用高空大范围的特点，让遥感技术可以更加广泛地应用，再通过 GPS 技术对相关位置进行准确的定位。GIS 技术也可以帮助其全方位了解土地周围信息，最大程度掌握国土资源情况，从而更加高效科学地利用和管理国土资源。

第五节　遥感技术标准化概况

随着空间技术、光电技术和信息技术的飞速发展，遥感技术获取的数据类型不断丰富、数据质量和精度不断提高，遥感应用也从最初的定性判读迈向定量化信息提取，遥感技术在体现科学研究及社会生活诸多领域的迫切需求及重要应用价值，使其市场化、产业化趋势日益显著。然而，遥感技术涉及极为广泛的专业领域，从前端的遥感平台与载荷研制、遥感数据传输与接收，到遥感数据处理与产品、遥感定标与真实性检验、遥感数据管理与服务、遥感试验，再到最终端的遥感应用，这一复杂的全链路过程，客观上要求必须通过一系列标准将各环节有机的联系起来，从而确保数据与产品的质量，更好地满足数据资源共用共享的需求，进一步推动遥感技术产业全球一体化市场的形成与发展。

一、国外遥感技术标准化工作现状

随着遥感技术的飞速发展、遥感应用领域的日益广泛，国内外对遥感技术相关标准的制定工作越来越重视，各国均制定了一些遥感或与遥感相关的标准，在美国国家标准协会（ANSI）、美国联邦地理数据委员会（FGDC）、德国标准化学会（DIN）、欧洲标准学会（EN）、英国标准学会（BS）、法国标准化协会（NF）所制定的标准中可找到一些遥感器研制、遥感数据获取、处理及应用的标准。另外，许多国际性的组织机构也已发布或正在制定与遥感技术相关的国际标准，包括国际最具影响力的标准化组织——国际标准化组织（ISO），以及开放地理信息系统联盟（OGC）、北大西洋公约组织下设的数字地理信息工作组（DGIWG）等。

（一）ISO

在负责规划、制定和采用国际标准的三大国际组织中，国际电工委员会（IEC）负责电工电子领域、国际电信联盟（ITU）负责大部分电信技术领域、ISO 负责其他所有领域。ISO 下设技术委员会（TC）负责开展领域标准化工作。尽管尚未成立专门开展遥感技术标准化工作的技术委员会，但一些 TC 开展了与遥感技术相关的国际标准制定工作，包括：ISO/TC 20 航空器与航天器、ISO/TC 42 摄影、ISO/TC 130 图形技术、ISO/TC 146 空气质量、ISO/TC 147 水质、ISO/TC 172 光学和光子学、ISO/TC 190 土壤质量、ISO/TC 211 地理信息。ISO/TC 20 侧重于航空航天平台的材料、部件和设备，缺乏以应用为目标的遥感载荷研制、性能评估及数据传输等方面的考虑；ISO/TC 42、ISO/TC 130、ISO/TC 172 注重图像获取与分析过程中的通用化基础理论与技术，缺乏空间特性这一遥感技术关键信息的考虑；ISO/TC 146、ISO/TC 147、ISO/TC 190 仅为遥感技术的专业领域应用；ISO/TC 211 主要从事地理信息技术相关标准制定，将遥感作为主要空间信息获取手段开展了相关标准制定，偏重于遥感影像数据的管理。

地理信息技术委员会（ISO/TC 211）于 1994 年 3 月成立，秘书处设在挪威。

ISO/TC 211 的工作范围是数字地理信息领域的标准化，其目标是为直接或间接与地球位置有关的目标或现象制定一套结构化的标准，这些标准可以规范地理信息数据管理、获取、处理、分析、访问、表达，以及在不同用户、不同系统和不同位置之间以数字 / 电子形式传输数据的方法、工具和服务。ISO/TC 211 下设工作组，包括框架和参考模型工作组（WG1）、地理空间数据模型和算子工作组（WG2）、地理空间数据管理工作组（WG3）、地理空间数据服务工作组（WG4）、专用标准工作组（WG5）、影像工作组（WG6）、信息行业工作组（WG7）、基于位置服务工作组（WG8）、信息管理工作组（WG9）、普适公共信息访问工作组（WG10），目前 WG4、WG6、WG7、WG9、WG10 共 5 个组在开展国际地理信息标准项目的研制工作，其他工作组已完成任务而解散。ISO/TC 211 制定的标准分为 6 类，即地理信息标准化的基础架构标准、地理信息数据模型标准、地理信息管理标准、地理信息服务标准、地理信息编码标准以及特定专题领域标准，与遥感技术直接相关的标准均归为特定专题领域标准，主要由 WG6 工作组负责，已制定的标准包括 ISO 19101-2：2018、ISO 19115-2：2019、ISO 19123-2：2018、ISO/TS 19129：2009、ISO 19130-1：2018、ISO/TS 19130-2：2014、ISO/TS 19159-1：2014、ISO/TS 19159-2：2016、ISO/TS 19159-3：2018、ISO/TS 19163-1：2016，编制及修订中的标准包括 ISO/TS 19124-1、ISO 19159-4、ISO 19130-3、ISO 19163-2。例如：2001 年启动的 ISO 19129 致力于在 ISO 19124（影像与栅格数据构成）的基础上，建立影像、栅格数据及数据覆盖区数据框架，包含数据模型、元数据、编码、服务、空间配准五方面的技术规范；2003 年启动的 ISO 19130 致力于开发影像和格网数据传感器与数据模型，明确描述了具有不同物理和几何特性的各种遥感数据的传感器模型，还为每种传感器定义了概念模型。

（二）OGC

OGC 是一个非营利性国际标准化组织，成立于 1994 年，它引领着空间地理信息标准及定位基本服务的发展，目前致力于空间数据互操作领域。OGC 的五大目标是：①为用户提供自由、开放的市场标准，使成员和用户得到切实利益；②引领世界范围的标准的创建，使得地理空间信息与服务应用于企业和民用、空间网络与企业计算领域；③促进开放的空间参考体系架构在全球企业环境的应用；④制定标准以支持地理空间技术的市场化应用；⑤通过合作与联盟加速市场的互通性。OGC 致力于一种基于新技术的商业方式来实现能互操作的地理信息数据的处理方法，利用通用的接口模板提供分布式访问（即共享）地理数据和地理信息处理资源的软件框架。通过实施地理数据处理技术与最新的以开放系统、分布处理组件结构为基础的信息技术同步，推动地球科学数据处理领域和相关领域的开放式系统标准及技术的开发和利用。OGC标准近几年已逐渐成熟，它提出的地理数据互操作技术被普遍接受并开始付诸实践，很多标准都不同程度地与遥感技术有关，最为密切的有对地成像（主题7）、影像探测服务（主题15）、影像坐标转换服务。

（三）FGDC

FGDC的任务之一是致力于美国国家地理空间数据标准的研究制定，以便使数据生产商与数据用户之间实现数据共享，从而支持国家空间数据基础设施建设。目前FGDC已经发展为具有19个成员的跨部门委员会，包括来自总统行政办公室、内阁机关和独立机构的代表；同时，委员会还包括来自32个州的地理信息委员会和9个非联邦组织的代表。FGDC标准主要分为4类，即数字地理空间元数据内容标准、空间数据传输标准、地理空间定位精度标准、地理信息框架数据标准，也研究制定了一些遥感技术相关的标准，如FGDC-STD-008-1999、FGDC-STD-009-1999、FGDC-STD-010-2000、FGDC-STD-011-2001、FGDC-STD-012-2002、FGDC-STD-014.2-2015等。

（四）DGIWG

DGIWG是北大西洋公约组织（NATO）下设的数字地理信息工作组，负责制定该组织军用的数字地理信息交换标准（DIGEST），推动了北大西洋公约组织成员国之间数字地理信息的交换和互操作，促进了数字数据产品的共享。DGIWG不是NATO的官方机构，但是，他的标准化工作得到NATO地理委员会（NGC）的承认和欢迎。DGIWG地理空间标准建立在ISO/TC 211所定义的通用和抽象的地理信息标准之上，使用了OGC认可的服务规范。他们开发的标准针对性很强，根据其成员国内部的实际需要制定标准，标准数量不多且标准间的联系并不紧密。

二、我国遥感技术标准化工作现状

我国遥感技术起步于20世纪70年代末，在测绘、交通、铁道、地质、航天等领域已经形成一些与遥感技术相关的标准，但遥感技术标准化工作整体上仍落后于遥感技术的发展。近些年，在民用航空行业标准（MH）、航天行业标准（QJ）、气象行业标准（QX）、农业行业标准（NY）、地质矿产行业标准（DZ）、铁道行业标准（TB）、中国工程建设标准化协会标准（CECS）等行业技术规范及标准群中，已经有一些关于遥感方面的技术规范、标准，但多是面向具体行业应用而制定的，带有浓重的行业特色。在国家层面上，国家军用标准中已发展了一些遥感技术相关标准，包括术语、卫星有效载荷、星地遥感数据传输、地面系统、遥感数据、遥感应用等方面标准，但这些标准主要是与装备科研生产有关，公开性和可获得性受到限制，严重影响了标准的应用，且其标准化对象与民用遥感在指标、性能等方面都存在一定差异，并不适于在我国民用遥感技术领域推广。

面对遥感技术快速发展及产业化应用需求，国家标准化管理委员会于 2008 年 3 月批准成立了全国遥感技术标准化技术委员会（SAC/TC 327，以下简称遥感标委会），负责全国遥感技术领域标准化技术归口工作，主要涉及遥感器研制、对地观测数据数传与接收、对地观测数据存档、对地观测数据处理与产品、定标与真实性检验、遥感试验等领域的标准化工作。SAC/TC 327 由政府主管行政部门、科研院所、行业协会（学会）、教育机构和企业等多方代表组成，由国家标准化管理委员会审核批准和聘任。中国科学院空天信息研究院（原中国科学院光电研究院）为遥感标委会秘书处的承担单位，负责遥感标委会的日常工作。目前，遥感标委会工作已步入正轨，初步建立了标准研究与制修订的互动机制，在能力建设、国家标准制修订等方面取得可喜成果。为了规范我国遥感技术领域标准建设，SAC/TC 327 牵头建成了国际首个国家级遥感技术标准体系。该体系由遥感技术通用基础、遥感数据获取、遥感器定标、遥感数据预处理、遥感信息提取、遥感产品真实性检验、遥感数据管理与服务、遥感应用 8 个大类组成，涵盖 42 子类 413 项遥感技术标准，对加快我国遥感技术与应用进入社会化、公众化服务发展进程发挥了重要的指导作用。为响应并落实国家标准化改革精神，SAC/TC 327 联合中国遥感应用协会组建了中国遥感应用协会标准化分会，发布了《中国遥感应用协会团体标准管理暂行办法》，并组织各会员单位和分支机构开展了团体标准制定工作。

近年来，遥感技术相关的国家标准正逐年增加，由 SAC/TC 327 归口管理的已发布遥感技术国家标准已有 22 项，另外还有 16 项标准正在编制中，具体包括：GB/T 30115—2013《卫星遥感影像植被指数产品规范》、GB/T 31010—2014《色散型高光谱遥感器实验室光谱定标》、GB/T 31011—2014《遥感卫星原始数据记录与交换格式》、GB/T 30697—2014《星载大视场多光谱相机性能测试方法》、GB/T 32874—2016《机载 InSAR 系统测制 1 : 10000 1 : 50000 3D 产品技术规程》、GB/T 33987—2017《S/X/Ka 三频低轨遥感卫星地面接收系统技术要求》、GB/T 33988—2017《城镇地物可见光－短波红外光谱反射率测量》、GB/T 36100—2018《机载激光雷达点云数据质量评价指标及计算方法》、GB/T 36296—2018《遥感产品真实性检验导则》、GB/T 36297—2018《光学遥感载荷性能外场测试评价指标》、GB/T 36299—2018《光学遥感辐射传输基本术语》、GB/T 36300—2018《遥感卫星快视数据格式规范》、GB/T 36301—2018《航天高光谱成像数据预处理产品分级》、GB/T 36540—2018《水体可见光－短波红外光谱反射率测量》、GB/T 37151—2018《基于地形图标准分幅的遥感影像产品规范》、GB/T 38935—2020《光学遥感器在轨成像辐射性能评价方法 可见光－短波红外》、GB/T 39468—2020《陆地定量遥感产品真实性检验通用方法》、GB/T 40038—2021《植被指数遥感产品真实性检验》、GB/T 40034—2021《叶面积指数遥感产品真实性检验》、GB/T 40033—2021《地表蒸散发遥感产品真实性检验》、GB/T 38081—2019《陆地观测卫星 0 级数据格式规范》、GB/T 40039—2021《土壤水分遥感产品真实性检验》、“20181934-T-491 气溶胶光学厚度遥感产品真实性检验”“20181926-T-491 反照率遥感产品真实性检验”“20181925-T-491 陆地遥感产品真实性检验地面观测场的选址和布设”“20181930-T-491 光合有效辐射遥感产品真实性检验”“20181927-T-491 地表发射率遥感产品真实性检验”“20181932-T-491 积雪面积遥感产品真实性检验”“20181931-T-491 土地覆被遥感产品真实性检验”“20181929-T-491 卫星遥感影像植被覆盖度产品规范”“20181928-T-491 地表温度遥感产品真实性检验”“20181933-T-491 植被覆盖度遥感产品真实性检验”等。另外，全国地理信息标准化技术委员会、全国宇航技术及其应用标准化技术委员会、全国减灾救灾标准化技术委员会等也都参与制定了部分与遥感技术相关的国家标准。

为了推进我国遥感技术标准化工作，一些从事标准化研究与管理工作的学者就遥感技术标准化开展了相关研究。李传荣等研究提出了我国遥感技术标准体系架构，并提出了我国遥感技术标准化工作的具体建议；郭经研究了遥感卫星标准体系框架构建方法，提出我国遥感卫星系统标准体系框架构建建议；林剑远等建立了一套高分城市精细化管理遥感应用标准体系表，形成了系统性的高分城市精细化管理遥感应用标准体系；杨清华通过对已有遥感地质调查技术规范、标准的梳理和问题分析，依据地质调查标准体系建设的要求，提出了建设遥感地质调查技术标准体系的总体思路、任务目标、体系构成、建设内容和未来设想等；李慧丽等在全面分析遥感技术标准、建模与仿真标准等相关标准现状的基础上，确定了卫星成像链路仿真标准体系的分类方法和构建原则，提出了关系合理、层次分明的在轨自主卫星成像链路多要素仿真标准体系。另外，国家国防科技工业局正组织开展民用遥感卫星工程标准体系研制工作。

随着遥感技术的快速发展，我国参与并从事遥感技术标准化工作的人员逐年增长，在国家科技计划中也对标准进行了相关部署。国家高技术研究发展计划（“863”计划）在“十一五”期间部署的“国家统计遥感业务系统关键技术研究与应用”“高效能航空 SAR 遥感应用系统”“高性能小卫星遥感及其应用”“面向全球气候变化的极地环境遥感关键技术与系统研究”等项目，“十二五”期间部署的“星机地综合定量遥感系统与应用示范”“无人机遥感安全检测技术与网络示范体系研究”等项目，“十三五”期间部署的国家重点研发计划项目“空间辐射基准传递定标及地基验证技术”及“国家质量基础的共性技术研究与应用”重点专项“战略性新兴产业关键国际标准研究（一期）”下属的“地理信息和遥感关键国际标准研究”课题，均涉及相关标准研制工作，一些标准正逐步转化升级为国家标准。

总体来看，经过多年努力，我国已初步建立国家标准体系，为国民经济和社会发展提供了重要技术支撑。但我国遥感技术标准化工作仍处于起步阶段，可用的国家标准、行业标准、团体标准较少且相对分散，缺乏系统性和统一的规划与管理。尽管成立了专门从事遥感技术标准化工作的标准化专业技术委员会，但由于涉及领域多，且缺乏明确的行业支撑，其标准化工作仍然存在较大的困难。同时，随着航空航天事业的发展，遥感卫星由科学试验应用型向业务服务型转变，加速产业规模、推进产业化进程的各项要求等都对遥感标准的发展提出了新的、更高的需求，建立一整套从遥感载荷研制、数据接收、处理、存储、遥感信息获取、数据与信息的交换、共享、管理到应用所适用的标准规范，以适应蓬勃发展的遥感技术及遥感应用的需求，形成良性发展态势，已成为遥感技术进一步发展的当务之急。

三、遥感技术标准情况

（一）遥感技术有关的国家标准

由于遥感技术的综合性和广泛应用性，以及多行业对遥感技术标准的需求，在国家科技计划或行业部门的支持下，我国已发布或正在制定一些与遥感技术相关的国家标准（表 1–20），遥感技术标准正逐步完善。

表 1-20 已有的遥感技术及其相关国家标准

序号	标准编号	标准名称	标准状态
1	GB/T 3792.6—2005	测绘制图资料著录规则	现行
2	GB/T 7930—2008	1∶500 1∶1000 1∶2000 地形图航空摄影测量内业规范	现行
3	GB/T 7931—2008	1∶500 1∶1000 1∶2000 地形图航空摄影测量外业规范	现行
4	GB/T 12340—2008	1∶25000 1∶50000 1∶100000 地形图航空摄影测量内业规范	现行
5	GB/T 12341—2008	1∶25000 1∶50000 1∶100000 地形图航空摄影测量外业规范	现行
6	GB/T 12979—2008	近景摄影测量规范	现行
7	GB/T 13977—2012	1∶5000 1∶10000 地形图航空摄影测量外业规范	现行
8	GB/T 13990—2012	1∶5000 1∶10000 地形图航空摄影测量内业规范	现行
9	GB/T 14911—2008	测绘基本术语	现行
10	GB/T 14950—2009	摄影测量与遥感术语	现行
11	GB/T 15967—2008	1∶500 1∶1000 1∶2000 地形图航空摄影测量数字化测图规范	现行
12	GB/T 15968—2008	遥感影像平面图制作规范	现行
13	GB/T 17158—2008	摄影测量数字测图记录格式	现行
14	GB/T 17228—1998	地质矿产勘查测绘术语	现行
15	GB/T 17941—2008	数字测绘成果质量要求	现行
16	GB/T 18316—2008	数字测绘成果质量检查与验收	现行
17	GB/T 19710.2—2016	地理信息 元数据 第 2 部分：影像和格网数据扩展	现行
18	GB/T 23236—2009	数字航空摄影测量 空中三角测量规范	现行
19	GB/T 30115—2013	卫星遥感影像植被指数产品规范	现行
20	GB/T 30697—2014	星载大视场多光谱相机性能测试方法	现行
21	GB/T 31010—2014	色散型高光谱遥感器实验室光谱定标	现行
22	GB/T 31011—2014	遥感卫星原始数据记录与交换格式	现行
23	GB/T 32453—2015	卫星对地观测数据产品分类分级规则	现行
24	GB/T 32874—2016	机载 InSAR 系统测制 1∶10000 1∶50000 3D 产品技术规程	现行
25	GB/T 33175—2016	国家基本比例尺地图 1∶500 1∶1000 1∶2000 正射影像地图	现行
26	GB/T 33178—2016	国家基本比例尺地图 1∶250000 1∶500000 1∶1000000 正射影像地图	现行
27	GB/T 33179—2016	国家基本比例尺地图 1∶25000 1∶50000 1∶100000 正射影像地图	现行
28	GB/T 33182—2016	国家基本比例尺地图 1∶5000 1∶10000 正射影像地图	现行

续表

序号	标准编号	标准名称	标准状态
29	GB/T 33987—2017	S/X/Ka 三频低轨遥感卫星地面接收系统技术要求	现行
30	GB/T 34054—2017	月球影像平面图制作规范	现行
31	GB/T 34518—2017	陆地观测卫星地面系统数据传输与交换接口要求	现行
32	GB/T 35018—2018	民用无人驾驶航空器系统分类及分级	现行
33	GB/T 35642—2017	1 : 25000　1 : 50000 光学遥感测绘卫星影像产品	现行
34	GB/T 35643—2017	光学遥感测绘卫星影像产品元数据	现行
35	GB/T 35653.1—2017	地理信息　影像与格网数据的内容模型及编码规则　第 1 部分：内容模型	现行
36	GB/T 34509.1—2017	陆地观测卫星光学遥感器在轨场地辐射定标方法　第 1 部分：可见光近红外	现行
37	GB/T 34509.2—2017	陆地观测卫星光学遥感器在轨场地辐射定标方法　第 2 部分：热红外	现行
38	GB/T 34514—2017	陆地观测卫星遥感数据分发与用户服务要求	现行
39	GB/T 33700—2017	地基导航卫星遥感水汽观测规范	现行
40	GB/T 35853.6—2018	航空航天等效术语表　第 6 部分：标准大气	现行
41	GB/T 36100—2018	机载激光雷达点云数据质量评价指标及计算方法	现行
42	GB/T36296—2018	遥感产品真实性检验导则	现行
43	GB/T36297—2018	光学遥感载荷性能外场测试评价指标	现行
44	GB/T36299—2018	光学遥感辐射传输基本术语	现行
45	GB/T36300—2018	遥感卫星快视数据格式规范	现行
46	GB/T36301—2018	航天高光谱成像数据预处理产品分级	现行
47	GB/T36540—2018	水体可见光 – 短波红外光谱反射率测量	现行
48	GB/T37151—2018	基于地形图标准分幅的遥感影像产品规范	现行
49	20101025-T-416	生态系统草地退化地面遥感监测规范	制订中
50	20142132-T-466	中尺度全球地表覆盖测绘制图数据产品规范	制订中
51	GB/T 39468—2020	陆地定量遥感产品真实性检验通用方法	现行
52	GB/T 40038—2021	植被指数遥感产品真实性检验	现行
53	GB/T 40034—2021	叶面积指数遥感产品真实性检验	现行
54	GB/T 40033—2021	地表蒸散发遥感产品真实性检验	现行

续表

序号	标准编号	标准名称	标准状态
55	GB/T 40039—2021	土壤水分遥感产品真实性检验	现行
56	GB/T 38935—2020	光学遥感器在轨成像辐射性能评价方法　可见光－短波红外	现行
57	GB/T 38081—2019	陆地观测卫星 0 级数据格式规范	现行
58	GB/T 38198—2019	陆地观测卫星光学数据产品格式及要求	现行
59	GB/T 38199—2019	陆地观测卫星光学影像压缩质量评价方法	现行
60	20162622-T-418	海洋观测规范　第 4 部分：岸基雷达观测	制订中
61	GB/T 38028—2019	遥感卫星全色数据产品分级	现行
62	GB/T 38026—2019	遥感卫星多光谱数据产品分级	现行
63	20162644-T-603	采煤塌陷区动态遥感监测技术规程	制订中
64	20170311-Z-466	地理信息　影像传感器的地理定位模型　第 2 部分：SAR/InSAR，Lidar 和 Sonar	制订中
65	20170312-T-466	地理空间观测平台及传感器资源元数据	制订中
66	GB/T 38025—2019	遥感卫星地面系统接口规范	现行
67	GB/T 39619—2020	海道测量基本术语	现行
68	20173976-Q-466	测绘作业人员安全规范	制订中
69	20173977-T-466	地理信息　观测与测量	制订中
70	GB/T 38236—2019	航天光学遥感器实验室辐射定标方法	现行
71	20181625-T-466	测绘成果质量检查与验收	制订中
72	20181636-T-466	无人机低空遥感的多传感器监测与一致性检校技术规范	制订中
73	GB/T 39624—2020	机载激光雷达水下地形测量技术规范	现行
74	20181640-T-466	1∶25000　1∶50000 光学测绘卫星传感器几何检校技术规范	制订中
75	20181641-T-466	多源遥感影像网络协同解译	制订中
76	20181922-T-418	海洋观测规范　第 5 部分：卫星遥感观测	制订中
77	20181925-T-491	陆地遥感产品真实性检验地面观测场的选址和布设	制订中
78	20181926-T-491	反照率遥感产品真实性检验	制订中
79	20181927-T-491	地表发射率遥感产品真实性检验	制订中
80	20181928-T-491	地表温度遥感产品真实性检验	制订中
81	20181929-T-491	卫星遥感影像植被覆盖度产品规范	制订中

续表

序号	标准编号	标准名称	标准状态
82	20181930-T-491	光合有效辐射遥感产品真实性检验	制订中
83	20181931-T-491	土地覆被遥感产品真实性检验	制订中
84	20181932-T-491	积雪面积遥感产品真实性检验	制订中
85	20181933-T-491	植被覆盖度遥感产品真实性检验	制订中
86	20181934-T-491	气溶胶光学厚度遥感产品真实性检验	制订中

（二）遥感技术有关的行业标准

由于遥感技术早已成为很多行业中越来越重要的监测手段，所以在我国的某些行业标准中，可以找到一些遥感技术有关的标准，主要体现在测绘行业标准（CH）、地方标准（DB）、地质矿产行业标准（DZ）、航空行业标准（HB）、林业行业标准（LY）、民用航空行业标准（MH）、农业行业标准（NY）、航天行业标准（QJ）、气象行业标准（QX）、土地管理行业标准（TD）、城镇建设行业工程建设行业标准（CJJ）、地震行业标准（DB）、电子行业标准（SJ）、铁路运输行业标准（TB）等中。近些年，气象、农业、林业以及地方标准中与遥感技术相关的行业标准发展较快。这些标准多是面向具体行业应用而制定的，带有较为浓重的行业特点（表 1-21）。

表 1-21　遥感技术有关的行业标准

序号	标准编号	标准名称	行业
1	AQ 2004—2005	地质勘探安全规程	安全
2	AQ 2049—2013	地质勘查安全防护与应急救生用品（用具）配备要求	安全
3	CECS 34—1991	供水水文地质勘察遥感技术规程	工程建设
4	CH 5002—1994	地籍测绘规范	测绘
5	CH 8001—1991	光电测距仪检定规范	测绘
6	CH 8003—1991	坐标格网尺	测绘
7	CH 8017—1999	航测仪器整机精度检定规程	测绘
8	CH/T 1005—2000	基础地理信息数字产品数据文件命名规则	测绘
9	CH/T 1006—2000	1 : 5000　1 : 10000 地形图航空摄影测量＋数字化测图规范	测绘
10	CH/T 1007—2001	基础地理信息数字产品元数据	测绘

续表

序号	标准编号	标准名称	行业
11	CH/T 1008—2001	基础地理信息数字产品 1∶10000 1∶50000 数字高程模型	测绘
12	CH/T 1009—2001	基础地理信息数字产品 1∶10000 1∶50000 数字正射影像图	测绘
13	CH/T 1010—2001	基础地理信息数字产品 1∶10000 1∶50000 数字栅格地图	测绘
14	CH/T 1011—2005	基础地理信息数字产品 1∶10000 1∶50000 数字线划图	测绘
15	CH/T 1012—2005	基础地理信息数字产品 土地覆盖图	测绘
16	CH/T 1013—2005	基础地理信息数字产品 数字影像地形图	测绘
17	CH/T 1015.2—2007	基础地理信息数字产品 1∶10000 1∶50000 生产技术规程 第 2 部分：数字高程模型（DEM）	测绘
18	CH/T 1015.3—2007	基础地理信息数字产品 1∶10000 1∶50000 生产技术规程 第 3 部分：数字正射影像图（DOM）	测绘
19	CH/T 1017—2008	1∶50000 基础测绘成果质量评定	测绘
20	CH/T 1024—2011	影像控制测量成果质量检验技术规程	测绘
21	CH/T 1026—2012	数字高程模型质量检验技术规程	测绘
22	CH/T 1027—2012	数字正射影像图质量检验技术规程	测绘
23	CH/T 1031—2012	新农村建设测量与制图规范	测绘
24	CH/T 2008—2005	全球导航卫星系统连续运行参考站网建设规范	测绘
25	CH/T 2009—2010	全球定位系统实时动态测量（RTK）技术规范	测绘
26	CH/T 3002—1999	1∶10000 1∶25000 比例尺影像平面图作业规程	测绘
27	CH/T 3006—2011	数字航空摄影测量 控制测量规范	测绘
28	CH/T 3007.1—2011	数字航空摄影测量 测图规范 第1部分：1:500 1:1000 1:2000 数字高程模型 数字正射影像图 数字线划图	测绘
29	CH/T 3007.2—2011	数字航空摄影测量 测图规范 第 2 部分：1∶5000 1∶10000 数字高程模型 数字正射影像图 数字线划图	测绘
30	CH/T 3007.3—2011	数字航空摄影测量 测图规范 第 3 部分：1∶25000 1∶50000 1∶100000 数字高程模型 数字正射影像图 数字线划图	测绘
31	CH/T 3009—2012	1∶50000 地形图合成孔径雷达航天摄影测量技术规定	测绘
32	CH/T 3010—2012	1∶50000 地形图合成孔径雷达航空摄影技术规定	测绘
33	CH/T 3011—2012	1∶50000 地形图合成孔径雷达航空摄影测量技术规定	测绘
34	CH/T 3018—2016	南极区域低空数字航空摄影规范	测绘
35	CH/T 3019—2018	1∶25000 1∶50000 光学遥感测绘卫星影像产品生产技术规范	测绘

续表

序号	标准编号	标准名称	行业
36	CH/T 6003—2016	车载移动测量数据规范	测绘
37	CH/T 7001—1999	1∶5000　1∶10000　1∶25000 海岸带地形图测绘规范	测绘
38	CH/T 8023—2011	机载激光雷达数据处理技术规范	测绘
39	CH/T 8024—2011	机载激光雷达数据获取技术规范	测绘
40	CH/T 9008.2—2010	基础地理信息数字成果 1∶500　1∶1000　1∶2000 数字高程模型	测绘
41	CH/T 9008.3—2010	基础地理信息数字成果 1∶500　1∶1000　1∶2000 数字正射影像图	测绘
42	CH/T 9009.2—2010	基础地理信息数字成果 1∶5000　1∶10000　1∶25000　1∶50000　1∶100000 数字高程模型	测绘
43	CH/T 9009.3—2010	基础地理信息数字成果 1∶5000　1∶10000　1∶25000　1∶50000　1∶100000 数字正射影像图	测绘
44	CH/T 9012—2011	基础地理信息数字成果数据组织及文件命名规则	测绘
45	CH/T 9020.3—2013	基础地理信息数字成果 1∶500　1∶1000　1∶2000 生产技术规程　第 3 部分：数字正射影像图	测绘
46	CH/Z 1002—2009	可量测实景影像	测绘
47	CH/Z 1044—2018	光学卫星遥感影像质量检验技术规程	测绘
48	CH/Z 3003—2010	低空数字航空摄影测量内业规范	测绘
49	CH/Z 3005—2010	低空数字航空摄影规范	测绘
50	CJJ/T 151—2020	城市遥感信息应用技术标准	城镇建设
51	CJJ/T 168—2011	镇（乡）村绿地分类标准	城镇建设
52	CJJ/T 8—2011	城市测量规范	城镇建设
53	CJJ/T 85—2017	城市绿地分类标准	城镇建设
54	DB/T 11.2—2007	地震数据分类与代码　第 2 部分：观测数据	地震
55	DB/T 52—2012	地震数据分类与代码　第 3 部分：探测数据	地震
56	DB/T 69—2017	活动断层探察　遥感调查	地震
57	DB21/T 1455.1—2006	极轨卫星遥感监测　第 1 部分：术语	辽宁省地方标准
58	DB21/T 1455.2—2006	极轨卫星遥感监测　第 2 部分：干旱灾害	辽宁省地方标准
59	DB21/T 1455.3—2006	极轨卫星遥感监测　第 3 部分：洪涝灾害	辽宁省地方标准

续表

序号	标准编号	标准名称	行业
60	DB21/T 1455.4—2006	极轨卫星遥感监测　第 4 部分：森林火灾	辽宁省地方标准
61	DB21/T 1455.5—2006	极轨卫星遥感监测　第 5 部分：作物长势	辽宁省地方标准
62	DB21/T 1455.6—2008	极轨卫星遥感监测　第 6 部分：大雾	辽宁省地方标准
63	DB21/T 1455.7—2008	极轨卫星遥感监测　第 7 部分：沙尘	辽宁省地方标准
64	DB21/T 1455.8—2008	极轨卫星遥感监测　第 8 部分：海冰	辽宁省地方标准
65	DB21/T 2015—2012	极轨卫星遥感监测　第 9 部分：地表温度	辽宁省地方标准
66	DB21/T 1455.10—2015	极轨卫星遥感监测　第 10 部分：植被含水量	辽宁省地方标准
67	DB23/T 1549—2014	极轨卫星遥感监测森林火灾技术规程	黑龙江省地方标准
68	DB23/T 2761—2020	自然资源遥感综合调查技术要求（1∶10000）	黑龙江省地方标准
69	DB23/T 2774—2020	地貌遥感调查技术要求（1∶50000）	黑龙江省地方标准
70	DB31/T 314.2—2004	城市生态系统中土地利用 / 土地覆盖　第 2 部分：遥感调查规程	上海市地方标准
71	DB32/T 2430—2013	大田小麦长势遥感监测操作规范	江苏省地方标准
72	DB32/T 3780—2020	遥感预测小麦产量技术规范	江苏省地方标准
73	DB32/T 3781—2020	遥感预测小麦苗情及等级划分	江苏省地方标准
74	DB42/T 963—2014	地基卫星定位水汽遥感站选址技术规范	湖北省地方标准
75	DB42/T 1546—2020	卫星遥感影像制作数字正射影像图技术规程	湖北省地方标准
76	DB50/T 570—2014	现状城乡建设用地遥感解译规程	重庆市地方标准

续表

序号	标准编号	标准名称	行业
77	DB51/T 1089—2010	基于 MODIS 数据的草原地上生物量遥感估测技术规程	四川省地方标准
78	DB51/T 1730—2014	草原沙化遥感监测技术规范	四川省地方标准
79	DB51/T 1846—2014	草原返青遥感监测技术规范	四川省地方标准
80	DB51/T 1963—2015	草原生态工程生态效益遥感监测技术规范	四川省地方标准
81	DB51/T 939—2009	草原资源遥感监测地面布点与样方测定技术规程	四川省地方标准
82	DB51/T 2765—2021	SAR 遥感数据产品分级规范	四川省地方标准
83	DL/T 5492—2014	电力工程遥感调查技术规程	电力
84	DZ/T 0001—1991	区域地质调查总则（1∶50000）	地质矿产
85	DZ/T 0121.12—1994	地质仪器术语　地质遥感遥测仪器术语	地质矿产
86	DZ/T 0142—2010	航空磁测技术规范	地质矿产
87	DZ/T 0143—1994	卫星遥感图像产品质量控制规范	地质矿产
88	DZ/T 0151—1995	区域地质调查中遥感技术规定	地质矿产
89	DZ/T 0190—1997	区域环境地质勘查遥感技术规程	地质矿产
90	DZ/T 0195—1997	物探化探遥感勘查技术规程规范编写规定	地质矿产
91	DZ/T 0203—1999	航空遥感摄影技术规程	地质矿产
92	DZ/T 0206—1999	地质遥感术语	地质矿产
93	DZ/T 0264—2014	遥感解译地质图制作规范（1∶250000）	地质矿产
94	DZ/T 0265—2014	遥感影像地图制作规范（1∶50000、1∶250000）	地质矿产
95	DZ/T 0266—2014	矿产资源开发遥感监测技术规范	地质矿产
96	DZ/T 0296—2016	地质环境遥感监测技术要求（1∶250000）	地质矿产
97	EJ/T 353—2018	铀矿遥感地质调查规范	核工业
98	HB 0—93—1997	飞机专业技术量符号	航空
99	HB 6486—2008	飞机飞行控制系统名词术语	航空
100	HB 7390—1996	民用飞机电子设备接口要求	航空

续表

序号	标准编号	标准名称	行业
101	HB 7468—1996	飞机地面保障设备配套要求	航空
102	HB 7495—1997	民用飞机机体结构通用设计要求	航空
103	HB 7577—1997	机载电子产品型号命名方法	航空
104	HB 7732—2003	飞机保障设备术语	航空
105	HB 7796—2005	航空产品数据管理通用要求	航空
106	HB 7833—2008	数字化产品数据交换与传递要求	航空
107	HB 7840—2008	航空产品专用工艺装备分类、代码与标识	航空
108	HB 8390—2013	民用飞机可加载软件要求	航空
109	HB/Z 360—2008	航空电子应用软件接口应用指南	航空
110	HB/Z 400—2013	民用飞机航空电子软件管理指南	航空
111	HY/T 147.7—2013	海洋监测技术规程　第 7 部分：卫星遥感技术方法	海洋
112	JTG/T C21—01—2005	公路工程地质遥感勘察规范	交通
113	JTG/T C21—02—2014	公路工程卫星图像测绘技术规程	交通
114	LY/T 1662.3—2008	数字林业标准与规范　第 3 部分：卫星遥感影像数据标准	林业
115	LY/T 1835—2009	用于森林资源规划设计调查的 SPOT-5 卫星影像处理与应用技术规程	林业
116	LY/T 1954—2011	森林资源调查卫星遥感影像图制作技术规程	林业
117	LY/T 2021—2012	基于 TM 遥感影像的湿地资源监测方法	林业
118	MH/T 0009—1996	航空摄影术语	民用航空
119	MH/T 1004—1996	彩色红外航空摄影影像质量控制	民用航空
120	MH/T 2006—2013	小型航空器飞行记录系统性能规范	民用航空
121	MT/T 1043—2007	遥感煤田地质填图技术规程	煤炭
122	MZ/T 065—2016	自然灾害遥感基本术语	民政
123	NY/T 2738.1—2015	农作物病害遥感监测技术规范　第 1 部分：小麦条锈病	农业
124	NY/T 2738.2—2015	农作物病害遥感监测技术规范　第 2 部分：小麦白粉病	农业
125	NY/T 2738.3—2015	农作物病害遥感监测技术规范　第 3 部分：玉米大斑病和小斑病	农业
126	NY/T 2739.1—2015	农作物低温冷害遥感监测技术规范　第 1 部分：总则	农业
127	NY/T 2739.2—2015	农作物低温冷害遥感监测技术规范　第 2 部分：北方水稻延迟型冷害	农业

续表

序号	标准编号	标准名称	行业
128	NY/T 2739.3—2015	农作物低温冷害遥感监测技术规范　第3部分：北方春玉米延迟型冷害	农业
129	NY/T 3528—2019	耕地土壤墒情遥感监测规范	农业
130	NY/T 3527—2019	农作物种植面积遥感监测规范	农业
131	NY/T 3526—2019	农情监测遥感数据预处理技术规范	农业
132	QJ 1348—1988	仪器仪表分类与代码	航天
133	QJ 1692—1989	航天系统地面设施电磁兼容性要求	航天
134	QJ 1693—1989	电子元器件防静电要求	航天
135	QJ 1697—1989	红外干涉滤光片通用技术条件	航天
136	QJ 1715—1989	遥测系统使用维护准则	航天
137	QJ 1780—1989	人造卫星太阳敏感器精度标定及测试	航天
138	QJ 1947—1990	天线术语	航天
139	QJ 1954—1990	太阳电磁辐射	航天
140	QJ 1955A—2011	航天器空间环境术语	航天
141	QJ 20005—2011	地球资源卫星数据产品格式及要求	航天
142	QJ 20056—2011	航天档案数据元	航天
143	QJ 20331—2014	陆地观测卫星可见光近红外遥感器在轨场地定标方法	航天
144	QJ 20332—2014	陆地观测卫星热红外遥感器在轨场地定标方法	航天
145	QJ 20333—2014	陆地观测卫星在轨场地定标地表辐射特性测量规程	航天
146	QJ 20334—2014	陆地观测卫星在轨场地定标地表光学特性测量规程	航天
147	QJ 20335—2014	陆地观测卫星在轨场地定标大气参数测量规程	航天
148	QJ 20336—2014	陆地观测卫星在轨场地定标系数真实性检验方法	航天
149	QJ 20530—2016	高分辨率对地观测卫星数据传输系统控制器规范	航天
150	QJ 20531—2016	高分辨率对地观测卫星数据传输系统固态功率放大器规范	航天
151	QJ 20532—2016	高分辨率对地观测卫星数据传输系统机械可动天线规范	航天
152	QJ 2098A—2005	航天型号软件评审与审查	航天
153	QJ 2146—1991	微波器件的分类及基本参数	航天
154	QJ 2155—1991	地面雷达天线通用技术条件	航天
155	QJ 2222—1992	目标特性和传输特性术语　微波部分	航天

续表

序号	标准编号	标准名称	行业
156	QJ 2543A—2008	航天型号软件维护	航天
157	QJ 2595A—2004	航天档案类目划分与档号编制规则	航天
158	QJ 2632—1994	目标特性和传输特性术语　光学部分	航天
159	QJ 2703—1995	地面雷达接收机通用规范	航天
160	QJ 27—1984	传感器产品代号命名方法	航天
161	QJ 2726—1995	地面遥测天线通用规范	航天
162	QJ 2782—1995	微波元器件术语	航天
163	QJ 2801—1996	微波辐射计通用规范	航天
164	QJ 2803—1996	电磁环境场测量方法	航天
165	QJ 2878A—2005	航天档案数据采集规定	航天
166	QJ 29—1983	传感器的图形符号	航天
167	QJ 30—1991	传感器术语	航天
168	QJ 3027—1998	航天型号软件测试规范	航天
169	QJ 3097A—2011	航天型号软件质量履历书的编写规定	航天
170	QJ 3128—2001	航天型号软件开发规范	航天
171	QJ 3129—2001	航天型号软件需求分析规范	航天
172	QJ 3130—2001	航天型号软件配置管理规范	航天
173	QJ 3150—2002	地球观测卫星对遥感地面站技术要求	航天
174	QJ 3174—2003	航天软件产品贮存与管理	航天
175	QJ 3175—2003	航天型号软件产品验收与交付	航天
176	QJ 3266—2006	地球资源卫星地面站技术要求	航天
177	QJ 3280—2006	地球资源卫星飞行结果评定要求	航天
178	QJ 3282—2006	航天产品系统划分与代码	航天
179	QJ 645—1982	航天飞行器力学环境术语	航天
180	QX/T 96—2008	积雪遥感监测技术导则	气象
181	QX/T 127—2011	气象卫星定量产品质量评价指标和评估报告要求	气象
182	QX/T 131—2011	C 波段 FENGYUNCast 用户站通用技术要求	气象
183	QX/T 137—2011	气象卫星产品分层数据格式	气象

续表

序号	标准编号	标准名称	行业
184	QX/T 139—2011	卫星大气垂直探测资料的格式和文件命名	气象
185	QX/T 140—2011	卫星遥感洪涝监测技术导则	气象
186	QX/T 141—2011	卫星遥感沙尘暴天气监测技术导则	气象
187	QX/T 158—2012	气象卫星数据分级	气象
188	QX/T 175—2012	风云二号静止气象卫星 S-VISSR 数据接收系统	气象
189	QX/T 176—2012	遥感卫星光学辐射校正场数据格式	气象
190	QX/T 177—2012	中尺度对流系统卫星遥感监测技术导则	气象
191	QX/T 187—2013	射出长波辐射产品标定校准方法	气象
192	QX/T 188—2013	卫星遥感植被监测技术导则	气象
193	QX/T 196—2013	静止气象卫星及其地面应用系统运行故障	气象
194	QX/T 205—2013	中国气象卫星名词术语	气象
195	QX/T 206—2013	卫星低光谱分辨率红外仪器性能指标计算方法	气象
196	QX/T 207—2013	湖泊蓝藻水华卫星遥感监测技术导则	气象
197	QX/T 208—2013	气象卫星地面应用系统遥测遥控数据格式规范	气象
198	QX/T 209—2013	8025—8400MHz 频带卫星地球探测业务使用规范	气象
199	QX/T 212—2013	北方草地监测要素与方法	气象
200	QX/T 237—2014	风云极轨系列气象卫星核心元数据	气象
201	QX/T 238—2014	风云三号 A/B/C 气象卫星数据广播和接收规范	气象
202	QX/T 250—2014	气象卫星产品术语	气象
203	QX/T 251—2014	风云三号气象卫星 L0 和 L1 数据质量等级	气象
204	QX/T 266—2015	气象卫星光学遥感器场地辐射校正星地同步观测规范	气象
205	QX/T 267—2015	卫星遥感雾监测产品制作技术导则	气象
206	QX/T 284—2015	甘蔗长势卫星遥感评估技术规范	气象
207	QX/T 327—2016	气象卫星数据分类与编码规范	气象
208	QX/T 344—2016	卫星遥感火情监测方法　第 1 部分：总则	气象
209	QX/T 344.2-2019	卫星遥感火情监测方法　第 2 部分：火点判识	气象
210	QX/T 345—2016	极轨气象卫星及其地面应用系统运行故障等级	气象
211	QX/T 364—2016	卫星遥感冬小麦长势监测图形产品制作规范	气象

续表

序号	标准编号	标准名称	行业
212	QX/T 365—2016	气象卫星接收时间表格式	气象
213	QX/T 373—2017	气象卫星数据共享服务评估方法	气象
214	QX/T 379—2017	卫星遥感南海夏季风爆发监测技术导则	气象
215	QX/T 387—2017	气象卫星数据文件名命名规范	气象
216	QX/T 388—2017	静止气象卫星红外波段交叉定标技术规范	气象
217	QX/T 389—2017	卫星遥感海冰监测产品规范	气象
218	QX/T 412—2017	卫星遥感监测技术导则　霾	气象
219	QX/T 454—2018	卫星遥感秸秆焚烧过火区面积估算技术导则	气象
220	QX/T 460—2018	卫星遥感产品图布局规范	气象
221	QX/T 474—2019	卫星遥感监测技术导则　水稻长势	气象
222	QX/T 561—2020	卫星遥感监测产品规范　湖泊蓝藻水平	气象
223	QX/T 564—2020	地基导航卫星遥感气象观测系统数据格式	气象
224	QX/T 584—2020	海上风能资源遥感调查与评估技术导则	气象
225	QX/T 344.3—2020	卫星遥感火情监测方法第 3 部分：火点强度估算	气象
226	QX/T 96—2020	卫星遥感监测技术导则　积雪覆盖	气象
227	SJ/T 10701—1996	微波辐射计通用规范	电子
228	SJ/Z 9126—1987	空气质量红外分析仪性能表示	电子
229	SL 592—2012	水土保持遥感监测技术规范	水利
230	SL 750—2017	水旱灾害遥感监测评估技术规范	水利
231	SY/T 6965—2013	石油天然气工程建设遥感技术规范	石油天然气
232	TB 10041—2018	铁路工程地质遥感技术规程	铁路运输
233	TD/T 1010—2015	土地利用动态遥感监测规程	土地管理
234	TD/T 1001—1993—2012	地籍调查规程	土地管理
235	TD/T 1007—2003	耕地后备资源调查与评价技术规程	土地管理
236	TD/T 1010—2015	土地利用动态遥感监测规程	土地管理

（三）遥感技术有关的国际与国外标准

在国际最知名的三大标准化组织 ISO、IEC、ITU 中，遥感技术有关的标准主要集中于ISO。在ISO的各个技术委员会中，地理信息技术委员会（ISO/TC 211）发布的标准与遥感技术的关联度较大，该技术委员会的影像工作组（WG6）制定和正在研究的标准大多数与遥感图像直接相关。作为外国国家标准发布的遥感技术标准相当罕见，德国标准化协会（DIN）发布的几个“摄影测量学和遥感”标准为其代表（表1-22）。

表1-22　遥感技术有关的国际与国外标准

序号	标准编号	标准名称	发布方
1	ASTM F2327—2008	水上油检测与监测用机载遥感系统的选择指南	US-ASTM
2	DIN 18716—2012	摄影测量学和遥感　术语和定义	DIN
3	DIN 18716-1—1995	摄影测量学和遥感　第1部分：摄影测量学数据获取的一般和特殊术语	DIN
4	DIN 18716-2—1996	摄影测量学和遥感　第2部分：摄影测量数据分析专用术语	DIN
5	DIN 18716-3—1997	摄影测量学和遥感　第3部分：遥感的概念	DIN
6	DIN 18740-5—2012	摄影测量产品　第5部分：光学遥感数据分类的相关要求	DIN
7	DIN 16260—2013	水质　环境数据的收集用遥感操作和/或拖曳监测齿轮进行可视化海底调查	DIN
8	DIN 61326-2-3—2013	测量、控制和实验室用电气设备　电磁兼容性（EMC）要求　第2-3部分：详细要求　集成或遥感信号调制传感器的试验配置、操作条件和性能标准（IEC 61326-2-3—2012）	DIN
9	DIN 28902-1—2012	空气质量　环境气象学　第1部分：运用激光雷达进行可视范围的地基遥感（ISO 28902-1—2012）	DIN
10	FGDC-STD-008—1999	数字正射影像内容标准	FGDC
11	FGDC-STD-009—1999	遥感扫描条带数据内容标准	FGDC
12	FGDC-STD-012—2002	地理空间元数据内容标准　遥感数据扩展	FGDC
13	FGDC-STD-014.2—2015	地理信息　第2部分：数字正射影像	FGDC
14	ISO 6709：2008	基于坐标的地理点位的标准表示法	ISO/TC 211
15	ISO 19101-1：2014	地理信息　参考模型　第1部分：框架	ISO/TC 211
16	ISO 19101-2：2018	地理信息　参考模型　第2部分：影像	ISO/TC 211
17	ISO/TS 19103：2015	地理信息　概念模式语言	ISO/TC 211
18	ISO 19104：2016	地理信息　术语	ISO/TC 211

续表

序号	标准编号	标准名称	发布方
19	ISO/DIS 19105	地理信息　一致性与测试	ISO/TC 211
20	ISO 19106：2004	地理信息　专用标准	ISO/TC 211
21	ISO 19107：2019	地理信息　空间模式	ISO/TC 211
22	ISO 19108：2002	地理信息　时间模式	ISO/TC 211
23	ISO 19109：2015	地理信息　应用模式规则	ISO/TC 211
24	ISO 19110：2016	地理信息　要素编目方法	ISO/TC 211
25	ISO 19111：2019/DAmd 1	地理信息　基于坐标的参照	ISO/TC 211
26	ISO 19111-2：2009	地理信息　基于坐标的空间参照　第 2 部分：参数值的扩展	ISO/TC 211
27	ISO 19112：2019	地理信息　基于地理标识符的空间参照	ISO/TC 211
28	ISO 19115-1：2014/Amd 2：2020	地理信息　元数据　第 1 部分：框架	ISO/TC 211
29	ISO 19115-2：2019	地理信息　元数据　第 2 部分：获取与处理的扩展	ISO/TC 211
30	ISO 19116：2019/DAmd 1	地理信息　定位服务	ISO/TC 211
31	ISO 19117：2012	地理信息　图示表达	ISO/TC 211
32	ISO 19118：2011	地理信息　编码	ISO/TC 211
33	ISO 19119：2016	地理信息　服务	ISO/TC 211
34	ISO/TR 19121：2000	地理信息　影像和栅格数据	ISO/TC 211
35	ISO 19123-2：2018	地理信息　覆盖区几何特征与函数模式　第 2 部分：覆盖执行模式	ISO/TC 211
36	ISO 19125-1：2004	地理信息　简单要素存取　第 1 部分：通用框架	ISO/TC 211
37	ISO/DIS 19125-2	地理信息　简单要素存取　第 2 部分：SQL 实现方式	ISO/TC 211
38	ISO/DIS 19126	地理信息　要素概念字典与注册	ISO/TC 211
39	ISO 19127：2019	地理信息　大地测量注册	ISO/TC 211
40	ISO 19128：2005	地理信息　万维网地图服务接口	ISO/TC 211
41	ISO/TS 19129：2009	地理信息　影像、格网和覆盖数据框架	ISO/TC 211
42	ISO 19130-1：2018	地理信息　影像传感器模型地理位置　第 1 部分：框架	ISO/TC 211
43	ISO/TS 19130-2：2014	地理信息　影像传感器模型地理位置　第 2 部分：SAR、InSAR、Lidar 和声呐	ISO/TC 211

续表

序号	标准编号	标准名称	发布方
44	ISO 19131：2020	地理信息　数据产品规范	ISO/TC 211
45	ISO 19132：2007	地理信息　基于位置服务　参考模型	ISO/TC 211
46	ISO 19133：2005	地理信息　基于位置服务　跟踪与导航	ISO/TC 211
47	ISO 19134：2007	地理信息　基于位置服务　多模式路径与导航	ISO/TC 211
48	ISO 19135-1：2015 DAmd 1	地理信息　项目注册程序：第 1 部分　框架	ISO/TC 211
49	ISO 19136-1：2020	地理信息　地理标记语言：第 1 部分　框架	ISO/TC 211
50	ISO 19136-2：2015	地理信息　地理标记语言：第 2 部分　模式扩展和编码规则	ISO/TC 211
51	ISO 19137：2007	地理信息　核心空间模式	ISO/TC 211
52	ISO/TS 19139-1：2019	地理信息　元数据　XML 执行模式　第 1 部分：编码规则	ISO/TC 211
53	ISO 19141：2008	地理信息　运动要素模式	ISO/TC 211
54	ISO 19144-1：2009	地理信息　分类系统　第 1 部分：分类系统结构	ISO/TC 211
55	ISO 19156：2011	地理信息　观测和测量	ISO/TC 211
56	ISO 19157：2013/Amd 1：2018	使用覆盖区描述数据质量	ISO/TC 211
57	ISO/TS 19159-1：2014	地理信息　遥感成像传感器和数据的校准验证　第 1 部分：光学传感	ISO/TC 211
58	ISO/TS 19159-2：2016	地理信息　遥感成像传感器和数据的校准验证　第 2 部分：Lidar	ISO/TC 211
59	ISO/TS 19159-3：2018	地理信息　遥感成像传感器和数据的校准验证　第 3 部分：SAR/InSAR	ISO/TC 211
60	ISO/TS 19163-1：2016	地理信息　影像和栅格数据内容组成及编码规则　第 1 部分：概念模型	ISO/TC 211
61	ISO/TS 19163-2：2020	地理信息　影像和栅格数据内容组成及编码规则　第 2 部分：地球观测数据及数字产品规范	ISO/TC 211
62	ISO 20930：2018	空间系统　星载被动微波传感器定标需求	ISO/TC 20/SC14
63	ISO 28902-1：2012	空气质量　环境气象学　第 1 部分：运用激光雷达进行可视范围的地基遥感	ISO/TC 146/SC5

续表

序号	标准编号	标准名称	发布方
64	ITU-R M.1828—2007	限于传送 5GHz 频段上飞行测试遥感勘测航空移动业务的航空器	ITU
65	ITU-R RS.1859—2010	用于在发生自然灾害和类似的紧急情况时搜集数据的遥感系统的使用	ITU
66	ITU-R RS.1883—2011	气候变化及其影响研究中使用的遥感系统	ITU
67	ITU-R RS.515-5—2012	用于被动式遥感卫星的频段和频宽	ITU
68	ITU-R S.1716—2005	固定卫星业务遥感、追踪和命令系统的性能和可用性目标	ITU

四、小结

蓬勃发展的信息化时代对遥感这一高效空间信息获取技术的发展提出了更高要求。作为我国现阶段重点培育和发展的战略性新兴产业，遥感技术的应用领域和应用需求已得到不断挖掘与拓展，其市场化、产业化发展趋势日趋显著，标准化对于领域发展显得迫切而必要。从全球发展来看，遥感技术标准化已成为遥感技术发展的驱动力和必然要求，具体表现在：

1）标准化成为保证遥感数据质量的重要手段。遥感数据的质量及产品精度最终决定了空间观测计划实施的效果及应用性能的满足程度，标准化的遥感载荷数据质量控制体系的建立不仅能有效提升遥感数据及产品的定量化应用水平，而且能够保证多种遥感载荷长期观测数据的有效衔接和相互可比较。

2）标准化是提升遥感技术应用效能的重要途径。遥感技术系统的建立具有高投入、高风险的特点，通过对数据获取到处理与服务的规范化，将避免相关设施的重复建设与投入，推动遥感数据与信息产品的共用共享，有效提高系统的效费比。标准化将促进我国遥感技术及其相关服务产业的规范化发展，有效支持我国国家信息化战略发展，并为“美丽中国”“海洋强国”等战略的实施提供技术保障，对推动遥感技术产业化进程、充分发挥遥感技术巨大的潜力和效益、提升国际竞争力具有重要意义。

3）标准化是遥感应用区域化、全球化的必然要求。一方面，通过主导 / 参与遥感技术国际标准的制定，将提升我国在遥感技术领域的话语权和影响力，为争取国际合作奠定基础；另一方面，标准化将推动遥感技术的全球化应用与共享，推动我国遥感卫星及其产品与服务的转移输出，为推动“一带一路”建设提供重要支撑。

4）标准化是遥感技术发展的必然产物。在国家“863”计划、国家重点研发计划、高分专项等支持下，我国已开展或正在开展着大量的遥感技术研究工作，涉及遥感卫星设计研发、遥感载荷研制测试、遥感数据质量检测与控制、遥感参数反演及应用等多方面内容，这些研究成果汇聚了众多科学家的长期积累和创新，有必要以标准的形式将其固化下来，推动成果的转移转化。同时，相关标准制定实施，将有助于分析发现现有遥感技术系统的不足，推动技术的完善与创新发展，为定量遥感技术发展保驾护航。

第六节　遥感学科专业发展

随着空间科学、地球科学、测绘科学、信息科学、计算机科学的发展与相互渗透、相互融合，遥感科学与技术逐步形成并发展为一门新型的交叉性学科。遥感技术理论不断深入，遥感学科体系逐步形成，加之领域发展对专业人才的大量需求，国内外高校及科研院所纷纷设立遥感及其相关学科专业，加大对遥感专业高端人才培养力度，同时哺育了遥感专业的逐步健全与发展。

一、我国遥感学科专业

（一）发展历程

我国遥感专业是在测绘学科之下发展起来的一门新兴专业，主要源于摄影测量与遥感专业。20 世纪 30 年代，同济大学在全国高教系统中首开测量系科，开始大地测量与摄影测量教育。起步时期主要以引用外文教材为主，并逐步发展了中国人自己编著的第一套用于大专院校的完整测绘科学教材。20 世纪 50 年代，由于政府重视、国际摄影测量与遥感技术迅猛发展以及国家建设对摄影测量与遥感专门人才的广泛需求，我国对大专院校学科进行了调整，成立了武汉测量制图学院，我国摄影测量学科和专业建设开始发展。这一阶段航空摄影测量教材建设取得了初步进展，编著出版了包括《平面测量教程》《测量实习》《航测新技术》等一批测绘专业教材与专著，为我国后期的测绘教育大发展奠定了基础。20 世纪 70 年代起，由于卫星遥感技术的发展，学科实现了由单一摄影测量向多学科交叉融合的摄影测量与遥感学科方向发展。国内开始举办多期航空遥感与卫星遥感学习班，推动了航空、航天遥感技术在不同部门的应用。1977 年，我国高等院校恢复招生，地学类本科生专业开设了遥感方面的课程；

之后，各大院校开始开设遥感相关专业。据不完全统计，1983 年全国设有摄影测量与遥感相关专业和方向的院校有 24 所。教育层次由专科发展到本科生、硕士生、博士生培养，教学内容由摄影测量与遥感相关课程教学发展到以专门的专业、系和学院为单位的摄影测量与遥感课程体系，形成了相对完善的学科体系和健全的教育体制。同期，地理信息系统在我国也得到了快速发展，地理信息系统方向的研究生招生主要集中在地学类的地图学与遥感专业和测绘科学类的摄影测量专业等。1997 年，国务院学位委员会颁布《授予博士、硕士学位和培养研究生的学科、专业目录》，分别将地理学中的地图学与遥感专业名称调整为地图学与地理信息系统专业，测绘科学与技术中的地图制图学调整为地图制图学与地理信息工程，主要招收地理信息系统研究方向的研究生。我国涉及摄影测量与遥感相关专业的一级学科有地理学、测绘科学与技术、地质资源与地质工程；二级学科有地理学中的地图学与地理信息系统，测绘科学与技术中的大地测量学与测量工程、摄影测量与遥感、地图制图学与地理信息工程，地质资源与地质工程中的地球探测与信息技术等。

从高等院校的性质来看，摄影测量与遥感相关专业高等院校主要包括民用测绘类院校和军事测绘院校两大类；从领域分类来看，这些教育机构包括了综合类、测绘类、地矿类、交通类和师范类等几大专业类别。我国著名的综合类大学武汉大学（2000 年武汉测绘科技大学并入）设有测绘学科的学院有遥感信息工程学院、测绘学院、资源与环境科学学院，遥感信息工程学院设有遥感科学与技术系、摄影测量与遥感系和空间信息工程系，其中摄影测量与遥感是教育部审定的首批全国重点学科，211 和 985 工程重点建设学科，拥有从本科、硕士、博士到博士后的人才培养体系。北京大学的摄影测量与遥感学科设在地球与空间科学学院遥感与地理信息系统研究所，该所为测绘科学与技术一级工科学科硕士、博士授予权主体单位，拥有摄影测量与遥感（工学）硕士点和博士点。截至 2018 年年底，我国共有地矿类高校 67 所，其中中国地质大学等 5 所高校设有遥感科学与技术本科专业；在硕士研究生专业设置方面，中国矿业大学等 18 所高校设有摄影测量与遥感专业；在博士研究生专业设置方面，中国矿业大学等 7 所高校设有摄影测量与遥感专业。有 12 所交通类高校设有摄影测量与遥感及地理信息系统专业，或开设有这方面的相关课程，而且这两个专业基本上是以测绘科学与技术为支撑发展起来的。师范类大学开设摄影测量与遥感相关专业的院校有北京师范大学、南京师范大学、首都师范大学、上海师范大学等 40 多所，摄影测量与遥感相关专业一般设在这些院校的地理科学学院、资源与环境科学学院、城市与环境科学学院等中。摄影测量与遥感相关科研院所是我国为适应摄影测量与遥感科研和开发应用需求而设立的专门机构，也承担硕士和博士研究生的教育与培养工作，如中国测绘科学研究院、原中国科学院中国遥感卫星地面站、原中国科学院遥感应用研究所、中国科学院地理科学与资源研究所等。

经过半个多世纪发展，摄影测量与遥感相关专业学科建设不断完善，教育机构和教师队伍不断壮大。据 1992 年统计数据，原武汉测绘科技大学、原解放军测绘学院这两所专门培养测绘人才的大学，各有大学生、研究生和博士生分别为 3000 名、150 名、50 名和 2000 名、100 名、30 名，两校都有摄影测量与遥感系。此外，还有 30 多所大学设有摄影测量与遥感系或测量系，如同济大学测量系、西南交通大学测量工程系、北方交通大学测量系等都培养摄影测量与遥感人才。进入 21 世纪，摄影测量与遥感及相关测量专业教育得到全面发展，无论是规模、层次都达到了前所未有的水平。以 2002 年统计数据为例：共招收博士生 236 人，硕士生 777 人，本科生 7318 人，专科生 1191 人。

1998 年，教育部发布的普通高校专业目录中，将“遥感科学与技术”设为目录外专业；2012 年，教育部正式批准在普通高校设置“遥感科学与技术”专业，遥感正式作为单独专业开始招生。许多高校瞄准国家经济发展建设的需求以及学科发展，根据各自院校的学科特点陆续增设了遥感科学与技术专业。

（二）专业与院校

遥感科学与技术，所属一级学科为信息与通信工程，是在测绘科学、空间科学、电子科学、地球科学、计算机科学以及其学科交叉渗透、相互融合的基础上发展起来的一门新兴边缘学科。遥感科学与技术专业旨在培养具备遥感和信息工程的基本理论、基本知识和基本技能，具有卫星遥感平台、传感器技术、信息获取、遥感数据处理、多传感器数据匹配和融合、图像自动解译技术和虚拟仿真的基本技术与方法，能够在城市规划、农业、林业、水利、电力、交通、军事、地质、测绘、环境、海洋等各类遥感领域从事遥感电子设备与系统研制、应用系统和系统集成的建设与开发，以及有关空间信息系统和管理信息系统的建设和应用高级专门人才。

遥感科学与技术专业主要学习遥感技术、电子技术和计算机科学与技术等方面的基本理论和基本技能，学习地理信息系统、空间定位系统与遥感信息工程集成理论和方法，并能组织和实施各类应用系统的设计、开发和管理。主要包括：掌握数学、物理、电子技术、计算机应用技术等方面的基本理论和基本知识；掌握遥感机理、遥感数字图像处理、遥感信息工程及应用的基本技能与方法，了解其理论前沿、应用前景及最新发展动态；掌握相关学科地理信息系统、空间定位系统、测绘工程等的原理和方法；掌握资料查询、文献检索及运用现代信息技术获取相关信息的基本方法，具有一定的实验设计、创造实验条件，归纳、整理、分析实验结果，撰写论文，参与学术交流等能力；培养具有较宽知识面，掌握一定的相关学科知识，了解本学科的发展与学科前沿，有创新意识，并能独立从事本学科及其交叉学科研究的能力。毕业生可在测绘、遥感、地质、水利、交通、农业、林业、石油、矿山、煤炭、国防、军工、城建、环保、文物保护等行业和部门从事与摄影测量与遥感相关的科研、教学、设计、生产及管理工作。

2016 年，我国共有 28 所高校开设了遥感科学与技术专业。按院校类型可分为：综合性大学 3 所、理工类院校 22 所、师范类院校 3 所。按院校所属类型，可分为全国重点大学 13 所、省（市）属重点大学 8 所、一般院校 7 所，其中 985 院校 4 所，211 院校 10 所，开设遥感科学与技术专业的院校以非 211 普通院校为主。按所在院校的学科可分为地理科学类、测绘科学与技术类和电子信息类，其中地理科学类 3 所、测绘类 21 所、电子信息类 4 所。按遥感科学与技术专业所在的学院分类，以测绘工程专业为主的测绘学院占 13 所，以地质工程专业为主的地球科学学院占 3 所，以遥感专业为主的遥感学院占 2 所，以信息工程专业为主的信息工程学院占 3 所，以地理学专业为主的资源环境学院占 4 所，以电子信息专业为主的电子工程学院占 3 所。2018 年，开设遥感科学与技术专业的学校已达 30 余所。目前，遥感科学与技术专业主要设置在理工类普通高等院校中，并且是以测绘科学为背景的院校为主。

我国建成了一批国家和省部级重点实验室、工程中心，包括测绘遥感信息工程国家重点实验室、遥感科学国家重点实验室、红外物理国家重点实验室、海洋遥感教育部重点实验室、定量遥感信息技术中国科学院重点实验室、数字地球中国科学院重点实验室等一批国家、部重点实验室，有较强实际工程能力和一定研究能力的复合应用型人才。

（三）国外相关院校

国外大部分遥感 / 地理信息系统方向研究都在地理系下，代表性的学校除美国外，还包括欧洲德国的慕尼黑大学、瑞典皇家科学院等。马里兰大学为美国遥感专业排名第一，在世界范围内也得到认可，其地处华盛顿 DC，毗邻 NASA Goddard 空间飞行中心、NOAA、USGS、美国农业部等，有充足的经费来源；波士顿大学侧重理论研究以及与物理地理过程研究，运用遥感技术进行水、气候、环境、生态的自然过程的研究；

俄亥俄州立大学土木工程和环境工程及大地测量科学系主要侧重图像处理方法；加州大学－圣巴巴拉分校80年代遥感专业特色突出，现在以地理信息系统专业而著名；另外，还有北卡罗来纳大学－教堂山分校、威斯康星大学－麦迪逊分校、宾夕法尼亚州立大学、得克萨斯大学－奥斯丁分校、犹他大学等也都开展遥感相关研究工作。

软科发布的2020“软科世界一流学科排名”（ShanghaiRanking's Global Ranking of Academic Subjects），覆盖54个学科，涉及理学、工学、生命科学、医学和社会科学五大领域。遥感技术学科排名前十的学校依次为武汉大学、马里兰大学大学城校区、加州理工学院、北京师范大学、图卢兹第三大学、冰岛大学、特文特大学、慕尼黑工业大学、西安电子科技大学、波士顿大学。值得一提的是，武汉大学是遥感技术学科的“冠军高校”，排名里中国内地共有22所大学上榜，其中武汉大学、北京师范大学和西安电子科技大学跻身全球前10名，全球前50名大学中，中国内地高校共占据了14个席位。

二、小结

遥感科学与技术作为一门新兴的交叉性学科，牵涉到地理学、测绘科学、空间技术、计算机科学与电子信息等学科。随着遥感科学技术在国民经济社会中的广泛应用，工程应用型的复合人才成为新时期遥感科学与技术人才培养的新方向。然而，目前我国遥感科学与技术专业设置在不同学科背景的各类院校中，并以测绘科学类的理工院校为主体。在不同学科背景下，专业的培养目标不尽相同，培养目标呈现多样化、特色鲜明的特点。各院校课程体系及结构差异较大，课程设置均以摄影测量与遥感类课程为主。各校依托自身的学科背景与特色，开设了具有各自风格的专业课程。但由于各自的侧重点不同，在课程设置略显杂乱。因此，今后需要以应用为导向进一步加强遥感科学与技术专业设置的区域及院校类型的优化布局，建立健全课程体系建设，并在探讨核心课程设置的基础上，从各院校实际情况出发，做好自身特色与发展目标定位、特色课程的设置，这是遥感科学与技术专业发展急需解决的问题，也是加快我国遥感技术领域复合型高级技术专业人才培养的根本所在。

第七节　遥感学科发展趋势

由于遥感具有全天候、全天时、全频段大范围快速、准确获取信息等特点，已逐步成为获取地理空间数据和地球变化科学数据的主要技术手段，并在资源调查、环境和灾害监测与管理、城市规划以及国家安全、国防建设等许多领域显现出独特的战略地位和意义。作为信息经济社会不可或缺的信息获取技术手段，遥感技术已逐步发展成为各国支撑国民经济和社会可持续发展的战略必争领域，是国际在相当长时期内激烈争夺的重要战略资源。欧美等发达国家已将其列入优先发展战略目标，制定了各种宏大的长远发展规划。我国也十分重视遥感技术的发展，在《国家中长期科学和技术发展规划纲要（2006—2020 年）》中“高分辨率对地观测系统”为 16 个重大专项之一，在《关于加快培育和发展战略性新兴产业的决定》（国务院国发〔2010〕32 号）中，遥感技术重要组成部分的卫星及其应用产业被列为现阶段重点培育和发展的产业之一。遥感技术不仅支持着我国国家信息化战略发展，还与党的十八大提出的美丽中国、海洋强国等战略密切相关。

卫星遥感是遥感技术发展的重要组成部分和主流。遥感卫星能够长时间、周期性地对地球成像，具备数据获取快速、成本低且不受区域限制的优势，已经成为人们获取地球空间信息的重要手段。长期以来，世界各国竞相发展航天遥感技术，陆续发射了一系列遥感卫星，包括光学卫星、高光谱卫星、SAR 卫星，为各国国防建设、经济建设、科学研究、民生服务和社会可持续发展等提供了大量的数据。而航空遥感作为卫星遥感的补充，具有机动灵活的特点，尤其是无人机技术的提高为航空遥感提供了更加广阔的平台，为遥感市场起到了更好的支撑。

一、国外遥感技术发展趋势

利用遥感技术对地球系统进行全面了解、对地球环境资源进行高效掌控已成为世界各空间机构持续推进遥感技术发展的原动力。近十年来，世界遥感大国政府机构已陆续实施了各自的地球观测计划，以期加强对地球系统的理解和对地球资源环境的监测。随着人们对地球系统认识的不断深入以及对地观测技术的不断发展，遥感技术呈现出关联技术领域广、价值链路长、支撑服务行业多的综合发展特征。具体发展趋势概括如下：

1）面向地球环境变化的全球性科学问题研究正成为各国航天机构大力发展遥感技术的动力之一。

卫星遥感是遥感技术发展的重要组成部分和主流。遥感卫星能够长时间、周期性地对地球成像，具备数据获取快速、成本低且不受区域限制的优势，已经成为人们获取地球空间信息的重要手段。欧美等空间技术强国在天基平台、遥感载荷性能、数据质量方面均占据较大优势。美国光学成像载荷观测的可见光空间分辨率达0.1m（民用公开无歧视分发0.25m），短波红外空间分辨率达3.5m（民用公开无歧视分发7.5m），热红外空间分辨率达1m（非民用），光谱分辨率在可见光和近红外谱段达2～3nm、在短波红外谱段达5nm（非民用），合成孔径雷达成像观测的空间分辨率达0.15m（非民用）；德国合成孔径雷达成像观测的空间分辨率达0.25m（原载荷成像分辨率指标为1m，改变成像模式后，可达0.25m）。更为重要的是，欧美等国际空间机构十分重视利用空间对地观测的优势，针对地球系统和环境资源探测与管理的应用需求，部署成体系的地球观测计划、开展专门化的关键技术研究，以支撑冰川与海平面变化、大尺度降雨与水资源变化、洲际空气污染影响、地球生态结构演变、人类健康与气候变化、极端事件预警等一系列全球性科学问题的研究。

21世纪伊始，欧空局就启动了“地球生存计划”LPP新科学发展战略，旨在进一步地提供面向地球环境变化的遥感定量观测以及公益性服务。在部署了GOCE、SMOS、CryoSat-2和Swarm等成体系的地球探索卫星的基础上，为了满足全球环境变化定量观测对任务系统性、持续性的要求，欧空局于2015年发射了ADM-Aeolus大气动力学探测卫星以推进全球三维风场观测；于2016年发射了EarthCARE卫星以加强地球云、气溶胶和辐射的探测研究；将于2020年发射BIOMASS卫星测量森林生物量以全面评估全球陆地碳循环情况。同时，由欧盟和欧空局联合启动的GMES计划在SPOT系列和ENVISAT系列卫星观测任务的基础上，系统性地规划了涵盖陆地、海洋、大气、气候变化、应急管理和安全六大领域监测目标的Sentinel系列卫星观测任务，并统筹建设多平台数据管理与处理系统，旨在促进海量数据集成管理与分发共享，以便全面服务于欧盟的全球环境与公共安全监测及其外交政策。

美国空间机构也积极响应地球环境资源研究需求，逐步推进全球性、体系化的地球探测任务。2014年，NASA就启动了5项对地观测科学任务，包括美日合作的全球降雨量测量（GPM）卫星计划、在轨碳观测系列（OCO-2）卫星计划、土壤湿度主被动探测（MAP）卫星计划、用于气象预报、海洋和飓风监测的国际空间站快速散射仪（ISS-RapidScat）计划，以及低成本快速监测气溶胶、云层的国际空间站云、气溶胶转移系统（CATS）等。同时，NASA未来将陆续启动CLARREO、OCO-3、Landsat-9、JPSS-2、TEMPO、SWOT、GeoCARB、PACE以及3D-Winds等多个地球观测任务，以支持针对空气污染、天气预报、海洋生态、淡水资源、人类健康等全球性环境资源问题的系列研究。

2）遥感数据和定量遥感产品的质量控制技术成为提升遥感数据使用效能的关键核心。

遥感技术的发展受到国家投资、轨道资源、技术水平状态等多方面因素的限制，利用其解决人类面临的诸多全球问题必然需要长时间序列、多星多载荷遥感信息产品的综合利用。为了保证多源数据及产品之间的可比性，有必要实现具备统一质量标准的产品质量控制及追溯。国外在遥感产品质量控制与追溯方面开展了大量工作，对业务化卫星分别构建了图像评估系统（IAS）、图像质量中心（QIS）、图像质量系统（IQS）等系统以负责载荷与图像质量的在轨评估，对遥感载荷定标、数据辐射和几何质量的监测与控制；MODIS 产品真实性检验技术研究组致力于数据产品质量控制与追溯研究，其数据产品专门附带质量标识（QA），对产品生产过程所使用的先验数据质量、模型算法误差等进行标注，以方便产品质量的追溯和用户使用。在全球化信息技术发展的今天，面向高精度、高稳定对地物理属性监测的遥感技术应用需求，国际空间机构愈加重视遥感数据及产品的质量控制研究。

定标方面，CEOS/WGCV 基于高频次、自动化、无人值守全新理念，于 2014 年发起以标准化仪器配置为特点的全球自动定标场网（RadCalNET），旨在通过优选分布于全球的具备自动化地面和大气参数观测能力的测试场，联合开展常态化运行的外场自动定标技术研究，构建具备全球统一质量标准的定标数据处理中心，进行定标数据共享和典型卫星载荷定标示范应用。首批优选了美国 Railroad Vally Playa、法国 La Crau、中国包头场、欧空局 Gobabeb 定标场，共同构成示范场网络。该网络在 2018 年9月的国际对地观测卫星委员会全会上宣布结束了两轮用户测试，进入业务化运行，可为载荷性能与数据质量检测提供更为精准可靠、高频次的参考基准，并探索出一条切实可行的高频次在轨外场定标道路，有效提升遥感数据和定量遥感产品的质量控制水平。

由于航天遥感载荷星上定标难以溯源，而以地面目标测量为参照基准的场地定标受尺度效应、大气条件、环境变化等不确定因素影响，遥感载荷在轨定标的精准性和可靠性问题，仍属亟待解决的国际难题。在全球化大背景下，欧美近年提出“TRUTHS”和“CLARREO”空间辐射测量基准研究计划，希望将可溯源至国际单位制（SI）的辐射基准源引入少量基准卫星，通过为其他卫星提供统一的高精度空间辐射测量基准，大幅度提升定标整体水平，保证多源卫星数据质量的高一致性与高稳定性。欧空局提出 TRUTHS 定标星计划搭载的低温太阳辐射计自身不确定性<0.01%，

可实现辐射基准载荷反射波段定标精度<0.1%；美国提出的CLARREO定标星计划搭载的星上定标黑体发射率约为0.9999，温度不确定性约为25mk，可实现辐射基准载荷发射波段定标精度<0.1K。虽然“定标星”的空间辐射基准仍处于探索阶段，且欧美“定标星”计划由于经费问题曾一度被搁置，但是这种通过为其他载荷提供统一且可溯源至SI标准参考源的定标方法，作为极大提升星上定标精度、确保多源卫星数据质量长期的高一致性与高稳定性的有效途径，必将成为未来星上定标发展的主导趋势。

在多源遥感数据产品的生产过程中，不同的验证数据来源、操作流程等会对产品性能评价和检验结果给出不同的表达，从而导致产品质量控制标准不一致的问题。严格而完善的数据产品质量控制势必需要将这些因素进行综合考虑，并且对各种质量要素进行追溯。2008年，CEOS提出了“对地观测质量保证框架”（QA4EO）的概念，基于“可访问性 / 可用性”（Accessibility / Availability）和“适用性 / 可靠性”（Suitability / Reliability）两大主要原则，研究如何量化产品质量，建立产品质量指标体系；如何评价产品精度，建立真实性检验规范。在该框架下，未来遥感信息产品的生产中，质量控制与追溯将成为重要的内容之一，并且直接影响到信息产品的共享与应用。美国国家科学基金会（NSF）支持下的国家生态观测站网络（NEON），目前已实现在AOP机载观测平台的支持下，天空地一体化、多站点联网的定量遥感产品分级真实性检验能力，并计划与CEOS的陆面产品真实性检验技术组（LPV）合作，为全球多产品联合分级真实性检验提供支持。

3）遥感信息服务技术发展得到世界各国高度重视，商业卫星市场蓬勃发展。

遥感信息服务是对地观测遥感技术发挥应用价值不可或缺的环节，是对地观测技术系统为国民经济各行业和社会大众提供社会化服务的基础性技术保障。欧美等空间技术强国除了在全球战略信息获取、观测能力以及综合技术水平上具有领先我国至少10年的优势之外，在遥感数据处理、遥感信息 / 地理信息融合及社会化服务方面也继续领先。欧美相关科研机构研发了适用于专业用户的多种通用遥感数据处理与应用软件（如ENVI、ERDAS、PCI、ArcGIS等）、面向专业及大众用户的空间综合信息产品（如Google Earth、USGS Topo）等。

面对遥感信息技术社会化服务的应用需求，欧美等空间技术强国在积极发展高分辨率商业遥感卫星技术的同时，也正积极部署和研发高分辨率微小卫星技术，力求将遥感技术与遥感大数据结合，发展遥感信息服务技术。美国国防高级研究计划局在 2007 年提出了“Future、Fast、Flexible、Free-Flying、Fractionated Spacecraft”的 F6 计划；美国 SkyBox Imaging 公司在 2013 年发布了世界首个从太空拍摄的高清地面视频，该公司计划构建一个 24 颗微小卫星组网的高分辨率成像卫星群，为用户提供高性价比、高时空分辨率的对地观测数据。此外，欧空局、俄罗斯等也纷纷启动一箭多星计划，如欧空局曾在 2012 年启动了“一箭五十星”的 QB50 计划。近年来，1 ~ 50kg 微纳卫星发射数量呈逐年增长的趋势，尤其是从 2013 年开始，微纳卫星发射形成井喷态势，到 2020 年，全球对 1 ~ 50kg 卫星的年需求量巨大。据欧洲咨询公司（Euroconsult）2018 年 8 月发布的《小卫星市场展望（2018—2027）》中预测：对地观测微小卫星发射数量预计将从以往 10 年的 540 颗增到未来 10 年的 1400 颗。微小卫星技术的发展将开启以低成本为核心、面向遥感产业化应用的空间信息服务新模式，推动先进遥感技术创新与遥感信息社会化服务相结合的发展新思路。

二、我国遥感技术发展趋势

随着我国社会经济的高速发展，农业、资源、环境、减灾、测绘以及大型基础设施建设等都对利用遥感技术尤其是高分辨率和高时效性遥感监测提出了迫切需求，我国对遥感技术发展给予了极大重视，通过部署国家重大专项以及国家科技计划和多类项目支持的方式，开展了大规模的遥感载荷研制和应用研究，在对地观测数据获取的能力、数量和覆盖面上取得了跨越式发展。目前存在的主要问题是：一方面，我国对地观测技术在观测规模、卫星 / 载荷数量、种类与性能、技术先进性、行业应用等方面都有了显著提高，但大多单纯面向行业应用，缺少面向地球长期发展变迁的项目，更缺少系统性、连续性全球对地观测空间任务。对于如何利用先进遥感技术系统开展全球尺度下的气候变化、水资源、生态系统变迁、大气污染、公共健康与环境质量等地球系统科学研究，如何利用遥感技术实现全球性、战略性、科学性、专业性信息的快速、准确、高效获取与应用，如何利用遥感技术提高我国在国际环境变化（特别是气候变化）方面的话语权和领先能力，尚缺乏长期、系统性的设计与考虑。另一方面，遥感数据的质量以及遥感产品的精度直接影响各种遥感产品应用的广度与深度，最终决定了空间观测计划实施的效果及应用满足度。而我国的相关计划部署一直存在重卫星载荷发射、轻质量控制与应用研究的问题，对于遥感数据质量控制问题缺乏统筹考虑。遥感应用产品缺乏体系化标准化的质量控制与追溯，也严重限制了我国国产卫星数据的定量化应用水平，难以为全球变化研究提供稳定、可靠的高精度大气、海洋、陆地遥感定量产品。

我国遥感技术发展主要趋势如下：

1）开展长序列地球系统科学研究项目规划与部署，更好地服务全球化发展。遥感技术在全球气候变化、沙漠化、水资源短缺、灾害频发等事关人类生存与发展的重大问题和地球系统科学研究方面，具有独特优势，国际空间技术强国在其战略发展规划中一直把发展面向全球气候与环境、地球系统科学研究的连续性观测任务作为重要内容，以保持其技术优势与掌控国际话语权。我国在对地观测信息获取方面，对影响人类生存和地球生态系统长期发展的一些科学性强的、精度要求高的、大尺度时空观测下的物理信息和物理要素获取的重要性和战略意义认识不足，现有技术布局以高分辨率、可视化、陆表信息的短周期小尺度观测为重点，今后应加强利用遥感技术开展专业化、专门化、大尺度、长周期地球生态系统动态演变和全球问题决策等科学问题研究，对于系统性、长期获取全球物理要素信息需开展深入、可持续性地球系统科学研究的长远规划。由于现有的科技布局基本上还是以载荷本身的技术发展为驱动，尚没有长期地、连续不间断地、有计划地开展地球系统科学研究项目的规划与部署，从而导致我国卫星发射了不少，但是专业性、科学性、全球性、战略性的对地观测信息获取与应用能力不足，利用先进遥感技术维护国家主权、争取国家利益和国际话语权的能力依然受限。

2）构建遥感数据及信息产品质量控制业务化系统，健全遥感技术标准体系，提升定量遥感技术能力与水平。长期以来，我国空间技术的关注点多集中于上天卫星的数量，单纯追求载荷的空间与光谱分辨率、观测视场等指标，对于载荷所获取的遥感数据的质量及其长期业务监测与控制缺乏足够的重视，针对遥感载荷定标和定量产品真实性检验的科学研究不深入，质量控制技术水平与国际相比整体相差15~20年，难以满足信息时代科学研究和产业化应用对精准遥感信息提取与定量应用服务的要求。在多源遥感数据协同应用方面也由于缺乏统一的质量标准，从而严重影响遥感技术定量化应用效果及信息共享。因此，需加强遥感载荷高精度一致性定标和数据真实性检验等遥感数据质量控制技术研究，提升对地观测数据与信息产品辐射、几何、光谱精度；同时，加快国家、行业、团体、企业多层级遥感技术标准研制，更好地支撑遥感技术产业发展，已成为提升我国遥感技术系统效能、推动遥感技术定量化发展必须优先突破并解决的关键问题。

3）大力发展遥感信息服务市场，推动产业提质增效。遥感信息服务是遥感技术发挥应用价值及其向国民经济各行业和社会大众提供社会化服务的基础。在信息化大数据充分发展的今天，遥感信息产业化、智能化、社会化、大众化服务技术已经成为国际对地观测领域的研究热点。一方面，要加强关键技术、核心器件与装备自主研发，加快遥感技术产品化技术研究和数据处理软件系统的商业化，提升高级遥感产品的社会化服务能力，降低信息服务门槛；另一方面，发展健全遥感数据商业化政策和体制机制，加深信息化大数据时代遥感信息服务的思考，加大前沿技术凝练，鼓励民间资本进入商业遥感市场，整合微小卫星、无人机航空遥感资源，以避免盲目竞争，最大化地挖掘遥感数据的商业价值，提出遥感技术发展新思路、新方法，重视遥感技术的军民融合，在系统研制、系统应用和基础设施建设等方面统筹规划，以数据与系统资源为带动点，全面促进军民融合，发挥好我国遥感资源整体应用效益，促进我国遥感技术走向社会化、产业化，更好地满足信息经济时代民生、社会和政府的信息服务需求，有效支撑国家经济发展与社会进步，为国家全球化战略保驾护航。

三、小结

遥感技术以其快速、准确、客观和大范围的观测能力与获取信息的能力，成为各国经济社会发展、国际竞争的重要保障，是各国高技术实力的综合体现。近年来，在遥感应用的全球化、体系化、专门化、智能化、大尺度、长周期、定量化、实时化发展需求牵引下，遥感技术发展正从静态信息获取向动态变化监测扩展，从国家区域性观测向全球尺度战略性信息获取延伸，从对地物形貌的精细可视化识别向地物物理属性的定量分析发展，从地球资源静态信息获取到公共活动动态信息观测和个性化服务发展。同时，高时间 / 空间分辨率、高光谱数据的获取一直是各国遥感技术发展的趋势与重点，遥感卫星数量呈现爆发式发展，为实现对地表变化的高精度、高时频监测提供了硬件支撑；多星协同观测、星地协同智能处理、信息聚焦服务能力的智能化遥感信息服务系统的发展，遥感技术商业化及军民深度融合，将逐步推进遥感服务从专业服务到大众服务跨越。另外，卫星遥感、通信、导航服务的一体化发展，也将推动遥感信息全天时、全天候、全地域服务。总体来看，遥感技术未来的发展不仅涉及关键技术突破，更在于其应用服务能力的提升，建立全面而持续的综合地球观测系统，提供系统化、可持续、可比较和共享的地球观测数据。同时，加强遥感数据的质量及综合信息获取和应用能力，是当今国际地球观测技术发展的共识，随着新技术、新方法的创新与融入，遥感技术作为一种重要的信息获取手段必将取得跨越式发展。

参考文献

[1] 中华人民共和国国务院新闻办公室. 2016中国的航天（全文）[R/OL].（2016-12-27）[2020-08-14]. http://www.gov.cn/xinwen,2016-12/27/content_5153378.htm.

[2] 龚惠兴，等. 中国电子信息工程科技发展研究（领域篇）：遥感技术及其应用[M]. 北京：科学出版社，2018.

[3] 2013—2022年中国国家航天局与巴西航天局航天合作计划[R/OL].

[4] ASTER Policies [EB/OL]. https://lpdaac.usgs.gov/lpdaac/products/aster_policies.

[5] Claire L Parkinson，Alan Ward，Michael D King.Earth Science Reference Handbook [M]. Washington，D.C.：NASA，2006.

[6] CSA官方网站的卫星数据[EB/OL]. [2020-08-14].http://www.asc-csa.gc.ca/eng/satellites/default-eo.asp.

[7] Jim Wilson. NASA官方网站[EB/OL]. [2008-12-09].http://www.nasa.gov/ .

[8] Landsat Data Policy Released [EB/OL]. [2020-08-14].http://landsat.usgs.gov/tools_project_documents.php.

[9] Landsat官方网站[EB/OL]. [2020-08-14].https://www.nasa.gov/mission_pages/landsat/main/index.html.

[10] LPM member organizations. LANDSAT 7 DATA POLICY [EB/OL]. [2020-08-14].http://geo.arc.nasa.gov/sge/landsat/l7policyn.html.

[11] MODIS Policies [EB/OL]. [2020-08-14].https://lpdaac.usgs.gov/lpdaac/products/modis_policies.

[12] 中国科学院上海光学精密机械研究所. NASA发射了ICESat-2卫星用激光测量地球冰变化[R]. [2018-12-26].

[13] Pleiades卫星官方网站[EB/OL]. [2020-08-14].https://pleiades.cnes.fr/en/PLEIADES/ index.htm.

[14] SPOT 1-5官方网站[EB/OL]. [2020-08-14].https://spot.cnes.fr/en/SPOT/index.htm.

[15] SPOT 6-7官方网站[EB/OL]. [2020-08-14].https://www.intelligence-airbusds.com/satellite-data/.

[16] 安文韬，谢春华，袁新哲. 国外星载SAR系统未来计划及其发展趋势[C]// 新世纪以来遥感应用进展交流研讨会，2011.

[17] 北京东方道迩信息技术有限公司. 印度CARTOSAT-1（IRS-P5）卫星数据[EB/OL]. 2006.

[18] 北京航天世景信息技术有限公司[EB/OL]. http://www.spaceview.com/.

[19] 毕海亮. 2016年遥感卫星市场综述（上）[J]. 中国航天，2017（8）：46-49.

[20] 毕海亮. 2016年遥感卫星市场综述（下）[J]. 中国航天，2017（9）：46-49.

[21] 陈思伟，代大海，李盾，等. Radarsat-2的系统组成及技术革新分析[J]. 航天电子对抗，

2008, 24（1）：33-36.

［22］地理国情检测云平台［EB/OL］. http://www.dsac.cn/.

［23］冯钟葵，石丹，陈文熙，等. 法国遥感卫星的发展——从 SPOT 到 Pleiades［J］. 遥感信息，2007（4）：87-92.

［24］高分应用综合信息服务共享平台［EB/OL］. http://gfplatform.cnsa.gov.cn/n6084429/n6084446/index.html.

［25］葛榜军. 我国卫星遥感数据市场现状与分析［J］. 卫星应用，2010（1）：49-55.

［26］国家航天局官网［EB/OL］. http://www.cnsa.gov.cn/index.html.

［27］国家民用空间基础设施中长期发展规划（2015—2025 年）［R］.

［28］国家卫星气象中心［EB/OL］. http://www.nsmc.org.cn/NSMC/Home/Index.html.

［29］国家遥感中心［EB/OL］. http://www.nrscc.gov.cn/nrscc/.

［30］胡如忠，仝慧杰，李志忠. 我国卫星遥感产业化进展［J］. 卫星应用，2004，12（1）：1-7.

［31］环境保护部卫星环境应用中心［EB/OL］. http://www.secmep.cn/.

［32］黄海元. 印度发射 IRS-1B 地球观测卫星［J］. 国外空间动态，1991（12）：22.

［33］匡燕，李安，李子扬，等. RADARSAT 卫星产品［J］. 遥感信息，2007（2）：82-85.

［34］李远飞，张雅声，周海俊，等. 印度对地观测卫星发展现状［J］. 国际太空，2013（1）：25-31.

［35］梁家琳. 国内外遥感卫星发展动态［J］. 测绘技术装备，2001，3（2）：3-5.

［36］刘姝. 2015 年遥感卫星市场综述（上）［J］. 中国航天，2016（6）：47-49.

［37］刘雨晴. 浅述陆地卫星传感器发展［J］. 科技创新与应用，2015（12）：47.

［38］卢崇顶. 国外遥感卫星发展简介（1）［J］. 上海国土资源，2001（3）：28-35.

［39］马宏林. 法国 SPOT 地球观测卫星［J］. 航天返回与遥感，1997（4）：25-30.

［40］美国成功发射环境气象卫星 用于观测异常天气［R］. 2010.

［41］祁首冰. 韩国遥感卫星系统发展及应用现状［J］. 卫星应用，2015（3）：54-58.

［42］钱博，陆其峰，杨素英，等. 卫星遥感微波地表发射率研究综述［J］. 地球物理学进展，2016（3）：960-964.

［43］秋雁. 印度的 IRS 系列遥感卫星［J］. 航天返回与遥感，1999（2）：44-49.

［44］王毅. 国际新一代对地观测系统的发展［J］. 地球科学进展，2005，20（9）：980-989.

［45］夏亚茜，方一帆，李立. 国外卫星遥感应用标准情况综述［J］. 卫星应用，2014（7）：36-40.

［46］夏亚茜. 国外遥感卫星现状简介［J］. 国际太空，2012（9）：21-31.

［47］肖择. GOES-O 环境气象卫星升空［J］. 上海航天，2009，26（4）：6.

［48］谢文君，韦玉春，倪绍祥，等. 遥感小卫星的进展［J］. 遥感信息，2000（3）：42-45.

［49］杨亦可，陈塞崎，李潭. 低轨遥感卫星长寿命研究进展［J］. 中国航天，2013（8）：32-33.

[50] 殷青军，杨英莲. 中等分辨率成像光谱仪（MODIS）简介 [J]. 青海气象，2002（1）：60-62.

[51] 袁本凡，李长军，葛之江. 美国新一代对地观测卫星 EOS-TERRA 概况 [J]. 航天器工程，2001，10（3）：60-66.

[52] 长光卫星技术有限公司官网 [EB/OL]. http://www.charmingglobe.com/.

[53] 赵利平，刘凤德，李健，等. 印度测图卫星 IRS-P5 定位精度初步研究 [J]. 遥感信息，2007（2）：28-32，101.

[54] 中国航天科技集团有限公司官网 [EB/OL]. http://www.spacechina.com/n25/ index.html.

[55] 中国空间技术研究院官网 [EB/OL]. http://www.cast.cn/.

[56] 中国气象局官网 [EB/OL]. http://www.cma.gov.cn/.

[57] 中国资源卫星应用中心 [EB/OL]. http://www.cresda.com/CN/.

[58] 自然资源卫星影像云服务平台 [EB/OL]. http://www.sasclouds.com/.

[59] Adam E, Mutanga O, Rugege D. Multispectral and hyperspectral remote sensing for identification and mapping of wetland vegetation: a review [J]. Wetlands Ecology & Management, 2010, 18 (3): 281-296.

[60] Azadeh Ghiyamat, Helmi Z M Shafri. A review on Hyperspectral Remote sensing for homogeneous and heterogeneous forest biodiversity assessment [J]. International Journal of Remote Sensing, 2010, 31 (7): 1837-1856.

[61] Bioucas-Dias J M, Plaza A, Camps-Valls G, et al. Hyperspectral Remote Sensing Data Analysis and Future Challenges [J]. IEEE Geoscience & Remote Sensing Magazine, 2013, 1 (2): 6-36.

[62] B Galle, A Alonso, D Chen, et al. Development of Optical Remote Sensing Instruments for Volcanological Applications [J]. Geophysical Research Abstracts, 2006.

[63] Caselles V. Thermal remote sensing of land surface temperature from satellites: Current status and future prospects [J]. Remote Sensing Reviews, 1995, 12 (3): 175-224.

[64] Deems J S, Painter T H, Finnegan D C. Lidar measurement of snow depth: a review [J]. Journal of Glaciology, 2013, 59 (215): 467-479.

[65] Fang H, Tian Q. A Review of Hyperspectral Remote Sensing in Vegetation Monitoring [J]. Remote Sensing Technology & Application, 1998, 13 (1): 62-69.

[66] Gao B C, Davis C, Goetz A. A Review of Atmospheric Correction Techniques for Hyperspectral Remote Sensing of Land Surfaces and Ocean Color [C]// IEEE International Conference on Geoscience & Remote Sensing Symposium, 2007.

[67] Grant W B. Optical Remote Sensing: Present Status and Future Direction [J]. Optics & Photonics News, 1995, 6 (1): 16-21.

[68] Jaboyedoff M, Oppikofer T, Abellán A, et al. Use of LIDAR in landslide investigations: a review [J].

Natural Hazards, 2012, 61 (1): 5–28.

[69] JixianZhang. Multi–source remote sensing data fusion: status and trends [J]. International Journal of Image & Data Fusion, 2010, 1 (1): 5–24.

[70] Koch B. Status and future of laser scanning, synthetic aperture radar and hyperspectral remote sensing data for forest biomass assessment [J]. Isprs Journal of Photogrammetry & Remote Sensing, 2010, 65 (6): 581–590.

[71] Kuenzer C, Dech S. Thermal Infrared Remote Sensing: Sensors, Methods, Applications [J]. Photogrammetric Engineering & Remote Sensing, 2015, 81 (5): 359–360.

[72] Kuenzer C, Dech S. Thermal Infrared Remote Sensing [M]. Berlin: Springer, 2013.

[73] Lee Z, Carder K L. Hyperspectral Remote Sensing [J]. Current Science, 2007, 94 (9): 1115–1116.

[74] Lin J Y. Current Status of Lidar Systems Used in Remote Target Tracking and Monitoring [J]. Infrared, 2008 (3).

[75] Measures R M. Laser remote sensing: present status and future prospects [J]. Proceedings of SPIE–The International Society for Optical Engineering, 1997, 3059: 2–8.

[76] Melgani F, Bruzzone L. Classification of hyperspectral remote sensing images with support vector machines [J]. IEEE Trans.geosci. & Remote Sensing, 2004, 42 (8): 1778–1790.

[77] Merdasa A, Gebru A, Jayaweera H, et al. Realistic Instrumentation Platform for Active and Passive Optical Remote Sensing [J]. Applied Spectroscopy, 2016, 70 (2): 372.

[78] Morançais D, Mazuray L, Barthès J C. ALADIN, the first wind lidar in space: development status [J]. Acta Chirurgiae Orthopaedicae Et Traumatologiae Cechoslovaca, 2006, 621 (9–10): 3.

[79] Murooka J, Sakaizawa D, Imai T, et al. Overview and status of vegetation lidar mission MOLI [C]// Lidar Remote Sensing for Environmental Monitoring XV, 2016.

[80] Nieke J, Frerick J, Stroede J, et al. Status of the optical payload and processor development of ESA's Sentinel 3 mission [C]// IEEE International Geoscience & Remote Sensing Symposium, 2009.

[81] Pei C K, Jin F U. Status and prospect of hyperspectral remote sensing technique in rock and mineral identification [J]. World Nuclear Geoscience, 2007.

[82] Prasad S, Bruce L M, Chanussot J. Optical Remote Sensing [M]. 2012.

[83] Richard, N Dubinsk. 遥感用激光雷达的现状和前景 [J]. 电光系统，1990 (1): 50–56.

[84] Rong S G. Review of the application of vegetation hyperspectral remote sensing [J]. Journal of Shanghai Jiaotong University, 2001 (4): 315–321.

[85] Schwiesow R L, Spowart M P. The NCAR Airborne Infrared Lidar System: Status and Applications [J]. Journal of Atmospheric & Oceanic Technology, 1986, 13 (1): 4–15.

[86] Sun X Z, Tang S Q. The development of optical remote sensing technology and its application to the active tectonics research [J]. Seismology & Geology, 2016, 38 (1): 211-220.

[87] Vand W H, Vand M M. Monitoring magnitude and direction of movement in landslides with optical remote sensing [C]//AGU Fall Meeting, 2011: 07.

[88] Wang J, Han C. Current technology status for research and develop space optical remote sensors in CIOMP [C]//Ico20: Remote Sensing & Infrared Devices & Systems, 2006.

[89] Weng Q. Thermal infrared remote sensing for urban climate and environmental studies: Methods, applications, and trends [J]. Isprs Journal of Photogrammetry & Remote Sensing, 2009, 64 (4): 335-344.

[90] Winker D M, Hostetler C A. Status and performance of the CALIOP lidar [J]. Proceedings of SPIE-The International Society for Optical Engineering, 2004, 5575: 8-15.

[91] Wulder M A, White J C, Nelson R F, et al. Lidar sampling for large-area forest characterization: A review [J]. Remote Sensing of Environment, 2012, 121 (2): 196-209.

[92] Yun C, Yang F, Gong C. Technique of marine hyperspectral remote sensing review [J]. Proceedings of SPIE - The International Society for Optical Engineering, 2003, 4897: 237-245.

[93] 毕研盟，王倩，杨忠东，等．星载近红外高光谱 CO_2 遥感进展 [J]．中国光学，2015 (5): 51-61.

[94] 楚良才．世界卫星遥感发展的现状 [J]．测绘通报，1982 (5): 15-20.

[95] 崔承禹．红外遥感技术的进展与展望 [J]．国土资源遥感，1992 (1): 16-26.

[96] 戴聪明，刘栋，魏合理．中高层红外光谱大气遥感研究进展 [J]．大气与环境光学学报，2015 (2): 98-109.

[97] 窦茂森，高文静，杨彦杰．激光大气主动遥感测量应用综述 [J]．激光与红外，2006 (12): 25-27.

[98] 杜培军，夏俊士，薛朝辉，等．高光谱遥感影像分类研究进展 [J]．遥感学报，2016, 20 (2): 84-104.

[99] 房华乐，任润东，苏飞，等．高光谱遥感在农业中的应用 [J]．测绘通报，2012 (s1): 262-264.

[100] 高海亮，顾行发，余涛，等．星载光学遥感器可见近红外通道辐射定标研究进展 [J]．遥感信息，2010 (4): 119-130.

[101] 葛玉君，赵键，杨芳．高分辨率光学遥感卫星平台技术综述 [J]．国际太空，2013 (5): 4-10.

[102] 龚健雅，钟燕飞．光学遥感影像智能化处理研究进展 [J]．遥感学报，2016 (20): 747.

[103] 顾先冰，司群英．国内外遥感卫星发展现状 [J]．航天返回与遥感，2000 (2): 31-35.

[104] 郭商勇，胡雄，闫召爱，等．国外星载激光雷达研究进展 [J]．激光技术，2016 (5): 772-778.

[105] 郭玉芳. 激光雷达的标准化现状剖析 [J]. 地理空间信息，2016 (14)：5.

[106] 韩震，陈西庆，恽才兴. 海洋高光谱遥感研究进展 [J]. 海洋科学，2003 (1)：23-26.

[107] 郝胜勇，邹同元，宋晨曦，等. 国外遥感卫星应用产业发展现状及趋势 [J]. 卫星应用，2013 (1)：46-51.

[108] 赫华颖，王海燕，郝雪涛，等. 商业遥感卫星应用现状及发展趋势探讨 [J]. 卫星应用，2016，49 (1)：70-73.

[109] 宏裕闻. 美国卫星遥感现状和趋势 [J]. 全球科技经济瞭望，1997 (5)：35-37，42.

[110] 胡荣华，张立燕，曾现灵，等. 高光谱遥感图像异常检测研究进展 [J]. 首都师范大学学报：自然科学版，2014 (4)：82.

[111] 华灯鑫，宋小全. 先进激光雷达探测技术研究进展 [J]. 红外与激光工程，2008 (s3)：26-32.

[112] 黄海峰，黄胜文. 摄影测量与遥感技术的发展现状和展望 [J]. 城市建设理论研究 (电子版)，2012 (27)：1-3.

[113] 黄玮. 高光谱遥感分类与信息提取综述 [J]. 数字技术与应用，2010 (5)：136-138.

[114] 黄晓东，郝晓华，杨永顺，等. 光学积雪遥感研究进展 [J]. 草业科学，2012 (1)：41-49.

[115] 孔敏. 遥感技术现状与发展 [J]. 活力，2006 (6)：112.

[116] 黎光清，董超华. 卫星气象遥感和应用：现状、问题、前景 [J]. 气象科技，1990 (1)：3-9.

[117] 李斐斐. 高光谱遥感影像技术发展现状与应用 [J]. 现代营销 (下旬刊)，2018 (3)：94.

[118] 李明德. 国际遥感与摄影测量技术现状综述 [J]. 测绘技术装备，2008 (2)：4-5.

[119] 李强. 大气探测激光雷达的进展研究 [J]. 科技信息，2010 (5)：112，394.

[120] 李铁，孙劲光，张新君，等. 高光谱遥感图像空谱联合分类方法研究 [J]. 仪器仪表学报，2016 (6)：1379-1389.

[121] 李伟. 可调谐高光谱激光雷达技术研究 [D]. 北京：中国科学院大学，2018.

[122] 李召良，段四波，唐伯惠，等. 热红外地表温度遥感反演方法研究进展 [J]. 遥感学报，2016 (20)：920.

[123] 李正强，陈兴峰，马龙天，等. 光学遥感卫星大气校正研究综述 [J]. 南京信息工程大学学报 (自然科学版)，2018，10 (1)：10-19.

[124] 李志忠，汪大明，刘德长，等. 高光谱遥感技术及资源勘查应用进展 [J]. 地球科学：中国地质大学学报，2015 (8)：1287-1294.

[125] 理查兹，张钧萍，谷延锋，等. 遥感数字图像分析导论：Remote sensing digital image analysis an introduction [M]. 北京：电子工业出版社，2015.

[126] 梁艳飞，孟海东，尚海丽. 高光谱遥感技术的应用及其发展前景 [J]. 科学与财富，2015 (33)：302-302.

[127] 刘斌，张军，鲁敏，等. 激光雷达应用技术研究进展［J］. 激光与红外，2015（2）：7-12.

[128] 刘德长，叶发旺. 新型卫星遥感数据的应用现状［J］. 卫星应用，2009（1）：19-23.

[129] 刘东蔚，陈勇，王海军，等. 城市林业中高光谱遥感技术应用现状与展望［J］. 广东林业科技，2013（3）：83-87.

[130] 刘锋，王雪. 浅析高分辨率遥感卫星的现状及发展［J］. 数字技术与应用，2014（9）：219.

[131] 刘焕军，张柏，杨立，等. 土壤光学遥感研究进展［J］. 土壤通报，2007（6）：158-164.

[132] 陆燕. 红外遥感技术在民用对地观测卫星中的应用现状（上）［J］. 红外，2014（10）：3-8.

[133] 陆燕. 红外遥感技术在民用对地观测卫星中的应用现状（下）［J］. 红外，2014（11）：7-11，21.

[134] 梅安新，彭望琭. 遥感导论［M］. 北京：高等教育出版社，2001.

[135] 美国小型光学遥感卫星的新进展［J］. 国际太空，1996（9）：14-16.

[136] 孟鹏，胡勇，巩彩兰，等. 热红外遥感地表温度反演研究现状与发展趋势［J］. 遥感信息，2012（6）：120-125，134.

[137] 孟庆岩，顾行发，余涛，等. 我国民用卫星遥感应用现状、问题与趋势［J］. 地震，2009，29（z1）：1-8.

[138] 聂学峰，赵锋锐，刘大鹏，等. 我国商业卫星遥感产业的现状及发展对策［J］. 中国航天，2014（5）：23-26.

[139] 潘德炉，王迪峰. 我国海洋光学遥感应用科学研究的新进展［J］. 地球科学进展，2004（4）：15-21.

[140] 潘伟，夏丽丽. 高光谱遥感分类方法研究［J］. 福建电脑，2007（1）：24，38-39.

[141] 庞之浩. 印度遥感卫星现状与未来［J］. 863 航天技术通讯，1998（12）：40-44.

[142] 浦瑞良，宫鹏. 高光谱遥感及其应用［M］. 北京：高等教育出版社，2000.

[143] 亓雪勇，田庆久. 光学遥感大气校正研究进展［J］. 国土资源遥感，2005（4）：4-9.

[144] 钱乐祥，泮学芹，赵芊. 中国高光谱成像遥感应用研究进展［J］. 国土资源遥感，2004（2）：4-9.

[145] 史伟国，周立民，靳颖. 全球高分辨率商业遥感卫星的现状与发展［J］. 卫星应用，2012（3）：45-52.

[146] 唐延林，黄敬峰. 农业高光谱遥感研究的现状与发展趋势［J］. 遥感技术与应用，2001，16（4）：42-45.

[147] 童庆禧，张兵，张立福. 中国高光谱遥感的前沿进展［J］. 遥感学报，2016（20）：707.

[148] 汪凌，卜毅博. 高分辨率遥感卫星及其应用现状与发展［J］. 测绘技术装备，2006(4)：5-7，43.

[149] 汪凌. 印度遥感卫星的发展现状与未来发展［J］. 测绘科学与工程，2006，26（4）：51-53.

[150] 王鸿燕，史绍雨. 国外遥感卫星数据政策发展现状［J］. 国防科技工业，2015（5）：68-71.

[151] 王怀义，高军. 空间红外光学遥感器发展现状及前景分析 [J]. 红外与激光工程，1999（2）：3–7，11.
[152] 王建宇，李春来，姬弘桢，等. 热红外高光谱成像技术的研究现状与展望 [J]. 红外与毫米波学报，2015：53–61.
[153] 王景泉. 商业遥感卫星市场的现状与发展趋势 [J]. 卫星应用，2012（1）：51–55.
[154] 王青梅，张以谟. 气象激光雷达的发展现状 [J]. 气象科技，2006（3）：8–11.
[155] 王思恒. 高光谱遥感技术在农业中的应用现状及展望 [J]. 中国农业信息，2013（13）：212–213.
[156] 王文昊. 空间光学遥感技术的现状 [J]. 信息系统工程，2012（1）：143，161–162.
[157] 王玉明，高峰. 欧洲遥感卫星计划的现状和前景 [J]. 遥感技术与应用，1994（1）：68–70.
[158] 王跃明，郎均慰，王建宇. 航天高光谱成像技术研究现状及展望 [J]. 激光与光电子学进展，2013（1）：76–83.
[159] 肖潇. 商业遥感卫星市场现状及发展研究 [J]. 卫星与网络，2017（7）：62–64.
[160] 许卫东. 高光谱遥感分类与提取技术 [J]. 红外，2004（5）：30–36.
[161] 闫秀英，傅俏燕. 国产遥感卫星数据应用现状及特点分析 [J]. 卫星应用，2010（3）：48–49.
[162] 杨冬，姚磊，石慧峰，等. 我国民用遥感卫星政策现状及商业化发展研究 [J]. 军民两用技术与产品，2013（9）：19–21.
[163] 杨国鹏，余旭初，冯伍法，等. 高光谱遥感技术的发展与应用现状 [J]. 测绘通报，2008（10）：4–7.
[164] 易恒. 激光雷达测量技术的进展与应用 [J]. 山西建筑，2013（20）：216–218.
[165] 友清. 光学遥感的现状和未来方向 [J]. 激光与光电子学进展，1995（12）：8–11.
[166] 余达，刘金国，周怀得，等. 光学遥感立体测绘技术研究进展 [J]. 光学学报，2015（A01）：190–196.
[167] 袁迎辉，林子瑜. 高光谱遥感技术综述 [J]. 中国水运（学术版），2007（8）：157–159.
[168] 张兵. 光学遥感信息技术与应用研究综述 [J]. 南京信息工程大学学报（自然科学版），2018，10（1）：5–9.
[169] 张良培，张立福. 高光谱遥感 [M]. 武汉：武汉大学出版社，2005.
[170] 张振涛，王伟，苏贵波. 激光雷达的现状与发展趋势 [J]. 科技信息，2012（10）：437.
[171] 张振振，刘统玉，南钢洋，等. 激光雷达在大气探测中的应用研究进展 [J]. 山东科学，2015，28（6）：77–84，153.
[172] 周润松，葛榜军. 高分辨率商业遥感卫星现状与发展 [J]. 卫星应用，2008，16（2）：47–52.
[173] 邹晓平，幸芦笙. 光学遥感技术的新进展 [J]. 江西科学，1992（1）：61–67.

[174] Askne J I H, Westwater E R. A Review of Ground-Based Remote Sensing of Temperature and Moisture by Passive Microwave Radiometers [J]. IEEE Transactions on Geoscience & Remote Sensing, 1986, GE-24 (3): 340-352.

[175] Braun H M, Rausch G. Present Status of Microwave Remote Sensing from Space with Respect to Natural Resources Monitoring [M]//United Nations Staff. Satellite Remote Sensing for Resources Development. 1986.

[176] Brueske K F, Velden C S. Satellite-Based Tropical Cyclone Intensity Estimation Using the NOAA-KLM Series Advanced Microwave Sounding Unit (AMSU) [J]. Monthly Weather Review, 2003, 131 (4): 687-697.

[177] Buckreuss S, Steinbrecher U, Schattler B. The TerraSAR-X mission status [C]//Synthetic Aperture Radar, 2015.

[178] Chelton D B, Mccabe P J. A review of satellite altimeter measurement of sea surface wind speed: With a proposed new algorithm [J]. Journal of Geophysical Research Oceans, 1985, 90 (C3): 4707-4720.

[179] Chen F L, Zhang H, Wang C. The Art in SAR Change Detection-A Systematic Review [J]. Remote Sensing Technology & Application, 2007 (1).

[180] Das K, Paul P K. Present status of soil moisture estimation by microwave remote sensing [J]. Cogent Geoscience, 2015, 1 (1): 1084669.

[181] Davis C H. Satellite radar altimetry [J]. Microwave Theory & Techniques IEEE Transactions on, 1992, 40 (6): 1070-1076.

[182] Engman E T, Chauhan N. Status of microwave soil moisture measurements with remote sensing [J]. Remote Sensing of Environment, 1995, 51 (1): 189-198.

[183] Holt B, Kwok R. Sea Ice Geophysical Measurements from SEASAT to the Present, with an Emphasis on Ice Motion: A Brief Review and a Look Ahead [C]//Esa Special Publication, 2004.

[184] Hosoda K. A review of satellite-based microwave observations of sea surface temperatures [J]. Journal of Oceanography, 2010, 66 (4): 439-473.

[185] Jr T T W. A review of applications of microwave radiometry to oceanography [J]. Boundary-Layer Meteorology, 1978, 13 (1-4): 277-293.

[186] Kim Y, Kimball J S, Mcdonald K C, et al. Global Mapping of Landscape Freeze-Thaw Status Using Spaceborne Microwave Remote Sensing [C]//Agu Fall Meeting, 2009.

[187] Ludwig M, Torres R, Ostergaard A, et al. The Sentinel-1 SAR instrument: Current status and outlook [C]//International Asia-pacific Conference on Synthetic Aperture Radar, 2011.

[188] Martin-Neira M. Microwave Radiometers, Interferometers [J]. Encyclopedia of Remote Sensing,

2014.

[189] Migliaccio M, Tranfaglia M. Oil spill observation by SAR: A review [C]//Usa-baltic Internation Symposium, 2004.

[190] Miyachi Y, Kishida H, Ishii M. On-Board Processing of Microwave Altimeter [M]//Toba Y, Mitsuyasu H. The Ocean Surface. Dordrecht: Springer, 1985.

[191] Peichl M, Dill S, Jirousek M, et al. The monitoring of critical infrastructures using microwave radiometers [J]. Proceedings of SPIE-The International Society for Optical Engineering, 2008, 6948: 69480K-1-69480K-12.

[192] Pichel W G, Monaldo F M, Jackson C, et al. NOAA operational SAR winds—Current status and plans for Sentinel-1A [C]//Geoscience & Remote Sensing Symposium, 2015.

[193] Pierini S. Sea Modeling by Microwave Altimetry [M]//Marzano F S, Visconti G. Remote Sensing of Atmosphere and Ocean from Space: Models, Instruments and Techniques. Dordrecht: Kluwer Academic Publishers, 2002.

[194] Pike T K. SAR image quality: A review [J]. NASA STI/Recon Technical Report N, 1985, 86: 1334-1339.

[195] Raney R K. Review of spaceborne and airborne SAR systems [J]. 1992.

[196] Schmugge T, Jackson T. Passive Microwave Remote Sensing of Soil Moisture [J]. Remote Sensing of Environment, 1996, 184 (1): 135-151.

[197] Schmugge T. Remote Sensing of Soil Moisture with Microwave Radiometers [J]. Journal of Geophysical Research, 1974, 79 (2): 317-323.

[198] Shutko A M. Studying the surface of water areas by microwave radiometry methods [J]. Radiotekhnika I Elektronika, 1978, 23: 74-84.

[199] Walker J L, Larson R W. SAR calibration technology review [J]. 1981.

[200] 白光瑞. 国外合成孔径雷达技术发展综述 [J]. 雷达与电子战，2003 (3): 1-5.

[201] 蔡玉林，程晓，孙国清. 星载雷达高度计的发展及应用现状 [J]. 遥感信息，2006 (4): 75-79, 88.

[202] 程玉鑫，袁凌峰. 机载 SAR 发展现状 [J]. 电子测试，2016, 343 (8): 16, 29.

[203] 董晓龙，吴季，姜景山. 被动微波遥感技术的新发展——综合孔径微波辐射计和全极化参量微波辐射计 [J]. 现代雷达，2001 (4): 75-80.

[204] 高军，戴永江，王丽霞. 星载主动光学遥感技术现状 [J]. 航天返回与遥感，2000 (2): 16-24.

[205] 黄韦艮，周长宝. 我国星载 SAR 海洋应用的现状与需求 [J]. 中国航天，1997 (12): 5-9.

[206] 贾新宇，路来君. 合成孔径雷达技术研究综述 [J]. 吉林大学学报（信息科学版），2015 (4):

26-32.
[207] 姜景山. 中国微波遥感的现状与未来——微波遥感专辑代序 [J]. 遥感技术与应用，2004，15 (2)：71-73.
[208] 姜秀鹏，常新亚，姚芳，等. 合成孔径雷达小型卫星进展 [J]. 空间电子技术，2016，13 (1)：80-85.
[209] 蒋兴伟，宋清涛. 海洋卫星微波遥感技术发展现状与展望 [J]. 科技导报，2010 (3)：107-113.
[210] 李春升，王伟杰，王鹏波，等. 星载 SAR 技术的现状与发展趋势 [J]. 电子与信息学报，2016，38 (1)：233-244.
[211] 李丽，王雪松. 微波辐射计在现代大气探测中的应用 [J]. 吉林农业：上半月，2015 (4)：111.
[212] 李晓芳，王娜，史德杰. 雷达卫星遥感的发展及应用现状 [J]. 卫星应用，2013 (5)：46-52.
[213] 刘赵云. 小型合成孔径雷达技术综述 [J]. 飞航导弹，2014 (12)：69-72.
[214] 龙继恩. 微波遥感技术的应用现状综述 [J]. 科技资讯，2006 (12)：15-16.
[215] 陆登柏，邱家稳，蒋炳军. 星载微波辐射计的应用与发展 [J]. 真空与低温，2009 (2)：11-16.
[216] 曲长文，何友，龚沈光. 机载 SAR 发展概况 [J]. 现代雷达，2002 (1)：3-12，16.
[217] 曲长文，何友. 空载 SAR 发展状况 [J]. 遥感技术与应用，2001 (4)：36-41.
[218] 芮本善. 航天合成孔径雷达技术研究及其进展 [J]. 国外铀金地质，1999，16 (1)：63-68.
[219] 施建成，杜阳，杜今阳，等. 微波遥感地表参数反演进展 [J]. 中国科学：地球科学，2012 (6)：24-52.
[220] 陶建义. 欧洲微波技术发展概述 [J]. 电子工程信息，2013 (6)：20-31.
[221] 王放，黎湘. 双 / 多基地合成孔径雷达研究进展 [J]. 电光与控制，2010 (4)：49-53.
[222] 王晓海，杨斌利. 国外星载微波散射计应用现状及未来发展趋势 [J]. 中国航天，2006 (7)：27-30.
[223] 吴季，刘浩，孙伟英，等. 综合孔径微波辐射计的技术发展及其应用展望 [J]. 遥感技术与应用，2005 (1)：28-33.
[224] 杨耀增. 合成孔径雷达（SAR）的现状与未来 [J]. 无线电工程，2001 (s1)：13-14.
[225] 张杰，黄卫民，纪永刚，等. 中国海洋微波遥感研究进展 [J]. 海洋科学进展，2005，22 (z1)：157-165.
[226] 张钧屏. 空间光学遥感技术的现状和发展 [J]. 遥感技术动态，1988 (1)：8-23.
[227] 张廷新. 星载散射计原理及其技术发展 [J]. 空间电子技术，1996 (4)：8-15.

[228] 张毅，蒋兴伟，林明森，等. 星载微波散射计的研究现状及发展趋势 [J]. 遥感信息，2009（6）：89-96.

[229] 朱岱寅，朱兆达. 合成孔径雷达及其干涉技术研究进展 [J]. 数据采集与处理，2005（2）：102-109.

[230] 朱庆明. 国外星载合成孔径雷达系统新进展 [J]. 外军信息战，2012（3）：12.

[231]（美）Seelye Martin. 海洋遥感导论 [M]. 蒋兴伟，等译. 北京：海洋出版社，2008.

[232] Bukata R P, Jerome J H, Kondratyev A S, et al. Optical properties and remote sensing of inland and coastal waters [M]. Boca Raton: CRC press, 2018.

[233] Burrows W G. Remote sensing of the environment [M]. 北京：科学出版社，2011.

[234] Carlson Toby N. Atmospheric turbidity in saharan dust outbreaks as determined by analyses of satellite brightness data [J]. Monthly Weather Review, 1979, 107 (3): 322-335.

[235] Chédin A, Saunders R, Hollingsworth A, et al. The feasibility of monitoring CO_2 from high-resolution infrared sounders [J]. Journal of Geophysical Research, 2003, 108 (D2): 4064.

[236] Chen G, Li S, Knibbs L D, et al. A machine learning method to estimate $PM_{2.5}$ concentrations across China with remote sensing, meteorological and land use information [J]. Science of the Total Environment, 2018, 636: 52-60.

[237] Csiszar I, Schroeder W, Giglio L, et al. Active fires from the Suomi NPP Visible Infrared Imaging Radiometer Suite: Product status and first evaluation results [J]. Journal of Geophysical Research: Atmospheres, 2014, 119 (2): 803-816.

[238] Daughtry C S T, Walthall C L, Kim M S, et al. Estimating corn leaf chlorophyll concentration from leaf and canopy reflectance [J]. Remote Sensing of Environment, 2000, 74: 229-239.

[239] De Wit A J W, Clevers J. Efficiency and accuracy of per-field classification for operational crop mapping [J]. International Journal of Remote Sensing, 2004, 25 (20): 4091-4112.

[240] Eyre J R, Brownscombe J L, Allam R J. Detection of fog at night using advanced very high-resolution radiometer imagery [J]. Meteorology Magazine, 1984, 113 (1346): 266-271.

[241] Fang H, Liang S. Retrieving leaf area index with a neural network method: Simulation and validation [J]. Geoscience and Remote Sensing, 2003, 41 (9): 2052-2062.

[242] Fensholt R, Sandholt I. Derivation of a shortwave infrared water stress index from MODIS near and shortwave infrared data in a semiarid environment [J]. Remote Sensing of Environment, 2003, 87: 111-121.

[243] Fu Y Y, Yang G J, Wang J H, et al. Winter wheat biomass estimation based on spectral indices, band depth analysis and partial least squares regression using hyperspectral measurements [J]. Computers And Electronics In Agriculture, 2014, 100: 51-59.

[244] Griggs M. Measurements of atmospheric aerosol optical thickness over water using ERTS-1 data [J]. Journal of the Air Pollution Control Association, 1975, 25 (6): 622-626.

[245] Gurka J J. Using satellite data for forecasting fog and stratus dissipation [R]. 5th Conference on Weather Forecasting and Analysis, 1974: 54-57.

[246] Huang W, Lamb D W, Niu Z, et al. Identification of yellow rust in wheat using in-situ spectral reflectance measurements and airborne hyperspectral imaging [J]. Precision Agriculture, 2007, 8 (4-5): 187-197.

[247] Hunt E R, Doraiswamy P C, Mcmurtrey J E, et al. A visible band index for remote sensing leaf chlorophyll content at the canopy scale [J]. International Journal of Applied Earth Observation and Geoinformation, 2013, 21: 103-112.

[248] Ibelings B W, Vonk M, Los H F J, et al. Fuzzy Modeling of Cyanobacterial Surface Waterblooms: Validation with NOAA-AVHRR Satellite Images [J]. Ecological Applications, 2003, 13 (5): 1456-1472.

[249] Katja Dörnhöfer, Oppelt N. Remote sensing for lake research and monitoring-Recent advances [J]. Ecological Indicators, 2016, 64: 105-122.

[250] Kramarova N A, Nash E R, Newman P A, et al. Measuring the antarctic ozone hole with the new ozone mapping and profiler suite (OMPS) [J]. Atmospheric Chemistry and Physics, 2014, 14 (5): 2353-2361.

[251] Le Maire G, Dupuy S, Nouvellon Y, et al. Mapping short-rotation plantations at regional scale using MODIS time series: Case of eucalypt plantations in Brazil [J]. Remote Sensing of Environment, 2014, 152: 136-149.

[252] Lee K H, Kim Y J, Min J K. Characteristics of aerosol observed during two severe haze events over Korea in June and October 2004 [J]. Atmospheric Environment, 2006, 40 (27): 5146-5155.

[253] Liu D, Keesing J K, He P, et al. The world's largest macroalgal bloom in the Yellow Sea, China: formation and implications [J]. Estuarine, Coastal and Shelf Science, 2013, 129: 2-10.

[254] Maselli F, Chiesi M. Integration of high-and low-resolution satellite data to estimate pine forest productivity in a Mediterranean coastal area [J]. IEEE Trans Geosci Remote Sensing, 2005, 43 (1): 135-143.

[255] Maxwell S K, Nuckols J R, Ward M H, et al. An automated approach to mapping corn from Landsat imagery [J]. Computers and Electronics in Agriculture, 2004, 43 (1): 43-54.

[256] McClain C R. A decade of satellite ocean color observations [J]. Annual Review of Marine Science, 2009, 1: 19-42.

[257] Moran J A, Mitchell A K, Goodmanson G, et al. Differentiation among effects of nitrogen fertilization

treatments on conifer seedlings by foliar reflectance: a comparison of methods [J]. Tree Physoil, 2000, 20 (16): 1113-1120.

[258] Nguy-Robertson A L, Peng Y, Gitelson A A, et al. Estimating green LAI in four crops: Potential of determining optimal spectral bands for a universal algorithm [J]. Agricultural and Forest Meteorology, 2014, 192: 140-148.

[259] Palmer S C J, Kutser T, Hunter P D. Remote sensing of inland waters: Challenges, progress and future directions [J]. Remote Sensing of Environment, 2015, 157: 1-8.

[260] Prince S D. Satellite remote sensing of primary production: comparison of results for Sahelian grasslands 1981-1988 [J]. International Journal of Remote Sensing, 1991, 12 (6): 1301-1311.

[261] Shenk W E, Curran R J. The detection of dust storms over land and water with satellite visible and infrared measurements [J]. Monthly Weather Review, 1974, 102 (12): 830.

[262] Siegenthaler R, Baumgartner M F. Analyses of haze and mist situations over Swiss lowlands during summer smog-periods with NOAA-AVHRR data [C]//International Geoscience & Remote Sensing Symposium, 1995.

[263] 姜杰，查勇，袁杰，等. 遥感技术在灰霾监测中的应用综述 [J]. 环境监测管理与技术，2011，23 (2): 15-18.

[264] Stoner E R, Baumgardner M F. Characteristic variations in reflectance of surface soils [J]. Soil Science Society of America Journal, 1981, 45 (6): 1161-1165.

[265] Tsolmon R, Ochirkhuyag L, Sternberg T. Monitoring the source of trans-national dust storms in north east Asia [J]. International Journal of Digital Earth, 2008, 1 (1): 119-129.

[266] Turker M, Ozdarici A. Field-based crop classification using SPOT4, SPOT5, IKONOS and QuickBird imagery for agricultural areas: a comparison study [J]. International Journal of Remote Sensing, 2011, 32 (24): 9735-9768.

[267] Wang X, Zhang M, Zhu J, et al. Spectral prediction of Phytophthora infestans infection on tomatoes using artificial neural network (ANN)[J]. International Journal of Remote Sensing, 2008, 29 (6): 1693-1706.

[268] Weng Q. Thermal infrared remote sensing for urban climate and environmental studies: Methods, applications, and trends [J]. Isprs Journal of Photogrammetry & Remote Sensing, 2009, 64 (4): 335-344.

[269] Wu B F, Yan N N, Xiong J, et al. Validation of ETWatch using field measurements at diverse landscapes: A case study in Hai Basin of China [J]. Journal of Hydrology, 2012, 436: 67-80.

[270] Yang G J, Zhao C J, Liu Q, et al. Inversion of a Radiative Transfer Model for Estimating Forest LAI From Multisource and Multiangular Optical Remote Sensing Data [J]. IEEE Trans Geosci Remote

Sensing, 2011, 49（3）: 988–1000.

[271] Yang K, Carn S A, Ge C, et al. Advancing measurements of tropospheric NO_2 from space: New algorithm and first global results from OMPS [J]. Geophysical Research Letters, 2014, 41（13）: 4777–4786.

[272] Yebra M, Chuvieco E. Linking ecological information and radiative transfer models to estimate fuel moisture content in the Mediterranean region of Spain: Solving the ill–posed inverse problem [J]. Remote Sensing of Environment, 2009, 113（11）: 2403–2411.

[273] Zhang J C, Pu R L, Yuan L, et al. Monitoring Powdery Mildew of Winter Wheat by Using Moderate Resolution Multi- Temporal Satellite Imagery [J]. PLoS One, 2014, 9（4）: e93107.

[274] Zhou X, Zheng H B, Xu X Q, et al. Predicting grain yield in rice using multi–temporal vegetation indices from UAV based multispectral and digital imagery [J]. Isprs Journal of Photogrammetry & Remote Sensing, 2017, 130: 246–255.

[275] 白文广. 温室气体 CH_4 卫星遥感监测初步研究 [D]. 北京：中国气象科学研究院, 2010.

[276] 毕崇炜，李作平，于琳琳，等. 现代气象卫星的开发与应用 [J]. 农业技术与装备，2018（5）：38–39.

[277] 毕恺艺，牛铮，黄妮，等. 基于 Sentinel-2A 时序数据和面向对象决策树方法的植被识别 [J]. 地理与地理信息科学，2017, 33（5）：16–20，7，127.

[278] 陈伟涛，张志，王焰新. 矿山开发及矿山环境遥感探测研究进展 [J]. 国土资源遥感，2009（2）：1–8.

[279] 程炜. 浅论国土资源大数据的发展利用 [J]. 科技风，2018（11）：171.

[280] 崔林丽，杨何群，葛伟强，等. 近 10 年来上海卫星气象遥感应用技术研究进展 [J]. 气象科技进展，2017（6）：92–98.

[281] 戴铁，石广玉，漆成莉，等. 风云三号气象卫星红外分光计探测大气 CO_2 浓度的通道敏感性分析 [J]. 气候与环境研究，2011，16（5）：577–585.

[282] 丁建华，肖克炎. 遥感技术在我国矿产资源预测评价中的应用 [J]. 地球物理学进展，2006（2）：588–593.

[283] 丁旭东. 现代遥感技术在地质找矿中的应用 [J]. 世界有色金属，2018（16）：96–97.

[284] 杜江，李月. 遥感技术在生态环境评价中的应用分析 [J]. 科技传播，2013（3）：197，191.

[285] 范一大，史培军，潘耀忠，等. 基于 NOAA/AVHRR 数据的区域沙尘暴强度监测 [J]. 自然灾害学报，2001，10（4）：46–51.

[286] 方宗义，朱福康，江吉喜，等. 中国沙尘暴研究 [M]. 北京：气象出版社，1997.

[287] 房贤一，朱西存，王凌，等. 基于高光谱的苹果盛果期冠层叶绿素含量监测研究 [J]. 中国农业科学，2013，46（16）：3504–3513.

[288] 冯江. 遥感技术在生态环境监测中的应用 [J]. 农业开发与装备，2016（5）：95.

[289] 冯涛，许元斌，黄文思，等. 基于 VIIRS 遥感数据的霾识别方法研究 [J]. 国外电子测量技术，2018（9）：1-5.

[290] 付晓宇. 遥感技术在土地资源方面的应用及展望 [J]. 产业与科技论坛，2018（17）：40-41.

[291] 谷艳芳，丁圣彦，陈海生，等. 干旱胁迫下冬小麦（Triticum aestivum）高光谱特征和生理响应 [J]. 生态学报，2008，6：2690-2697.

[292] 顾晓鹤，潘耀忠，何馨，等. 以地块分类为核心的冬小麦种植面积遥感估算 [J]. 遥感学报，2010，14（4）：789-805.

[293] 顾晓鹤，潘耀忠，朱秀芳，等. MODIS 与 TM 冬小麦种植面积遥感测量一致性研究——小区域实验研究 [J]. 遥感学报，2007（3）：350-358.

[294] 国家发展改革委，中国气象局，国家海洋局. 海洋气象发展规划（2016—2025）年 [R/OL].（2016-01-05）. http://www.ndrc.gov.cn/zcfb/zcfbtz/201602/t20160224_783806.html.

[295] 何月欣，张学磊，陈卫卫，等. 基于多卫星遥感的东北地区霾污染时空特征研究 [J]. 环境科学学报，2018（2）：607-617.

[296] 胡秀清，卢乃锰，张鹏. 利用静止气象卫星红外通道遥感监测中国沙尘暴 [C]// 中国气象学会年会，2006.

[297] 江东，王乃斌，杨小唤. 我国粮食作物卫星遥感估产的研究 [J]. 自然杂志，1999（6）：351-355.

[298] 江亚鸣，余荣华，陶海川. 遥感地质勘查技术与应用研究 [J]. 中国新技术新产品，2018（7）：129-130.

[299] 蒋璐璐，魏鸣. FY-3A 卫星资料在雾监测中的应用研究 [J]. 遥感技术与应用，2011，26（4）：489-495.

[300] 蒋兴伟，林明森，张有广，等. 海洋遥感卫星及应用发展历程与趋势展望 [J]. 卫星应用，2018（5）：10-18.

[301] 金震宇，田庆久，惠凤鸣，等. 水稻叶绿素浓度与光谱反射率关系研究 [J]. 遥感技术与应用，2003，18（3）：134-137.

[302] 居为民，孙涵，张忠义，等. 卫星遥感资料在沪宁高速公路大雾监测中的初步应用 [J]. 遥感信息，1997（3）：25-27.

[303] 李波. 卫星遥感技术在环境保护中的应用价值研究 [J]. 中国资源综合用，2018，36（6）：131-133.

[304] 李广东，方创琳，王少剑，等. 城乡用地遥感识别与时空变化研究进展 [J]. 自然资源学报，2016，31（4）：703-718.

[305] 李威，李连朋. 遥感技术在城市地质调查中的应用 [J]. 科技经济市场，2018（4）：15-16.

[306] 李卫国，李正金，杨澄．基于 CBERS 遥感的冬小麦长势分级监测 [J]．中国农业科技导报，2010，12（3）：79-83.

[307] 李杏莉．测绘在国土资源管理中的应用探讨 [J]．智能城市，2018（11）：49-50.

[308] 李宜展，朱秀芳，潘耀忠，等．农作物种植面积遥感估算优化研究——抽样单元 [J]．北京师范大学学报（自然科学版），2015，51（S1）：119-126.

[309] 李云．国外遥感卫星在应急减灾中的应用 [J]．卫星应用，2014（12）：38-39.

[310] 李云梅，蒋建军，韦玉春．利用地面实测高光谱数据评价太湖富营养化状态 [C]．第十五届全国遥感技术学术交流会，贵阳，2005.

[311] 厉彦玲，赵庚星．土地利用 / 覆盖变化与土壤质量退化遥感研究进展 [J]．遥感信息，2017，32（2）：1-6.

[312] 梁雪，吉海彦，王鹏新，等．用 MSC-ANN 方法建立冬小麦叶片叶绿素与反射光谱的定量分析模型研究 [J]．光谱学与光谱分析，2010（1）：188-191.

[313] 林敏基．海洋与海岸带遥感应用 [M]．北京：海洋出版社，1991.

[314] 林明森，张有广，袁欣哲．海洋遥感卫星发展历程与趋势展望 [J]．海洋学报，2015，37（1）：1-10.

[315] 刘丹．土地资源遥感应用研究进展 [J]．科学技术创新，2018（6）：21-22.

[316] 刘德长，李志忠，王俊虎．我国遥感地质找矿的科技进步与发展前景 [J]．地球信息科学学报，2011，13（4）：431-438.

[317] 刘方伟，苏庆华，孙林，等．基于 Himawari-8 卫星的沙尘监测 [J]．山东科技大学学报（自然科学版），2018（3）：11-19.

[318] 刘佳，王利民，杨福刚，等．基于 HJ 时间序列数据的农作物种植面积估算 [J]．农业工程学报，2015，31（3）：199-206.

[319] 刘健，许健民，方宗义．利用 NOAA 卫星的 AVHRR 资料试分析云和雾顶部粒子的尺度特征 [J]．应用气象学报，1999，10（1）：28-33.

[320] 刘红，张清海，林绍霞，等．遥感技术在水环境和大气环境监测中的应用研究进展 [J]．贵州农业科学，2013，41（1）：187-191.

[321] 刘思含，周春艳，毛学军，等．大气气溶胶主被动遥感探测应用技术进展 [J]．环境与可持续发展，2016，41（4）：131-135.

[322] 刘勇洪．基于 NOAA/AVHRR 卫星资料的北京地区霾识别研究 [J]．气象，2014，40（5）：619-627.

[323] 卢乃锰，魏景云．巧借慧眼识黄沙——气象卫星怎样监测沙尘暴 [J]．科技文萃，2001，1（7）：154-155.

[324] 卢乃锰，郑伟，王新，等．气象卫星及其产品在天气气候分析和环境灾害监测中的应用概述

[J]. 海洋气象学报，2017，37（1）：20-30.

[325] 鲁迪，魏雅丽. 论遥感技术在国土资源调查中的应用[J]. 国土资源导刊，2005，2（2）：36-37.

[326] 陆宁. 基于 CrIS 热红外数据的晴空条件下 CO_2 浓度遥感反演研究[D]. 北京：北京交通大学，2015.

[327] 陆应诚，胡传民，孙绍杰，等. 海洋溢油与烃渗漏的光学遥感研究进展[J]. 遥感学报，2016，20（5）：1259-1269.

[328] 罗敬宁，范一大，史培军，等. 多源遥感数据沙尘暴强度监测的信息可比方法[J]. 自然灾害学报，2003，12（2）：28-34.

[329] 罗敬宁，徐喆，亓永刚. 基于风云三号卫星的全球沙尘遥感方法[J]. 中国沙漠，2015，35（3）：690-698.

[330] 马鹏飞，陈良富，邹铭敏，等. 温度对 CrIS 热红外卫星资料反演臭氧廓线的影响分析[J]. 光谱学与光谱分析，2015，35（12）：3344-3349.

[331] 马亚楠，王晓敏. 大气环境遥感监测技术之应用[J]. 环境与发展，2015，27（5）：51-53.

[332] 孟庆野，董恒，秦其明，等. 基于高光谱遥感监测植被叶绿素含量的一种植被指数 MTCARI[J]. 光谱学与光谱分析，2012，32（8）：2218-2222.

[333] 牛志春，姜晟，李旭文，等. 江苏省霾污染遥感监测业务化运行研究[J]. 环境监控与预警，2014（5）：15-18.

[334] 欧阳玲，毛德华，王宗明，等. 基于 GF-1 与 Landsat 8 OLI 影像的作物种植结构与产量分析[J]. 农业工程学报，2017，33（11）：147-156，316.

[335] 潘蓓，赵庚星，朱西存，等. 利用高光谱植被指数估测苹果树冠层叶绿素含量[J]. 光谱学与光谱分析，2013，33（8）：2203-2206.

[336] 潘蕾，刘丽敏，吴桐. 遥感在气象监测中的应用[J]. 黑龙江气象，2016，33（3）：31-33.

[337] 钱建平，伍贵华，陈宏毅. 现代遥感技术在地质找矿中的应用[J]. 地质找矿论丛，2012，27（3）：355-360.

[338] 权文婷，周辉. HJ 星数据在关中冬小麦种植面积遥感监测中的应用[J]. 遥感技术与应用，2014，29（6）：930-934.

[339] 任建强，陈仲新，周清波，等. MODIS 植被指数的美国玉米单产遥感估测[J]. 遥感学报，2015，19（4）：568-577.

[340] 石吉勇，邹小波，赵杰文，等. 黄瓜叶片叶绿素含量近红外光谱无损检测[J]. 农业机械学报，2011，42（5）：178-182，141.

[341] 唐华俊. 农业遥感研究进展与展望[J]. 中国农业文摘-农业工程，2018（5）：6-8，5.

[342] 田纪琼. 遥感技术在生态环境监测与保护中的应用[J]. 赤子，2014（1）：275.

[343] 王迪，周清波，陈仲新，等. 空间抽样方法估算冬小麦播种面积 [J]. 农业工程学报，2012，28 (10)：177-184.

[344] 王栋. 遥感和 GIS 在生态环境动态监测与评价中的应用 [D]. 太原：太原理工大学，2009.

[345] 王桥，刘思含. 国家环境遥感监测体系研究与实现 [J]. 遥感学报，2016，20 (5)：1161-1169.

[346] 王桥. 卫星遥感技术在环境保护领域中应用的进展与挑战 [J]. 中国环境监测，2009，25 (4)：53-56.

[347] 王润生，熊盛青，聂洪峰，等. 遥感地质勘查技术与应用研究 [J]. 地质学报，2011，85 (11)：1699-1743.

[348] 王润生. 遥感地质技术发展的战略思考 [J]. 国土资源遥感，2008 (1)：1-12，42.

[349] 王思诗. 水环境遥感监测技术的应用研究综述 [J]. 资源节约与环保，2017 (9)：37-38.

[350] 王祥峰，蒙继华. 土壤养分遥感监测研究现状及展望 [J]. 遥感技术与应用，2015，30 (6)：1033-1041.

[351] 王小平，赵传燕，郭铌，等. 黄土高原半干旱区春小麦冠层光谱对不同程度水分胁迫的响应 [J]. 兰州大学学报 (自然科学版)，2014，50 (3)：417-423.

[352] 王一凯，黄诚，段卫虎，等. 基于地表温度与湿度场遥感数据的火险等级预报新技术 [J]. 西部林业科学，2014 (6)：97-103.

[353] 温中力. 遥感技术在生态环境监测应用中的探讨 [J]. 科技创新与应用，2017 (32)：149.

[354] 吴炳方，蒙继华，李强子，等. “全球农情遥感速报系统 (CropWatch)” 新进展 [J]. 地球科学进展，2010，25 (10)：1013-1022.

[355] 吴炳方. 全国农情监测与估产的运行化遥感方法 [J]. 地理学报，2000 (1)：25-35.

[356] 吴晓京，陈云浩，李三妹. 应用 MODIS 数据对新疆北部大雾地面能见度和微物理参数的反演 [J]. 遥感学报，2005，9 (6)：688-696.

[357] 武晋雯，冯锐，孙龙彧，等. 基于 Himawari-8 和 GF-1 卫星的林火遥感监测 [J]. 灾害学，2018，33 (4)：56-62.

[358] 邢姝凡. 遥感技术在测绘中的应用浅析 [J]. 科技经济导刊，2015 (18)：69，21.

[359] 徐海洋，于丙辰，陈刚，等. 国土资源大数据的内涵、研究现状与展望 [J]. 江苏科技信息，2017 (36)：47-51.

[360] 许东蓓，梁芸，蒲肃，等. EOS/MODIS 遥感监测在甘肃迭部重大森林火灾中的应用 [J]. 林业科学，2007，43 (2)：124-126.

[361] 许青云，杨贵军，龙慧灵，等. 基于 MODIS NDVI 多年时序数据的农作物种植识别 [J]. 农业工程学报，2014，30 (11)：134-144.

[362] 薛重生. 遥感技术在区域地质调查中的应用研究进展 [J]. 地质科技情报，1997 (S1)：

16–23.

[363] 杨鹏，吴文斌，周清波，等. 基于光谱反射信息的作物单产估测模型研究进展 [J]. 农业工程学报，2008（10）：262–268.

[364] 杨一鹏，韩福丽，王桥，等. 卫星遥感技术在环境保护中的应用：进展、问题及对策 [J]. 地理与地理信息科学，2011，27（6）：84–89.

[365] 郁万祥. 无人机技术在矿山测绘中的应用研究 [J]. 江西建材，2015（15）：217.

[366] 张超，刘佳佳，苏伟，等. 基于小波包变换的农作物分类无人机遥感影像适宜尺度筛选 [J]. 农业工程学报，2016，32（21）：95–101.

[367] 张春桂，蔡义勇，张加春. MODIS 遥感数据在我国台湾海峡海雾监测中的应用 [J]. 应用气象学报，2009，20（1）：8–16.

[368] 张定媛，高浩. 极轨气象卫星应用概览 [J]. 科学咨询（科技·管理），2018（4）：38–40.

[369] 张素青，贾玉秋，程永政，等. 基于 GF–1 影像的水稻苗情长势监测研究 [J]. 河南农业科学，2015，44（8）：173–176.

[370] 张园，陶萍，梁世祥，等. 无人机遥感在森林资源调查中的应用 [J]. 西南林业大学学报：自然科学，2011，31（3）：49–53.

[371] 张增祥，汪潇，温庆可，等. 土地资源遥感应用研究进展 [J]. 遥感学报，2016，20（5）：1243–1258.

[372] 赵春江. 农业遥感研究与应用进展 [J]. 农业机械学报，2014，45（12）：277–293.

[373] 赵冬至. 海洋环境污染与灾害卫星遥感业务化监测系统研究 [J]. 遥感信息，1999（2）：22–25.

[374] 赵少华，张峰，王桥，等. 高光谱遥感技术在国家环保领域中的应用 [J]. 光谱学与光谱分析，2013，33（12）：3343–3348.

[375] 赵文津. 我见证的地质遥感技术发展与应用历程　中国卫星应用进展 [J]. 卫星应用，2012（5）：56–66.

[376] 周清波. 国内外农情遥感现状与发展趋势 [J]. 中国农业资源与区划，2004（5）：12–17.

[377] 周玉翠. 遥感技术在内陆水体水质监测中的应用 [J]. 科学技术创新，2014（14）：53.

[378] 朱利，李云梅，赵少华，等. 基于 GF–1 号卫星 WFV 数据的太湖水质遥感监测 [J]. 国土资源遥感，2015，27（1）：113–120.

[379] 朱云芳，朱利，李家国，等，基于 GF–1 WFV 影像和 BP 神经网络的太湖叶绿素 a 反演 [J]. 环境科学学报，2017，37（1）：130–137.

[380] 邹晓峰. 遥感技术在地质工作中的应用 [J]. 中国井矿盐，2018（2）：33–34.

[381] DGIWG 网站 [EB/OL]. http://www.dgiwg.org/dgiwg/htm/documents/standards_implementation_profiles.htm.

[382] Di L. Standards, Critical Evaluation of Remote Sensing [M]//Shashi Shekhar, Hui Xiong, Xun Zhou. Ency clopedia of GIS. Cham: Springer, 2017.
[383] FGDC 网站 [EB/OL]. https://www.fgdc.gov/resources/download-geospatial-standards.
[384] IEC 官网 [EB/OL]. https://www.iec.ch/.
[385] ISO 官网 [EB/OL]. https://www.iso.org/home.html.
[386] Jia Y Y, Tang L, Li C, et al. Current status and development of remote sensing technology standardization in China [C]//Geoscience & Remote Sensing Symposium, 2012.
[387] OGC 网站 [EB/OL]. http://www.opengeospatial.org/docs/is.
[388] 郭经. 国内外遥感标准现状分析 [J]. 航天标准化, 2010 (4): 38-42.
[389] 国家标准全文公开系统 [EB/OL]. http://www.gb688.cn/bzgk/gb/index.
[390] 李传荣, 唐伶俐, 贾媛媛, 等. 我国遥感技术标准体系框架研究 [J]. 卫星应用, 2014 (11): 36-39.
[391] 林剑远, 李春光, 郭瑛琦, 等. 城市精细化管理遥感应用标准体系研究 [J]. 建设科技, 2013 (2): 69-72.
[392] 王永韬. 遥感数据标准和应用标准研究初探 [D]. 武汉: 武汉大学, 2005.
[393] 吴永亮, 陆静, 林任, 等. 高分辨率对地观测卫星光学遥感器标准研究 [J]. 航天标准化, 2018 (1): 4-9.
[394] 习晓环, 姜小光, 唐伶俐, 等. 我国遥感技术标准化工作及规划 [J]. 遥感信息, 2009 (5): 87-89.
[395] 杨清华. 遥感地质调查技术标准体系研究与进展 [J]. 国土资源遥感, 2013, 25 (3): 1-6.
[396] 张宝军, 陈厦, 李仪. 自然灾害遥感应用标准体系构建方法研究 [J]. 防灾科技学院学报, 2016, 18 (3): 1-10.
[397] 徐欢. 测绘专业《遥感原理与应用》教学的改革和探讨 [J]. 高教学刊, 2018 (21): 122-123, 126.
[398] 任建华, 陈强. 师范院校 GIS 本科专业课程设置改革研究 [J]. 教育现代化, 2018, 5 (40): 128-132.
[399] 谭昌伟. 涉农高校农业信息学科《农业遥感技术》课程教材剖析 [J]. 教育教学论坛, 2018 (34): 152-153.
[400] 龚健雅. 建设新时代世界一流学科 [N]. 中国测绘报, 2018-07-13 (003).
[401] 罗玲, 杨丽惠, 宋晓林. 国际遥感学 SCI 收录期刊的学术影响力及原因剖析 [J]. 农业图书情报学刊, 2018, 30 (6): 63-71.
[402] 张春鹏. 遥感图像处理课程实践教学新思考 [J]. 科技风, 2018 (17): 35.
[403] 陈伟. 遥感物理基础课程设置改革初探 [J]. 江西电力职业技术学院学报, 2018, 31 (5):

69–70.

［404］张竞成，吴开华，陈丰农，等.“遥感技术与应用”研究生课程案例教学模式研究［J］. 科技视界，2018（7）：78–79.

［405］张竞成，陈冬梅，尚平，等. 促进大学生实践创新能力培养的遥感导论课教学模式探索［J］. 科技视界，2018（6）：34–36.

［406］李苗，万鲁河，张冬有. 高校地学专业遥感类课程教学改革研究［J］. 课程教育研究，2018（7）：249–250.

［407］邓帆，何贞铭，魏薇，等. GIS 专业遥感类课程体系建设与实践［J］. 电脑知识与技术，2017，13（35）：186–187.

［408］刘庆忠，张宇. 林学专业遥感课程教学改革措施［J］. 吉林农业，2017（24）：109–110.

［409］龚龑，张熠，方圣辉，等. 高校工科教学知识点与科学精神关联培养探讨——以遥感科学与技术专业课程教学为例［J］. 测绘通报，2017（2）：143–146.

［410］周爱华，孟斌，付晓，等. GIS 专业测绘遥感课程群建设与实践［J］. 北京测绘，2016（6）：148–150.

［411］朱若瑾. 遥感科学与技术专业建设中的问题探讨［J］. 山东工业技术，2016（17）：270.

［412］李振涛，申力，潘励. 从本科毕业设计选题看武汉大学遥感学科的发展趋势［J］. 测绘与空间地理信息，2016，39（2）：28–30，35.

［413］兰泽英，刘洋，林嘉怡. 土地管理学科的遥感课程教学改革［J］. 地理空间信息，2016，14（2）：99–101，9.

［414］曾永年，谭柳霞，王慧敏. 我国高校遥感科学与技术专业现状分析［J］. 测绘科学，2016，41（5）：168–172.

［415］林卉，张连蓬，梁亮，等. 遥感科学与技术专业创新人才培养方案探索与实践研究［J］. 测绘通报，2015（12）：114–117.

［416］龚绍琦，沈润平，祝善友，等. 遥感科学与技术专业创新型人才培养模式的探索［J］. 测绘与空间地理信息，2015，38（11）：14–17，21.

［417］郭碧云，刘光哲，吴仁豪. 遥感课程实践教学方法探索［J］. 管理观察，2015（26）：134–136.

［418］张军，焦永清. 高等职业院校摄影测量与遥感专业建设思考［J］. 矿山测量，2015（4）：118–121，124.

［419］方圣辉，张熠，潘励. 国家精品课程“遥感原理与应用”创新教学实践［J］. 测绘通报，2015（6）：127–130.

［420］Chao Z，Hai C，Zhao C，et al. The Present Research and Developing Trend of Polarization Remote Sensing［J］. Laser & Infrared，2007，37（12）：1237–1240.

[421] Ferns D C, Hieronimus A M. Trend analysis for the commercial future of remote sensing [J]. International Journal of Remote Sensing, 1989, 10 (2): 18.

[422] Jovanović D, Govedarica M, Rašić D. Remote sensing as a trend in agriculture [J]. Research Journal of Agricultural Science, 2014 (46): 32-37.

[423] Rahaman K R, Hassan Q K. Quantification of Local Warming Trend: A Remote Sensing-Based Approach [J]. Plos One, 2017, 12 (1): e0169423.

[424] Sheng-Qing X. The Application Status and Development Trend of Remote Sensing Technology in National Land and Resources [J]. Remote Sensing For Land & Resources, 2002 (1): 1-5.

[425] Zeng Y, Zhang J, Niu R. Research Status and Development Trend of Remote Sensing in China Using Bibliometric Analysis [J]. The International Archives of the Photogrammetry, Remote Sensing and Spatial Information Sciences, 2015 (1): 203-208.

[426] 杨恍，刘湘南. 遥感影像解译的研究现状和发展趋势 [J]. 国土资源遥感，2004，16 (2): 7-10，15.

[427] 冯筠，黄新宇. 遥感技术在资源环境监测中的作用及发展趋势 [J]. 遥感技术与应用，1999，14 (4): 59-70.

[428] 郭祖军，张友炎，李永铁. 世界航天遥感技术现状、发展趋势及油气遥感应用方向 [J]. 国土资源遥感，2000 (2): 1-4.

[429] 国家科技部 863 计划地球观测与导航技术领域战略规划研究组. 地球观测与导航技术领域“十三五”战略规划研究报告 [R]. 2015.

[430] 胡兴树，龚健雅，潘建平. 当代遥感技术的现状和发展趋势 [J]. 武汉大学学报 (工学版)，2003，36 (z1): 195-198.

[431] 科技部高新司地球观测与导航技术领域研究组. 地球观测与导航技术领域技术预测报告 [R]. 2015 (3).

[432] 李博，陈华，杨健. 遥感技术的发展趋势分析 [J]. 中国资源综合利用，2007，25 (9): 39-41.

[433] 李德仁. 摄影测量与遥感的现状及发展趋势 [J]. 武汉大学学报 (信息科学版)，2000，25 (1): 1-6.

[434] 李海萍，熊利亚，庄大方. 中国沙尘灾害遥感监测研究现状及发展趋势 [J]. 地理科学进展，2003，22 (1): 45-52.

[435] 李黄，夏青，尹聪，等. 我国 GNSS-R 遥感技术的研究现状与未来发展趋势 [J]. 雷达学报，2013，2 (4): 389-399.

[436] 李晓兵，陈云浩，喻锋，等. 基于遥感数据的全球及区域土地覆盖制图——现状、战略和趋势 [J]. 地球科学进展，2004，19 (1): 71-80.

[437] 刘志明，张柏，晏明，等. 土壤水分与干旱遥感研究的进展与趋势 [J]. 地球科学进展，2003，18（4）：576–583.
[438] 柳稼航，杨建峰，魏成阶，等. 震害信息遥感获取技术历史、现状和趋势 [J]. 自然灾害学报，2004，13（6）：46–52.
[439] 陆灯盛，游先祥. 遥感技术在资源环境中应用的现状及趋势 [J]. 北京林业大学学报，2003（s1）：83–88.
[440] 曲宏松，金光，张叶. "NextView 计划"与光学遥感卫星的发展趋势 [J]. 中国光学，2009，2（6）：467–476.
[441] 曲艺. 大气光学遥感监测技术现状与发展趋势 [J]. 中国光学，2013，6（6）：834–840.
[442] 申旭辉，吴云，单新建. 地震遥感应用趋势与中国地震卫星发展框架 [J]. 国际地震动态，2007（8）：38–45.
[443] 万幼川，张永军. 摄影测量与遥感学科发展现状与趋势 [J]. 工程勘察，2009，37（6）：6–12.
[444] 王淑荣，李福田，曲艺. 空间紫外光学遥感技术与发展趋势 [J]. 中国光学与应用光学，2009，1（1）：17–22.
[445] 吴克勤. 海洋水色卫星与水色遥感发展趋势 [J]. 海洋信息，1997（7）：21–22.
[446] 阎守邕. 现代遥感技术系统及其发展趋势 [J]. 遥感学报，1995（1）：52–62.
[447] 赵惠，张海英，李娜娜，等. 中国湿地遥感研究现状与趋势评述 [J]. 地理与地理信息科学，2010，26（2）：62–66.
[448] 赵荣，陈丙咸. 地理信息系统和遥感结合的现状及发展趋势 [J]. 遥感技术与应用，1991，6（3）：31–38.

第二章　国内外遥感技术发展规划及产业化

随着空间技术、光电技术和信息技术的飞速发展，空间对地观测由于其优越的观测运行模式，已逐步成为获取地理空间数据和地球变化科学数据的主要技术手段。在经历了 20 世纪 70 年代至 80 年代的技术探索与试验、80 年代后期至 90 年代的技术进步与应用推广之后，对地观测技术进入了蓬勃发展期。随着对地观测技术水平的显著进步、应用的广度和深度迅速提升、为信息经济社会提供服务的满足度不断提高，对地观测数据以一种新型战略资源的态势走到了社会经济发展的前沿，作为 21 世纪支持各国信息化社会进步和地球科学研究的重要国家战略资源，遥感技术发展受到普遍重视。在社会、政治、经济及其全球化发展的驱动下，为了充分发挥对地观测系统的社会和经济价值，确保已有资源的有效运行及数据供给，更好地满足国民经济各领域对对地观测数据的应用需求，各空间发达国家从国家层面上制定了相关的政策法规及战略规划，以发展并建立本国的对地观测遥感系统；同时，考虑到资源的稀缺性，也积极推动了遥感数据资源的共享，为和平利用外层空间技术起到了明显的推动作用。相伴而生的遥感产业也得到快速发展，商业遥感市场规模不断扩大，作为一种战略新兴产业，遥感技术向纵深化发展，在全方位提供精准空间信息服务，推动社会信息化建设进程，促进社会经济发展及改善民生中发挥着越来越重要的作用。

本章节在前期研究分析的基础上，进一步调研了代表性国际空间机构遥感技术发展规划、近年来我国遥感技术领域重点研发计划、遥感技术产业化情况等，为遥感学科布局及创新发展提供重要参考，为遥感科学路线图的制定提供重要依据。

第一节　国外主要空间机构及发展规划

一、美国

（一）美国国家航空航天局

1. 机构概况

美国国家航空航天局（NASA）创立于1958年，是美国政府系统中最大的航空航天科研机构，负责组织和协调美国航空航天研究工作并提供咨询。NASA是一个在行政分支中独立的、民用的空间机构，其主管由总统直接任命且必须由参议院认可，总统可以为其制定基本政策和方向。在组织结构上NASA由作为最高管理机构的华盛顿DC指挥部以及下设的13个研究机构组成，包括埃姆斯研究中心（NASA-ARC）、德莱顿飞行研究中心（NASA-DFRC）、格伦研究中心（NASA-GRC）、戈达德空间研究所（NASA-GISS）、戈达德航天飞行中心（NASA-GSFC）、独立认证与鉴定研究所（NASA-IVVF）、喷气推进实验室（NASA-JPL）、肯尼迪航天中心（NASA-KSC）、兰利研究中心（NASA-LRC）、马歇尔航空飞行中心（NASA-MSFC）、斯坦尼斯航天中心（NASA-SSC）、沃罗普飞行研究所（NASA-WFF）和白沙试验研究所（NASA-WSTF）。

NASA的研究内容非常广泛，主要从事航空航天学研究及探索，包括空间科学（太阳系探索、火星探索、月球探索、宇宙结构和环境）、地球科学研究（地球系统学、地球学的应用）、生物物理研究以及航空技术研究，同时承担一定的培训计划。在航空方面的研究课题主要有超音速技术、飞机节能技术等；在航天方面主要配合几个大型工程，如阿波罗工程、太空实验室、航天飞机等开展研究。2014年9月16日，NASA在佛罗里达州的肯尼迪航天中心宣布，波音公司和美国太空探索技术公司（SpaceX）赢得价值68亿美元的“太空的士”合同，将在未来几年向国际空间站运送航天员，标志着NASA向着重启载人航天飞行迈进了一大步。

NASA通过科研课题、合同、计划等形式与国防部、高等院校、工业企业的研究机构保持密切关系，其科研工作80%以上委托局外各单位进行。研究成果以技术报告、技术备忘录、技术译文、特殊出版物等NASA出版物形式发表。

NASA收集气候变化数据，为地球观测问题提供技术解决方案；推进航天航空方面的研究发展；发展商业发射能力；理解各种宇宙现象，如外太空天气、小行星、系外行星等。

2000 年 11 月，NASA 公布了以观测、描述、了解进而预测地球系统变化为宗旨的地球科学事业战略计划。其任务是提高人类对地球系统的科学认识，包括提高关于地球系统对自然与人为引起环境变化响应的科学认识，改进现在和将来对气候、天气和自然灾害的预报和预测。NASA 2030 年地球科学展望对现有 NASA 地球科学事业（ESE）使命进行了延伸，即观测和理解地球环境；预测自然和人类活动变化；深入研究气候和天气、生物圈、固体地球、交叉科学课题（如化学、辐射、污染、人类的影响、水循环、碳循环以及地球信息系统的外延目标作为新的重点和方向）；实现地球模拟能力和支持观测系统。

在对地观测方面，NASA 通过 JPL 实验室在主要制定、开发、操作并利用科学探究性任务得到的卫星数据来解答人类所关切的基本问题。JPL 还开发了自主机器人系统，用新型望远镜对远处的物体进行成像，并使用遥感仪器进行现场科学调查，通过深空网络（DSN）将这些航天器的数据传送回地球上。还使用遥感数据对各种自然灾害进行观测如飓风、海啸等。另外，通过 LRC 开展了解空气质量、辐射和气候以及大气成分技术研究，还主持了处理环境和公共政策问题的美国国家发展项目，并通过合作研究项目将 NASA 的数据与全球各地区的气象问题关联起来。

2. 数据政策

NASA 主管的卫星有 AIM、Aqua、Aquarius/SAC-D、Aura、CALIPSO、CloudSat、EO-1、GRACE、Jason、Suomi NPP、Terra 以及 TRMM 等，基本信息见表 2-1。NASA 与主管气象卫星运行的 NOAA 和主管陆地卫星系列的 USGS，成为美国面向国际社会开展合作和实施“完全与开放”的数据共享策略的 3 个政府执行部门。

表 2-1　NASA 主管卫星资源

卫星名称	运行管理	任务目标及主要载荷	数据获取
TRMM	1997 年 11 月 28 日发射，为美国和日本合作开展的热带降雨测量计划，NASA 负责卫星业务管理	主要载荷包括：测雨雷达（PR）、TRMM 微波成像仪（TMI）、可见光和红外扫描仪（VIRS）、云和地球辐射能量系统（CERES）、闪电成像传感器（LIS）	所有 TRMM 数据可以通过戈达德地球科学数据和信息服务中心（GES DISC）获取（http://disc.sci.gsfc.nasa.gov/TRMM/data-holdings）

续表

卫星名称	运行管理	任务目标及主要载荷	数据获取
Terra	1999 年 12 月 18 日发射，为美国、日本和加拿大合作项目	研究大气、陆地、海洋之间的交互及辐射能量信息，有效载荷包括：①美国：云与地球辐射能量传感器（CERES）、中分辨率成像光谱仪（MODIS）、多角度成像光谱仪（MISR）；②日本经贸和工业部（METI）：先进星载热辐射与反射辐射计（ASTER）；③加拿大多伦多大学：对流层污染测量仪（MOPITT）	CERES 数据获取参见：http://eosweb.larc.nasa.gov/PRODOCS/ceres/table_ceres.html； MODIS 数据免费获取； MISR 数据的获取参见：http://misr.jpl.nasa.gov/getData/accessData/； ASTER 数据部分免费，具体政策详见：https://lpdaac.usgs.gov/products/aster_policies； MOPITT 数据通过 NASA Langley 大气科学数据中心的 FTP 免费获取，数据信息详见：http://eosweb.larc.nasa.gov/PRODOCS/mopitt/table_mopitt.html
EO-1	2000 年 11 月 21 日发射，在一年的基本任务期后进入扩展任务期，NASA 负责运行管理，USGS 负责数据存档与分发	开展大气、水汽、气溶胶及陆地成像试验。有效载荷包括：①先进的陆地成像仪（ALI）；②高光谱成像仪（Hyperion）；③大气校正仪（LAC）	填写数据申请表通过 USGS 免费获取（http://eo1.usgs.gov/）
Jason	2001 年 12 月 7 日发射 Jason-1，由 NASA 和 CNES 联合研制；2008 年 6 月 20 日发射 Jason-2，是 CNES、NASA、EUMETSAT 和 NOAA 的一项联合项目	该任务用于监测全球海洋循环、改进全球气候预报以及监测厄尔尼诺、海洋漩涡等事件。 Jason-1 有效载荷包括：① Poseidon-2 雷达高度计；② Jason 微波辐射计（JMR）；③多普勒轨道确定和无线电定位组合系统（DORIS）；④ Turbo Rogue 空间接收机（TRSR）；⑤激光回射器阵列（LRA）。 Jason-2 有效载荷包括：① Poseidon-3 雷达高度计；②先进微波辐射计（AMR）；③多普勒轨道确定和无线电定位组合系统（DORIS）；④全球定位系统载荷（GPSP）；⑤激光回射器阵列（LRA）	用于科学研究是免费的。 Jason-2 的运行性地球物理数据记录（OGDR）数据提供近实时访问，由 NOAA 和 EUMETSAT 共同生产，二者都有一个数据下载地面站，互相交换数据，以保证用户能得到完整的数据。临时地球物理数据记录（IGDR）和地球物理数据记录（GDR）数据由 CNES 生产，美国用户可以通过 NOAA 的 CLASS 系统获取，非美国用户从 AVISO 系统获取。 Jason-1 数据访问 JPL 实验室物理海洋学数据分发存档中心（http://podaac.jpl.nasa.gov/datasetlist?search=JASON-1）
GRACE	2002 年 3 月 17 日发射，NASA 与德国宇航中心合作项目，其卫星运行管理由 JPL 负责，卫星科学数据处理、分发由 JPL、得克萨斯大学空间研究中心（UTCSR）、德国地学研究中心（GFZ）共同承担	获取地球重力场的中长波部分及全球重力场的时变特征，并可用于探测大气和电离层环境，由两颗完全相同的卫星组成。有效载荷包括：① GPS 接收机；②高精度卫星间测距系统（HAIRS）；③恒星照相仪（SCA）；④ SupperSTAR 加速度仪（SSA）；⑤超稳定振荡器（USO）	注册后免费下载（http://isdc.gfz-potsdam.de/index.php?module=pagesetter & func=viewpub & tid=1 & pid=37）

续表

卫星名称	运行管理	任务目标及主要载荷	数据获取
Aqua	2002 年 5 月 4 日发射，NASA-GSFC 负责任务管理	研究地球水循环。有效载荷包括：①中分辨率成像光谱仪（MODIS），用于大气、海洋和陆地观测；②大气红外探测器（AIRS），用于获取大气温湿度数据；③先进微波扫描辐射计（AMSR-E），用于水汽、降水、温湿度观测；④先进微波探测器（AMSU），用于获取水汽、地表温度；⑤云和地球辐射能量系统（CERES），获取地球反射 / 发射辐射；⑥微波湿度探测器（HSB），用于获取大气湿度廓线	可通过直接广播方式接收或网站下载（http://atrain.nasa.gov/publications/Aqua.pdf）
Aura	2004 年 7 月 15 日发射，NASA-GSFC 负责卫星运行、控制以及数据获取	研究地球大气中从地面到中间层部分的化学和动力学特性，监视大气中有自然和人为原因引起的复杂化学反应，以及这些反应引起的全球大气变化和臭氧层损耗。有效载荷包括：①高分辨率动态临边探测器（HIRDLS）；②微波临边探测器（MLS）；③臭氧监视设备（OMI）；④对流层放射分光计（TES）	HIRDLS、MLS、OMI 数据 NASA-GSFC 地球科学数据与信息服务中心订购，TES 数据从 NASA-LRC 大气科学数据中心（ASDC）获取（http://disc.sci.gsfc.nasa.gov/Aura/data-holdings/access/data_access.shtml）
CALIPSO	2006 年 4 月 28 日发射，NASA 和法国 CNES 合作项目，CNES 负责卫星运行，载荷由 NASA-JPL 管理	探测云和气溶胶的垂直分布，促进长期气候变迁和气候变化的预报。有效载荷包括：①正交极化云层浮质激光雷达（CALIOP）；②红外成像辐射计（IIR）；③大视场摄像机（WFC）	使用专业订购工具订购（http://eosweb.larc.nasa.gov/PRODOCS/calipso/table_calipso.html#stuff）
CloudSat	2006 年 4 月 28 日发射，由 NASA-JPL 运行管理	观测云的垂直结构，进一步了解厚云在地球辐射平衡中的作用。有效载荷为云剖面雷达（CPR）	在轨道飞行过程中，CloudSat 卫星将探测到的原始数据传输到美国空军卫星控制网的全球地面接收站。地面接收站将接收的数据传送到美国新墨西哥州的阿尔伯克基，在此将对原始探测数据进行质量控制。经质量控制检测后，数据通过网络传送到科罗拉多的 CloudSat 卫星数据处理中心（DPC），然后经数据处理系统加工成各种 CloudSat 监测产品。一般来讲，6 周后经 DPC 制作的产品会对用户发布。 通过用户网站注册后可以进行订购（http://www.cloudsat.cira.colostate.edu/dataHome.php）

续表

卫星名称	运行管理	任务目标及主要载荷	数据获取
AIM	2007年4月25日发射，NASA-GSFC与汉普顿大学、科罗拉多大学、弗吉尼亚理工学院和弗吉尼亚州立大学共同负责整个AIM任务的管理	研究夜光云。有效载荷包括：①云层成像和粒子尺度仪（CIPS），由4架照相机组成，每一台的安放角度不同，拍摄夜光云的二维图片，提供极地和云的全景图；②冰层的日光隐蔽实验（SOFIE），研究冰粒子和云的化学特征，测量甲烷等分子，还将透过大气观测太阳，以便测量大气分子对太阳光的削弱程度；③宇宙尘埃实验仪（CDE），是卫星顶部的一层塑料膜，它记录进入地球大气的星际尘埃的数量，从而使得研究者能够研究星际尘埃对夜光云形成的影响	向所有人开放，可以直接免费下载（http://aim.hamptonu.edu/sds/index.html）
Aquarius/SAC-D	2011年6月10日发射，NASA和阿根廷国家空间活动委员会（CONAE）联合项目卫星，NASA负责卫星基本设备运行和发射，CONAE负责SAC-D设备及地面系统	观测洋面盐度，研究海洋对水循环和气候变化的响应。有效载荷包括：①被动盐分传感器L波段辐射计；②主动表面糙度传感器L波段散射计；③SAC-D设备：包括CONAE的新型红外传感器（NIRST）、高灵敏相机（HSC）、微波辐射计（MWR）、数据收集系统（DCS），意大利空间机构（ASI）的射电星掩大气探测器（ROSA），CNES的轨道碎片/微小陨石探测器（SODAD）、宇宙辐射监视器（ICARE）	网站下载（http://aquarius.nasa.gov/data.html）
Suomi NPP	2011年10月28日发射，为NASA、NOAA以及美国国防部合作项目。NASA戈达德航天飞行中心负责管理，NOAA提供任务运行支持	测量大气和海表温度、湿度、陆地和海洋生物量以及云和气溶胶特性。有效载荷包括：①先进技术微波探测器（ATMS）；②跨轨红外探测器（CrIS）；③臭氧成像探测仪（OMPS）；④可见光红外成像辐射探测器（VIIRS）；⑤云与地球辐射能量传感器（CERES）	NPP数据可直接传送给挪威斯瓦尔巴接收站，并提供实时传感器数据连续直接广播，全球用户可免费直接获取数据。数据将分发给NOAA气象学家以及美国国防部，全球用户可通过橡树岭国家实验室分布式数据存档中心（ORNL DAAC）获取（http://daac.ornl.gov/cgi-bin/dataset_lister_new.pl?p=13）

NASA负责研制和运行的对地观测卫星，都是政府公益性或至少相当时间内不具备商业化属性的科学对地观测卫星，因而NASA的数据政策基本奉行“完全与开放”的共享策略。根据数据性质、数据获取方式的不同，NASA的数据共享政策又

分为完全免费共享、协议免费共享、低成本价分发和合作研究共享四种不同的实施办法。

（1）完全免费共享类

完全归 NASA 管理的数据，用户通常可以通过直接广播、集中接收网络共享两种方式完全免费获得。直接广播方式主要是为了更好地满足实时获取科学数据的需求，目前 Terra（仅限 MODIS）、Aqua（包括 AIRS、AMSU-A、HSB、AMSR-E、CERES 和 MODIS）以及 NPP 卫星都提供直接广播服务；集中接收、网络共享是最为简洁的一种共享方式，用户只需通过简单注册，即可通过网络免费订购获取数据，但该方式存在一定的数据获取时间延迟，且每个订单存在一定的数据量限制。

MODIS 是 NASA 无限制完全免费共享且应用最为广泛的对地观测数据，它在支持网络共享的同时，还以 X 波段全天候向全球免费广播发送，即便是以 DVD 的形式分发给用户也是完全免费的，其共享数据不仅包括 L1B 处理的数据产品，还包括大气、陆地、海洋等反演导出的各级遥感信息产品。另外，MODIS 采用全开放的运作模式，所有文档、算法、处理过程、源代码、原始数据及数据产品都可以从相关的网站公开免费下载。目前在国际对地观测应用界 MODIS 数据影响如此之大，与载荷的先进、稳定性能有关，也与所实施的数据政策和运行模式的成功有极大的关系。

（2）协议免费类

对于从合作伙伴或其他机构获得的数据，需要经 NASA 许可才能免费获得，且数据限制在相应协议规定范围内。

例如，NASA 从 JAXA 接收的用于开展全球水和能量循环研究的 ADEOS-Ⅱ卫星 AMSR 数据，仅限于 NASA 批准的用于公益性的研究、教育和非商业目的指定用户使用。用户必须填写注册表，经审查成为 NASA 批准的指定用户后，方可访问并订购数据，数据使用需遵从 AMSR/ADEOS-Ⅱ数据使用协议。

（3）低成本价分发类

NASA 与其他机构合作开发获取的对地观测数据，按照低成本价原则分发。遵照美国管理和预算办公室（OMB）发布的 A-130 通告《联邦信息资源管理》（*OMB Circular A*-130），NASA 数据分发费不高于数据传播成本，分发费通常低于成本。

例如，ASTER 是 Terra 星上的一种先进光学传感器，它是 NASA 与日本经贸及工业部（METI）合作并有两国的科学界、工业界积极参与的项目。它包括了从可见光到热红外共 14 个光谱通道，可以为多个相关的地球环境资源研究领域提供科学、实用的卫星数据。针对北美 ASTER 地表比辐射率数据库（NAALSED）、ASTER 全球数字高程模型（GDEM）以及 ASTER L1B（仅限美国及其领土）数据 NASA 提供免费共享；其他 ASTER 数据遵从低成本价分发原则，按照商业模式运作，用户可以通过日本地球遥感数据分析中心（ERSDAC）搜索、浏览和收费订购，也可以通过各地区相关数据代理商订购。对于科研和教育类用户，经 NASA 批准可以免费订购所有 ASTER 数据。

（4）合作研究数据共享

NASA 在数据政策上特别强调与其他机构的合作，通过开展合作研究，机构间可以共享卫星数据、验证和定标数据以及其他资源，从而确保地球系统科学研究所需的所有数据存档，避免重复能力建设、促进功能整合，降低成本的同时增加 NASA 地球科学计划的有效性；同时，机构间的合作将必然带动相关标准规范的形成，从而更好地推动数据的全面共享。

例如，NASA 和 ESA 合作共同开展了南极海冰探测任务，以便更好地理解气候变化对南极环境的影响。通过一系列精心策划的合作飞行，来自欧洲、美国、加拿大的科学家团队获得了 NASA 的 ICESat 和 ESA 的 CryoSat 数据，他们利用联合探测数据开展了高精度的全球海冰厚度趋势研究。数据的合作共享，解决了单个传感器探测存在空白区的问题，同时也有助于卫星数据的相互验证。

为了更好地支持数据使用和共享，NASA 要求所有地球科学任务、项目、承诺、合作协议都应包含数据管理计划，存档数据要求包括质量评估、相关支持信息、定位和数据获取向导等促使数据易于访问的信息；另外，NASA 聘用来自大学、研究机构在定量遥感领域有突出成就的科学家，成立了科学研究小组，负责数据产品和处理算法设计，并进行初步验证，促使传感器升空后数据生产、算法发展、产品校正和验证、产品质量控制、处理系统开发、多传感器综合应用等保持高水准。为了提高数据服务能力，NASA 于 1990 年开始建立分布式数据档案中心（DAACs），负责处理、存档和分发地球观测数据以及其他 NASA 地球科学数据，全球所有用户可以通过 DAACs 直接访问并获取地球科学数据。NASA 还收集了各种各样的指标来衡量或评估数据系统和服务的功效，并评估用户满意度。

总体来看，NASA 的地球科学数据共享政策充分遵循了美国政府关于信息共享的相关法律和规定，努力提高数据共享服务能力，尽可能地降低用户成本，积极有效推进数据共享的实施。这种针对科学对地观测数据“完全与开放”的共享政策，为科学家和研究人员提供了研究所需的数据保障，对全球地球科学数据的共享具有积极的推动作用。当然，NASA 数据共享“交换”反馈得到的最大益处是，集中了各国科学家的智慧，达到了领先、发展、影响、主导的目的。

（二）美国国家海洋大气局

1. 机构概况

美国国家海洋大气局（NOAA）于 1970 年 10 月 3 日在尼克松总统建议下成立，它是将美国原有的 3 个政府部门“美国海岸测量局”（1807 年成立）、“气象局”（1870 年成立）和“渔业管理局”（1871 年成立）整合而成，是美国联邦政府商务部下属的科技部门。该部门主要职责是关注地球的大气和海洋变化，提供灾害天气的预警，负责制作并提供海图和空图，管理海洋和沿海资源的利用与保护，研究如何了解和保护环境。同时，该部门还配有专门的队伍，执行飞机、船只、车辆的驾驶、保卫等任务。

NOAA 下属国家气象局（National Weather Service，简称 NWS），国家海洋局（National Ocean Service，简称 NOS），国家海洋渔业局（National Marine Fisheries Service，简称 NMFS），国家环境卫星、数据及信息服务中心（National Environmental Satellite，Data，and Information Service，简称 NESDIS），海洋与大气研究办公室（Office of Oceanic and Atmospheric Research，简称 OAR），以及计划规划和综合司（Program Planning and Integration，简称 PPI）六大机构。NWS 主要任务是提供美国及其周边地区水域及海洋的气象、水文、气候的预报和预警，保护生命和财产；NOS 关注海洋及沿海地区的安全、健康和富饶程度；NMFS 其前身是渔业管理局，主要是保护、研究和管理渔业资源；NESDIS 负责管理美国环境卫星项目，并管理 NWS 和其他政府机构收集的数据；OAR 是 NOAA 研发的核心力量，其目的在于增强人类对环境现象（如龙卷风、飓风、气候变化、臭氧层变化、厄尔尼诺现象等）的理解；PPI 成立于 2002 年，主要是开展策略管理、支持规划活动、建立决策支持系统、指导管理者和职员进行项目和成果管理。

NOAA 的战略构想是通过全面了解全球生态系统中大气、海洋和沿岸的作用，提供社会经济最佳决策。其任务是了解和预测地球环境变化，保护并管理海洋和沿海资源，以适应国家经济、社会和环境需要。NOAA 的工作目标主要集中在生态系统、气候、气象、水、商业和运输等方面，具体包括：①保证资源的可持续利用，平衡人类与自然在沿海和海洋生态系利用中存在的竞争关系；②了解气候变化，包括全球气候变化和厄尔尼诺现象，确保采取适当的对策加以应对；③提供气象和水循环事件（包括风暴、干旱和洪水）的数据及其预报；④提供气候、气象和生态系统信息，以保证个人和商业运输的安全、有效并且环保。

NOAA 下属国家大地测量局（NGS）为美国空间参考系统用户提供技术支持，美国空间参考系统是美国的标准参考系，该坐标参考系定义了美国全地区的经度、纬度、高度、大小、重力以及旋转角度。国家空间参考系统（NSRS）致力于提供永久的、精确的坐标参考系统，保证每年海岸遥感计划，测量美国海岸线并向 NOAA 提供航海图上近岸水深测量图表；该水深测量数据为更新海图提供了关键的基线数据；保证每年的飞行调查，野外实验，维护 NSRS 系统的在线服务；完善并发展 NSRS 系统，主要是更新相关数据库，为用户提供更加易用的数据工具箱。

2. 数据政策

NOAA 负责美国大多数民用气象卫星的运行，主要包括地球同步环境监测卫星 GOES 系列、极轨环境监测卫星 POES 系列等，所有数据遵从向公众开放的政策。普通用户可以通过 CLASS（http://www.class.noaa.gov）直接注册后订购所有 NOAA 数据（包括刚刚发布的 NPP/JPSS 数据）。另外，NOAA 还提供卫星广播的数据共享模式，世界各地的各种遥感卫星地面接收站可以直接从卫星上免费接收其接收圈内的 NOAA 实时观测数据。为了更好地服务于那些直接接收数据的用户群体，NOAA 还组织召开全球用户会议，收集用户意见反馈，并向用户提供数据分发方面的新技术，促进卫星运营商、软硬件供应商以及用户群体之间的交流，在推动数据质量、服务能力和应用水平提高的同时，持续扩大 NOAA 卫星的影响，始终保持 NOAA 在大气海洋观测和应用领域的先进性和主导地位。

气象卫星数据的低空间分辨率大尺度观测特点，使其在应用之初就定位在公益性层面，特别是以 AVHRR 数据为先行的免费共享政策，推动了美国对地观测数据共享的步伐。另外，NOAA 还负责 GEOSS 地球观测数据分发平台（GEONETCast）美国分系统建设，有效推动了全球综合地球观测数据共享工作。

（三）美国地质调查局

1. 机构概况

美国地质调查局（USGS）是美国内政部所属的科学研究机构。负责对自然灾害、地质、矿产资源、地理与环境、野生动植物信息等方面的科研、监测、收集、分析；对自然资源进行全国范围的长期监测和评估。为决策部门和公众提供广泛、高质量、及时的科学信息。美国地质调查局成立于 1879 年 3 月 3 日，至今已有 100 多年的发展历史。它是美国少有的几个在如此长的时间内保持其原来的名称和任务不变的政府机构。USGS 隶属于美国内务部，由负责水资源和科学事务的部长助理主管，其宗旨是“对公共土地进行分类，调查国家的地质构造、矿产资源和物产”。

为响应国家需求和全球发展前沿的变化，USGS 于 2007 年发布了《直面明日挑战——美国地质调查局 2007—2017 年科学战略》报告。在报告中，USGS 提出了今后 10 年美国地质调查局科学研究的六大战略方向：①提高对生态系统的认知水平，预测生态系统变化，保障国家经济和环境的未来；②气候易变性与气候变化，摸清过去，评估后果；③美国未来的能源和矿产资源，为资源安全、环境健康、经济活力和土地管理提供科学基础；④全国灾害、风险和恢复评估，保障国家长期生命和财产安全；⑤环境和野生生物对人类健康的作用，建立影响公众健康的风险识别体系；⑥美国水资源调查，定量研究、预测并保障未来的淡水资源安全。

为建设支撑其未来科学事业和实现其科学战略目标的空间数据基础设施（Spatial Data Infrastructure，简称 SDI），USGS 专门成立了“面向 21 世纪科学战略目标的 USGS 空间数据委员会”研究制定 SDI 的发展规划。2012 年 10 月 20 日，该专门委员会负责完成了报告《推动科学战略目标的实现：美国地质调查局空间数据基础设施建设路线图》（*Advancing Strategic Science: A Spatial Data Infrastructure Roadmap for the U. S. Geological Survey*）正式获得美国科学研究委员会（National Research Council，简称 NRC）报告评审委员会批准并正式发布。在总结和梳理有关 SDI 建设的已有相关经验教训的基础上，报告提出了 USGS 空间数据基础设施的建设构想，并给出了实现该构想的 SDI 建设路线图。对于 USGS 而言，空间数据基础设施理想的功能架构应该包括数据标准、最先进的数据管理服务以及面向关键科学问题的关键应用服务集合，同时必须考虑数据共享和数据发现的重要性，并且还需要以灵活的手段实现地理空间数据的长期保存。

2. 数据政策

USGS 负责美国利用航空、航天等技术手段获取的对地观测陆地部分数据的存档、处理、应用和分发，并承担对美国其他政府部门、大学、科研机构对数据应用的技术支持。自 1998 年开始，USGS 承担了美国陆地卫星系列的运行和数据的接收、存档、处理、应用和分发，其中包括对遥感事业起到巨大推动作用的 Landsat 5、Landsat 7 和 Landsat 8 卫星数据（Landsat 6 于 1993 年发射失败）；另外，USGS 还负责 EO-1 卫星数据的存档和分发，并于 2009 年 6 月 15 日起开始免费接受 EO-1 数据获取请求。由于长期直接服务于广大遥感应用领域并实际负责美国陆地遥感卫星的运行，USGS 目前是美国在国际组织中（CEOS、GEO）推进数据共享工作最活跃的政府部门之一。

USGS 主管的卫星数据资源主要是 Landsat 5、Landsat 7 以及 Landsat 8。Landsat 5 于 1984 年 3 月 16 日发射，2013 年 1 月 6 日停止运行，它是在轨运行时间最长的光学遥感卫星，其上搭载空间分辨率为 80m 的 4 波段多光谱扫描仪（MSS）、空间分辨率为 30m（热红外波段为 120m）的 7 波段专题绘图仪（TM）。Landsat 7 于 1999 年 4 月 15 日发射，其上搭载空间分辨率为 30m（热红外波段为 60m，全色波段为 15m）的 8 波段增强型专题绘图仪（ETM+）。Landsat 8 于 2013 年 2 月 11 日发射，其上搭载空间分辨率为 30m（全色波段为 15m）的 9 波段陆地成像仪（OLI）、空间分辨率为 100m 的热红外传感器（TIRS）。USGS 数据政策的发展经历了以下几个阶段。

（1）商业化阶段

Landsat 计划的运行最初由 NOAA 全权负责，直到 1984 年美国发布《陆地卫星商业化法案》，国会决定将陆地卫星私有化。为此，NOAA 选择并与美国陆地卫星项目商业化运行的合作伙伴空间地球观测卫星公司（EOSAT）公司签署协议，由 EOSAT 公司负责 Landsat 在轨卫星数据存档、收集和商业化分发，并负责 Landsat 4 之后两颗卫星的建造、发射和运行管理。在 EOSAT 商业化时期，Landsat 卫星数据价格较高，并采用了极为严格的限制再分发政策，严格到同一机构或同单位不同课题组原则上都不能共享购买的数据。当时在全球有 10 多个地面站接收 Landsat 数据，EOSAT 主要依靠收取每年 80 万美元的 Landsat 4 ~ 5 数据向地传输费用，每个地面站每向各自用户提供一景数据时还需向 EOSAT 支付数据费。

（2）低成本价分发阶段

1992 年美国国会通过了《陆地遥感政策法案》，基于此法案 Landsat 7 又回归到政府建造和运行管理框架内。1998 年，Landsat 的管理权由 NOAA 移交给 USGS，并由 USGS 负责运行；基于历史的延续，Landsat 4 和 Landsat 5 仍由 EOSAT 公司运行。USGS 倡导低成本价政策，Landsat 7 数据向地传输费用降至每年 25 万美元，Landsat 7 发射后，以其出色的数据质量、全球一致的归档方案以及远低于市场价的满足用户需求的成本价（COFUR——Cost For User Request）政策吸引了大量用户。2001 年 7 月，空间影像公司（Space Imaging，原 EOSAT 公司）将 Landsat 4 和 Landsat 5 的运行交还给美国政府，由 USGS 按照 COFUR 价格政策统一管理分发所有 Landsat 系列卫星的数据。

（3）免费共享阶段

2008 年 10 月，在以低成本价分发政策运转了 10 年之后，USGS 提出了 Landsat 数据免费共享的政策，向所有用户免费开放了其直接接收存档的 Landsat 7 卫星数据，并于 2009 年 1 月开始免费提供所有历史存档的 Landsat 系列卫星数据，Landsat 8 数据也将于 2013 年 5 月底向所有用户免费分发。USGS 免费数据政策的出台，大致受以下几方面原因的推动。

首先是随着 10 年来对地观测技术的快速发展，法国、日本、印度、欧空局、以色列、中国和巴西、加拿大、俄罗斯、英国（萨瑞公司）等空间技术发达国家相继发射了相当数量、性能先进的对地观测卫星，韩国、泰国、马来西亚、尼日利亚等发展中国家也借助于国际空间技术力量，投资拥有了自己的对地观测卫星，美国 Landsat 数据在遥感应用领域一家独大的优势已不复存在。其次，由美国 Landsat 系列推动的各行业遥感应用示范、推广和普及获得了极大的成功，奠定了全球范围的对地观测技术和应用商业化的基础，支持了对地观测商业化的成功发展，达到了美国陆地卫星推动市场化方面的使命目的。更者，随着对地观测技术市场化认识的深入，处于中分辨率层面的陆地卫星数据，并不具备商业化意义上的市场价值，尤其是由于 Landsat 5 跟踪与数据中继卫星系统（TDRSS）发送器失灵导致的集中接收数据分发功能的缺失以及 Landsat 7 卫星扫描行补偿器技术故障，更是大大降低了其市场竞争力。在成功实现了美国对地观测商业化运作的同时，充分利用 Landsat 的影响和 30 年来积累的数据资料，发起加强全球性问题对地观测覆盖能力的倡导，继续保持在对地观测领域的主导力，更是美国陆地卫星系列获益的又一大成功。

USGS 为支撑开放、免费和无限制交换与再分发 Landsat 数据产品政策的实施，建立了统一的查询、下载平台，还专门制定了数据质量指南，尽可能地提高数据的有效性和可用性。然而，全球 Landsat 数据资源的整合面临历史遗留问题的困扰，过去签订了接收协议付出了高额接收费用的国际地面站的权益还需尊重和保护，因此，USGS 允许各国际地面站所接收的数据可有偿分发。Landsat 系列卫星数据的全面共享还需要作进一步努力。

（四）发展战略

2005 年美国地球观测组织资助美国 15 个联邦部门及 NOAA、NASA 和白宫科学技术办公室（OSTP）联合启动了美国集成地球观测系统战略计划（IEOS）。该计划是以服务于美国对地观测系统的目标和需求以及全球综合地球观测系统为宗旨。2007 年 3 月，美国地球观测组织发布了《美国对地观测系统的进展和建议》报告，提出了美国对地观测系统近期面临的机遇和当前所取得的进展。

2007 年年初，NRC 发布《地球科学与空间技术应用：国家未来十年及以后更长时间的紧迫任务》报告。这个报告是 2004 年 NRC 受 NASA 地球科学办公室、NOAA 和 USGS 的委托，就 NASA 研究项目和 NOAA 及 USGS 业务应用中，空间观测的系统方法问题开展的专项研究所取得的成果。报告分三个部分，即空间地球科学和应用的综合战略、使命概述和今后 10 年研究应用调研报告，全面阐述了美国空间环境观测取得的成绩、地位和面临的挑战。报告强调了空间观测对于天气、气候变化、水资源和全球水文循环以及人类健康安全等的重要性。报告指出，除了执行国家极轨环境业务卫星系统（NPOESS）和地球静止轨道环境业务卫星（GOES）计划，完成当前的科研任务，NASA 和 NOAA 制定了一系列不同规模的任务。NRC 认为，卫星的设备或计划出现了巨大的断档，无论是在极地轨道卫星还是同步轨道卫星都存在这个问题。报告强调，对于地球环境和气候监测来说，保持连续性非常重要，监测记录和数据出现中断非常不利于长期的气候分析；对于卫星监测地球，最重要的一点是要在旧卫星报废之前发射新卫星取而代之。如果没有新老交替的重叠期，就很难汇集到能够揭示发展趋势、足够精确、有意义的长期记录。

2018 年年初，美国科学院、工程院和医学院共同发布《在不断变化的地球上实现繁荣——太空对地观测十年战略》（*Thriving on Our Changing Planet: A Decadal Strategy for Earth Observation from Space*）报告。报告将减少气候不确定性、提高天气预测能力和了解海平面上升列为未来 10 年优先科学目标，并建议美国 NASA、NOAA 及 USGS 实施协调的天基环境观测方法，以进一步推动未来 10 年地球科学和应用的发展。报告还建议建立美国太空地球观测计划，使各机构利用有限的资源战略性地推进科学研究和应用。过去 60 年来，太空对地观测表明，由于种种原因，地球在各个方面正发生变化，其中气候、空气质量、可用水量和农业土壤养分的变化主要由人类活动造成，理解不断变化的地球，并建立一个强大的计划来解决这个问题是未来 10 年的重要挑战。该报告是美国国家科学院开展的第二次太空对地观测科学和应用 10 年调查的成果，在 2007 年第一次调查的基础上，确定了未来 10 年美国天基地球观测的首要科学目标、观测需求和机遇。报告指出，在过去 10 年里，空间地球观测已经改变了人类对地球的科学认识，揭示了它是大气层、海洋、陆地、冰层以及人类社会之间动态相互作用的综合系统。报告委员会提出了关于地球科学和应用的35个关键问题，涵盖了整个地球系统科学领域，并指出最需要获得进展的方面，以提高对复杂地球系统的认识和开发多种应用程序，实现社会的可持续发展。为解决这些问题，委员会建议在美国和全球现有和计划将建的仪器及卫星基础上，实施一个创新的观测计划，关注8个优先观测需求，包括气溶胶、云和降水、地球大块物质运动、全球陆地和植被特征、地球表面的形变和变化以及其他3个领域。报告指出，对地观测的投资未能跟上企业和个人日益增长的信息需求，以及信息对国家的整体价值。尽管未来10年天基观测能力的提升将受到研发预算制约，但报告建议在限制范围内，创新方式以推动太空对地观测的发展。报告对NASA提出了一系列任务建议，要求将大型和小型飞行任务相结合，帮助科学家更好地了解气候、水循环、土壤和正在发生变化的其他资源；提出具体观测任务，包括：①使用装有背向散射激光雷达和旋光仪的航天器测量大气气溶胶；②使用装有双频雷达的航天器研究云、大气对流和降水，测量雪、冰和海水质量变化；③使用高光谱成像仪研究地表生物与地质情况；④作为NASA与ISRO合作SAR项目的后续，使用SAR研究地表变化。报告还建议NASA开展一系列新的中型地球科学任务，称为“地球系统探索者”（Earth System Explorer），将在未来10年进行三次地球科学任务，聚焦于温室气体测量、海面风和洋流等领域的研究；建议NOAA和USGS加强与国际合作，包括与中国开展合作；呼吁NOAA成为政府机构使用商业数据的引领者，也希望USGS通过当前和未来的航天器发射，确保用户的对地观测数据获取需求得到满足；建议USGS与NASA合作，降低陆地卫星（Landsat）系统的研制成本。

二、欧洲

（一）欧洲航天局

1. 机构概况

欧洲航天局是一个欧洲数国政府间的空间探测和开发组织，于1975年5月30日由原欧洲空间研究组织（ESRO）和欧洲运载火箭研制组织（ELDO）合并而成。它的任务是制定空间政策和计划，协调成员国的空间政策和活动，促进成员国空间科学技术活动的合作和一体化。ESA目前共有22个成员国，它们是奥地利、比利时、捷克共和国、丹麦、爱沙尼亚、芬兰、法国、德国、希腊、匈牙利、爱尔兰、意大利、卢森堡、荷兰、挪威、波兰、葡萄牙、罗马尼亚、西班牙、瑞典、瑞士和英国，其中法国是其主要贡献者。

ESA 领导机构是理事会，由各成员国代表组成。日常工作由管理局负责，理事长是管理局的常务主任和法律代表。成员国必须参加强制性的科学和基础技术活动，但自行决定是否参与对地球观测、电信、空间运输系统、空间站和微重力等方面的活动。ESA 总部设在巴黎，下属机构主要有设在荷兰诺德韦克的欧洲航天研究和技术中心，设在德国达姆施塔特（Damstadt）的欧洲航天研究控制中心，设在意大利弗拉斯卡蒂（Frascati）的欧洲航天研究所，设在德国 porz-Wahn 的欧洲航天员中心，另外还拥有设在南美洲赤道附近的库鲁（Kourou）发射场和相应的地面测控网。

ESA 在轨运行的对地观测卫星包括 Aeolus、Sentinel-5P、Sentinel-3、Sentinel-2、Sentinel-1、Swarm、Proba-V、CryoSat、SMOS、GOCE、Envisat、Proba-1、ERS-1/2 等。ESA 的主要空间项目包括伽利略定位系统（Galileo positioning system）、探测火星的“火星快车号”（Mars Express）、彗星探测的“罗塞塔号”航天探测器（Rosetta space probe）、国际空间站科学实验室的哥伦布轨道设备（Columbus orbital facility）、太空舱自动转移航天器（Automated Transfer vehicle）、空间天体测定任务（Hipparcos）、新推进技术试验 Smart 1、小型有效载荷运载火箭织女星、用于金星探测的卫星“金星快车”等，并与NASA合作开展了哈勃太空望远镜、“尤利西斯号”探测器、“卡西尼—惠更斯号”等项目。同时，ESA 积极开展国际合作，与美国、俄罗斯和日本等航天大国长期保持密切合作，并不断寻求与新兴的航天国家和发展中国家的合作。ESA 的主要出版物包括ESA公告、欧空局简讯（每年4期）、空间法欧洲中心新闻（每年4期）、ESA 科技系列、ESA 手册、ESA 历史研究报告、ESA 年报等。

2. 数据政策

ERS、Envisat 最初按照成本定价的方式实行有偿分发，直至 2010 年 5 月，ESA 地球观测计划委员会通过了修订的数据政策，开始全面推行免费数据共享。ESA 将地球观测任务包括未来 Earth Explorer 获取的数据分为两类：

一是免费数据，包括 ERS-1/2（全球臭氧监测仪 GOME、高度计、沿轨扫描辐射仪 ATSR 和部分 SAR）、Envisat（先进的合成孔径雷达 ASAR、先进的跟踪扫描辐射计 AASTR、高度计、大气化学成分测量仪、多普勒轨道制图和无线电定位的卫星集成 DORIS 以及部分中等分辨率成像频谱仪 MERIS）、地球重力场和海洋环境探测卫星（GOCE）以及第三方任务中日本对地观测卫星 ALOS 的部分、Landsat（欧洲地区

TM)、韩国 Kompsat-1(EOC 的城市数据集)、ACE-Scisat、QuickSCAT(SeaWinds)、日本温室气体观测卫星 GOSAT 等的存档或预处理数据，同时还包括所有可利用的 ESA 土壤水分和海洋盐度卫星(SMOS)、冷卫星(欧洲地球探测者机会任务)CryoSat 以及第三方任务中 ESA 低成本小卫星 Proba(高分辨率成像分光计 Chris、高分辨率相机 HRC)、Terra/Aqua(MODIS)、GOSAT、瑞典气象卫星 ODIN、NASA 地球重力场卫星 Grace 等数据。用户通过注册便可以在网站上免费进行下载。

二是受限数据，主要是 SAR 数据，大量的 ERS、Envisat 和 Earth Explorer 数据集，以及在线无法获取的数据，用户需要向 ESA 提供项目建议书，经评审(一般 1 ~ 2 个月)通过后免费获取。

另外，ESA 与欧洲委员会联合开展的全球环境与安全监测网络计划，其空间段包括 ESA 的卫星、EUMETSAT 的气象卫星系列、欧洲各国及第三方运营的民用和军民两用对地观测卫星，也采用了以完全免费开放模式为主，受限制模式为辅的数据政策。

3. 发展战略

ESA 在成立的几十年里，集中资源，共同工作，开创了欧洲国家进行空间探索和发展先进技术的新途径。ESA“地球生存计划”概念的提出始于 20 世纪 90 年代，该计划目前已经涵盖了“地球探测”任务系列，形成了一个将卫星观察数据应用于地球科学的新方法，并在科学界密切合作下，致力于对这些任务进行定义、发展和运作。2003 年在华盛顿召开的第一次对地观测峰会上，ESA 正式宣布其 GMES 计划，即全球环境与安全监测计划，将建立一个具有高中低分辨率的对地观测卫星系统和伽利略全球卫星导航定位系统，为欧盟各国家的环境(包括生态环境、人居环境、交通环境等)和安全(包括国家安全、生态安全、交通安全等)提供实时服务。2006 年 10 月，ESA 发布了一个新的科学战略以指导其“地球生存计划”(Living Planet Programme)的发展，以期致力于研究地球系统以及人类活动对地球系统产生的影响。在《不断变化的地球：欧空局“生命行星计划”面临新的科学挑战》报告中提出实现以下几个远大目标：①稳步发射一系列连续的任务卫星致力于对地球系统科学几个重要的问题进行观测和研究；②建立一个基础的交流平台，使得卫星数据能够快速、有效地在研究领域和应用领域得到传递和使用；③提升全球“地球观测”任务的能力，结合其他机构的卫星数据对欧空局的观测系统进行补充；④提供一个有效的而且成本上可行的业务运行流程，使得一些尖端科学成果能够被快速转化用于空间任务；⑤支持对于仪器使用的创新发展，利用空间数据增加科学和技术力量；⑥针对地球系统科学的地球观测数据的应用，对公众、决策者和科学家进行系统培训，以确保对欧洲科学和技术优势不断的补充；⑦执行科学研究、技术发展和活动的战略计划，确保科学的完全评估，提供解译卫星信息内容需要的关键工具。在“生命行星计划”框架下，由 ESA 和 EUMETSAT 联合发起的 MetOp 任务，2006 年 10 月 MetOp 卫星发射后成为欧洲第一颗绕极地轨道运行的气象卫星。

（二）法国

1. 空间机构

法国国家空间研究中心（CNES），又称法国空间局，成立于 1961 年，是隶属于法国政府的空间研究组织，负责制定和实施在欧洲地区的法国空间政策。该机构受法国工业部和研究部领导，由工业部长负责 CNES 工作。CNES 的任务是创建未来空间系统，促进空间技术不断发展，确保法国在空间领域的领先地位。

CNES 总部设在巴黎，下设三个研究中心，即位于埃佛里的运载火箭中心（DLA）、位于图卢兹的图卢兹空间中心（CST）、位于法属圭亚那库鲁地区的圭亚那空间中心（CSG）。总部直接负责 CNES 行政工作，负责制定并不断完善 CNES 政策，同时负责制定各技术中心及其外部合作的战略方针；DLA 全面负责 Ariane 火箭计划；CST 是负责技术和运行的综合机构，专门从事技术项目管理、试验、轨道控制和操作、数据管理等；CSG 是位于赤道附近的地球静止卫星的理想发射中心，它专用于欧洲发射项目，负责协调发射基础设施所需的所有资源、准备发射器和载荷、控制发射运行等，Ariane 火箭在此发射。

CNES 的主要活动包括：①欧洲合作：主要是参加欧空局的工作，其中包括 Ariane 火箭的研制和发射；②双边合作：主要是与美国、苏联解体后除俄罗斯之外的一些国家的空间项目双边合作；③国内计划：研制通信卫星、SPOT 等多种卫星以及钻石运载火箭等。CNES 的主要项目涉及可持续发展、研究与创新、全民应用、探索太空、安全与防卫等领域。

CNES 开展了 SPOT、Pleaides、DEMETER、Parasol 等卫星资源研制；同时，CNES 在欧空局中发挥着重要的作用，参与欧空局 Envisat、MetOp-A、Meteosat/MSG、SMOS 等卫星资源的研发；与 NASA 合作实施 Jason 系列海洋卫星、CALIPSO（云 - 气溶胶激光雷达与红外探路者）卫星等；与 ISRO 合作研制了于 2009 年发射的 MADRAS 气象卫星，其中两台星上设备 SCARAB 和 SAPHIR 由 CNES 研制，另外 CNES 和 ISRO

联合研制了 Saral 和 Megha Tropiques 两颗卫星，主要用于跟踪大洋和热带地区的气候变化。

CNES 曾在 2013 年发布了一份名为《2020 愿景》的战略来发展其创新能力，拟保证法国在激烈的竞争中保持其航天强国的地位。在法国强有力的航天政策、项目预算以及经验丰富的员工的支持下，CNES 仍将投资领域放在其重点研发的 5 个战略领域内，即：①新一代 Ariane 火箭的开发：目前 CNES 参与研制的新一代 Ariane-6 火箭的载荷能力和上面级二次点火能力都得到了优化，同时生产成本降低，计划在下个 10 年初投入运营；②科学研究：CNES 计划于 2020 年进行一个名为“欧几里得”（Euclid）的卫星计划，旨在测定宇宙大爆炸的起源以及神秘暗物质的属性。除此之外，CNES 还计划发展木星探测器、航空器系统和高空气球项目等研究；③对地观测：CNES 计划在 Merlin 卫星上进行温室气体甲烷的研究，另还将通过 SWOT 项目进行淡水资源调查等；④通信：如研制 Argos-4 卫星以提高人们遇险时的定位能力，开发新一代全电卫星平台 Neosat，研制快速 - 宽带通信卫星 THD-SAT 等；⑤国防领域：研发“电子情报卫星”（ELISA）微卫星等。

2. 数据政策

CNES 授权 SPOT IMAGE 公司作为 SPOT 卫星的全球唯一商业运营商，该公司可以分发包括植被探测器在内的 SPOT 对地观测数据，通过法国图卢兹的接收站和遍布全球的国际合作站网实现 SPOT 数据接收。

法国专门用于开展地震预测研究的 DEMETER 卫星则采用了一定范围内免费共享的数据分发模式。DEMETER 卫星主要面向专业科研人员，由 CNES 的 CST 负责处理、存档和分发。不同用户登录数据服务器（http://demeter.cnrs-orleans.fr/）下载数据的权限存在很大差异，实验人员、合作者具有获取全部数据的权利，公众仅能获取快视数据及一些相关文档。然而，网站并不提供用户注册功能，登录信息必须通过联系相关人员获取，使得数据的共享存在很大困难。但总体来看，法国并不排斥 DEMETER 数据的共享，对科学研究还是相对开放的，我国国家地震局通过合作交流已经获取了其 2004 年 6 月发射到 2010 年 12 月的全部数据，这为我国地震、空间物理行业提供了有效的科学研究数据支持，同时也为我国第一颗地震星“张衡一号”的研制和运行提供了探索思路。

3. 发展战略

法国认为对地观测是国家发展规划中的重要组成部分，目前对该部分的规划主要包括两大方面。一是传感器的开发应用，IASI 是目前最为成功的高光谱分辨率红外大气探测仪之一，搭载在 ESA 发射的 MetOp 系列气象卫星上。为了保证服务的延续性，CNES 已经开发了新一代的 IASI 传感器（IASI-ng）计划于 2021 年搭乘第二代 MetOpSG 气象卫星升空。二是遥感卫星的研制发射，涉及陆地、海洋、大气等各个领域：① BIOMASS 卫星，该卫星计划 2021 年发射，主要是勘测地表生物质和森林的厚度的年变化值；② Jason-CS-A/Sentinel-6A 和 Jason-CS-B/Sentinel-6B 卫星，这两颗卫星计划分别于 2020 年和 2026 年发射，主要用于探测海洋表面高度；③ Swarm 卫星，这颗卫星计划由法国和德国合作于 2021 年发射，用于勘测大气中的甲烷含量；④ MicroCrab 卫星，CNES 参与发射 MicroCarb 卫星，该卫星用于检测大气中的 CO_2 含量；⑤ SWOT 卫星，计划于 2021 年 4 月发射，主要用于监控全球湖泊和河流的水面高度；⑥ TARANIS 卫星，由 CNES 参与研制，用于监控海拔 20 ~ 100km 临近空间范围内的电磁现象，于 2020 年 11 月发射失败。

2015 年 3 月，法国为确保世界一流科研大国的地位，发布新国家科研战略——《法国 – 欧洲 2020》，该战略是继 2009 年《法国研究与创新战略》后出台的第二个国家级科研战略，确定了十大应对法国社会挑战的优先科研方向和五大行动计划，强调面向社会与经济应用，重点解决法国面临的社会挑战。该战略涉及地球环境智能监测、空间探测技术等内容。

（三）英国

1. 空间机构

英国航天局（UKSA）2011 年 4 月 1 日正式成立，UKSA 隶属于商业、创新和技能部。负责制定国家航天政策与重大预算，对英国所有的民用航空事务进行集中管理，包括监管卫星、机器人及其他高端技术项目研发，另外还涉及未来参与探索火星、月球等国际空间项目。UKSA 接管英国所承诺的大部分太空探索与科学责任，重点领域包括使太空技术取得科学进步，通过对地观测航天器获得对地球的更好认知，以及培养下一代科学家和研究人员。

2. 发展战略

2017 年 11 月，英国对地观测仪器中心（Center for EO Instrumentation，简称 CEOI）代表 UKSA 发布了《英国地球观测科技战略》（*Interim Cyber Security Science & Technology Strategy: Future-Proofing Cyber Security*），是英国航天部门与英国学术界、产业界共同协商制定，旨在确定英国航天领域需要优先发展的关键技术，并考虑未来的潜在任务和具体实施方案。该战略由英国政府推动实施，总体目标是合理地利用UKSA的影响力、号召力和国内资金，确保英国从ESA、欧盟哥白尼（Copernicus）计划中获得最大的利益，帮助英国在增加就业和促进经济增长方面做出重大贡献。

《英国地球观测科技战略》将以其他部门的技术为基础，科学确定新的地球观测任务概念和社会效益。2017—2040年，英国关于地球观测的技术和数据方面的愿景为：①利用ESA从对欧投资及对欧洲的定位中获得利润；②充分利用UKSA在欧盟哥白尼（Copernicus）计划中的机遇，并保证英国脱欧后依然能够获得最优数据访问、获取与使用权限；③将地球观测作为支撑产业战略、政策和社会需求的基础设施；④促进技术研发、应用等创新和增长；⑤加强技术和教育培训。未来，地球观测的趋势是利用商业和公共服务（包括气象学和科学）的数据，增加数据分析和供应方面的私人和公共投资。

《英国地球观测科技战略》由UKSA的政策性活动、ESA发展规划和技术发展方案和CEOI的相关规划共同构成，主要用于指导UKSA地球观测技术基金的分配，使英国从中获得最大收益，并为英国的学术机构、商业领域和出口业务领域培养技术团队。该战略还将通过资金和其他项目实施来支持英国地球观测技术和空间技术的发展，通过技术转移来推动更广泛的技术应用。

三、加拿大

（一）空间机构

加拿大航天局（CSA）是加拿大负责空间计划的政府机构，根据《加拿大航天局法案》于1989年成立。其宗旨是推进空间和平利用与发展，深化人类对空间的科学理解，确保空间科学技术能给加拿大带来社会和经济效益。CSA完全彻底地整合了加拿大政府中所有相关部门，成为一个能够完全满足这些部门以及加拿大政府在空间方面需求的固定机构，建立了创新性的政府-工业部门-研究部门-其他国际组织的合作关系。

CSA总部设在魁北克蒙特利尔（Longueuil）的John H. Chapman空间中心，同时在安大略省渥太华David Florida实验室设有办公室，在美国华盛顿DC、得克萨斯州以及法国巴黎均设有联络处。机构负责人为副部长级，其工作直接向工业部部长汇报，负责空间项目、空间技术、空间科学、空间运行与资产、财政以及人力资源，其下属的高级副主管负责通信与公共事务、法律服务、政策和对外交流、项目管理、政府联络、审计、评估与审查、规划及其执行。目前CSA共有约670名工作人员，90%在总部工作。CSA的活动主要围绕对地观测、空间科学与探测、卫星通信以及空间教育和学习四个方面展开。

CSA目前正在积极发展的项目主要包含了如下几方面的内容：①载人航天：航天员是现代的探索者，CSA于2018年12月3日将航天员David Saint-Jacques送往国际空间站，进行一系列科学试验、机器人任务及新科技的测试；②新型加拿大臂的研发：基于加拿大臂和加拿大臂2的成功，CSA目前正在开发新一代的大型加拿大臂和小型加拿大臂，以适应在不同场景的应用，目前已经进入测试阶段；③探测器的开发：CSA目前正在研制Artemis Jr、Artemis Sr、Juno、LELR、LRPDP等月球探测器、MESR活性探测器并制定了探测器原型的研制开发计划；④太空望远镜的研制：目前，CSA与NASA、ESA联合研发作为哈勃太空望远镜的继承者Webb太空望远镜，该望远镜将会搭载Ariane 5火箭升空，另外CSA还参与了X射线成像和光谱任务（XRISM），其可以观测太空中的星体燃烧现象；⑤对地观测：作为RADARSAT系列卫星的后续星，RADARSAT星座已于2019年6月12日发射升空，该星座由三颗相同的卫星组成，可以提供地球上90%以上地区同一位点每天的重访数据。

（二）数据政策

基于遥感卫星性能不断提升对国家安全、国防、外交政策等方面问题的考虑，事实上也受到美国政府在SAR技术国防应用方面一贯的高度重视和控制的政策影响，1999年加拿大公布了“获取控制”政策（“Access Control” Policy），并在2007年开始正式实施《遥感空间系统法案》（*Remote Sensing Space Systems Act*）和《遥感空间系统条例》（*Remote Sensing Space Systems Regulations*）。在《遥感空间系统法案》和其他安全因素的限制之外，大部分遥感卫星数据均为公开。

RADARSAT的投资方式比较复杂。第一颗雷达卫星，即RADARSAT-1为CSA代表政府投资一部分、有应用需求的省（地方政府）联合投资一部分、NASA以负责发射作为投资的另一部分，以获得数据免费应用作为投资的回报；同时，组建RSI公司负责RADARSAT-1卫星数据全球范围的商业化运行。从RADARSAT-2开始，加拿大MDA公司买断了RADARSAT-1的分发权并独资开展RADARSAT-2的研制和商业化运行，通过世界各地设立的当地分发商在世界范围内分发数据，在数据资源使用中商业分发具有高的优先权。加拿大联邦政府部门可通过加拿大遥感中心免费获取RADARSAT数据开展公益性科学研究和应用；普通用户通过数据订购服务平台可访问存档数据，并以市场价格购买数据。由于RADARSAT-1由NASA发射，作为交换，美国政府控制了RADARSAT-1约15%的观测时段，美国政府机构也可以免费获取6个月以前的所有RADARSAT数据。全球各区域接收站负责接收本区域内的数据，并具有接收星上存储数据的能力。用户可以订购获取全球任何地区的数据，但受到数据政策安全条款制约，对于敏感地区，通常有72小时的时间延迟及获取频率限制。

（三）发展战略

在加拿大政府的支持之下，目前，CSA正在建设的最重要的对地观测项目是RADARSAT星座的研制和发射，其可以在现有RADARSAT-2卫星数据的基础之上，进一步提升SAR数据的持续获取。与其他两颗RADARSAT卫星相同，该星座三颗卫星上搭载的主要传感器是具有多种成像模式能力的C波段SAR。该星座的主要任务包括海域监控、灾难处理、环境监控等，除此之外，对于核心用户而言，还可以监控气候变化、沿海区域变化、土地使用情况及人类活动等。目前，该星座三颗卫星已经测试完毕并被运送到美国加利福尼亚州的SSL公司，等待2019年5月的发射。

2006年，CSA提出了实现加拿大健康、安全和繁荣的联邦对地观测战略。该战略旨在提高加拿大人民的安全、健康和幸福；提升加拿大重要经济部门的竞争力；保护环境，使加拿大向实现可持续发展的目标迈进。实现上述目标主要依靠协同、持续对地观测系统产生的实时、高质量的数据、信息和知识，并将这些数据信息融入决策当中。加拿大通过多种方式增加对地观测领域的投资。这个联邦战略的提出是加拿大国家对地观测战略的第一步，也是重要的一步。这将指导加拿大如何与GEO组织参与国家和国际组织在全球综合地球观测系统方面的合作。加拿大联邦对地观测战略提出非军事用途的对地观测远景和预期目标，将重点放在对加拿大发展有重要影响的9个方面：①灾害——减少由于自然和人类活动引起的灾害所导致的生命和财产的损失；②健康——理解环境因素对人类健康和幸福的影响；③能源——改善能源资源管理；④气候——理解、评估、预测、减轻和适应气候变化；⑤水——通过更好的理解水循环改进水源管理；⑥天气——提高天气的预报、预测和预警能力；⑦生态系统——改善陆地、沿海和海洋生态系统的管理；⑧农业 / 林业——使农业和林业可持续发展，防止土地退化；⑨生物多样性——理解、监测和保存生物多样性。该战略设立了3个目标，实现加拿大对地观测战略远景：通过联邦行动充分发挥对地观测的优势，实现全民参与的加拿大对地观测战略，支持国际合作，直接加强国际关系和加美关系。加拿大在GEO中继续发挥重要的作用，这极有助于GEOSS的实施，包括财政支持或向GEO秘书处派遣专家。战略中特别注意如何有效地增进加拿大与美国的关系，共同解决北美问题。

四、日本

（一）空间机构

日本宇宙航空研究开发机构（JAXA）是2003年10月1日由宇宙科学研究所（ISAS）、航空宇宙技术研究所（NAL）、宇宙开发事业团（NASDA）合并成立的一个独立的行政机构，负责日本航空太空开发政策，包括研究、开发和发射卫星，同时承担探测小行星和未来可能的登月工程等任务。JAXA于2005年制定了其20年发展愿景：①发展高稳定性的世界级运载火箭与卫星从而建立安全繁荣的社会；②在世界空间科学中占据领先地位，准备开展日本自己的人类太空活动和月球利用；③进一步开展示范性极超音速航天器的飞行示范，其飞行速度达到5马赫；④基于以上活动的开展，将航空航天产业发展为日本的支柱产业。

JAXA下设4个理事会，即空间运输任务理事会、宇航研究与发展理事会、空间应用任务理事会以及人类空间系统和利用任务理事会。从功能上，ISAS、NAL、NASDA并未进行实质上的整合，ISAS主要是开展宇宙与行星的研究；NAL集中在航空研究；NASDA曾开发过火箭和卫星，也研制了国际空间站的日本实验舱，训练过宇航员参与美国的航天飞机计划，合并后改为现在的种子岛宇宙中心。JAXA在日本国内建立了十多个实验中心，并在海外设有华盛顿办公室、休斯敦办公室、肯尼迪空间中心联络办公室、巴黎办公室以及泰国办公室。自从1993年日本主导建立亚太地区空间机构论坛（APRSAF）以来，JAXA在亚太地区空间组织国际合作中发挥了重要作用。

（二）数据政策

日本1992年7月由NASDA针对20世纪90年代发射的JERS-1SAR和ADEOS光学遥感卫星，提出了地球观测卫星数据的分发与接收政策，该政策将数据的接收与分发分为两类，一是用于研究目的，另一类是普通（其他）目的。研究用途数据的接收与分发收取编程和分发成本费，普通用途数据则按市场价格收费。所有对地观测卫星数据以实时方式无歧视地向公众开放，NASDA负责对卫星的管理并保留数据知识产权，由RESTEC公司负责数据的分发和商业化运作。

进入21世纪，日本发射了第二代遥感卫星ALOS。为了加强管理、扩大日本在国际对地观测领域的影响，日本重组了空间机构，建立了JAXA。数据政策没有原则上的变化，只是在原有的基础上作了一些更有利于商业化发展和有利于扩大日本对地观测技术影响的技术性更改。主要的改动之处有三点：一是将数据接收、存档和管理与商业化代销分离，在欧洲、北美洲、大洋洲、亚洲等按地区设置数据节点，负责支持所辖地区的数据应用和商业化运作；二是加强RESTEC在市场化遥感应用中的研究、开发和商业化促进作用，统一制定市场化数据价格、销售代理等相关政策，提供市场价下的数据分发；三是由JAXA直接负责设置围绕ALOS卫星运行的国际性公益性科研和应用项目，如针对应急响应的亚洲哨兵计划、针对国际重大灾害宪章组织的数据共享计划等。日本的ALOS卫星计划与我国环境减灾小卫星星座计划大致同步，但由于其采取了积极政策、有效措施以及良好的数据质量，很快就在亚太地区形成了巨大的影响，与我国同类空间计划的规模及其说取得的效益相比，差别对比十分显著。

（三）发展战略

日本在地球观测方面一直处于积极状态，它有世界上最先进的海洋观测设备，能够获得高质量的观测数据。自1983年发射第一颗海洋观测卫星MOS-1号之后，日本的卫星遥感观测技术就开始跻身于世界领先地位。除此之外，日本在地面观测、冰雪观测以及利用航天飞机与飞船进行大气观测等方面，也处于领先地位。

日本政府在文部科学省设立了“地球观测国际战略研讨会”，以此推进其在对地观测的国际计划。该计划主要是通过调整卫星观测系统、海洋观测系统、陆地观测系统与极地观测系统，建立最有效的全球观测系统，用最适当的方法交换获得大量数据，以适应各种研究与应用需求（如地球变暖、水问题以及自然灾害）。其主要内容包括：①全球海洋实时观测网（Argo）计划；②特里顿浮标计划；③北极浮标计划（J-CAD）；④“未来号”海洋地球研究船的南半球航行观测研究（BEAGLE2000）；⑤地球模拟器计划；⑥热带降雨观测卫星（TRMM）；⑦先进陆地观测卫星（ALOS）；⑧温室气体观测卫星（GOSAT）；⑨全球降雨测量卫星（GMP）；⑩海洋科学技术中心的调查船。

2005年3月，JAXA推出了2005—2025年航空航天新构想——《JAXA 2025》，

这是一个具有前瞻性的民用航空航天规划，在新构想中制定了跨越20年的航天发展路线图。该路线图分为两个阶段：①前10年：集中精力推动航天技术在社会上的广泛应用，致力于建立安全和繁荣的社会；开展具有创新性的航天应用，其中包括未来载人航天活动和利用月球；②后10年：JAXA将进一步促进航天技术在社会中的广泛应用，提出创新的航天应用。《JAXA2025》确定了4个基本目标，即为实现安全、富裕的社会而努力，建立灾害、危机信息收集通报系统，观测和预测一体化的地球环境监视系统；在知识创新和扩大活动领域，开展宇宙观测和太阳系探测、月球探测和利用；确立自主开展空间活动的能力，建设空间运输系统，开展载人航天活动；发展航天产业，包括：①为了实现航天仪器产业和应用服务产业的结合，重点对实际应用有直接贡献的关键技术的研究开发工作和技术验证工作进行支持；②推进在研究开发和系统实用化方面的政府与民间力量的合作；③设法缩短研究开发周期和实现IT化，以迅速实现系统实用化；④推进以开发新型产业为目标，支持创新开拓太空应用领域的产业界、高校和政府的合作方针，扩大航天应用服务产业；⑤增加承担航天开发项目的企业，扩大航天仪器产业规模。

2009年6月，麻生内阁按照《宇宙基本法》的规定，制定了《宇宙基本计划》（麻生宇宙基本计划），公布了涉及地球环境观测及气象卫星、军用侦察卫星、空间科学及载人航天等宇宙开发应用的战略蓝图，提出了十年规划和五年计划。2013年1月25日发表了安倍宇宙基本计划。安倍宇宙基本计划的战略考量十分明确："利用空间是日本安全保障上的有效手段。""近年的国际形势导致安全保障上的要求更加强烈"，包括加强防灾减灾在内，必须保障日本的"安心与安全"。"特别是中国，不仅构建独自的卫星定位系统，而且独自构建空间站等空间开发应用进展迅速。同时，中国向国外扩展本国空间系统的活动也很活跃"，"日本也应该参与国际太空碎片对策和监视空间情况（SSA）等活动"。日本政府以中国的"海洋活动"为借口，推行据"岛"圈海的"新海洋立国"战略，安倍政府以中国的"空间活动"为借口，重启"军事利用空间"战略。安倍空间基本计划的核心是，选定了优先投入财政和技术资源的重点课题：一是安全保障及防灾，二是振兴日本产业，三是空间科学等新领域。从2013—2017年日本空间开发应用五年计划来看，首要目标是掌握并共用情报，确保空间计划与防卫计划大纲对接，根据防卫大纲推进空间安保政策等；此外，还提出了开展监视空间环境、空间碎片情况，利用空间技术监视海洋、红外线传感系统空间实验研究等课题。

五、印度

(一) 空间机构

印度空间研究组织（ISRO）是印度的国家航天机构，创建于1972年，其首要目标是发展空间技术及其在各类国家任务中的应用，促进国家经济发展。印度空间项目立足于社会应用、积极实现产业化并加强国际合作，近年来随着印度航天事业的蓬勃发展，ISRO获得的预算在一些年份已经超过了传统航天大国俄罗斯。

ISRO隶属印度空间部（DOS），其总部位于班加罗尔市（Bangalore），经过多年发展，它已建立了强大的研究、开发技术基础，拥有实施空间计划的必要基础设施和人力资源。其下属研究中心包括维克拉姆－萨拉巴航天中心（VSSC）、ISRO卫星中心（ISAC）、Satish Dhawan空间中心（SDSC-SHAR）、液体推进系统中心（LPSC）、空间应用中心（SAC）、发展与教育交流部（DECU）、ISRO测控网络（ISTRAC）、INSAT通讯卫星总控制中心（MCF）、ISRO惯性系统研究部（IISU）、国家遥感局（NRSA）、区域遥感服务中心（RRSSC）、物理研究实验室（PRL）、国家大气研究实验室（NARL）、东北空间应用中心（NE-SAC）、Antrix有限公司（Antrix Corporation Limited）、半导体实验室（SCL）、印度空间科学技术研究所（IIST）、国家自然资源管理系统（NNRMS）等。ISRO的主要航天发射场是位于安得拉邦（Andhra Pradesh）斯里赫里戈达岛（Srikhrigo Island）的萨迪什－达万航天中心（Satishdavan Space Center）。

ISRO建立了两个主要的空间系统，其中印度国家卫星（INSAT）系统负责通信、电视广播及气象服务，印度遥感卫星（IRS）系统负责资源监控及管理；它还开发了两种卫星发射火箭，主要用于将遥感卫星发射到极轨的极地卫星发射火箭（PSLV）和将通信和气象卫星发射到地球同步传输轨道（GTO）的地球同步卫星发射火箭（GSLV），现在ISRO也在国际市场上提供商业发射服务；其空间科学活动包括SROSS和IRS-P3卫星，并参与像MST Radar（中层－平流层－对流层雷达）这样的国际科学活动和地面系统研制；同时，ISRO将继续发展深度空间项目和印度的首个无人月球项目Chandrayaan-1。

早在20世纪70年代以前，印度就开始了遥感技术方面的研究，于1978年制定了“IRS”计划，1988年成功发射了印度第一颗实用的遥感卫星IRS-1A。印度目前已拥有全球最大的遥感卫星星座，其“印度遥感卫星”系列被认为是世界上最好的民用遥感卫星系列之一，广泛用于土地、海洋、生态和环境监测等领域。印度充分重视航天遥感事业的发展，通过立法确立科技政策，保证其在国家经济和社会发展中的占据较高地位，使政府对高科技产业的支持具有长期性和连续性。印度在发展航天工业过程中选择了既强调自主精神，又广泛争取外援的道路。其航天技术开始通过引进，而后转向自行研制，并逐步具有自己的特点。印度总理直接领导航天事业的发展，并兼任印度空间部部长，从而保证了政府机构运转的统一与高效，保证了国家航天发展计划自上而下和自下而上的集中、贯彻与落实。遥感卫星产业化方面，早在 1992 年，ISRO 就成立了名叫 Antrix 的商用公司。通过 Antrix 公司多年来不懈的努力，印度的卫星遥感图像销售和出租通信业卫星的转发器，都在世界航天市场上取得了成功。

ISRO 计划 2021—2022 年进行第二次火星探测任务，到目前为止，世界上只有苏联太空计划、NASA 和 ESA 这 3 个航天局进行了火星探测。此外，ISRO 还计划进行金星探测。

（二）数据政策

为了正确有效地管理印度 IRS 系列遥感卫星数据，特别是高分辨率数据的获取与分发，2011 年 7 月印度政府提出了《遥感数据政策》（RSDP-2011）。该政策由政府随时调整，全面覆盖印度遥感数据的管理模式、支持发展活动的遥感数据获取和分发。根据该政策，在印度运营遥感卫星以及获取和分发遥感数据，均需通过印度航天委员会获得政府许可或授权。对于以商业化为目的的印度自主遥感卫星 IRS 计划，完全由印度政府掌控，印度航天委员会下属国家遥感中心（NRSC）负责获取和分发 IRS 或国外卫星获取的所有本国遥感数据，安特利克斯股份有限公司在印度以外国家负责授予获取和接收 IRS 数据相关许可。出于对国家安全的考虑，印度对高分辨率数据进行了控制，优于 1m 的高分辨率数据需要经过筛选和处理后方可提供给本国用户。IRS 在世界各地设接收站，各区域接收站仅能接收本区域内的数据，并负责区域内数据分发。

（三）发展战略

印度重视航天系统、技术和应用的发展，取得了多项重要的成就，并获得国际广泛关注，已跻身世界航天大国行列。2018 年 8 月 15 日，印度总理莫迪在印度独立 72 周年的庆祝活动上发表讲话时表示，要在 2022 年前实现印度首次载人航天任务。未来 4 年，印度为了首次载人航天任务成功，将投入 900 亿卢比（约 88 亿元人民币），这将是此前印度载人航天领域总投资的近 53 倍。如果该计划成功，印度将成为继俄罗斯、美国、中国之后第四个可以独立开展载人航天任务的国家。

印度航天发展战略将重点围绕保证空间安全、发展商业航天、深化国际合作、提升自主能力等方面展开。近年来，印度对国家规划模式进行了重要改革，航天规划也相应调整。印度在过去的2012—2017财年实施了航天“十二五”规划，全面发展各类型航天任务。“十二五”规划结束后，印度航天除维持既有系统运行之外，还推动发展了新一代的制图卫星-3（Cartosat-3）、地球静止轨道成像卫星-1（GISAT-1）、月船-2（Chandrayaan-2）月球探测器、“太阳神”（Aditya）太阳探测器、火星轨道器任务-2（MOM-2）探测器、金星探测器，以及地球同步轨道卫星运载火箭-Mk3（GSLV-Mk3）等系统，航天能力进一步提升。

印度政府主要通过航天预算支持本国航天计划的实施，其航天预算分为航天技术、航天应用、空间科学、卫星通信服务和行政管理等五大部分。航天技术方面，支持运载火箭和卫星的研制、测试及运行，推进系统、惯性系统、光学系统、先进材料等重要分系统和部件的研制，以及发射场、测控网络、地面控制中心等的运行；航天应用方面，支持教育通信、对地观测、自然资源管理、灾害管理等多种应用；空间科学方面，支持气候研究和天文观测，以及月球、火星、金星、太阳等天体探测等活动；卫星通信服务方面，支持INSAT和GSAT两大系列卫星的发射和运行；行政管理资金主要用于支持航天部总部和其他自主机构的运行。自2011财年起，印度航天预算呈现逐年增长的趋势。2018—2019财年，DOS申请预算达到1078.342亿卢比（约合98亿元人民币），较上一财年增长18.58%，其中航天技术、航天应用增长幅度大，而IRS系列卫星系统运行预算下降，体现印度航天预算对技术和产业发展的倾斜。从批准预算看，连续2个财年国会批准的预算超过DOS申请的预算，体现了印度国家层面对航天发展的重视。

印度“十二五”期间的航天规划总体完成情况较为良好，但通信卫星的部署进度存在一定拖延。基于航天“十二五”规划，2017年的航天计划执行情况良好，共进行了5次运载火箭发射任务，将138颗国内外的卫星送入轨道。其中，印度有3颗通信卫星、1颗导航卫星（任务失败）、3颗对地观测卫星和2颗技术试验卫星被送入轨道。空间基础设施方面，卫星通信能力得到进一步补充和强化。2017年发射了GSAT-9、GSAT-19和GSAT-17等3颗卫星，完善本国通信卫星星座。GSAT-9卫星也称为“南亚卫星”（South Asian Satellite），为印度、阿富汗、不丹、马尔代夫、孟加拉国、尼泊尔和斯里兰卡等南亚国家提供各类广播和通信服务。GSAT-19卫星具备高通量通信能力，GSAT-17 延续了此前卫星的通信能力，保证服务的连续性。印度卫星导航系统建设和运行接连遭受挫折，2016 年完成了“印度导航星座”（NavIC）的建设，实现了 7 颗卫星在轨，但根据 2017 年年初披露信息，IRNSS-1A 的 3 台原子钟全部发生故障，导致整个系统不具备完全运行条件，印度空间研究组织未公布故障调查结果。由于计划用于补全导航系统能力的 IRNSS-1H 卫星发射失败，目前该系统仍只有 6 颗卫星正常工作。对地观测方面，高分辨率星座加速部署，2017 年发射了 Cartosat-2D 和 2E，完成 Cartosat-2 系列三星星座的部署，2018 年年初发射了 Cartosat-2F，进一步增强了系统性能，提供亚米级高分辨率对地观测能力。2019 年发射了 Cartosat-3，全色分辨率 0.25m，性能达到国际先进水平。空间探测方面，印度开展了月球探测器 Chandrayaan-2 的研制，Chandrayaan-2 由轨道器、着陆器和巡视器组成，原计划于 2018 年发射开展月球软着陆和月面巡视，但后来因为技术原因多次推迟，虽于 2019 年发射但着陆失败。在技术试验方面，新型低成本通用化纳卫星平台取得进展，“印度纳卫星”（INS）平台的 2 颗首发星顺利开展在轨验证。

六、国际合作组织

（一）国际地球观测组织

地球观测组织（GEO）成立于 2005 年 2 月，是地球观测领域最大和最权威的政府间国际组织。其目标是制定和实施全球地球综合观测系统十年执行计划，建立一个综合、协调和可持续的全球地球综合观测系统，更好地认识地球系统，为决策提供从初始观测数据到专业应用产品的信息服务。GEO 从最初的 33 个成员国和欧盟及 21 个国际组织发展到目前 100 个成员国和欧盟及 87 个国际组织，得到了许多国家和国际组织的高度关注和积极支持。GEOSS 的建设也从初期概念形成阶段进入了实质构建阶段。GEO 的工作重点是在 GEOSS 框架下，积极发挥各成员国和国际组织的作用，在成员国建立的综合地球观测系统的基础上，通过加强国际合作构建可持续发展的综合地球观测系统，通过数据共享服务实现地球观测数据更方便、更快捷地获取，通过科学技术研究提升地球观测应用的能力建设，为本国乃至全球的重大决策提供服务。

成立以来，GEO 在发展 GEOSS、提供广泛与开放的数据共享与获取、启动全球主要监测计划、加强区域协调以及建立强大的和多元化的社区方面已经取得了相当大的成就。为了提高 GEO 行动的效率，扩大包括决策制定者以及与利益相关者的参与和合作，为 GEOSS 不断发展与运行持续提供资源，GEO 发布了未来 10 年（2016—2025 年）战略规划《GEO 2016—2025 战略规划：全球综合地球观测系统实施方案》，包括战略框架和实施计划两部分，战略框架确定了 GEO 未来发展愿景与使命以及战略目标，实施计划阐释了实现战略目标的路径及预期成果。GEO 未来使命是将通过提供由地球观测系统获取的地球相关数据和信息，满足全球环境信息需求。在此过程中，GEO 将通过推动地球观测系统的开放使用以及将其用于支撑众多领域的全球决策，全面发挥地球观测系统的重要作用。未来战略目标：一是倡导地球观测系统的重要性，作为不可替代的资源，地球观测系统必须充分受到保护和重视，并保证其开放获取性和统一性，使其在支持实现韧性社会、可持续性经济发展以及全球环境健康方面充分发挥作用。二是通过支持基于科学和数据驱动的决策和政策制定，促进对地球观测系统的认识和应用，进而建立与不同利益方之间的战略合作关系，以应对全球性和区域性挑战。三是促进能够使利益方改进决策制定过程并满足政策需要的数据、信息和知识的传播，促进地球观测相关最优实践共享、新技术应用以及创造新的经济机遇，并通过标准化、合作和创新，来推动公共机构投资。未来支持的重点领域：①生物多样性与生态系统可持续性：通过建立多种类型观测数据与知识之间的关联，提供有关地球生物与生态系统健康及其服务的信息；强化生态系统和生物多样性保护、恢复与可持续利用，通过地方、国家、区域及全球各层面的科学－社会合作，开展海洋规划、海洋资源利用和森林管理；②灾害恢复力：增强灾害预防、预测、减轻、管理与恢复的能力；通过加强对地球和气候的原位探测与遥感观测，以及观测数据与信息的获取、共享和使用，推动对灾害风险认识的进步，进而实现灾害风险及生命与财产损失实质性减轻；③能源与矿产资源管理：强化矿产资源与可再生能源资源的勘探、开发与可持续生产；通过对太阳能、风能、潮汐能、水电、地热发电以及生物质能等间断性资源的评估、监测和预测，促进可再生能源利用比例在全球能源结构中的实质性增长；④粮食安全与可持续性农业：为全球陆地及水域粮食及农业生产发展、管理和预测提供支持；通过加强粮食生产监测与早期预警，以及提供精确、及时的农业生产状态、前景与预测信息，实现粮食安全和促进适应气候变化影响的可持续性农业发展；⑤基础设施与交通管理：为基础设施和交通运输规划、监测及管理提供支持，实现基础设施和交通体系建设对环境的影响最小化，并向低碳化发展转型；⑥公共卫生监测：关注传染病及环境相关疾病的威胁，考虑气候变化的影响；借助地方、国家、区域和全球层面的精确监测和早期预警，提升公众意识和支持政策制定与管理，促进传染病以及由环境污染和健康风险所致的疾病发生和致死率的实质性降低；⑦城市可持续发展：为韧性城市发展和城市足迹评估提供支撑；通过加强环境、气候及灾害风险管理，以及基于有关城市发展的客观信息构建参与、规划和管理能力，促进实现城市和人居环境的包容性、安全性、可恢复性和可持续性；⑧水资源管理：为包括冰冻圈范围在内的水资源管理和水质维护提供支持；通过由地球观测、建模及数据集成所支持的合理的科学决策，确保水资源及卫生设施管理的可行性和可持续性。

（二）地球观测卫星委员会

国际地球观测卫星委员会（Committee on Earth Observation Satellites，简称 CEOS）成立于 1984 年 9 月，是国际对地观测领域最权威的非政府组织。CEOS 目前有 34 个成员和 28 个联系成员，中国作为成员参加 CEOS 的机构包括中国航天局（1993 年加入）、中国国家遥感中心（1993 年加入）、中国资源卫星应用中心（2007 年加入）、国家卫星气象中心 / 中国气象局（2010 年加入）。

CEOS 下设 1 个战略实施小组（SIT），1 个系统工程办公室（SEO），并直接主持其下 5 个工作组活动，具体包括定标与真实性检验工作组（The Working Group on Calibration & Validation，简称 WGCV）、信息系统与服务工作组（The Working Group on Information Systems & Services，简称 WGISS）、灾害工作组（The Working Group on Disasters，简称 WGDisasters）、能力建设和数据民主工作组（The working Group on Capacity Building & Data Democracy，简称 WGCapD）、CEOS/CGMS 气候工作组（The CEOS/CGMS Working Group on Climate，简称 WGClimate）。

CEOS 自成立以来，一直积极推动全球对地观测数据共享。在 1992 年伦敦举行的第六届 CEOS 全体会议上，CEOS 成员签署了有关支持全球变化研究的卫星数据交换原则。在 1994 年柏林举行的第八届 CEOS 全体会议上，又提出了支持环境业务使用的卫星数据交换原则。南非科学和工业研究理事会（CSIR）在 2008 年担任 CEOS 主席期间，发起了一项名为“发展中国家数据民主”的特别倡议，这一倡议在 2009 年和 2010 年得以继续并进一步发展，其目标是“免费提供全球能力建设的关键数据集的及时访问，从而增强数据传播能力和软件工具共享、增加培训，并向最终用户转让技术”。在 2011 年意大利举行的第二十五届 CEOS 全体会议上，将原来的能力建设工作组（WGCB）改组为能力建设和数据民主工作组（WGCBDD），增加了数据民主的内容，确定该工作组将致力于提高欠发达国家中各机构有效使用有益社会的地球观测数据的能力。另外，CEOS 下属的信息系统与服务工作组（WGISS）启动了 CEOS/

WGISS 集成目录系统（CWIC）项目，在项目带动下，从技术层面推动了对地观测数据全球共享。CWIC 系统目前集成共享了 NASA、NOAA、USGS、巴西国家太空研究院（INPE）、中国国家遥感中心（NSRCC）、日本宇宙航空研究开发机构（JAXA）等的卫星编目数据，其中一些数据 / 产品提供免费下载链接，为 CEOS 各个成员国家的对地观测卫星数据整体进入 GEOSS 共享框架提供了技术保障。

CEOS 制定了三份文件用于指导其工作：一是战略指导文件，用于规定 CEOS 宗旨和总体长期（7 ~ 10 年）目标；二是管理和过程文件，提供了 CEOS 为实现目标而采用的组织、运行和流程的指导方针；三是一份为期三年的滚动的 CEOS 工作计划，列出了实现 CEO 战略指导文件中所述目标的近期行动。CEOS 的任务是确保民用天基地球观测计划的国际协调，促进数据交流，优化社会利益和知情决策，确保人类的繁荣和未来的可持续。主要目标：①在任务规划和开发兼容的数据产品、格式、服务、应用及政策中，通过 CEOS 合作使空基地球观测效益最优化；②作为天基地球观测行动国际协调的协调中心，帮助 CEOS 机构和国际用户群体，包括地球观测小组和全球变化有关实体；③交流政策和技术信息，以鼓励目前正在使用或开发的天基地球观测系统与从这些系统收到的数据之间的互补性和兼容性，并处理各种地球观测卫星任务中共同关心的问题。

CEOS 的具体目标包括：①填补重要的观测空白：CEOS 必须收集利益相关者的经验证的观测需求，并同即将建立的地球观测系统能力进行比较，从而确定存在的关键观测差距；通过伙伴关系、成员增长和协调、新推出和现有成员资产的杠杆作用，提出减少差距和重复的解决方案；②实现所有地球观测的更好整合：CEOS 必须主动与负责天基、机载、地基和现场数据的组织建立工作伙伴关系，例如，CEOS 必须继续与地球观测组织 GEO 协调，以成功地完成地球观测系统 GEOSS 的开发，该系统将整合所有的地球观测；③通过改善 CEOS 机构数据的获取和使用，促进数据民主：为了便于公开和方便地获取机构数据，CEOS 必须提高数据可发现性和互操作性，调整特定主题领域的数据访问门户，并促进使用开放源码工具处理数据；CEOS 机构不仅需要协调和整合标准数据发现和访问机制，而且还需要使这些机制适应用户群体使用的工具；CEOS 还必须努力推动人才和技术方面的能力建设举措，以最大限度地从 CEOS 机构的数据中获得社会效益；④对全球地球观测用户的需求做出响应：CEOS 必须继续与日益多样化的地球观测用户群体建立伙伴关系，通过 CEOS 机构协调、开发和运营的地球观测系统为身份明确的最终用户提供真正的社会及科学效益 CEOS 必须了解和管理内部和外部的制约因素，以优化其产出，并必须保持灵活和前瞻性思维，以应对利益相关方和全球社会的新需求。另外，CEOS 从气候监测、研究和服务，碳观测（包括森林地区），农业观测，灾害观测，水观测，未来数据架构，能力建设、数据获取、可用性和质量，CEOS 虚拟星座升级，支持主要利益相关方的其他举措，与主要利益相关方的外联，以及组织问题方面对 2018—2020 年的工作进行了规划。

（三）“空间与重大灾害”国际公约

“空间与重大灾害”国际公约组织（CHARTER）由 ESA 与 CNES 于 1999 年发起并创建，是国际第一个也是目前唯一一个以运行性的方式、利用空间对地观测技术进行减灾活动的国际组织。CHARTER 目前共有 17 个成员，除了 ESA、CNES、CSA 外，按照加入顺序包括：2001 年 9 月 NOAA 和 ISRO，2003 年 7 月阿根廷空间局（CONAE），2005 年 JAXA、USGS（作为美国的一部分）、英国国家空间中心（BNSC），2007 年 5 月中国国家航天局（CNSA），2010 年 10 月德国宇航中心（DLR），2011 年 7 月韩国宇航研究所（KARI），2011 年 11 月国家空间研究所巴西研究所（INPE），2012 年 7 月欧洲气象卫星开发组织（EUMETSAT），2013 年 5 月俄罗斯联邦空间机构（ROSCOSMOS），2016 年 4 月玻利瓦尔航天局（ABAE），2018 年阿拉伯联合酋长国航天局（UAESA）。CHARTER 公约组织旨在提供一套空间数据接收与交付的标准化系统，并通过授权用户向受到自然或人为灾害影响的地区提供服务。CHARTER 对为其做出贡献的空间数据与服务提供者和全体成员是开放的。

CHARTER 将全球多种空间卫星资源集结在一起，期望可以从时间上和空间上全方位地涵盖整个灾害事件过程，突破了一个国家或地区卫星资源的限制，极大程度上提高了灾害监测的实效性与准确性，为全球范围内开展灾害监测与救援活动提供了强有力的空间数据支撑。随着更多国际空间组织机构的加入，CHARTER 在国际空间技术减灾活动中的作用和地位将变得更加重要，为应急情况下对地观测资源快速有效获取提供了一种免费共享机制，每个成员机构都提供各自相应的空间资源来支持 CHARTER 发起的减灾活动，以减缓灾害对人类生命和财产的影响。在突发事件情况下，CHARTER 授权用户可以申请获得对地观测卫星数据援助，与 CHARTER 成员有合作关系的机构（如国际人道主义援助及环境管理组织等）通过与授权用户协作也能够申请得到数据。

CHARTER 运行机制如图 2-1 所示，当突发自然或人为重大灾害，授权用户（Authorized User，简称 AU）通过电话联系值班员（On-Duty Operator，简称 ODO）并递交援助服务申请，启动CHARTER机制；ODO为一个24小时值班的值班员，负责接听电话，确认用户身份并核实AU传来的申请表；之后，ODO将信息传递给突发事件响应官员（Emergency on-Call Officer，简称ECO），ECO负责分析授权用户的需求及灾害范围，并准备一份利用现有空间资源的存档数据和新数据的接收计划；拥有空间观测资源的成员（Members）结合其拥有的卫星资源进行数据获取并提供数据。数据接收与交付时间基于事件的紧急程度，并由一个具备数据订购、处理与应用资质的项目经理（Project Manager，PM）对用户提供全程帮助。

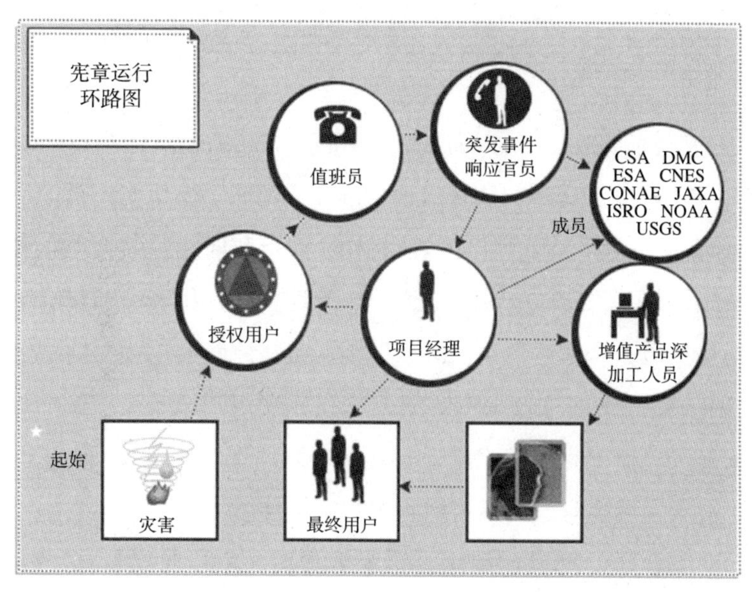

图 2-1　CHARTER 运行机制

七、小结

遥感技术的价值体现最终表现为遥感数据在各领域的应用效益，作为一种稀缺资源，各国在发展对地观测系统及其应用技术的同时，也将视野投向了遥感数据的共享利用。数据共享已成为各国普遍关注的热点问题，也是遥感技术发展的必然趋势。欧美等发达国家特别是美国，通过推行完全与公开的数据政策，在国际社会赢得了赞誉与机会；发展中国家也立足自身有限的对地观测资源，积极推进对地观测数据的国际共享。各空间大国对地观测策略各有差异，但战略指导特征有以下两点：

1）降低数据分发的技术指标门槛，充分利用高分辨率对地观测数据在信息经济社会的市场价值和各国旺盛的应用需求，实施高分辨率对地观测数据的市场运营政策，在全球范围内抢占高分辨率对地观测数据的市场份额。

2）加大针对大尺度、长周期地球科学研究和针对减灾、环境等公益性强的对地观测技术与应用事业的政府投资力度，积极倡导和推进全球范围的数据共享，利用其在科学对地观测技术、数据和应用等方面的资源优势，充分利用全球对地观测数据资源和地面监测数据资源，引领科学对地观测技术与应用领域的发展。

第二节　中国空间机构及发展规划

一、中国国家航天局

中国国家航天局（China National Space Administration，简称 CNSA）是于 1993 年 4 月 22 日经中华人民共和国中央人民政府批准成立的非军事机构，是中华人民共和国负责民用航天管理及国际空间合作的政府机构，履行政府相应的管理职责，对航天活动实施行业管理，使其稳定、有序、健康、协调地发展，代表中国政府组织或领导开展航天领域对外交流与合作等活动。国家航天局是在原航天工业部的基础上建立起来的，任务包括研究拟定国家航天政策和法规；研究制定国家航天发展规划、计划和行业标准；重大航天科研项目的组织论证与立项审批，并负责监督、协调重大航天科研项目的执行；航天领域政府及国际组织间的交流与合作。

CNSA 下设综合司、发展计划司、系统工程司、科技与质量司、外事司、协调司，其直属机构包括：

1）国家航天局探月与航天工程中心。成立于 2004 年，主要承担探月工程总体技术和管理工作；负责工程技术、总体设计和实施工作；拟定总体方案和研制程序，制定研制总要求和总体技术文件、工程和研制计划，与各系统签订研制合同，管理相关固定资产投资和预先研究工作；编报重大专项及型号项目经费预算并监督检查经费执行情况；对工程各系统进行协调、监督、检查，实施工程控制与考核；承担工程相关的新闻宣传、成果和知识产权管理、市场开发与服务等工作；管理工程的文件、资料、档案等。

2）国家航天局对地观测与数据中心。成立于 2010 年，负责高分辨率对地观测系统重大科技专项工程实施和组织管理，承担领导小组办公室相关工作；负责高分专项技术与工程总体任务，组织制定工程总体方案；负责工程大总体和系统间协调；

负责相关科研和建设项目的立项组织、考核监督及验收评价；承担对地观测数据服务、产业化推广、技术咨询及国际合作。

3）国家航天局航天遥感论证中心。成立于2004年，由国家航天局直接业务指导，接受国家航天局、中国科学院共同管理，以中国科学院遥感应用研究所为依托。其任务是根据我国民用航天发展的思路，面向国民经济发展需要和国际航天有关科学与技术发展方向，针对我国遥感系列卫星及其应用，开展一些基础性、前瞻性、战略性研究工作，民用航天领域的管理、决策提供科学依据和建议。

4）国家航天局新闻宣传中心。成立于2001年，是经中编办批准设立的全额拨款的正局级事业单位，主要承担组织开展航天重大新闻发布、重大专项和日常新闻宣传工作；承担国家航天局网站的建设、管理、运行、维护等工作；承担音像资料的摄录编辑、影视宣传品的制作等工作；受托统筹管理、组织承办相关展览工作等。

5）国家航天局空间碎片监测与应用中心。成立于2015年，以中国科学院国家天文台为依托，主要职责是承办空间碎片和近地天体监测系统规划论证、总体方案设计和能力建设等相关工作；承办空间碎片和近地天体跟踪监测、风险研判和应急联动的日常运行保障以及突发事件应急响应；承办空间碎片数据信息的共享和应用，建设和维护空间碎片自主编目动态数据库工作；承办空间碎片国际合作与技术交流，支撑开展空间碎片战略规划、技术发展和法律规范等研究工作。

6）国家航天局卫星总装集成测试中心。成立于2017年，是国家航天局卫星项目工程总装集成测试技术实体及卫星总装集成测试基础设施对外合作单位，充分利用中国空间技术研究院在卫星总装集成测试方面的基础设施和研制能力，在卫星工程、测试方法、标准、管理等方面与国际合作项目对接，加强我国航天技术实力和基础设施能力的对外展示及项目合作。

7）国家航天局空间法律中心。成立于2017年，是国家航天局法治航天工作的总体支撑机构，依托中国航天科技集团有限公司和北京理工大学开展工作，其主要任务是开展航天领域法律问题研究，支撑国家航天局航天法律法规与政策体系、航天法治战略和顶层规划论证；承担有关航天领域法律及相关条例、规章制度研究起草工作；参与航天法律与政策研究的国际合作；承担国家航天局日常法律事务工作，为国家航天局法治航天建设提供咨询；组织开展航天法律政策的国际学术交流与人才培养等。

8）中国宇航学会。成立于1979年，其宗旨是团结和组织广大航天科技工作者，促进航天科学技术的创新和发展，推动航天科学技术的普及与推广，不断提高航天科技人才的素质，加速他们的发展和成长，从而促进国民经济的发展，为社会主义物质文明和精神文明建设服务。中国宇航学会的主要任务是：开展国内外学术交流，举办各种国内和国际学术会议、讲座、展览，促进民间国际科技交流，积极开展青少年航天科技教育活动，普及航天科学技术知识，传播推广先进生产技术和管理经验。

9）中国遥感应用协会。成立于 1992 年，是我国遥感应用领域唯一经民政部批准登记注册、国防科工局主管的国家一级科技类社会团体，也是中国科学技术协会团体成员，协会宗旨是团结全国遥感信息技术队伍，规范遥感技术市场，促进全国遥感信息技术的应用和发展。

10）中国空间法学会。成立于 1992 年，是由国家有关部门和空间法学研究机构、空间科学技术研究和应用机构及空间法律政策研究领域专家学者组成的全国性学术社团组织。

11）中国航天基金会。成立于 1995 年，是在民政部登记注册的全国性公募基金会，具有独立法人资格，其宗旨是为中国航天事业服务，奖励为中国航天事业做出突出贡献的有功人员；资助航天学术交流和人才培养；支持航天学术研究和技术开发；支持与国外航天界有关组织建立友好往来与合作；开展航天科普教育，提高全民航天意识，促进航天事业发展。

CNSA 负责的重大任务如下：

1）中国探月工程。该工程规划为“绕、落、回”三期。探月工程一期的任务是实现环绕月球探测。“嫦娥一号”卫星于 2007 年 10 月 24 日发射，在轨有效探测 16 个月，2009 年 3 月成功受控撞月，实现中国自主研制的卫星进入月球轨道并获得全月图。探月工程二期的任务是实现月面软着陆和自动巡视勘察。“嫦娥二号”于 2010 年 10 月 1 日发射，作为先导星，为二期工作进行了多项技术验证，并开展了多项拓展试验，目前已结束任务。“嫦娥三号”探测器于 2013 年 12 月 2 日发射，12 月 14 日实现落月，开展了月面巡视勘察，获得了大量工程和科学数据。“嫦娥三号”着陆器目前仍在工作，成为月球表面工作时间最长的人造航天器。“嫦娥四号”任务是“嫦娥三号”的备份，正组织论证，优化工程任务和科学探测目标。探月工程三期的任务是实现无人采样返回，于 2011 年立项。2014 年 10 月 24 日，我国实施了探月工程三期再入返回飞行试验任务，验证返回器接近第二宇宙速度再入返回地球相关关键技术。11 月 1 日，飞行器服务舱与返回器分离，返回器顺利着陆预定区域，试验任务取得圆满成功。随后服务舱继续开展拓展试验，先后完成了远地点 54 万 km、近地点 600km 大椭圆轨道拓展试验、环绕地月 L2 点探测、返回月球轨道进行“嫦娥五号”任务相关试验。服务舱后续还将继续开展拓展试验任务。

2）高分辨率对地观测系统。中国正在建设基于卫星、平流层飞艇和飞机的高分辨率对地观测系统，完善相应地面系统，建立数据与应用中心。该系统与其他观测手段结合，将形成全天候、全天时、全球覆盖的对地观测能力，到 2020 年，建成先进的陆地、大气、海洋对地观测系统，为现代农业、减灾、资源环境、公共安全等重大领域提供服务和决策支撑。2013 年 4 月 26 日发射的首颗“高分一号”卫星，具有中高分辨率与大幅宽结合的特点，卫星设计寿命 5 ~ 8 年，“高分一号”广泛应用于国土资源、环境保护、精准农业、防灾减灾等领域。高分系列卫星已发射 15 颗，覆盖从全色、多光谱到高光谱，从光学到雷达，从太阳同步轨道到地球同步轨道等多种类型，形成了高空间分辨率、高时间分辨率和高光谱分辨率的综合对地观测能力。

3）中国载人航天工程。1992 年 9 月 21 日，中共中央政治局常委会批准我国载人航天工程按“三步走”发展战略实施：第一步，发射载人飞船，建成初步配套的试验性载人飞船工程，开展空间应用实验；第二步，突破航天员出舱活动技术、空间飞行器的交会对接技术，发射空间实验室，解决有一定规模的、短期有人照料的空间应用问题；第三步，建造空间站，解决有较大规模的、长期有人照料的空间应用问题。

4）北斗卫星导航系统。北斗卫星导航系统（简称北斗系统）由空间段、地面段和用户段三部分组成，是我国自主建设、独立运行的卫星导航系统，是为全球用户提供全天候、全天时、高精度的定位、导航和授时服务的国家重要空间基础设施。相关产品已广泛应用于交通运输、海洋渔业、水文监测、气象预报、测绘地理信息、森林防火、通信时统、电力调度、救灾减灾、应急搜救等领域。20 世纪后期，中国开始探索适合国情的卫星导航系统发展道路，逐步形成了三步走发展战略：2000 年年底，建成“北斗一号”系统，向中国提供服务；2012 年年底，建成“北斗二号”系统，向亚太地区提供服务；2009 年，经国家批准，“北斗三号”工程正式启动实施，并在 2020 年 6 月发射成功。

二、其他主要相关机构

（一）中国资源卫星应用中心

中国资源卫星应用中心于 1991 年 10 月成立，是国家发改委和国防科工局负责业务领导、航天科技集团公司负责行政管理的科研事业单位，负责贯彻执行国家关于对地观测卫星应用的方针政策，提出对地观测卫星的使用要求和发展方向，落实我国对地观测卫星应用的发展战略和中长期规划。中国资源卫星应用中心承担我国陆地卫星数据处理、存档、分发和服务设施建设与卫星在轨运行管理，为国家经济建设和社会发展提供宏观决策依据，为全国广大用户提供各类对地观测数据产品和技术服务，是国家陆地、气象、海洋三大卫星应用中心之一。按照国家关于国家陆地卫星数据中心组建方案，2010年卫星数据中心科研业务楼正式竣工，目前正开展国家民用空间基础设施陆地观测卫星地面系统建设工作。

中国资源卫星应用中心已经运行管理了7颗资源系列（CBERS-01/02/02B、ZY-1 02C、ZY-301/02、CBERS-04A）、3颗环境减灾系列（HJ-1A/B/C）、6颗高分系列（GF-1/2/3/4/5/6）、2颗实践系列（SJ-9A/B）、4颗民用空间基础设施建设系列卫星（GF-1 B/C/D、“张衡一号”电磁星）以及4颗商业遥感卫星（SV-01/02/03/04）在内的合计20余颗卫星，累计向全国用户提供了1000余万景卫星数据产品，广泛应用于我国农业、林业、水利、国土资源、城市规划、环境保护、灾害监测和国防建设等众多领域，创造了巨大的社会效益和经济效益。中国资源卫星应用中心广泛开展国际交流与合作，与40多个国家和地区在资源卫星数据处理、分发和应用方面取得了积极成果，正朝着国际一流对地观测卫星数据中心稳步迈进。

（二）国家卫星气象中心

国家卫星气象中心成立于1971年7月1日，是中国气象局直属事业单位，作为国家级科技型公益性、基础性业务单位，负责拟订中国气象卫星和卫星气象事业发展规划；承担气象卫星应用系统的业务运行和在轨气象卫星的运行管理；负责气象卫星应用系统工程建设；从事与卫星气象相关的科学技术研究；开展气象卫星数据与产品的应用和服务；承担空间天气监测预警业务、服务和系统建设；对气象部门进行卫星遥感应用的技术指导等。

我国的气象卫星事业发展迅速——极轨气象卫星实现了更新换代、上下午星组网观测，静止气象卫星实现了双星观测、在轨备份的业务模式，卫星遥感应用服务取得了令人瞩目的成就。目前，我国已成功发射了17颗风云系列气象卫星，包括8颗极轨气象卫星和9颗静止气象卫星。目前“风云三号”B/C/D星和“风云二号”D/E/F/G星、“风云四号”A星在轨运行稳定，“风云二号”H星正在在轨测试阶段。我国的气象卫星已实现了业务化、系列化的发展，实现了从试验应用型向业务服务型转变的目标，我国已成为国际同时拥有静止气象卫星和极轨气象卫星的少数国家和地区之一。

世界气象组织已将“风云二号”和“风云三号”气象卫星纳入全球业务应用气象卫星序列，使我国风云气象卫星成为全球综合地球观测系统的重要成员。

目前，我国已构建起以北京、广州、乌鲁木齐、佳木斯 4 个国家级地面接收站和瑞典基律纳站组成的卫星数据接收网络，形成了以国家级数据处理和服务中心为主体，以 31 个省级卫星遥感应用中心和 2500 多个卫星资料接收利用站组成的全国卫星遥感应用体系，除接收风云系列气象卫星外，还接收利用美国、日本、欧洲等国家和组织的多颗卫星资料。采用卫星数字视频广播（DVB-S）技术建成的风云气象卫星数据广播分发系统 CMACast，是全球地球观测组织（GEO）的全球卫星数据广播分发体系的 3 个核心成员之一。目前，CMACast 用户接收站已超过 200 多套，极大提升了中国风云气象卫星的国际影响力。

国家卫星气象中心积极开展辐射传输机理的理论和实验研究、气象卫星资料接收处理技术和算法研究、气象卫星资料应用方法和拓展应用领域研究和空间天气监测预警等方面的研究，独立开发了拥有自主知识产权的中国气象卫星运行控制和地面数据处理全套软件，使中国气象卫星地面应用系统业务运行的可靠性和数据定量处理的精度稳步提高，部分算法被其他气象卫星运行组织采用。自主研发和处理生成的大气和地球表面环境监测多源气象卫星图像产品、定量产品和分析产品已达数十种，为气象、海洋、农业、林业、水利、航空、航海、环境保护及军事等部门提供了大量公益性和专业性服务，在防灾减灾的监测预警服务以及政府决策服务方面收效显著，取得了良好的社会和经济效益。

（三）国家卫星海洋应用中心

国家卫星海洋应用中心是自然资源部直属的事业单位，主要职能是负责我国海洋卫星系列发展和卫星海洋应用工作，为海洋经济、海洋管理、公益服务及海洋安全提供保障和服务。具体职责包括：拟订我国海洋卫星与卫星海洋应用体系发展规划，组织开展重大卫星海洋遥感应用项目综合论证；拟订海洋卫星应用技术规范和标准，组织开展海洋卫星数据应用和用户培训；负责卫星海洋遥感应用系统的规划和建设，开展卫星海洋遥感业务化应用及技术研究工作；负责海洋卫星地面应用系统及海洋卫星地面接收站的建设和业务化运行管理；负责建设和管理海洋卫星数据库和信息系统，制作和发布海洋卫星数据与信息产品；承担海洋卫星遥感监测，为海洋突发公共事件和安全保障提供服务和技术支持；承担提供海洋环境服务保障的卫星海洋应用产品和服务，编制《中国海洋卫星应用报告》；负责海上辐射校正场和真实性检验场的规划、建设、维护和管理，组织实施海上和陆地试验任务；承担海洋卫星数据国际资料交换，组织开展海洋遥感的国际合作和学术交流；承办国家海洋局交办的其他事项。

国家卫星海洋应用中心负责“海洋一号”（HY-1A/1B/1C）、“海洋二号”（HY-2A/2B/2C）以及“海洋三号”运行管理，设3个地面接收站，即北京海洋卫星地面接收站、三亚海洋卫星地面接收站、牡丹江海洋卫星地面接收站。海洋水色环境（“海洋一号”，HY-1）卫星系列用于获取我国近海和全球海洋水色水温及海岸带动态变化信息，遥感载荷为海洋水色扫描仪和海岸带成像仪。海洋动力环境（“海洋二号”，HY-2）卫星系列用于全天时、全天候获取我国近海和全球范围的海面风场、海面高度、有效波高与海面温度等海洋动力环境信息，遥感载荷包括微波散射计、雷达高度计和微波辐射计等。计划中的“海洋三号”（HY-3）作为中国海洋卫星业务体系的重要组成部分，其将用于全天时、全天候监视海岛、海岸带、海上目标，并获取海洋浪场、风暴潮漫滩、内波、海冰和溢油等信息，遥感载荷为多极化多模式合成孔径雷达。

（四）民政部卫星减灾应用中心

中华人民共和国民政部国家减灾中心于2002年4月成立，2009年2月加挂“民政部卫星减灾应用中心”牌子。该中心围绕国家综合减灾事业发展需求，认真履行减灾救灾的技术服务、信息交流、应用研究和宣传培训等职能，为政府减灾救灾工作提供政策咨询、技术支持、信息服务和辅助决策意见。努力将中心建设成为我国减灾救灾工作的信息交流中心、技术服务中心和紧急救援辅助决策中心，发展为减灾领域国内外合作交流的窗口，展示减灾工作的宣传窗口。主要职责包括：承担国家减灾委员会专家委员会和全国减灾救灾标准化技术委员会秘书处的日常工作，承担重大减灾项目的规划、论证和组织实施工作；承担“国家自然灾害数据库”和“全国灾情管理信息系统”的建设、维护与管理，负责灾情的收集、整理、分析等工作；负责自然灾害风险评估和灾情预警，承担自然灾害灾情评估及开展重大自然灾害现场调查工作；负责灾害遥感监测、评估和产品服务工作；承担国内外多星资源调度、各级各类遥感数据获取与重大自然灾害遥感应急协调工作；承担CHARTER机制工作；承担环境减灾星座的建设、运行与维护，负责卫星业务运行系统的基础设施保障与建设工作，于2006年5月与中国科学院光电研究院联合成立了中国空间技术减灾应用研究中心，协助完成环境减灾星座地面系统设计与研制，并推动了联合国灾害管理与应急反应天基信息平台（UN-SPIDER）北京办公室的建立；承担灾害现场、信息传输和救灾应急通信技术保障工作，开展减灾救灾装备的研发、应用和推广工作，承担中心业务网站和国家减灾网站的开发、维护和管理；参与有关减灾救灾方针、政策、法律法规、发展规划、自然灾害应对战略和社会响应政策研究；承担 UN-SPIDER 北京办公室和国际干旱减灾中心的日常工作，参与减灾救灾国际交流与合作；承担减灾社会宣传和培训工作，负责《中国减灾》杂志采编和发行工作。

（五）生态环境部卫星环境应用中心

生态环境部卫星环境应用中心是中央机构编制委员会办公室同意设立的生态环境部直属事业单位，主要承担卫星遥感技术在环境领域的应用、研究与开发以及卫星环境应用系统的建设、管理等工作，主要职责包括：拟订卫星环境应用工作规划、计划，承担卫星环境应用项目开发、研究、论证和实施工作；承担环境卫星星座运行管理，承担卫星环境应用系统的开发、建设和管理，承担基于环境卫星等国内外多源卫星数据的数据处理、产品加工、分发、服务；承担卫星遥感技术在污染防治和生态保护等方面的应用业务，实施大气、水、海洋、生态、固体废物及流域区域等卫星环境遥感监测，承担全国生态质量状况遥感评估，开展航空环境遥感应用工作，拓展环境遥感应用服务领域；开展卫星环境应用方法和技术研究，拟订国家卫星环境应用技术标准和规范；开展国内外卫星环境应用学术交流与技术合作，承担卫星环境应用技术培训，推动地方卫星环境应用工作；承办生态环境部交办的其他工作。

（六）自然资源部国土卫星遥感应用中心

自然资源部国土卫星遥感应用中心，原国家测绘地理信息局卫星测绘应用中心于 2009 年 11 月批准设立，于 2009 年 12 月 18 日在中国测绘创新基地正式挂牌成立，是原国家测绘地理信息局直属的事业单位。其主要职责是：承担测绘卫星、卫星测绘应用发展规划起草及卫星测绘相关数据政策和技术标准的拟订工作；负责卫星测绘应用系统的建设、管理、运行和保障及卫星测绘产品生产，组织完成测绘卫星在轨测试和业务测控工作；负责统筹建设并维护卫星地面检校场，开展卫星传感器几何和辐射标定等工作；负责卫星测绘产品的分发和技术服务，组织开展测绘卫星的推广应用；承担卫星测绘应用相关研究开发工作；开展卫星测绘领域国际合作与交流，推进测绘卫星数据、产品与相关技术的共建共享；承担卫星测绘应急保障相关工作，快速获取和处理应对突发公共事件所需地理信息并提供应急测绘服务；承办局交办的其他工作。

国家测绘地理信息局卫星测绘应用中心目前主要承担着“资源三号卫星应用系统建设”“资源三号卫星数据处理、应用及在轨测试关键技术研究项目”“卫星测绘应用业务运行管理”“国产遥感卫星正射影像服务高技术产业化示范工程”等项目，致力于推广我国自主知识产权的卫星影像产品和定位服务，不断提升卫星测绘的技术研发和服务能力，建设国际一流的测绘卫星技术研发和应用服务机构，提升我国卫星测绘的国际竞争力。目前负责作为其在轨业务星——“资源三号”01/02 星的相关管理。

三、数据政策

我国对地观测活动已有 50 多年的历史，先后开展气象卫星系列、地球资源卫星系列、海洋卫星系列以及环境与灾害监测预报小卫星星座等的研制，部署了高分辨率对地观测系统重大专项，建立了用于支持开展科学研究的生态、气象、地震等观测网络，建设和完善了国家卫星气象中心、中国资源卫星应用中心、国家卫星海洋应用中心、中国科学院对地观测与数字地球科学中心，形成了一定的对地观测能力。为了加强数据获取、存储、分发和使用等方面的管理，各管理部门制定了相关的数据政策，极大推进了我国对地观测数据共享的进程。

（一）地球资源卫星系列

中巴地球资源卫星 CBERS-01/02/02B 由中国资源卫星应用中心负责运行管理及卫星数据的接收、处理、存档和分发。用户可以采用互联网、电话、传真等多种方式进行订购。CCD 相机、IRMSS 红外多光谱扫描仪、WFI 宽视场成像仪的 1、2 级数据产品实行公开免费分发，高级产品实行收费分发；HR 高分辨率相机的各级数据产品在试运行阶段实行授权免费分发。在正常工作条件下，CBERS-02 和 02B 星的 1、2 级数据产品，在卫星过境后当天即上网（目前仅限北京密云地面接收站所接收的数据，京外站的数据 1 周内可提供），以供用户浏览、检索、订购或下载。CBERS-01 星存档的 1、2 级数据产品，用户可直接上网浏览、检索、订购或下载。

“资源三号”卫星是中国第一颗自主的民用高分辨率立体测绘卫星，由国家国防科技工业局负责管理。国家测绘地理信息局作为“资源三号”卫星的主用户，负责测绘行业的分发和应用；中国资源卫星应用中心负责数据标准化处理和存档，并负责非测绘行业用户数据分发。其产品对公益性用途（主要是应急减灾应用等）原则上免费，但对非公益用途使用，特别是增值产品应用，需收取一定的数据加工费。数据可对全球进行覆盖，鼓励和支持开展“资源三号”卫星数据的国际合作。目前提供非在线方式全球数据共享，用户需提交书面申请并通过审核。

“资源一号”02C 卫星是专门为我国国土资源用户定制的业务化运行卫星，由自然资源部负责 02C 卫星任务管理，并授权中国资源卫星应用中心负责 02C 卫星 0 ~ 2

级数据处理与产品分发。中国国土资源航空物探遥感中心代表自然资源部汇总相关行业部门的公益性应用的 02C 卫星数据需求，并提交给中国资源卫星应用中心，由其统筹安排数据采集计划，并向指定或委托的相关单位推送数据产品。“资源一号” 02C 卫星数据对公益性用途使用实行免费分发，对其他用途使用收取数据加工费。

（二）高分系列

国防科工局重大专项工程中心负责协调用户需求，统筹管理高分数据；组织制定高分卫星观测任务规划、计划；牵头组织制定高分数据政策、标准规范、管理办法等规范性文件；实施高分数据的应用推广、产业化、国际合作等工作；建立高分综合信息服务共享平台以及相关元数据库，扩大产业信息获取渠道，牵头开展高分数据应急工作。高分数据初级产品分发机构由中国资源卫星应用中心、经授权的各行业数据分发机构、经授权的各省（自治区、直辖市）高分辨率对地观测系统数据与应用机构，以及其他授权的企事业单位等四类机构组成。其中，中国资源卫星应用中心可分发 0 ~ 2 级产品，其他机构在各自授权领域内可分发 1 ~ 2 级产品。高分数据分发原则上不向用户提供 0 级产品。高分专项鼓励和支持高分数据应用技术研究、应用开发、增值服务和产业化应用，强化建立市场化机制和商业化服务模式。高分数据 1 ~ 2 级产品用于高分专项应用示范任务，在任务期内，实行授权分发；用于公益用途的，实行免费分发；用于非公益性用途的，实行收费分发。具体价格由高分数据初级产品分发机构参照国内外同类产品价格确定。高分专项投资形成的高分数据产品、相关服务及标准规范，有专项中心组织汇总、集成并形成相应清单，统一通过国家航天局高分综合信息服务共享平台发布，在专项内无偿使用和共享；在专项外鼓励成果转化，营造市场化运行环境。各行业数据分发机构可向地方对口业务部门逐级分发公益性用途的高分数据。

（三）风云气象卫星系列

风云卫星由中国气象局国家卫星气象中心管理，采用全球免费共享的数据政策，面向互联网用户共享历史及准实时卫星数据。目前通过国家卫星气象中心数据服务网（http://satellite.nsmc.org.cn/portalsite/default.aspx）可以直接在线下载的数据包括：“风云一号”（FY-1C、FY-1D）、“风云二号”（FY-2C、FY-2D、FY-2E、FY-2F、FY-2G）、“风云三号”（FY-3A、FY-3B、FY-3C、FY-3D）、“风云四号”（FY-4A）、碳卫星（TANSAT）等卫星的观测数据及其相应的气象产品数据，以及其通过交换获取的国外 EOS/MODIS（Aqua、Terra）、NOAA（NOAA-15、NOAA-16、NOAA-17、NOAA-18）、GOES-9、MTSAT（MTSAT-1R、MTSAT-2）、METOSAT 等卫星的历史或准实时数据；其中“风云三号”为全球范围数据，其他极轨卫星为中国及周边区域数据。

（四）海洋卫星系列

国家卫星海洋应用中心负责海洋卫星地面应用系统及海洋卫星地面接收站的建设和管理，以及数据的实时接收、处理、产品存档与分发服务等，采用 FTP 下载、光盘刻录和硬盘拷贝等方式提供“海洋一号”B（HY-1B）和“海洋二号”（HY-2）卫星数据，用户以提交数据使用申请的方式获取。目前中国境内数据实行免费分发政策，境外数据则需填写申请，并向上级主管部门报批，将视情况收取一定费用。由于所有数据都需要填写申请表，HY-1B 数据只能通过光盘或硬盘拷贝，HY-2 提供 FTP 下载；而且，目前不提供任何数据查询方式，只能通过用户自行填写需求（时间、区域范围），经申请审核后才能确定是否有用户需要的数据。目前海洋卫星数据主要在国家海洋局内部使用，关于“海洋二号”的数据政策正在制定中。

（五）环境与灾害监测预报小卫星星座

环境与灾害监测预报小卫星星座（以下简称 HJ 星座）数据由中国科学院对地观测与数字地球科学中心负责卫星数据的接收，中国资源卫星数据中心负责卫星数据的标准化处理、归档、面向公众用户的分发和相关服务设施的建设。对于目前已经交付使用的 HJ-1A/1B 数据，国内用户可通过中国资源卫星应用中心网站（http://www.cresda.com/）免费订购并下载数据。另外，生态环境部卫星环境应用中心、国家减灾卫星中心作为 HJ 星座的业主单位，具备 HJ 数据分发权，主要针对行业用户进行数据分发。当其他国家或地区发生重大自然灾害、其他国家或地区用于科学研究和教育的目的时，也可免费使用 HJ 星座数据。

四、发展战略

中国政府一直十分重视遥感技术发展，《中华人民共和国国民经济和社会发展第十三个五年规划纲要》多处提及航空航天，《国家中长期科学和技术发展规划纲要（2006—2020 年）》中“高分辨率对地观测系统”为 16 个重大专项之一，在《关于加快培育和发展战略性新兴产业的决定》（国务院国发〔2010〕32 号）中遥感技术重要组成部分的卫星及其应用产业被列为现阶段重点培育和发展的产业之一，另外还在多个国家层面的战略规划中都对遥感技术的发展进行了相关部署：

1）中国航天白皮书。为了进一步增进国际社会对中国航天事业的了解，中国政府每五年会发布中国航天白皮书，对中国航天活动的主要进展、未来五年的主要任务以及国际交流合作等作出规划。在《2016中国的航天》白皮书中，明确了我国航天的发展宗旨是探索外层空间，扩展对地球和宇宙的认识；和平利用外层空间，促进人类文明和社会进步，造福全人类；满足经济建设、科技发展、国家安全和社会进步等方面的需求，提高全民科学文化素质，维护国家权益，增强综合国力；发展愿景是全面建成航天强国，具备自主可控的创新发展能力、聚焦前沿的科学探索研究能力、强大持续的经济社会发展服务能力、有效可靠的国家安全保障能力、科学高效的现代治理能力、互利共赢的国际交流与合作能力，拥有先进开放的航天科技工业体系、稳定可靠的空间基础设施、开拓创新的人才队伍、深厚博大的航天精神，为实现中华民族伟大复兴的中国梦提供强大支撑，为人类文明进步做出积极贡献。在未来五年中将按照一星多用、多星组网、多网协同的发展思路，发展陆地观测、海洋观测、大气观测3个系列，研制发射高分辨率多模式光学观测、L波段差分干涉合成孔径雷达、陆地生态碳监测、大气环境激光探测、海洋盐度探测、新一代海洋水色观测等卫星，逐步形成高、中、低空间分辨率合理配置、多种观测手段优化组合的综合高效全球观测和数据获取能力。统筹建设和完善遥感卫星接收站网、定标与真实性检验场、数据中心、共享网络平台和共性应用支撑平台，形成卫星遥感数据全球接收服务能力；同时，健全空间应用服务体系，面向行业、区域和公众服务，大力拓展空间信息综合应用，加强科技成果转化和市场推广，提高空间应用规模化、业务化、产业化水平，服务国家安全、国民经济和社会发展。

2）国家民用空间基础设施中长期发展规划（2015—2025年）。规划指出分阶段逐步建成技术先进、自主可控、布局合理、全球覆盖，由卫星遥感、卫星通信广播、卫星导航定位三大系统构成的国家民用空间基础设施，满足行业和区域重大应用需求，支撑我国现代化建设、国家安全和民生改善的发展要求。“十二五”期间或稍后，基本形成国家民用空间基础设施骨干框架，建立业务卫星发展模式和服务机制，制定数据共享政策；“十三五”期间，构建形成卫星遥感、卫星通信广播、卫星导航定位三大系统，基本建成国家民用空间基础设施体系，提供连续稳定的业务服务。数据共享服务机制基本完善，标准规范体系基本配套，商业化发展模式基本形成，具备国际服务能力；“十四五”期间，建成技术先进、全球覆盖、高效运行的国家民用空间基础设施体系，业务化、市场化、产业化发展达到国际先进水平。创新驱动、需求牵引、市场配置的持续发展机制不断完善，有力支撑经济社会发展，有效参与国际化发展。针对卫星遥感系统，指出按照一星多用、多星组网、多网协同的发展思路，根据观测任务的技术特征和用户需求特征，重点发展陆地观测、海洋观测、大气观测 3 个系列，构建由 7 个星座及 3 类专题卫星组成的遥感卫星系统，逐步形成高、中、低空间分辨率合理配置、多种观测技术优化组合的综合高效全球观测和数据获取能力。统筹建设遥感卫星接收站网、数据中心、共享网络平台和共性应用支撑平台，形成卫星遥感数据全球接收与全球服务能力。另外，面向未来，瞄准国际前沿技术，围绕制约发展的关键瓶颈，超前部署科研任务，以应用需求为核心，优先开展遥感卫星数据处理技术和业务应用技术的研究与验证试验，提前定型卫星遥感数据基础产品与高级产品的处理算法，掌握长寿命、高稳定性、高定位精度、大承载量和强敏捷能力的卫星平台技术，突破高分辨率、高精度、高可靠性及综合探测等有效载荷技术，提升卫星性能和定量化应用水平。创新观测体制和技术，填补高轨微波观测、激光测量、重力测量、干涉测量、海洋盐度探测、高精度大气成分探测等技术空白。还要积极开展行业、区域、产业化、国际化及科技发展等多层面的遥感、通信、导航综合应用示范，加强跨领域资源共享与信息综合服务能力，加速与物联网、云计算、大数据及其他新技术、新应用的融合，促进卫星应用产业可持续发展，提升新型信息化技术应用水平。

3）测绘地理信息事业“十三五”规划。将统筹航空航天遥感测绘作为重点任务，进一步建立健全国家航空航天测绘遥感影像资料获取的统筹协调和资源共享机制，实现多种类、多分辨率航空航天遥感影像对重点区域的及时覆盖，对陆地国土的全面覆盖，以及对境外区域的有序覆盖。一方面加强航空航天遥感影像获取和管理：实现优于 2.5m 分辨率卫星影像每年全面覆盖陆地国土一次；获取我国 500 万 km^2 优于 1m 分辨率影像；加大城市地区优于 0.2m 分辨率的航空影像获取力度；推进机载激光雷达、倾斜摄影、航空重力等新技术生产应用；加强航空航天遥感影像获取的统筹规划，建立国家基础航空摄影定期分区更新机制、航天遥感影像数据分级分区获取机制；完善航空航天遥感影像的保管、提供、使用制度以及资料信息定期发布制度。另一方面，强化航空航天遥感影像应用服务：建立和完善系列测绘卫星应用系统，提升卫星测绘数据获取、处理、提供的业务能力；完善航空航天遥感影像产品体系，加大立体测绘影像产品、专题应用产品及增值产品的开发力度；推进多传感器、多视角、多时相遥感影像数据的标准化处理，基于倾斜航空摄影测量、卫星立体测绘等技术，建设高识别度、高容量、高现势性的三维实景中国影像数据库及信息服务系统，形成常态化的航空航天遥感影像产品生产和分发服务能力；探索建立测绘卫星用户委员会机制，理顺卫星用户与卫星运营单位之间的关系，促进卫星测绘应用的深度和广度。

五、国家重点研发计划部署

国家重点研发计划是由原来的“973”计划、“863”计划、国家科技支撑计划、国际科技合作与交流专项、产业技术研究与开发基金和公益性行业科研专项等整合而成，是针对事关国计民生的重大社会公益性研究，以及事关产业核心竞争力、整体自主创新能力和国家安全的战略性、基础性、前瞻性重大科学问题、重大共性关键技术和产品，为国民经济和社会发展主要领域提供持续性的支撑和引领。国家重点研发计划已实施3年，与遥感学科相关项目主要集中在地球观测与导航领域，已部署的项目如下：

1）静止轨道高分辨率轻型成像相机系统技术（关键技术攻关类）。面向同时兼顾高空间分辨率、高时效观测能力的各类区域性监测任务要求，开展不低于2.5m分辨率的静止轨道光学相机系统技术研究，包括基于天地一体化的静止轨道空间轻型相机系统总体技术、相机自适应光学检测与控制技术、静止轨道高分辨率相机稳像技术等研究；完成全尺寸地面原理样机的研制，对关键技术进行地面试验验证，为发展静止轨道高分辨率光学卫星提供技术支撑，服务于我国高分辨率海陆安全监测、突发灾害探测等重大应用需求。

2）静止轨道全谱段高光谱探测技术（关键技术攻关类）。针对防灾减灾、环境、农业、林业、海洋、气象和资源等领域高光谱遥感的应用需求，开展静止轨道高光谱成像技术研究，突破全谱段高光谱高灵敏探测、大口径低温光学集成装调、超大规模高灵敏度面阵红外探测器组件、高精度定标与反演等关键技术，形成波段范围覆盖紫外至长波红外的全谱段高光谱成像原理样机系统，为静止轨道高光谱探测技术及应用的跨越式发展奠定基础。

3）大气辐射超光谱探测技术（关键技术攻关类）。针对大气痕量气体的临边和天底超光谱探测需求，开展大气辐射超光谱探测仪总体技术研究，进行指标体系和总体方案设计；开展高效率干涉成像技术研究，实现高性能干涉仪的设计和装调，突破高精度高稳定性机构控制技术、激光计量技术；开展低温光学和系统制冷技术研究；开展红外傅里叶变换光谱仪高精度定标技术研究；研制大气辐射超光谱探测仪工程样机；突破数据预处理和气体反演技术，开发数据处理软件系统。

4）超敏捷动中成像集成验证技术（关键技术攻关类）。面向高分辨率、高效率、高价值对地观测卫星发展需求，开展超敏捷、动中成像技术攻关。完成动中成像模式的总体设计；完成高分辨率相机成像质量保证技术攻关，确保实现图像的高辐射质量和高几何质量；完成姿态快速机动并稳定控制技术攻关、动中成像高平稳姿态控制技术攻关，开发相关的核心控制部件并完成系统闭环验证；构建动中成像集成验证系统，模拟在轨动中成像过程，进行姿态机动与相机成像集成试验验证。

5）基于分布式可重构航天遥感技术（关键技术攻关类）。面向应急遥感等迫切任务需求，开展基于分布式可重构航天器的智能遥感技术与方法研究；开展航天器空间分布方式、可重构方法与遥感技术的关联性研究。开展凝视、推扫、视频与多星组网的多种成像模式相结合研究；研究空间多航天器空间遥感探测系统的分布式测量方法、通信组网与数据共享机制；研究快速自动合成与高精度定位以及分布式航天器组网系统技术。开展具有实时姿态、位置、时间和自标定等综合信息能力的智能化载荷系统标准研究；形成标准化的分布式姿态测量与控制模块，网络化通信与数据共享模块，高精度遥感模块三大核心能力。

6）面向遥感应用的微纳卫星平台载荷一体化技术（关键技术攻关类）。面向多尺度实时敏捷全球覆盖的需求，开展20kg量级卫星的平台载荷一体化总体技术研究；构建标准化的微纳型遥感载荷单元与微纳型姿态测量控制单元，能源流单元和信息流单元。开展面向微纳型遥感卫星在轨遥感参数自标定和互标定技术研究，并通过地面演示验证；研究部署地球空间环境探测传感器微型化与集成设计技术，如空间大气、粒子辐射、电磁场、微重力等探测。突破探测微传感器关键技术及其与微纳星微平台一体化设计和集成技术。建立低成本货架式微纳型遥感卫星技术体制；开展基于商业器件的批量化微纳卫星遥感系统的建造技术、标准化模块、载荷的集成、测试方法研究；完善微纳型遥感卫星的建造规范，为未来实现百颗量级微纳卫星遥感编队奠定技术基础。

7）基于国产遥感卫星的典型要素提取技术（重大共性关键技术与应用示范类）。研究并建立全球多尺度典型要素标准体系和全球典型要素信息提取技术规范；研究国产低—中—高分辨率卫星遥感影像无场几何定标与验证技术、大规模境外多源遥感数据高精度协同处理技术；研究全球典型要素自动识别、快速提取与定量遥感技术，研究全球典型要素的增量更新技术；研究毫米级全球历元地球参考框架（ETRF）构建关键技术；形成典型要素协同生产技术体系，开展地表特征、资源、环境、矿产、生态、减灾典型要素信息提取示范应用。

8）地球资源环境动态监测技术（重大共性关键技术类）。研究全球典型区域资源、能源、生态环境、自然灾害的监测指标体系，研究任务驱动的多源国产卫星协同立体监测、预警、应急调查技术，研究面向环境要素应急与监测耦合遥感观测技术，研究天地联合多时空尺度监测数据在线融合处理及协同分析技术，研究基于多源多时相卫星影像的全球尺度及典型区域地表覆盖、自然灾害、资源能源开采环境、生态环境等标志性特征的高可信变化检测、分析评价、模拟预测技术；研究天地联合多时空尺度近地空间环境监测关键技术；形成地球资源环境动态监测技术体系，开展相关领域的应用示范。

9）区域协同遥感监测与应急服务技术体系（关键技术攻关与应用示范类）。研究区域应急响应空天地组网遥感监测应急服务体制机制，研究应用机理并确立应用需求和技术指标体系；研究基于卫星普查观测、浮空器定点观测、长航时无人机巡航观测、轻小型无人机重点观测、地面移动终端信息实时采集的空天地一体化协同观测和应用系统总体技术；突破区域空间应急信息链构建、突发事件空间信息聚合分析、应急决策支持等共性关键技术，研建区域应急响应空间信息服务规范标准，构建“一带一路”、边境口岸等重点敏感区域的突发事件应急服务系统，以重点区域和典型突发事件为案例，开展规范、技术体系与系统集成方案的应用示范。

10）星载新体制 SAR 综合环境监测技术（关键技术攻关类）。针对陆地和海洋资源探测、生态系统监测、环境监测、地形测绘、灾害监测等需求，开展集应用技术指标体系、监测技术指标体系、研制技术指标体系、综合监测和应用实施详细技术方案、运行体系架构为一体的星载 SAR 综合监测体系架构研究；研究突破分布式 MIMO 系统技术、多频段多极化 SAR 系统及其轻量化技术，基于 Sweep 或 DBF 的宽测绘带成像技术，多基线干涉 SAR 技术。开展 SAR 综合环境监测信息处理技术，包括多维度 SAR 地物散射机理与特性、应用机理与模型、高精度误差补偿及成像，时间、空间、频率和极化多维度 SAR 一体化信号处理，重点设施形变监测，SAR 海洋应用与数据反演、SAR 植被生物量反演等；开展 SAR 海洋陆地综合应用星地一体化仿真分析与试验验证；奠定星载 SAR 综合监测体系应用的技术基础。

11）大气海洋环境载荷星上处理及快速反演技术（关键技术攻关类）。开展大气海洋环境载荷星上预处理及快速反演技术研究。突破多海洋遥感载荷数据融合处理技术，海面风场 / 浪场等无外部信息输入的快速自反演技术，高时空分辨率 GNSS-R 信号典型海况参数星上快速反演技术，大气温湿度及气溶胶等大气环境参数星上快速反演技术，快速时变要素（飓风、巨浪、强对流云团、闪电等）星上快速检测与识别技术等关键技术，完成星上快速反演算法和信息提取快速处理研究和相关软硬件平台实现，进行星上快速反演产品智能服务应用示范研究，服务于灾害性大的天气海洋环境预报等对卫星遥感产品高时效性的需求。

12）分布式微纳遥感网高精度载荷数据融合与反演技术（关键技术攻关与系统集成类）。分布式微纳航天器的近实时遥感网数据来自大量相互状态、载荷的分辨率、成像模式几乎各不相同的卫星，因此将大量的遥感数据进行快速融合，及时地为用户提供高性能影像并精确反演卫星及载荷的在轨工作状态是自主高效遥感系统的重要组成部分。主要研究内容包括：建立高精度平台载荷一体化成像模型，实现具有凝视、推扫、视频、敏捷与多星组网的多种成像模式分布式卫星载荷数据快速自主耦合；研究基于成像过程内外方参数的快速影像反演方法，并在成像过程中反演卫星颤振、姿态运动等信息，实现卫星能力检测与成像效果评估；研究多星组网的多种成像模式数据一体化标定方法。

13）高频次迅捷无人航空器区域组网遥感观测技术（关键技术攻关与系统集成类）。面向我国灾害与公共安全应急响应、区域信息动态监测对于空间信息实时快捷、精准稳定获取的应用需求，以发展无人机、浮空器等无人航空器遥感观测系统组网技术为目标，研究适用于高频次迅捷区域组网遥感观测的无人航空器组网系统总体技术、网络通信与接入技术、安全管控技术、标准化轻量化的载荷与数传技术，形成高频次动态信息获取所需的组网规划与调度、安全管控、数据获取与传输、航空器平台与载荷测控的技术能力，研制与集成构建具备区域高频次迅捷信息获取能力的无人航空器组网观测系统，可实现规划、调度、资源、产品、服务协同一体的常态化应用服务，具备开展生态、环境与资源监测、应急响应、国土区域安全等应用的能力。

14）城市群经济区域建设与管理空间信息重点服务及应用示范（系统集成与应用示范类）。面向城市群经济区空间规划管理、基础设施、地质环境、路域灾害等多领域决策支持和综合服务对空间信息的迫切需求，利用国产高分辨率遥感卫星等空间数据源，突破城市群经济区时空大数据融合分析、城市群综合交通一体化规划建设运行监管、城市群地质环境演化、公共设施形变监测预警、灾害风险防范与智能决策、城市群空间开发规划与综合服务等关键技术；构建面向城市群经济区建设和管理的空间信息应用技术体系，研制城市群经济区建设与管理应用示范系统，开展城市群空间规划和综合管理等空间信息应用示范；研究我国经济新常态时期城市群自适应发展新模式和服务管理新方式，推进城市群经济区域信息资源互联互通、基础设施和公共服务设施共建共享、创新资源高效配置和开放共享、区域环境联防联控联治，实现城市群一体化发展。

15）城乡生态环境综合监测空间信息服务及应用示范（系统集成与应用示范类）。面向我国新常态经济模式下城市健康可持续发展和新型城镇化与经济转型升级对城－镇－乡－村一体化资源规划、生态安全、环境保护的迫切需求，开展城镇生态资源、水体水质、污染气体、土壤污染等高分遥感与地面观测协同的动态监测技术研究；突破城镇区域污染物传输通道及“风道”监测、城市热岛监测、城镇河网黑臭水体监测、村镇土壤污染监测、城镇森林等生态资源规划及重点生态功能区遥感监测与评估等关键技术，开展城镇一体化综合应用示范，为国家环境治理改善、政府管理决策和生态文明建设提供重要技术支撑。

16）城市群经济区域碳排放监测空间信息服务及应用示范（系统集成创新类）。面向我国城市群经济区域应对气候变化、节能减排与低碳智能城镇化建设的重大需求，研究城市群天空地多维多尺度碳排放观测手段与排放清单的集成技术，突破多源数据融合同化的关键技术，研究多源碳排放数据不确定度的分析方法；研究不同城市空间和不同尺度的二氧化碳运移规律，研究城市碳排放核算模型的构建方法，研究城市群月均 CO_2 浓度估算技术；研究城市群碳排放监测空间信息产品的自动化生产技术及可视化技术，针对重点城市群开展碳排放监测空间信息服务应用示范，为我国城市绿色低碳发展和国家气候谈判提供技术支撑。

17）重特大灾害空天地一体化协同监测应急响应关键技术研究及示范（系统集成与应用示范类）。研究重特大自然灾害天空地一体化灾情遥感监测与快速评估关键技术，实现灾情与警情、风险研判与应急指挥在数据层和决策层的深度融合；研究灾场星地导航定位与应急通信救灾网络的快速构建技术，为应急响应与决策提供通信保障和实时遥感灾情信息；研制重特大灾害救灾监测空间数据获取、灾情研判与应急救援等空间信息快速接入、实时交互的集成系统，为灾害应急指挥提供强有力的支撑平台。以“一带一路”国家和区域突发重特大自然灾害为研究对象，开展自然灾害的天空地协同遥感监测与空间信息应急服务与应用示范。

18）国土资源与生态环境安全监测系统集成技术及应急响应示范（系统集成与应用示范类）。开展多源高分辨率国产卫星协同观测、立体监测等全天候遥感监测关键技术集成研究、系统研发和示范应用，构建面向典型/重点区域的国土资源、森林生态、流域水生态、农业生态与荒漠化、民族地区及其周边生态环境等的安全监测系统；

开展基于高性能导航及通信网络技术的资源与生态环境安全的调查、巡查、督察及应急响应等信息快速采集、实时处理与传输等关键技术研究。围绕“一带一路”重点区域和西北边境地区，综合利用卫星遥感、低空遥感和地面观测技术开展空天地一体化国土资源及重点区域生态要素的动态感知，研发集成典型区域的国土与生态安全监测软硬件系统，并开展应用示范。

19）空间量子成像技术（基础前沿类）。面向同时兼顾高空间分辨率、夜间弱光成像和全天时对地观测能力的各类区域性监测任务需求，开展基于激光、太阳光、自发辐射等光量子探测技术的空间量子成像技术研究，包括：星载量子成像天地一体化总体技术研究、基于热光源的计算量子成像方法研究、反射信号与计算信号关联成像遥感技术、概率性单光子探测模式下的超高灵敏度量子成像等关键技术研究；完成机载原理样机研制并进行机载飞行试验验证，为未来近地轨道量子成像卫星的在轨应用奠定技术基础。

20）光丝激光大气多组分监测技术（基础前沿类）。针对传统激光雷达难以对排放在大气中的重要污染物进行化学成分遥感监测的问题，突破高集成度高功率飞秒激光器、光丝空间分布调控、高灵敏度光谱分辨技术、光丝和物质相互作用分子动力学、多组分大气污染识别等关键技术；研制原理样机，开展地面验证试验，为大气污染多组分监测提供坚实科学技术基础。

21）全天时主动式高光谱激光雷达成像技术（基础前沿类）。面向航空航天高光谱激光雷达对地观测技术发展前沿、目标探测空间三维－光谱信息一体化获取与识别应用需求，开展激光雷达高光谱成像新体制，突破高输出功率超连续谱激光光源技术、激光高光谱全波段同步成像技术、激光回波高光谱回波信息接收与空间三维－光谱数据处理技术；研制可见－近红外谱段的高光谱激光雷达机载原理样机，开展航空飞行验证。

22）太阳反射谱段空间辐射基准载荷技术（共性关键技术类）。突破太阳反射谱段空间辐射观测基准溯源、宽谱段低噪声参量下转换相关光子探测、空间应用稳定性及环境适应性设计等关键技术，研制太阳总辐照度和地球观测基准载荷（可同时实现月亮辐照度测量），以及太阳光谱辐照度观测相关光子自校准基准载荷原理样机；开展精度与稳定性地面验证。

23）红外发射谱段空间辐射基准载荷技术（共性关键技术类）。开展高精密干涉式红外高光谱对地观测基准载荷技术研究，突破高精度红外定标溯源、红外超光谱宽波段高灵敏度干涉探测、高稳定度干涉调制、颤振抑制、光谱与辐射定标等关键技术，研制红外超高光谱辐射基准载荷原理样机，完成精度验证。

24）空间辐射基准传递定标及地基验证技术（共性关键技术类）。面向定量遥感信息技术高速发展对提高我国遥感产品质量的迫切应用需求，针对空基标准辐射定标系统向光学遥感业务卫星高精准传递辐射测量基准和各类光学遥感卫星数据产品辐射质量可追溯的辐射定标前沿问题，突破高精准空间辐射基准一致性传递、国际网络化地基自主辐射定标、空间辐射基准传递定标系统外场测试、国际定标基准溯源与不确定性分析等关键技术，研制空间辐射测量基准传递定标数据处理与溯源分析系统，形成天 - 地一体化空间辐射定标基准传递技术体系。在平流层高度开展空间辐射基准传递定标外场综合测试，进行可见 - 热红外谱段遥感载荷的空间辐射基准传递定标及地基验证示范应用，实现多系列光学卫星产品辐射质量与一致性评估。

25）国产多系列遥感卫星历史资料再定标技术（共性关键技术类）。针对我国气象、资源、海洋等民用系列遥感卫星积累的近 30 年的空间对地观测数据，开展长时间序列遥感卫星历史数据精细化再定标研究。突破卫星轨道漂移与通道衰变复合分析、全球稳定自然目标甄别与特征建模、多载荷时空与光谱匹配等关键技术，分析遥感载荷的定标参数变化趋势及其响应物理机理，完成基于再分析资料的卫星观测辐射模拟及验证，构建国产系列遥感卫星历史数据再定标系统。实现长时间序列卫星历史数据再定标。在此基础上，开展典型产品生成应用示范。

26）全球综合观测成果管理及共享服务系统关键技术研究（共性关键技术与应用示范类）。面向互联网环境下多源、多尺度、多类型、大规模全球动态综合观测成果管理及相应的空间信息、地学知识、应用模型的关联融合、管理维护、共享服务需求，研究基于互联网的全球综合观测成果典型要素的智能发现、快速关联、融合处理技术；突破全球巨量观测成果的动态组织、高效管理与多模综合检索等技术；突破基于全球时空大数据的领域知识建模与共享、服务加速等技术；研制海量综合观测数据知识化管理平台，建立基于统一标准与接口的分布式数据中心和领域模型服务中心，实现需求驱动的全球观测成果主动发现、动态聚合、高效管理与智能服务应用示范。

27）新型城镇化建设与管理空间信息综合服务及应用示范（应用示范类）。面向中小城市和特色小城镇的规划建设管理需求，利用北斗卫星导航定位系统、国产高分辨率卫星及航空遥感、全息地理信息系统等手段，突破精准时空信息快速获取与处理、多源信息动态融合分析与多维动态表达、多层级信息综合协同管理应用等关键技术，重点研究城镇空间资源综合规划与利用分析、城镇重要基础设施与建筑安全监测评估、城镇地质灾害综合防范、历史文化名城名镇保护利用监测评价、城镇固废垃圾遥感监测、特色镇人居环境与产业发展动态监测等技术，研制适合中小城市和小城镇的规划建设管理空间信息综合服务平台，开展中小城市和特色小城镇规划建设管理空间信息综合服务应用示范，为促进新型城镇化发展提供坚实的科技支撑。

28）城镇公共安全立体化网络构建与应急响应示范（应用示范类）。面向城镇突发公共安全事件，开展网格化城镇安全管理系统集成技术和安全可疑目标空地协同监测应用技术研究，实现区域网格化、信息采集智能化、管理精细化，有效提升城镇突发事件应急救援能力；针对城镇敏感区域与重要设施，建立完善的立体化监测体系，开展遥感信息、地面智能化视频监控信息、地形地貌、建筑物分布、人口分布、警情等多源信息综合分析技术集成研究，准确识别潜在安全隐患的空间分布，实现协同侦测与突发事件应急处置；选取“一带一路”典型城镇具有重大影响的突发公共安全及自然灾害事件，开展城镇突发安全事件协同应急响应应用示范。

六、小结

经过多年努力我国遥感观测系统得到不断健全与发展，“风云”“海洋”“资源”“高分”“遥感”“天绘”等卫星系列和“环境与灾害监测预报小卫星星座”进一步完善；“风云”系列气象卫星已形成极轨卫星上、下午星组网观测，静止卫星“多星在轨、统筹运行、互为备份、适时加密”的业务格局；“海洋二号”卫星实现对海面高度、海浪和海面风场等海洋动力参数的全天时、全天候、高精度综合观测；“资源一号”02C星成功发射、“资源三号”01、02立体测绘卫星实现双星组网和业务化运行；高分辨率对地观测系统建设全面推进，“高分二号”卫星实现亚米级光学遥感探测，“高分三号”合成孔径雷达卫星分辨率达到1m，“高分四号”卫星是中国首颗地球同步轨道高分辨率对地观测卫星；环境与灾害监测预报小卫星星座C星投入运行。采用星箭一体化设计的“快舟一号”“快舟二号”成功发射，提升了空间应急响应能力。“吉林一号”高分辨率商业遥感卫星成功发射并投入商业运营。

遥感卫星地面系统和应用体系不断完善，应用领域深化拓展，应用水平日益提升，应用效益持续提高。陆地、海洋、大气卫星数据地面接收站基本实现统筹建设与运行，形成高低轨道相结合、国内外合理布局的卫星数据地面接收能力；统筹建设地面数据处理系统、共性应用支撑平台、多层次网络相结合的数据分发体系，数据处理、存档、分发、服务和定量化应用能力大幅提升。行业应用系统建设全面推进，基本建成 18 个行业和 2 个区域应用示范系统，设立 26 个省级数据与应用中心。建立了高分辨率对地观测系统应用综合信息服务共享平台，遥感卫星数据已广泛应用于行业、区域、公众服务等领域，为经济社会发展提供重要支撑。

在国家重大工程的带动下，经过多年对地观测活动的开展，我国拥有了一定的数据积累，形成了一定的对地观测能力，整合现有数据资源，“盘活”空间数据存量，提高对地观测数据的有效供给，已成为我国对地观测领域发展需要关注的重要问题，也是推动遥感技术学科发展的必然要求。尽管我国从不同层面进行了遥感系统及其应用的相关规划部署，尚需对遥感技术科学问题进行凝练，理清关键技术问题及其实现途径，绘制我国遥感学科发展蓝图，为国家科技战略决策提供依据。

第三节　遥感技术产业发展

一、国外典型国家商业遥感卫星产业发展

（一）美国

自 20 世纪 80 年代开始，美国在不断保持其在对地观测技术领域领先地位的同时，也不断探索和实践相关的数据管理政策以确保其在数据资源方面的战略优势。在总结了针对 30m 分辨率多光谱陆地卫星系列商业化管理不算成功的经验之后，美国在 90 年代将对地观测数据按照其属性分为公益性和商业性两大类，分别制定了针对完全由政府投资对地观测卫星的“完全与开放”科学数据共享政策以及针对高分辨率对地观测卫星在约束条件下的商业化对地观测数据共享许可政策。进入 21 世纪后，美国政府一方面在全球范围大力推动其科学对地观测“完全与开放”的公益性共享政策，在有效满足美国国内各界对科学数据的获取、共享和广泛应用的同时，通过数据共享方式巩固并不断扩大美国在国际对地观测和相关领域的影响，加大对全球性问题话语权的技术支撑能力，确保美国科技和综合国力领先战略的实施；另一方面加大实施“平等竞争”市场化共享机制的力度，推动企业投资运行的对地观测数据在全球范围的商业化运作和市场争夺，并通过对商业卫星数据采购的合理支持方式，获取了大量具有军事战略和战术意义的高分辨率对地观测数据和信息，真正实现了和平时期寓军于民的战略目的。

1. 主要商业卫星资源

（1）WorldView 计划

美国 DigitalGlobe 公司于 1992 年在美国成立，拥有自主研发的卫星群，该公司也是世界上第一家将卫星图像分辨率提升到 30cm 的企业。21 世纪初，美国 OrbitingImage 公司和 SpaceImaging 合并组建了 GeoEye 公司，统筹运营 OrbView 和 Ikonos 系列商业遥感卫星，并发展了 GeoEye 系列商业遥感卫星。2010 年，GeoEye 公司合并到 DigitalGlobe 公司中，统筹运营 WorldView 和 GeoEye 两大系列高性能商业遥感卫星。2017 年 10 月 5 日，加拿大卫星通信信息公司 MDA（MacDonaldDettwiler & Associates）收购了 DigitalGlobe 公司，组建了 MaxarTechnologies 公司，它由 4 个领先的商业空间技术品牌 SSL、MDA、DigitalGlobe 和 RadiantSolutions 组成，能提供先进的卫星和空间系统、高分辨率地球影像和地理空间解决方案，将在北美乃至全球市场占据霸主地位。目前 DigitalGlobe 公司正在提供服务的卫星群由 GeoEye-1、WorldView-1、WorldView-2、WorldView-3 组成，该公司的 WorldView-4 因故障于 2019 年 1 月停止运行，DigitalGlobe 公司目前每天总共能够拍摄 300 万 km^2 的地球面积。

GeoEye-1 于 2008 年 9 月发射，搭载了星下点分辨率为 0.41m 全色和 1.65m 多光谱相机，图像幅宽为 15.2km。卫星位于太阳同步轨道上，轨道高度 681km，倾角 98°，赤道穿越时间为 10：30。GeoEye-1 卫星具备 ±45°侧摆成像能力，重访周期 3d。在发射时，GeoEye-1 是当时世界上分辨率最高的商业地球成像卫星。

WorldView-1 于 2007 年 9 月 18 日发射，运行在轨道高度为 450km、倾角 98°、轨道周期 93.4min 的太阳同步轨道上，平均重访周期为 1.7d，搭载 0.5m 分辨率全色相机，幅宽 17.7km，每天能够采集多达 130 万 km^2 的图像，它还具备高精度的地理定位能力，能够快速瞄准要拍摄的目标和有效地进行同轨立体成像。

WorldView-2 提供 0.46m 分辨率的商用全色图像，以及 1.85m 分辨率的 8 波段多光谱图像，幅宽 16.4km。它于 2009 年 10 月发射，运行于轨道高度 770km 的太阳同步轨道上，重访周期为 1.1d。

WorldView-3 于 2014 年 8 月 13 日发射，运行于轨道高度 617km 的太阳同步轨道上。WorldView-3 载荷成像幅宽为 13.1km，提供星下点 0.31m 分辨率的全色图像，星下点分辨率为 1.24m 的 8 波段多光谱图像，星下点分辨率 3.7m 的 8 波段短波红外图像，以及 12 波段的 CAVIS 载荷，提供云（Clouds）、气溶胶（Aerosols）、蒸汽（Vapors）、冰（Ice）和雪（Snow）观测数据，重访周期为 1d。

WorldView-4，以前称为 GeoEye-2，是 2016 年 11 月发射的第三代商业地球观测卫星，提供与 WorldView-3 相似的图像，其成像幅宽为 13.1km，提供星下点分辨率为 0.31m 的全色和 1.24m 的 4 波段多光谱图像，运行于轨道高度 617km 的太阳同步轨道上，重访周期为 1d。

（2）SkySat 计划

SkySat 计划是由 Skybox 公司推出（该公司 2015 年被谷歌收购，归属于 TerraBella 公司，2017 年又被谷歌出售给美国 Planet 公司）的一系列微小型卫星，主要用于获取时序图像，并服务于高分辨率遥感大数据应用。SkySat 卫星是全球首颗 100kg 量级亚米级分辨率微卫星。自 2013 年成功发射分辨率为 0.9m 的 SkySat-1 以来，SkySat 卫星星座已经发射 13 颗。SkySat-1 卫星和 SkySat-2 卫星为 2 颗试验星，分别于 2013 年 11 月 21 日和 2014 年 7 月 8 日发射。2016 年，SkySat 卫星星座正式开始系统建造，总规模在 19 ~ 25 颗。其中，SkySat-C1 卫星是该公司的首颗业务型商业对地观测卫星，SkySat 系列卫星均具有视频拍摄和静态图像拍摄两种工作模式。SkySat-1 卫星和 SkySat-2 卫星可提供分辨率为 0.9m 的全色图像和分辨率为 2m 的多光谱图像。同时，卫星还可以向地面转送 90s 时长的 30 帧 / 秒、分辨率为 1.1m 的视频。SkySat-3 ~ SkySat-14 可以提供分辨率为 0.7m 的全色图像和分辨率为 2m 的多光谱图像。

基于互联网平台的大数据应用是这一项目的核心，SkySat 卫星数据将广泛应用于监控、电信、土地用途规划、基础设施规划、环境评估、海洋研究、制图 / 测量、土木工程、自然资源、采矿及勘探、石油和天然气、旅游、农业等领域。

（3）Planet Labs 遥感卫星群

Planet Labs 遥感卫星群（简称 PL）是全球最大规模的对地观测卫星星座群，由美国卫星成像初创公司 Planet Labs 研制，公司成立于 2010 年，计划发射 5 个卫星星座群（Flock-1，-1b，-1c，-1d，-1e），其中由 28 颗鸽子卫星 Dove 组成的 Flock-1 卫星星座已于 2014 年 1 月发射；由 13 颗鸽子卫星 Dove 组成的 Flock-1c 卫星星座于 2014 年 6 月发射；另一个由 28 颗鸽子卫星 Dove 组成的 Flock-1b 卫星星座也于 2014 年 7 月发射；2015—2016 年发射了 76 颗 Dove 卫星，2017 年发射了 88 颗 Dove 卫星（3U 立方体卫星），形成了全球最大规模的遥感卫星星座，可为用户提供 3 ~ 5m 分辨率大范围快速更新的商用遥感卫星数据，并可直接获取经过校正的正射影像。Planet Labs 公司 2015 年 7 月收购了德国地理空间公司 BlackBridge，获得 RapidEye 系列卫星（5 颗星，5m 多光谱）运营权；2017 年 2 月 3 日从谷歌公司收购了 Terra Bella（原

Skybox Imaging），获得 SkySat 星座（7 颗，亚米级分辨率）运营权，得到了核心遥感数据挖掘团队，并与谷歌签订了长期影像数据合同，迅速成为小卫星运营国际龙头企业。

（4）BlackSky 计划

BlackSky 计划是由多个分辨率为 1m 的小微型卫星组成的遥感卫星星座，卫星的设计寿命为 3 年，该星座由成立于 2014 年的 BlackSky 国际公司运营。根据该公司计划，整个星座将包含 60 颗卫星，并且卫星每 3 年被替换一次，最终形成覆盖全世界 95% 区域、具有超高重访能力的卫星星座，具有近实时的 1m 高空间分辨率对地观测能力。星座的第一颗卫星 BlackSky Pathfinder–1 已于 2016 年 9 月 26 日发射升空。

2. 美国商业遥感市场

面对国际商业遥感市场的逐步产生，美国国会在权衡商业和竞争对国家安全利益的利害关系基础上，于 1992 年通过了《土地遥感政策法案》，这为美国公司获取商业遥感卫星的许可证打开了大门。2003 年 5 月 13 日，美国发布了布什总统授权的新的美国商用遥感政策，用以取代 1994 年克林顿签署的总统令。美国商用遥感政策的关键要点如下：①明确将商业高分辨率遥感卫星数据纳入国家地理空间信息体系之中，要求包括国防应用和国土安全在内的政府各部门以数据购买的方式更多地依靠商业高分辨率卫星影像资源；②对专为美国政府和由美国政府指定的外国政府收集的商业卫星图像，不设置任何分辨率限制；③对进入市场流通的卫星图像分辨率限制放宽到 0.25m；④保留政府对美国商用遥感卫星实施“快门控制”的权力，如针对中国等国家的 24 小时延迟。

在商业模式方面目前还是以数据销售为主，采购用户主要是政府部门。如美国 DigitalGlobe 公司 2016 年销售额约 8.65 亿美元，其中 66% 都来源于美国政府。在此基础上，相关国际企业也在努力打破这种对遥感数据较低层级的消费格局，如美国的 OrbitalInsight 公司的业务就是对购买的遥感数据进行必要增值处理和分析，通过提供增值信息服务来盈利。2017 年 4 月 26 日，美国从事遥感数据分析的 EagleView 公司宣布收购 OmniEarth 公司，以便利用后者的技术分析图像数据（包括航空图像），发展侧重建筑市场的卫星图像分析等业务；美国的 SpireGlobal 公司基于其发射的大气信息探测卫星，更准确地测量温度、压力和湿度等大气参数，积极开展天气资讯服务，现已能够每天产出 10 万个天气模型，通过更准确地预测天气，为农业、能源等企业节约数十亿美元经费。

总之，美国高分辨率遥感卫星商业化数据共享政策的制定和实施，抓住了高分辨率对地观测数据在信息社会巨大需求的市场前景，利用了已有的高分辨率对地观测技术的优势，调动激励了资本投资商抢夺这块信息资源和市场的欲望；并通过政府数据购买等扶持性政策，保护和支持了高分辨率对地观测企业的发展。必须指出的是，这种向市场要利润的商业化运作方式，对数据产品质量、对地观测技术系统先进性和可靠性、满足用户需求有刚性要求的市场竞争模式，极大地提高了对地观测技术和应用或“应用卫星和卫星应用”技术的水平，也发展和带动了信息领域相关技术和应用的发展。同时，美国政府也通过商业化全球布局的途径，获取了大量的社会经济和空间地理战略信息资源，既避免了国家投资重复建设，又达到了支持美国经济发展、国防和国土安全的战略目的。

（二）欧洲

欧洲的对地观测早期以 CNES 及其合营的 SPOT IMAGE 公司为代表。自 20 世纪 80 年代开始，SPOT IMAGE 公司以商业化方式，在各国推广 SPOT 卫星数据的应用，实践了政府出资建造、公司出资运营的混合模式，以其良好的数据质量和 10m、5m 进而 2.5m 分辨率并保持 60km 幅宽的技术优势，在市场上获得了极大的成功。1991 年，ERS 系列卫星发射运行，随后欧空局一系列科学对地观测计划的实施以及美国对地观测商业化政策放开和市场竞争的加剧，欧洲也逐渐向完全商业化数据销售和科学研究数据共用的方向发展。SPOT IMAGE 与政府机构剥离，最终由空客公司收购运营，其商业化卫星资源除了延续的 SPOT 外，还发展了 Pleiades、TerraSAR 等高分辨率卫星；科学对地观测卫星数据则由最初的有偿共享逐步向免费共享方向发展，尽管还未出现如同美国的制度性完全与开放共享的政策制度环境，但正朝着更加开放的数据共享努力。

1. 法国

在欧洲众多国家中，法国是最早涉足商业遥感卫星领域的国家。从 1986 年起，CNES 先后发射了 7 颗 SPOT 卫星、2 颗 Pleiades 卫星。SPOT 卫星完全采用商业化运作模式，其商业化活动是在欧盟框架下，由 CNES 授权 SPOT IMAGE 公司负责实施，2011 年 SPOT IMAGE 公司并入空客公司。此外，法国还于 2011 年 12 月成功发射了新一代 0.5m 分辨率的军民两用 Pleiades-1 卫星。

SPOT 卫星通过法国图卢兹的接收站和遍布全球的国际合作站网实现 SPOT 数据接收，但高分辨率立体成像仪 HRS 数据仅能由法国站接收。SPOT 数据按照市场价格发售，出于政治因素的考虑，政治敏感国家和地区数据是有选择开放的，特别是用于制作高精度 DEM 的 HRS 数据。SPOT IMAGE 公司在全球市场均设有区域分发商（如与原中国科学院遥感卫星地面站合资成立的北京视宝公司等），各区域客户通过当地分发商订购本区域及区域外的开放数据，区域外的数据价格通常高于本区域数据价格。其中高质量植被传感器数据可免费提供给科学家、研究人员以及开展一些全球化应用的人员或组织。另外，SPOT 数据可通过 CHARTER 机制免费应急使用，法国政府会给予一定补偿。SPOT 这类商业卫星数据，用户购买的仅是数据使用许可，在遵从数据版权规定的前提下通常也是允许共享的。

总体来看，在推动商业遥感卫星的研制、部署和应用方面，与美国政府给政策、完全企业出资的商业化模式不同，法国采用了政府出资承担商业遥感卫星的研制和部署成本，遥感卫星运营企业只负担卫星在轨运行维护和数据销售等后期营运成本的混合商业化模式。为了极大化获取卫星寿命周期的经济利润，商业公司在提供图像数据产品之外，也开始增加其增值产品组合以便为客户提供完整的地理信息服务和包括结合航拍数据和进行第三方数据在内的附加服务。

2. 德国

（1）RapidEye 卫星

RapidEye 卫星星座为德国 RapidEyeAG 公司所有并运行的商用卫星，是商业多光谱遥感卫星。2008 年 8 月 29 日，5 颗 RapidEye 资源卫星成功发射升空，5 颗卫星被均匀分布在一个太阳同步轨道内，从 620km 的高空监测地面，服务寿命为 7 年。RapidEye 影像获取能力强，日覆盖范围达 400 万 km^2 以上，获得了中国自然资源部、美国农业部、欧盟农业部门的认可，其卫星影像得到了广泛的应用。其主要性能优势为大范围覆盖、高重访率、高分辨率、多光谱获取数据方式。RapidEye 传感器图像在 400 ~ 850nm 内有 5 个光谱段，每颗卫星都携带 6 台分辨率达 6.5m 的相机，通过 5 星构成的星座，能实现快速传输数据，连续成像，重访间隔时间短。该系统 1 天内可访问地球任何一个地方，5 天内可覆盖北美和欧洲的整个农业区。RapidEye 是全球首颗提供“红边”波段的多光谱商业卫星，5 个光谱波段的获取方式更加有助于监测植被变化，为植被分类和生长状态监测提供有效信息，还可对水体的富营养化程度进行相应检测，适合农林、环境等方面的调查和研究。

（2）TerraSAR-X

TerraSAR-X 卫星是德国的第一颗高分辨率雷达卫星，也是世界上第一颗分辨率达 1m 的商用 SAR 卫星。由德国政府和工业界共同研制，EADS Astrium 公司负责建造，是在 Public-Private-Partnership（PPP）协议框架下，由德国联邦教育和研究部（BMBF）、德国航空航天局（DLR）、欧洲航空防务 EADS 及其下属 Astrium 公司合作实施的雷达卫星。2007 年 6 月 15 日，TerraSAR-X 雷达卫星发射升空。TerraSAR-X 携带一个高频率的 X 波段合成孔径雷达，可以用聚束式、条带式和推扫式 3 种模式成像，并拥有多种极化方式。它可全天时、全天候地获取用户要求的任一成像区域的高分辨率影像，4～5 天内能扫描地球所有区域，亦可在 3 天甚至更短的时间内对任何重点目标进行优先重复观测。

TerraSAR-X 雷达卫星有 3 种典型的成像模式，即宽扫描成像模式（Scan-SAR）、条带扫描成像模式（Stripmap）和聚焦成像模式（Spotlight）。各模式特性如下：①宽扫描成像模式（SC）即 ScanSAR 模式，该模式拥有较大的幅宽、较低的空间分辨率，通过雷达波束在数个连续的子观测带之间的转换来实现大区域的观测成像，其极化方式为单极化方式（HH 或 VV），成像分辨率约为 16m，数据采集范围为 15°～60°，全效率范围为 20°～45°，景幅大小约为 100km×150km；②条带扫描模式（SM）即 Stripmap 模式，这是最常用的成像模式，其极化方式为单极化（HH 或 VV）、双极化（HH/VV、HH/HV、VV/VH）和全极化（HH/VV/HV/VH）三种，相应地，其成像分辨率在单极化方式时为 3m，在双极化方式时为 6m，数据采集范围为 15°～60°，全效率范围为 20°～45°，景幅大小在单极化方式时为 30km×50km，双极化方式时为 15km×50km；③聚束成像模式（SL）即 Spotlight 模式，该模式下控制雷达天线在整个成像时段内，照射所要求的区域，其持续时间要比标准的条带边观测时间长，这样就能增加天线合成孔径长度从而增加方位分辨率，这也是 TerraSAR-X 的最高分辨率拍摄模式，其成像分辨率单极化方式为 1m，双极化方式为 2m，数据采集范围为 15°～60°，全效率范围为 20°～55°，景幅大小在单极化方式时为 10km×10km，双极化方式时为 5km×10km。

由于所获取的图像数据的高分辨率等优良特性，使得 TerraSAR-X 在很多领域都表现出良好的应用前景，如地理科学研究、地球物理研究、降雨量及水流域模拟研究、气候以及海洋洋流研究等。不仅如此，TerraSAR-X 还可用于航空、移动通信、区域规划和灾害预防等。此外，该卫星还将为城市区域观测提供全新的视角，可以高分辨率精确测绘独立建筑、城市结构和基础设施。

（三）加拿大

加拿大的商用遥感卫星主要为RADARSAT系列卫星（见表2-2）。其中，RADARSAT-1卫星由CSA于1995年11月4日发射，这是一颗由加拿大主导发射的卫星。它是个兼顾商用及科学试验用途的雷达卫星，首次采用了可变视角的ScanSAR工作模式，卫星具有7种工作模式和25种不同入射角的波束，因而具有多种分辨率、不同幅宽和多种信息特征，适用于全球环境和土地利用、自然资源监测等。该星为太阳同步轨道卫星，轨道高度为793～821km，重复周期为24d，它是一个单传感器-C波段（5.3GHz）SAR的遥感卫星。2013年3月29日，RADARSAT-1卫星停止运行，其近20年的服役期间所产生的观测数据，被广泛运用到地球资源勘测、气候变化监测中，为人类提供了大量有价值的地球观测信息。

加拿大的第二代雷达商业卫星RADARSAT-2于2007年12月14日发射升空，由CSA和MDA公司共同管理运营。RADARSAT-2上搭载的主要传感器是具有多种成像模式能力的C波段SAR，它除了延续RADARSAT-1的拍摄能力和成像模式外，还增加了3m分辨率超精细模式和8m全极化模式，并且可以根据指令在左视和右视之间切换，不仅缩短了重访周期，还增加了立体成像能力。此外，RADARSAT-2可以提供20种成像模式及大容量的固态记录仪等，并将用户提交编程的时限由原来的12～24h缩短到4～12h。RADARSAT-2数据可用于全球环境和自然资源的监测、制图和管理，尤其是在海冰监测、制图、地质勘探、海事监测、救灾减灾和农林资源监测以及地球上的一些脆弱生态的保护等。RADARSAT-2为全球用户提供了大量先进的商用遥感雷达影像，证明了加拿大航天在全球遥感领域的领先地位。

表2-2　加拿大商用卫星基本信息一览表

卫星名称	发射时间	卫星高度/km	覆盖周期/d	传感器	工作模式	运行情况
RADARSAT-1	1995年11月4日	793～821	24	C波段（5.3GHz）	7	2013年3月29日停止运行
RADARSAT-2	2007年12月14日	798	24	C波段（5.405GHz）	20	在役

基于遥感卫星性能不断提升对国家安全、国防、外交政策等方面问题的考虑，事实上也受到美国政府在SAR技术国防应用方面一贯的高度重视和控制的政策影响，1999年，加拿大公布了“获取控制”政策（Access Control Policy），并在2007年开始正式实施《遥感空间系统法案》（*Remote Sensing Space Systems Act*）和《遥感空间系

统条例》(*Remote Sensing Space Systems Regulations*)。在《遥感空间系统法案》和其他安全因素的限制之外，大部分遥感卫星数据均为公开。

RADARSAT 的投资方式比较复杂。第一颗雷达卫星，即 RADASAT–1 为 CSA 代表政府投资一部分、有应用需求的省（地方政府）联合投资一部分、NASA 以负责发射作为投资的另一部分，以获得数据免费应用作为投资的回报；同时，组建 RSI 公司负责 RADASAT–1 卫星数据全球范围的商业化运行。从 RADASAT–2 开始，加拿大 MDA 公司买断了 RADARSAT–1 的分发权、并独资开展 RADARSAT–2 的研制和商业化运行，通过世界各地设立的当地分发商在世界范围内分发数据，在数据资源使用中商业分发具有高的优先权。加拿大联邦政府部门通过加拿大遥感中心免费获取 RADARSAT 数据开展公益性科学研究和应用；普通用户通过数据订购服务平台可访问存档数据，并以市场价格购买数据。由于 RADARSAT–1 由 NASA 发射，作为交换，美国政府控制了 RADARSAT–1 约 15% 的观测时段，美国政府机构也可以免费获取六个月以前的所有 RADARSAT 数据。各区域接收站负责接收本区域内的数据，并具有接收星上存储数据的能力。用户可以订购获取全球任何地区的数据，但受到数据政策安全条款制约，对于敏感地区，通常有 72h 的时间延迟及获取频率限制。

（四）印度

印度的遥感政策服务于本国遥感系统的商业化，有效地带动了国内遥感数据市场的发展。卫星遥感数据使用的国产率很高，极大地促进了本国遥感卫星的发展。2011 年 7 月，印度政府公布了新版《遥感数据政策》(RSDP–2011)，准许分发 1m 分辨率卫星数据。新版政策取消 2001 版数据政策中 5.8m 分辨率的界限，不仅解除了敏感防御区域的遥感禁令，而且删除了某些限制，更方便用户使用高分辨率遥感数据。

印度遥感卫星的发展以需求为导向，通过加强国际合作、缩短研发周期，取得了举世瞩目的成就，成为该领域的领先国家，并逐步建立了多种分辨率相结合的遥感卫星体系。2005 年 5 月，ISRO 发射了 Cartosat–1 卫星。这是印度第一颗高分辨率地球资源探测、测绘与情报卫星。Cartosat–1 的发射标志着印度在该领域进入先进国家的行列。Cartosat–1 卫星上装有 2 台相机，成像幅宽为 26.8km，重访周期 5d，像元分辨率 2.5m，卫星配有高精度的姿态与轨道控制系统，具有同轨立体成像能力，能提供更高的测图精度。2007 年 1 月，Cartosat–2 发射升空，全色相机分辨率高达 0.8m，重访周期 4d。2008 年 4 月，Cartosat–2A 发射，2010 年 7 月，Cartosat–2B 发射。Cartosat–2 系列 3 颗卫星，形成了相当强大的监视能力。后继的 Cartosat–2C/D 卫星仍在进一步研制，总体性能变动不大。下一代遥感卫星 Cartosat-3 系列中，Cartosat-3A 将在 450km 轨道上实现优于 0.5m 的全色分辨率和大约 1m 的多光谱分辨率，在现有民用遥感卫星中是数一数二的，Cartosat-3A 将在 2014 年发射。在研究开发光学成像卫星之后，印度研发的雷达卫星也不断取得进展。2009 年，ISRO 发射了 RISAT-2 卫星，星上装有一台以色列建造的合成孔径雷达，支持全天候对地观测。2012 年 4 月 RISAT-1 发射，该卫星重 1858kg，寿命周期 5 年，雷达工作在 C 频段，聚束模式成像最高分辨率可达 1m。RISAT-1 的发射，大幅提升了印度对地观测能力，是印度航天能力发展的又一重大事件。

在不断提高卫星研制水平的同时，印度不断推动卫星的应用，实现卫星影像及其产品的商业化，确保可持续发展。1992 年，Antrix 公司成立，是隶属印度航天部的国有公司，旨在向全球用户推广销售 ISRO 航天产品、服务及技术咨询与成果转化，内容覆盖遥感数据服务、通信服务、科学研究、发射服务等，同时促进与印度航天相关产业的发展。Antrix 公司在全球销售印度中分辨率 IRS 系列卫星及 Cartosat 系列卫星图像，并与全球多家商业航天服务提供商保持合作，获得了巨大的经济效益，对印度航天遥感产业的可持续发展起到了十分重要的作用。

（五）日本

1992 年 7 月，日本对由宇宙开发事业团（NASDA）针对 20 世纪 90 年代发射的 JERS-1SAR 和 ADEOS 光学遥感卫星，提出了地球观测卫星数据的分发与接收政策。

进入 21 世纪，日本发射了第二代遥感卫星 ALOS。为了加强管理、扩大日本在国际对地观测领域的影响，日本重组了空间机构，建立了 JAXA。日本的 ALOS 卫星计划与我国环境减灾小卫星星座计划大致同步，但由于其采取了积极政策、有效措施和行动，很快就在亚太地区形成了巨大的影响，同我国同类空间计划的规模和取得的效益相比，差别十分显著。

（六）其他国家

1. 韩国

韩国商业卫星 KOMPSAT，包括 KOMPSAT-2、KOMPSAT-3、KOMPSAT-3A 和 KOMPSAT-5。KOMPSAT-2 于 2012 年 5 月发射，其上搭载了 1.0m 全色和 4.0m 4 波段多光谱遥感器，幅宽 15km，为大比例制图需求提供了一个很有效率的解决方案，比例尺可以从 1∶5000 到 1∶2000，特别适合于提供战略的或业务的智能决策信息，支持识别和判断敏感地点或侦查判读民用和军事系统。KOMPSAT-3 是 KARI 的光学高分辨率观测卫星，由 MEST（教育，科学和技术部）资助于 2004 年启动，2012 年 5 月发射，其上搭载空间分辨率 0.7m 全色以及 2.0m 4 波段多光谱遥感器，幅宽 16km，平均重访周期 1d，目标是提供 KOMPSAT-1 和 KOMPSAT-2 任务的观测连续性，以满足韩国对 GIS（地理信息系统）和其他环境、农业和海洋学所需的高分辨率光学成像数据的需求，监控应用。KOMPSAT-3A 于 2015 年 3 月发射，提供 0.4m 全色、1.6m 4 波段多光谱以及中波红外遥感影像，幅宽 13km，是韩国首个地球观测 / 红外卫星，主要目标是获取用于 GIS（地理信息系统）环境应用的红外和高分辨率光学图像，促进农业和海洋科学以及自然灾害等应用。KOMPSAT-5 的主要任务目标是开发、发射和运行地球观测 SAR 卫星系统，为地理信息应用提供图像并监测环境灾害。

2. 俄罗斯

长期以来，俄罗斯只向本国政府部门免费提供卫星遥感图像数据，不向商业组织提供遥感数据和信息服务，国内企业的相关需求只能靠购买国外数据来满足。近年来，随着全球对卫星遥感数据服务的需求不断增长，以及国内因经济低迷对航天投入的持续减少，俄罗斯日益重视发展卫星遥感产业，试图激发本国在该领域的商业潜力，在国内外市场上分一杯羹，同时减轻政府预算压力。俄政府认为，当前俄罗斯已具备进入国内和国际商业遥感市场的能力，即使短期内无法与国外领先企业在国际市场上进行有力竞争，也要争取在本国市场上取得一定份额。2018 年 3 月，俄罗斯修订《俄联邦航天活动法》，允许向商业组织和个人有偿提供遥感数据。

在俄罗斯航天国家集团公司（原俄联邦航天局）关于“遥感服务商业化和增加预算外收入”的战略倡议下，“俄罗斯航天系统”控股公司（隶属俄罗斯航天国家集团公司）于 2017 年 12 月 25 日成立一家子公司，即“TERRA TECH”股份公司，作为俄首家商业地球遥感服务及地理信息服务运营商。该公司面向广泛的消费市场，通过综合运用机器学习、导航定位、物联网、大数据等相关技术，对地理空间数据（包括地球遥感、导航数据）进行深度分析加工，为国家机构、商业组织和个人提供各类地理信息解决方案。

3. 阿根廷

Nusat 卫星系列是阿根廷初创卫星企业 SatellogicS. A. 研制并负责运营的商业遥感卫星系列，已有 3 颗发射入轨，分别为 Fresco、Batata 和 MilaneSat，这些名字源于阿根廷本国的沙漠和食物的名称。该系列卫星的任务目标是向公众提供商业化卫星遥感数据。Aleph-1（Nusat 卫星的另一个别称）星座将由 25 颗卫星组成，其中头 2 颗卫星（Fresco 和 Batata）采用搭载发射的方式，于 2016 年 5 月 30 日随中国的长征-4B 型火箭发射升空，发射场为中国太原卫星发射中心，卫星轨道高度 500km，倾角 97.5°，为太阳同步圆轨道，升交点地方时 10：30。

二、我国商业遥感卫星

我国的商业遥感卫星服务始于 1998 年，以首家商业遥感服务公司北京视宝卫星图像有限公司成立为标志。随着 SPOT 系列卫星的商业化服务进入中国，其他国家的不同分辨率、不同成像模式的卫星也先后进入我国市场。2014 年 11 月，国务院《关于创新重点领域投融资机制鼓励社会投资的指导意见》（国发〔2014〕60 号）明确提出“鼓励民间资本参与国家民用空间基础设施建设。鼓励民间资本研制、发射和运营商业遥感卫星。引导民间资本参与卫星导航地面应用系统建设。”由此，商业航天在国家政策层面得到确认，“十二五”以来我国商业投资的遥感卫星迅猛发展，在轨卫星数量超过 25 颗。目前国内市场上不仅有大量的国外卫星数据，同时国产卫星也非常活跃，从不同渠道以不同方式参与到遥感数据的商业化服务当中（见表 2-3）。

（一）“北京一号”/“北京二号”

“北京一号”小卫星（DMC+4）是全球首个由多国共建的遥感小卫星灾害监测星座（DMC）的成员，由英国萨里卫星技术公司（Surrey Satellite Technology Co.，Ltd，简称 SSTL）与中国联合制造，其运行权属北京二十一世纪空间技术应用股份有限公司完全所有，于 2005 年 10 月在俄罗斯普列谢斯克（Plesetsk）卫星发射场成功发射。该星与 2003 年 9 月英国萨里卫星技术公司制造的 3 颗小型对地观测卫星以及以前发射的“阿尔及利亚星”（ALSAT）共同组成了国际灾害监测星座（DMC）。“北京一号”是一颗具有中高分辨率双遥感器的对地观测小卫星。“北京一号”搭载的中分辨率遥感器为 32m 多光谱，幅宽 600km，主要用于农业、林业、土地、水利、灾害监测、地质、矿产、石油勘探和环境保护等领域；高分辨率遥感器为 4m 全色，幅宽 24km，具有侧摆 ±30°的功能，在国防、测绘、重大工程选址与评估、城市及区域规划等领域具有广泛应用。卫星观测重访周期短，32m 数据为 3～5d，4m 数据为 5～7d，如果（与其他 DMC 星）参加组网，可在 24 小时内重复观测地球上的任意地点（包括赤道地区）。“北京一号”星上存储设备为 8GB 固态存储器加两个 120GB 的硬盘，数据传输速率 X 波段为 40/20Mbps，S 波段为 8Mbps，数据获取方式包括星上存储过境接收和实时接收两种，具备获取全球数据的能力。

表 2-3　我国商业卫星基本参数

卫星名称	发射时间	运行管理机构	卫星基本参数	数据应用
“北京二号”	2015 年 7 月 11 日	北京二十一世纪空间技术应用股份有限公司	全色 0.8m，多光谱 3.2m	可应用于全球资源环境调查、城市规划和智能管理及灾害监测等领域
“吉林一号”	2015 年 10 月 7 日，“吉林一号”一箭四星（1 颗光学遥感卫星、2 颗视频卫星和 1 颗技术验证卫星）	长光卫星技术有限公司	整星质量约 420kg，轨道高度 656km（太阳同步轨道），全色分辨率 0.72m，多光谱分辨率优于 4m，成像幅宽 11.6km，单个轨道周期连续成像时间为 400s，具有常规推扫、大角度侧摆、条带拼接、立体成像四种工作模式	在农林生产、资源管理、环境监测、土地规划、地理测绘等领域具有极高的民用及商用
	2017年1月9日，“吉林一号”视频03星（“林业一号”）			
	2017 年 11 月 21 日，“吉林一号”视频 04、05、06 星（佐丹力 159“吉林一号”卫星星座）			
	2018 年 1 月 19 日，“吉林一号”视频 07 星（“德清一号”卫星），视频 08 星（“林业二号”卫星）			
“高景一号”	2016 年 12 月 28 日，“高景一号”01/02 星	北京四维商遥航天科技有限公司	全色分辨率 0.5m，多光谱分辨率 2m，轨道高度 530km，幅宽 12km，过境时间为 10：30。每天可采集 300 万 km^2 影像，采集效率更高，具备全球范围内任意目标一天内重访的能力	提供遥感数据服务和应用系统解决方案，以及针对国土资源调查、测绘、环境监测、金融保险和互联网行业的增值服务
	2018 年 1 月 9 日，“高景一号”03/04 星			
“珠海一号”	2017 年 6 月 15 日，01 组 2 颗卫星	珠海欧比特宇航科技股份有限公司	OVS–1 视频卫星 2 颗：空间分辨率为 1.98m，离地高度 530km，质量 50kg，成像范围 8.1km × 6.1km，视频可最长拍摄 90s，运行轨道 43°	可全天时、全天候、无障碍地获取遥感数据，形成全天候的对地观测能力。这样可以为同一观测对象提供多种类型的遥感数据，实现全方位精准遥感
	2018 年 4 月 26 日，01 组 5 颗卫星		OVS–2 视频卫星 1 颗：空间分辨率为 0.9m，离地高度 500km，质量 90kg，成像方式可分为视频和图像，视频成像范围 4.5km × 2.7km，视频可最长拍摄 120s，图像成像范围 22.5km × 2500km，运行轨道 98°	
			OHS 高光谱卫星 4 颗：空间分辨率为 10m，离地高度 500km，质量 67kg，成像范围 150km × 2500km，谱段数 32 个，光谱分辨率 2.5nm，波谱范围 400 ~ 1000nm，运行轨道 98°	

“北京二号”是由3颗高分辨率卫星组成的民用商业遥感卫星星座（DMC3），于2015年7月发射。“北京二号”星座系统设计寿命七年，由3颗0.8m全色、3.2m多光谱的光学遥感卫星组成，可提供覆盖全球、空间和时间分辨率俱佳的遥感卫星数据和空间信息产品。其功能和“北京一号”相似，分辨率提高到亚米级，能绘制比例尺更大的城市遥感全图，更清晰、直观地反映城市水系、植被、土地使用等方面的情况，可为国土资源管理、农业资源调查、生态环境监测、城市综合应用等领域提供空间信息支持。“北京二号”是国家核准的民用商业遥感卫星项目，已纳入国家民用空间基础设施规划。它成为我国民用遥感卫星体系和自主遥感数据源的有益补充，可应用于全球资源环境调查、城市规划和智能管理及灾害监测等领域，满足国内外对高分辨率遥感卫星数据的迫切需求。

（二）高景卫星

高景卫星星座是中国首个全自主研发的包含0.5m分辨率光学卫星的商业遥感卫星星座，第一阶段计划已经实施，后续将有更高性能、更多数量的卫星投入使用。星座由四维高景卫星遥感有限公司负责运行管理。

“高景一号”作为星座系统建设的第一阶段，总共包含4颗星，01/02卫星于2016年12月28日在太原卫星发射中心以“一箭双星”的方式成功发射。“高景一号”01/02卫星全色分辨率0.5m，4波段多光谱分辨率2m，轨道高度530km，幅宽12km。2018年1月9日，“高景一号”03/04星在太原卫星发射成功。4颗0.5m高分辨率光学遥感卫星可实现每轨10分钟成像并快速下传，采集效率高，重访能力强（见图2-2）。

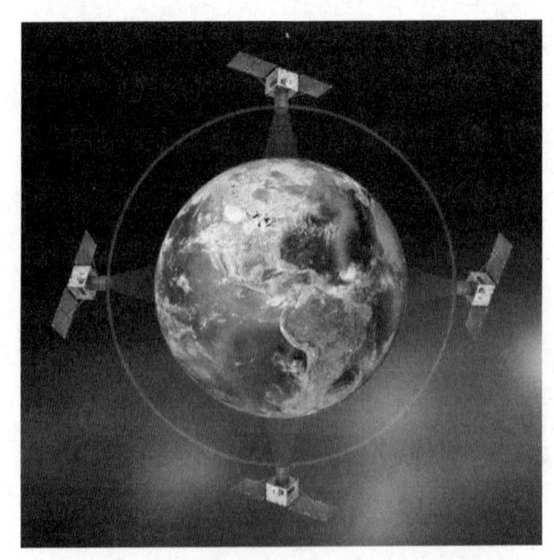

图2-2 “高景一号”系列卫星模拟图

“高景一号”01/02 星经过我国境内时，只能完成拍摄图像、传输数据两项任务的其中一项，而“高景一号”03/04 星可以在拍摄的同时，将图像信息回传到地面，既可以将刚刚拍摄好的图像直接下传，也可以将之前在境外拍摄的图像进行传输，实现了准实时传输功能，“高景一号”03/04 星的准实时传输功能可以大幅度提高在轨图像对地传输的效率，缩短图像数据落地的时间。高景系列卫星将为全球用户提供遥感数据服务和应用系统解决方案，以及针对国土资源调查、测绘、环境监测、金融保险和互联网行业的增值服务。“高景一号”卫星的成功应用，标志着中国 0.5m 级商业遥感数据由国外垄断的现状被打破，中国商业遥感翻开了新的篇章。

（三）“吉林一号”

“吉林一号”卫星星座是我国民用商业光学遥感卫星星座，由长光卫星技术有限公司发射，是中国首颗以一个省的名义冠名发射的自主研发卫星。其建设分为两个阶段：第一阶段实现 60 颗卫星在轨组网，具备全球热点地区 30 分钟内重访能力，每天可观测全世界范围内 800 多个目标区域；第二阶段实现 138 颗卫星在轨组网，具备全球任意地点 10 分钟内重访能力。“吉林一号”旨在建设一个高时间分辨率、高空间分辨率的遥感信息获取平台，为用户提供高效、精准的遥感信息服务。

2015 年 10 月，第一次发射的“吉林一号”一箭四星包括 1 颗光学 A 星、2 颗灵巧视频星以及 1 颗灵巧验证星，光学 A 星主要完成高分辨率推扫影像获取，灵巧视频星具备获取 4K 高清彩色视频影像能力，灵巧验证星主要为卫星新技术发展提供技术积累。2017 年 1 月，“吉林一号”视频 03 星（“林业一号”卫星）发射成功，具有专业级的图像质量、高敏捷机动性能、多种成像模式和高集成电子系统，可以获取 11km × 4.5km 幅宽、0.92m 分辨率的彩色动态视频。2017 年 11 月，“吉林一号”视频 04 ~ 06 星发射，采用一体化设计，充分继承了视频 03 星成熟单机及技术状态，并对载荷、电源、数传等分系统进行了升级，提高了卫星的业务运行能力。2018 年 1 月，“吉林一号”视频 07 星（“德清一号”卫星）、“吉林一号”视频 08 星（“林业二号”卫星）发射，目前“吉林一号”卫星星座在轨卫星数量为 10 颗（见图 2–3）。

“吉林一号”卫星采用“星载一体化”设计理念，突出载荷优势，符合以载荷为中心的新技术体系卫星的发展趋势，满足机动性强、可靠性高、成本低、载荷比高的应用需求。“吉林一号”卫星星座遥感影像已广泛应用于国土资源监测、土地测绘、矿产资源开发、智慧城市建设、交通设施监测、农业估产、林业资源普查、生态环境监测、防灾减灾及应急响应等领域。目前，“吉林一号”卫星星座在轨运行良好，投入运营后获取了大量高分辨率可见光及多光谱图像数据，服务于中国各民用部门，并为积极探索国产化卫星的商业应用价值奠定了基础。

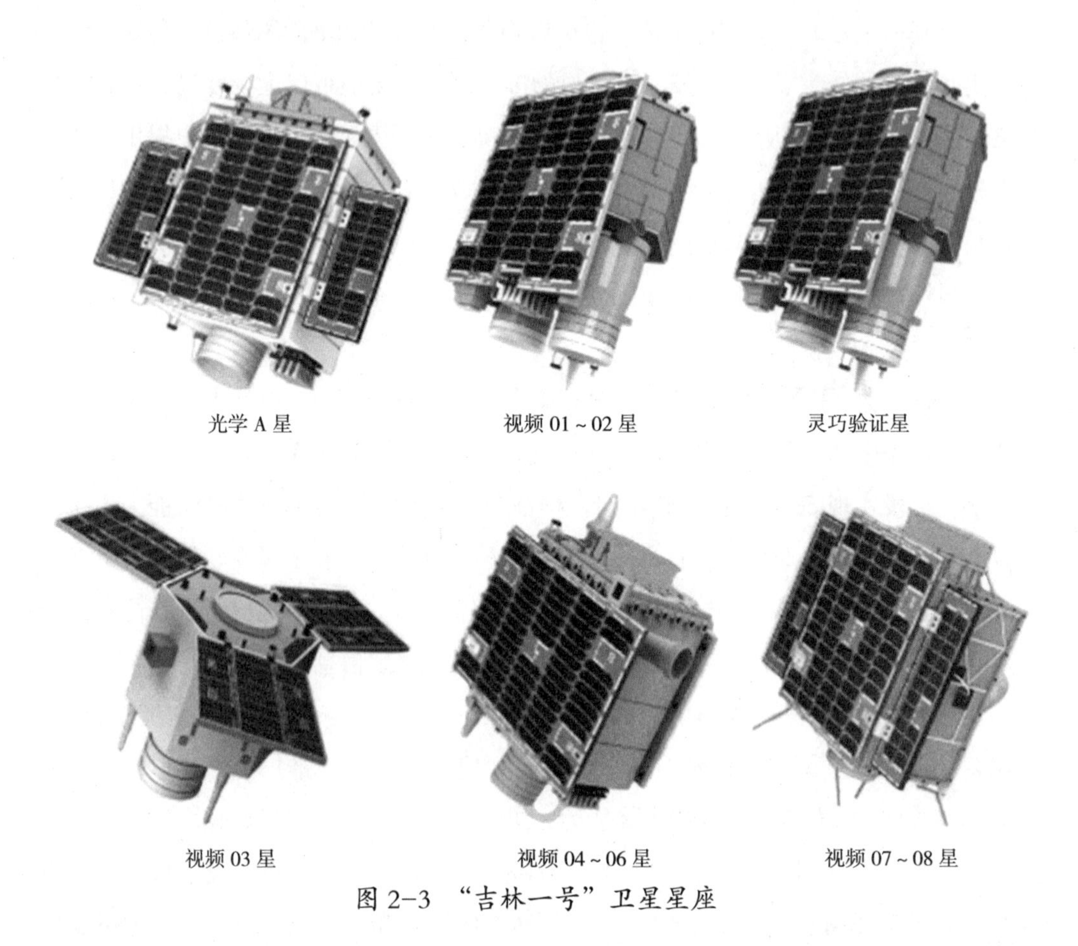

光学 A 星　　视频 01 ~ 02 星　　灵巧验证星

视频 03 星　　视频 04 ~ 06 星　　视频 07 ~ 08 星

图 2-3 “吉林一号”卫星星座

（四）“珠海一号”

“珠海一号”卫星星座是由珠海欧比特宇航科技股份有限公司发射并运营的商业遥感微纳卫星星座，该星座由数十颗遥感微纳卫星组成，卫星类型包括微纳卫星、高光谱微纳卫星以及 SAR 卫星，从而构成一个高时空分辨率的遥感微纳卫星星座，星座预计将在未来的 1 ~ 2 年内发射部署完成。建成后的“珠海一号”卫星星座搭载高光谱相机、可见光相机、雷达等三种类型的载荷，将能获取高光谱数据、可见光影像数据、可见光视频数据和雷达成像数据，可全天时、全天候、无障碍地获取遥感数据，形成强大的对地观测能力。“珠海一号”卫星星座 01 组 2 颗卫星于 2017 年 6 月 15 日在酒泉卫星发射中心发射升空，02 组 5 颗卫星于 2018 年 4 月 26 日在酒泉卫星发射中心，由“长征十一号”固体运载火箭以“一箭五星”方式成功发射，5 颗卫星进入预定轨道，与在轨的 2 颗卫星形成组网。其中，OVS–1 视频卫星 2 颗，空间分辨率为 1.98m，离地高度 530km，成像范围 8.1km × 6.1km，视频可最长拍摄 90s，轨道倾角 43°；OVS–2 视频卫星 1 颗，空间分辨率为 0.9m，离地高度 500km，成像方式可分为视频模式和图像模式，视频成像范围 4.5km × 2.7km，视频可最长拍摄 120s，图像成像范围 22.5km × 2500km，轨道倾角 98°；OHS 高光谱卫星 4 颗，空间分辨率为 10m，离地高度 500km，成像范围 150km × 2500km，波段数 32 个，光谱分辨率为 2.5nm，波谱范围 400 ~ 1000nm，轨道倾角 98°。

三、遥感产业市场分析

随着经济全球化和航天技术的迅猛发展，卫星遥感技术在人类社会生产、生活各领域的应用规模不断扩大，全球商业遥感卫星进入技术全面更新和产业化发展时期。进入 21 世纪以来，随着遥感卫星特别是高分辨率遥感卫星的快速发展（表 2–4），数据销售和增值服务等下游产业持续增长，全球遥感产业市场规模不断扩大，正以年均超过 10% 的速度递增。截至 2017 年年底，国外共有 423 颗民商用对地观测卫星在轨运行，美国 292 颗，欧洲 41 颗，俄罗斯 11 颗，日本 16 颗，印度 21 颗，其他国家 42 颗。美国仍是拥有民商用对地观测卫星数量最多的国家，并且在数量和能力上占有绝对优势。从全球市场来看，遥感产业发展特点及趋势如下。

表 2–4　全球遥感卫星市场情况（2011—2016 年）　单位：颗

	2011	2012	2013	2014	2015	2016
全球发射遥感卫星数量	6	11	13	81	82	95
中国发射遥感卫星数量	2	3	6	10	11	20
遥感卫星发射订单	5	2	3	5（微小型卫星 111 颗）	17（微小型卫星 110 余颗）	16

1）政府的支持对商业遥感运作模式的培育和市场的形成起着至关重要的作用，私营模式将成为商业遥感的主要发展模式。全球商业遥感市场在中短期内政府仍为主要客户，以美国为例，美国的商业遥感卫星公司的市场主要依赖于政府：系统研制（融资）依赖政府政策，政府是卫星数据及服务使用的主要客户；美国的商业遥感公司 80% 以上的收入来源于政府用户。美国的 GeoEye 公司和 DigitalGlobe 公司是全球运

营最好的商业遥感卫星公司，美国国防部的国家地理空间情报局（National Geospatial-Intelligence Agency，简称 NGA）是这两个公司商业遥感数据的最大用户。商业遥感的模式可分为私营、公私合营、代理 3 种。各国政府通过颁发牌照的方式，鼓励私营商业遥感卫星发展，私营模式日趋成熟。美国是私营模式的主要代表，美国商务部代表美国政府对美国商业遥感卫星公司提出的商业航天遥感系统经营申请进行审批，由 NOAA 颁发相关运营许可证书。这些商业公司只有在得到许可之后，才能制造和经营高分辨率商业遥感卫星并对外公开销售其卫星图像。同时，美国政府有权限制商业遥感图像的获取和销售。另外，德国、英国也都向私营公司颁发了卫星牌照。公私合营模式以法国为代表，SPOT、Pleiades 卫星取得了良好的效果，此外意大利、加拿大、德国、日本和韩国等国也采取该模式。代理模式以中国东方道迩公司为代表，该公司曾是国内遥感数据种类最多的公司，代理了全球大部分民用、商业遥感卫星数据，有很多公司也都采用该模式，包括一些私营和公私合营公司。随着遥感产业商机的凸显，私营模式将成为主要发展模式。

2）商业遥感市场份额不断增长，高分辨率遥感卫星是商业遥感卫星发展主要方向，微小卫星成为一大主流。大多数商业遥感卫星公司都规划在 21 世纪初期拓展卫星星座，并通过扩展星座的方式达到更高分辨率成像能力的目标，提升全球重访速度与信息汇集能力。据 BRYCE 发布的《2017 年全球卫星产业状况报告》显示：2016 年全球对地观测市场规模为 20 亿美元，预计到 2024 年年底商业遥感市场规模将达 51 亿美元，届时，高空间分辨率将成为市场主体，预计有 75% 的市场占比，同时甚高分辨率遥感数据也将有 10% 左右的市场。另外，微小卫星技术不断成熟，成本持续下降，微小卫星逐渐能够实现以前大中型卫星才具有的亚米级像元分辨率功能，美国太空工厂工程公司（SpaceWorks Engineering）在其 2017 年年度报告指出，得益于卫星遥感企业公司的强势表现，2017 年全年全球发射质量在 1 ~ 50kg 的小卫星达 300 多颗，未来 5 年每年均有不少于 200 颗微小卫星发射。微小卫星尤其是立方星持续得到关注，发展势头迅猛，前景非常广阔。

3）经营模式逐渐转变，数据服务将成为遥感产业发展的快速增长点。随着互联网时代的发展，遥感卫星企业经营模式由数据销售向深入挖掘数据附加值方向转变，提供数据分析处理等增值服务、开拓数据应用市场成为遥感企业最青睐的服务类型之一。据美国航天基金会估计，2013—2022 年遥感卫星制造业收入总计约为 358 亿美元，数据和增值产品预计将达到 377 亿美元。国际商业遥感市场已开始进行业务、产品与市场布局等优化整合行为，例如 MDA 收购 DigitalGlobe、Planet Lab 收购 Terra Bella。传统遥感商业公司在做大做强，新兴商业遥感公司在寻找细分领域以获取市场的同时，通过开展遥感数据分析、多源信息融合应用等拓展业务市场。微小遥感卫星的大规模、低成本、高覆盖时效性的数据采集和监测服务能力，在微小卫星遥感初创企业发展热潮的推动下，商业遥感服务模式逐渐从提供数据与产品向提供信息与服务方式转变，从局部应用向全体系扩展，使得遥感应用面向更广泛的非专业用户，开拓非传统遥感应用领域，如农林作物监测与保险评估、交通动态与运输监测、违章建筑与垃圾监测等方面应用。因此，为降低企业对政府的依赖性，许多企业在扩大规模的同时，促进用户多元化。如美国 DigitalGlobe 公司合并后，公司收入结构发生显著变化，来自商业用户的收入比例大幅增加。总体而言，全球商业遥感数据销售方式以及遥感卫星的商业模式有待进一步发展完善。

4）商业遥感卫星呈现竞争格局，市场区域分布极不均衡。多年来，全球卫星遥感业务一直由少数运营商提供，如 AirbusD&S 公司、Planet 公司、SpireGlobal 公司等。近年来，得益于微机电和信息技术的阶跃式发展，微小卫星技术走向实际应用，Skybox、“吉林一号”等为代表的国内外新的天基遥感信息公司快速进入市场，使得新的竞争对手和新的合作关系出现，这些新的数据厂商也为遥感市场带来了新理念、新模式和新技术，带动了遥感市场的新需求。另外，发达地区是市场主体，以北美和欧洲最为突出，合计占比在 65% 以上。从地域来看，2016 年卫星遥感行业北美占据 48% 的市场份额，亚太占比 21%，欧洲、中东、非洲三地区占比 26%，拉丁美洲占比 1.4%，市场总额约 27.6 亿欧元。据 NOAA 以及欧洲咨询公司、美国北方天空研究公司评估，亚太地区是最具潜力的市场，但市场占比一直在 20% 左右，在日本、中国和印度大力发展民用遥感卫星的背景下，该地区市场占比有望提升；非洲、中东、拉美市场占比一直较小，但拉美市场需求增长较快，全球区域市场处于渐变状态。

四、小结

以美国、法国为代表的欧美航天大国通过积极的政策导向和资金扶持，迅速开展了高性能遥感卫星的研制和商业化运营，形成了政府监督管理引导、企业自主运营的良性循环的商业模式，大部分商业遥感卫星以服务政府和国防用户为主，主要的商业遥感公司均与政府和军事用户建立了长期合作关系。从产业发展阶段来看，我国目前仍处遥感卫星市场初创期阶段，政府市场和商业市场都有较大的上升空间，具体发展建议如下：①重视遥感信息的社会化、大众化服务，促进遥感产业的商业化发展，通过开展我国遥感技术社会化、产业化的新思路、新方法研究，制定适合我国国情的商业遥感数据政策，包括遥感数据源的产权以及引用和发布的法律法规；②充分发挥我国国产卫星强大的数据资源优势，深度挖掘开发增值服务产品，推动商业化服务的持续发展；③鼓励民间资本进入商业遥感市场，整合微小卫星、无人机航空遥感资源以避免盲目竞争，最大化的挖掘遥感数据的商业价值；④不断提高我国卫星的数据采集和接收能力，特别是针对境外的数据获取能力，积极拓展国际市场；⑤完善数据应用政策，强化对政府机构的免费公益性服务，推进对非政府机构的商业化服务；⑥完善数据分发政策，为中国卫星走出国门进入国际市场提供政策指导。

参考文献

[1] 中华人民共和国国务院新闻办公室.《2016 中国的航天》白皮书 [J]. 中国航天，2017 (1)：10-17.

[2] 中华人民共和国国务院新闻办公室. 白皮书：2011 年中国的航天 [J]. 中国航天，2012(1)：6-13.

[3] Advancing Strategic Science：A Spatial Data Infrastructure Roadmap for the U. S. Geological Survey [R]. 2012.

[4] ASTERPolicies [EB/OL]. https://lpdaac.usgs.gov/lpdaac/products/aster_policies.

[5] Claire L Parkinson，Alan Ward，Michael D King. Earth Science Reference Handbook [M]. Washington，D. C.：2006.

[6] CNES 官方网站 [EB/OL]. http://www.cnes.fr/web/CNES-en/455-cnes-en.php.

[7] CSA 官方网站 [EB/OL]. http://www.asc-csa.gc.ca/eng/default.asp.

[8] National Academy of Sciences. Earth Science and Applications from Space：National Imperatives for the Next Decade and Beyond [R]. 2007.

[9] ESA 官方网站 [EB/OL]. http://www.esa.int/esaCP/index.html.

[10] European Space Agency. Envisat product prices for category 1 use [R]. 2008.

[11] European Space Agency. ERS prices for category 1 use [R]. 2008.

[12] European Space Agency. Extrac to the earth explorer data policy [R]. 2003.

[13] European Space Agency. Termsand conditions for the utilization of data under the ESA category-1 scheme [R]. 2008.

[14] European Space Agency. The Envisat data policy [R]. 2000.

[15] European Space Agency. Third party mission product prices for category-1 use [R]. 2008.

[16] European Space Agency Earth observation programme board. earth explorer data policy: up date for GOCE and SMOS [R]. ESA/PB-EO (2006) 35, Paris: 2006.

[17] 德国 RapidEye 卫星 [EB/OL]. http://www.godeyes.cn/html/2014/01/14/google_earth_15527_2.html.

[18] Resurs-P Earth-watching satellites [EB/OL]. http://www.russianspaceweb.com/resurs_p.html.

[19] Resurs-P2 remote-sensing satellite [EB/OL]. http://www.russianspaceweb.com/resurs_p2.html.

[20] Soyuz delivers Resurs-P3 [EB/OL]. http://www.russianspaceweb.com/resurs-p3.html.

[21] KOMPSAT-5 (Korea Multi-Purpose Satellite-5) / Arirang-5 [EB/OL]. https://directory.eoportal.org/web/eoportal/satellite-missions/k/kompsat-5.

[22] RapidEye [EB/OL]. https://en.wikipedia.org/wiki/RapidEye.

[23] REMOTE SENSING APPLICATIONS DIVISION [EB/OL]. https://www.asprs.org/divisions-committees/remote-sensing-applications-division.

[24] OAR STRATEGY.Oceanic & Atmospheric Research (OAR) 2020-2026 Strategy [EB/OL]. https://www.research.noaa.gov/External-Affairs/Strategic-Plan.

[25] Iervolino P, Guida R, Whittaker P. Novasar-Sandmaritimesurveillance [C]//Geoscience & RemoteSensingSymposium. IEEE, 2014.

[26] INDIAN SPACE RESEARCH OR GANISATION HQ. Remote sensing data policy (RSDP) [R]. ISROEOS: POLICY-01, 2001.

[27] ISRO 官方网站 [EB/OL]. http://www.isro.org/.

[28] JAXA 官方网站 [EB/OL]. http://www.jaxa.jp/index_e.html.

[29] NASA 官方网站 [EB/OL]. http://www.nasa.gov/.

[30] Kanniah KD. UK-DMC2 satellite data for deriving biophysical parameters of oil palmtrees in Malaysia [C]//IEEE International Geoscience & Remote Sensing Symposium. IEEE, 2012.

[31] Kazuya Kaku, Takashi Yamazaki, Toshiaki Hashimoto, et al. Data management/system [J]. Geocarto International, 1997, 12 (4): 79-85.

[32] KOMPSAT 系列卫星官网 [EB/OL]. http://www.wmosat.info/oscar/satellites/view/216.

[33] Landsat Data Policy Released [EB/OL]. http://landsat.usgs.gov/tools_project_documents.php.

[34] Laur H, Kohlhammer G, Desnos YL, et al. The ENVISAT mission: access to the data [J]. Geoscience and Remote Sensing Symposium, IGARSS'02, 2002, 1: 617-619.

[35] LPM member organizations. LANDSAT7 DATA POLICY [EB/OL]. http://geo.arc.nasa.gov/sge/landsat/l7policyn.html.

[36] MarelliL. ERSdatapolicy [J]. Geoscience and Remote Sensing Symposium, IGARSS'88, 1998, 1 (12-16): 585-586.

[37] MDA 官方网站 [EB/OL]. http://www.asc-csa.gc.ca/eng/default.asp.

[38] MODIS Policies [EB/OL]. https://lpdaac.usgs.gov/lpdaac/products/modis_policies, 2008-10-20.

[39] NASA STRATEGIC PLAN 2018 [EB/OL]. https://science.nasa.gov/about-us/science-strategy/.

[40] NASDA data policies for ADEOS mission [EB/OL]. http://sol.oc.ntu.edu.tw/POCEX/octs/OCTSdp.html.

[41] Observing Systems Capability Analysis and Review Tool 官方网站 [EB/OL]. https://www.wmo-sat.info/oscar/satellites/view/668.

[42] RapidEye 卫星官方网站 [EB/OL]. http://www.zj-view.com/RapidEye.

[43] Sang-RyoolLee. Overview of KOMPSAT-5 Program, Mission, and System [C]. IGARSS 2010, USA, 2010.

[44] SPOTIMAGE 官方网站 [EB/OL]. http://www.spotimage.com.cn/? countryCode=CN & languageCode=zh.

[45] SSTL 官网 [EB/OL]. https://www.sstl.co.uk/media-hub/latest-news.

[46] Takashi Hamazaki. Advanced Land Observing Satellite (ALOS): mission objectives and payloads [J]. Proc. SPIE, 1997 (2957): 200-207.

[47] Ten Year Plan 2013-2023 [EB/OL]. https://www.ngs.noaa.gov/web/about_ngs/info/tenyearfinal.shtml.

[48] TerraSAR-X 网站. http://www.intelligence-airbusds.com/en/228-terrasar-x-technical-documents.

[49] Thriving on Our Changing Planet: A Decadal Strategy for Earth Observation from Space [R]. 2018.

[50] 作者不详. 白宫发布遥感政策 [J]. 遥感信息, 2003 (3): 11.

[51] 毕海亮. 2016 年遥感卫星市场综述（上）[J]. 中国航天, 2017 (8): 11-14.

[52] 毕海亮. 2016 年遥感卫星市场综述（下）[J]. 中国航天, 2017 (9): 46-49.

[53] 边疆. 遥感技术的商用市场 [J]. 全球科技经济瞭望, 2002 (6): 41.

[54] 曹东晶. 高分专项推动商业遥感卫星技术发展 [N]. 中国航天报, 2015-11-06 (003).

[55] 陈菲. 美国空间信息系统军民融合发展策略 [J]. 中国航天, 2015 (2): 20-25.

[56] 陈建光, 祝彬. 卫星对地观测产业收入超 22 亿美元——国外卫星对地观测产业发展综述 [J]. 卫星应用, 2014 (6): 38-41.

[57] 陈磊. "北京二号" 遥感卫星星座发射成功 [N]. 科技日报, 2015-07-12 (001).

[58] 陈全育. 国家发布《"十一五" 空间科学发展规划》[J]. 中国航天, 2007 (5): 17.

[59] 陈思伟, 代大海, 李盾, 等. Radarsat-2 的系统组成及技术革新分析 [J]. 航天电子对抗, 2008, 24 (1): 33-36.

[60] 陈晓丽, 张会庭. 2013 年全球遥感卫星市场概述 [J]. 中国航天, 2014 (7): 38-42.

[61] 陈旸. RADARSAT-2 的关键技术及军民应用研究 [J]. 测控遥感与导航定位, 2007, 37 (6): 40-42.

[62] 范唯唯, 韩淋. 美国国家科学院发布空间对地观测十年调查报告 [J]. 空间科学学报, 2018,

38（3）：281–284.

［63］国家国防科技工业局高分观测专项办公室．高分辨率对地观测系统重大专项卫星遥感数据管理暂行办法（节选）［J］．卫星应用，2015（11）：71–73.

［64］高峰，孙成权．我国“九五”遥感技术与应用研究发展战略与对策［J］．地球科学进展，1995（2）：123–132.

［65］葛榜军．我国卫星遥感数据市场现状与分析［J］．卫星应用，2010（1）：49–55.

［66］龚燃．美国对地观测卫星系统管理体制与要素分析［J］．卫星应用，2017（2）：20–25.

［67］龚燃．美国商业对地观测数据政策发展综述［J］．国际太空，2016（5）：24–27.

［68］龚燃．美国卫星遥感政策和法规体系及其作用［J］．卫星应用，2013（3）：25–30.

［69］郭晗．珞珈一号科学试验卫星［J］．卫星应用，2018（7）：70.

［70］国家测绘地理信息局卫星测绘应用中心网站［EB/OL］．http://www.sasmac.cn/sy/.

［71］国家卫星海洋应用中心网站［EB/OL］．http://www.nsoas.org.cn/.

［72］国家卫星气象中心网站［EB/OL］．http://www.nsmc.org.cn/NSMC/Home/Index.html.

［73］国立研究開発法人宇宙航空研究開発機構の中長期目標を達成するための計画［EB/OL］．http://www.jaxa.jp/about/plan/index_j.html.

［74］郝胜勇，邹同元，宋晨曦，等．国外遥感卫星应用产业发展现状及趋势［J］．卫星应用，2013（1）：46–51.

［75］何国金，王桂周，龙腾飞，等．对地观测大数据开放共享：挑战与思考［J］．中国科学院院刊，2018，33（8）：783–790.

［76］胡如忠，李志中，宋宏儒．WTO与中国航天遥感发展战略［J］．中国航天，2002（7）：7–10.

［77］胡如忠，刘定生，李志中，等．中国航天遥感发展战略［J］．国际太空，2002（10）：17–19.

［78］胡如忠，仝慧杰，李志忠．我国卫星遥感产业化进展［J］．卫星应用，2004，12（1）：1–7.

［79］景贵飞．当前遥感技术发展及产业化分析［J］．地理信息世界，2007（3）：10–20，27.

［80］康岑．商业遥感产业的发展［J］．卫星应用，2002，10（2）：49–52.

［81］李东，刘洁．2014年全球遥感卫星市场特点分析［J］．中国航天，2015（5）：45–48.

［82］李国庆，张红月，张连翀，等．地球观测数据共享的发展和趋势［J］．遥感学报，2016，20（5）：979–990.

［83］李黎．2001年美国遥感产业收入达24亿美元［J］．遥感信息，2002（2）：16.

［84］李满春，夏南，陈探，等．地理信息+空间规划［J］．现代测绘，2018，41（1）：1–7.

［85］李勇，季维春，汤青松．论中国农业遥感与信息技术发展战略［J］．农业与技术，2017，37（17）：179–180.

［86］刘德长，叶发旺．后遥感应用技术与卫星遥感信息产业化［J］．卫星应用，2004，12（4）：10–15.

[87] 刘姝. 2015年遥感卫星市场综述（上）[J]. 中国航天，2016（6）：47–49.
[88] 卢波，范嵬娜. 欧洲2005—2015年空间科学发展规划[J]. 国际太空，2006（7）：19–23.
[89] 鲁玉聪. 浅谈大数据时代航天遥感系统的发展战略[J]. 现代经济信息，2015（15）：364–365.
[90] 作者不详. 美国科学院发布未来十年太空对地观测战略报告[J]. 石河子科技，2018（1）：5.
[91] 穆京京. 2012年全球遥感卫星市场概述[J]. 中国航天，2013（6）：29–33.
[92] 倪维平，边辉，严卫东，等. TerraSAR–X雷达卫星的系统特性与应用分析[J]. 雷达科学与技术，2009，7（1）：29–34，58.
[93] 倪伟波. 空间科学与深空探测规划论证中心：聚焦前沿　科学规划[J]. 科学新闻，2018（9）：75–76.
[94] 司耀锋，徐恺. 俄罗斯发射新一代光学遥感卫星资源 –P1[J]. 国际太空，2013（8）：41–45.
[95] 孙学智，孟瑜. 遥感空间信息产业：发展与市场分析[J]. 中国科技投资，2008（5）：57–60.
[96] 童庆禧. 空间遥感信息产业发展[J]. 卫星应用，2012（1）：46–50.
[97] 汪洁. 天基对地观测，至2023年市场预测[J]. 卫星应用，2015（4）：57–60.
[98] 汪淼. 韩国多用途系列对地观测 –KOMPSAT2、3、3A卫星介绍[J]. 通讯世界，2017（1）：255–256.
[99] 王东伟. 全球商业卫星遥感市场竞争格局分析[J]. 中国航天，2015，452（12）：17–24.
[100] 王杰华. 美国军用遥感卫星地面系统的最新进展及应用效果[J]. 中国航天，2012（5）：37–41.
[101] 王景泉. 瞄准国际遥感市场德国发射“快眼”商业遥感星座[J]. 国际太空，2008（12）：7–10.
[102] 王景泉. 遥感卫星产业化的模式及发展[J]. 卫星应用，2001，9（3）：26–30.
[103] 王毅. 国际新一代对地观测系统的发展[J]. 地球科学进展，2005，20（9）：980–989.
[104] 作者不详. 卫星遥感产业步入差异化竞争阶段[J]. 卫星与网络，2014（7）：14.
[105] 吴季，孙丽琳，尤亮，等. 2016—2030年中国空间科学发展规划建议[J]. 中国科学院院刊，2015，30（6）：707–720.
[106] 吴季，张双南，王赤，等. 中国空间科学中长期发展规划设想[J]. 国际太空，2009（12）：1–5.
[107] 吴季. 空间科学规划及对航天运输系统的需求[J]. 宇航总体技术，2018，2（2）：17–21.
[108] 肖潇. 商业遥感卫星市场现状及发展研究[J]. 卫星与网络，2017（7）：62–64.
[109] 晓曲. 中国首个0.5m高分辨率商业遥感卫星星座首期正式建成[J]. 卫星应用，2018（2）：66.
[110] 徐翠平. 浅谈卫星对地观测数据政策与标准[J]. 航天标准化，2014（3）：13–15.
[111] 徐丽萍. 商业遥感市场发展现状与思考[J]. 卫星应用，2016，49（1）：66–69.
[112] 徐伟，金光，王家骐. 吉林一号轻型高分辨率遥感卫星光学成像技术[J]. 光学精密工程，

2017，25（8）：1969—1978.

[113] 许元男. 印度2020年实现载人航天计划需要迈过几道坎?[N]. 中国航天报，2018-08-25(001).

[114] 薛超，熊伟. 世界主要国家商用遥感卫星发展计划概述[J]. 中国测绘，2017(2)：42-47.

[115] 薛永军，王东伟. 国外商业遥感产业创新动态及相关启示[J]. 中国航天，2017(8)：6-10.

[116] 亚洲哨兵官方网站[EB/OL]. http://dmss.tksc.jaxa.jp/sentinel/.

[117] 杨邦会，池天河. 对我国卫星遥感应用产业发展的思考[J]. 高科技与产业化，2010(12)：30-33.

[118] 殷青军，杨英莲. 中等分辨率成像光谱仪(MODIS)简介[J]. 青海气象，2002(1)：60-62.

[119] 印度航天政策与战略分析报道[R]，2018.

[120] 于森. 我国成功发射高分九号卫星[J]. 中国航天，2015(10)：7.

[121] 袁本凡，李长军，葛之江. 美国新一代对地观测卫星EOS-TERRA概况[J]. 航天器工程，2001，10(3)：60-66.

[122] 云行. “珠海一号”遥感微纳卫星星座首发星[J]. 卫星应用，2017(6)：78.

[123] 张树良. 英国发布《对地观测战略实施规划2015—2017》[J]. 国际地震动态，2015(10)：4-5.

[124] 张文静，方秀花. 商业遥感卫星市场发展趋势[J]. 国际太空，2005(10)：21-23.

[125] 赵鸿天. 2011年遥感卫星市场概述[J]. 中国航天，2012(6)：12-15.

[126] 中国国家航天局网站[EB/OL]. http://www.cnsa.gov.cn/index.html.

[127] 中国资源卫星中心网站[EB/OL]. http://www.cresda.com/CN/index.shtml.

[128] 周胜利. 美国的遥感计划与政策[J]. 中国测绘，2005(4)：50-53.

[129] 周一鸣，龚燃，王余涛，等. 国外天基对地观测数据政策的发展和启示[J]. 卫星应用，2014(2)：31，34-36.

第三章　遥感学科未来发展方向及关键技术选择

第一节　遥感学科发展方向分析

一、发展总体概况

国外发达国家已具备成熟的航空航天遥感技术体系，在载荷类型、载荷性能、数据质量以及产品服务方面均占据较大优势。同时，也十分重视利用先进的遥感技术，部署成体系的地球观测计划、开展专门化的关键技术研究，以支撑冰川及海平面的变化、大尺度降雨与水资源变化、洲际空气污染影响、地球生态结构演变、人类健康与气候变化、极端事件预警等一系列全球性科学问题的研究。欧空局部署了 GOCE、SMOS、CryoSat-2 和 Swarm 等成体系的地球探索卫星计划以满足全球环境变化定量观测对任务系统性、持续性的要求。同时，由欧盟和欧空局联合启动的 GMES 计划在 SPOT 系列和 ENVISAT 系列卫星观测任务的基础上，系统性地规划了涵盖陆地、海洋、大气、气候变化、应急管理和安全六大领域监测目标的 Sentinel 系列卫星观测任务，为欧盟的全球环境与公共安全监测及其外交政策提供技术服务。美国空间机构也积极响应地球环境资源研究需求，逐步推进全球性、体系化的地球探测任务。2014 年，NASA 就启动了包括 GPM、OCO-2、MAP、ISS-RapidScat 和 CATS 的对地观测科学任务。未来，NASA 还将陆续启动 CLARREO、OCO-3、JPSS-2、TEMPO、SWOT、GeoCARB、PACE 以及 3D-Winds 等多个地球观测任务，以支持针对空气污染、天气预报、海洋生态、淡水资源、人类健康等全球性环境资源问题的系列研究。

全球环境监测应用对遥感数据和定量遥感产品的质量控制提出了全新的要求。基于此，国际对地观测卫星委员会（CEOS）于 2007 年提出了“对地观测质量保证框架”（QA4EO）的概念，并在 2014 年 WGCV 大会上倡议继续推进产品质量量化与产品质量标识工作，以实现全球质量标准一致的遥感信息共享；并且其定标与真实性检验工作组（WGCV）基于高频次、自动化、无人值守全新理念，于2014年规划了以标准化仪器配置为特点的全球自动定标场网（RadCalNet），提供全球辐射定标标准化示范服务；美国国家科学基金会（NSF）计划于2020年建成的国家生态观测站网络（NEON），目前已实现在AOP机载观测平台的支持下，天空地一体化、多站点联网的分级真实性检验能力，并计划与CEOS的LPV合作，为全球多产品联合分级真实性检验提供支持。另外，欧美发达国家致力于寻求填补定标“溯源”环节的星上辐射基准。NPL提出欧洲TRUTHS定标星建议，希望实现辐射基准载荷反射波段定标精度$<0.1\%$；美国于2010年通过了CLARREO定标星计划，希望实现辐射基准载荷发射波段定标精度$<0.1K$，目前正在开展关键技术研究，并已列入NASA卫星发射计划。

遥感信息服务技术是对地观测遥感技术发挥应用价值不可或缺的环节，是对地观测技术系统为国民经济各行业和社会大众提供社会化服务的基础性技术保障。欧美空间机构基于成熟的遥感技术体系，持续推进航空遥感向高精度、轻小型、集成化应用，航天遥感向规模化、集群化、产业化方向发展，力求将遥感技术与遥感大数据结合，发展遥感信息服务技术。发达国家基本垄断了高分辨率商业遥感卫星技术，同时也积极部署和研发高分辨率微小卫星技术。美国国防高级研究计划局在2007年提出了F6计划。欧空局、俄罗斯等遥感技术发达国家也纷纷启动“一箭多星”计划，如欧空局也曾在2012年启动了“一箭五十星”QB50计划。近年来，商业化微小卫星的发展已经进入快速增长的阶段，商业对地观测微小卫星大规模部署，仅2017年一年，500kg以下微小卫星发射量达到344颗，对地观测小卫星233颗，其中商业对地观测小卫星191颗。微小卫星技术的发展将开启以低成本为核心、面向遥感产业化应用的空间信息服务新模式，推动遥感技术创新与遥感信息社会化服务相结合的发展新思路。国外发达国家不仅在遥感信息获取方面具有领先地位，在遥感数据处理、遥感信息服务方面也占据较大优势。

二、技术研发竞争综合能力分析

（一）航天遥感

美国、欧洲等拥有世界领先对地观测技术的国家和地区，均已制定面向长期发展需求的对地观测计划，这些计划具有明确的服务领域，如美国2016年至2020年的对地观测计划关注全球痕量气体监测（GACM计划）、大气污染监测（3D-Winds）、地质灾害（LIST）监测等。欧洲的GMES计划设置了陆地、海洋、应急管理、安全、大气、气候变化六大服务领域。欧美未来的对地观测计划要求天空地一体的系统化观测，强调观测的连续性和发展能力，即制定长期持续的观测计划，开展机载和星载传感器的系统化开发。其对地观测计划也更强调对观测平台和数据的协同使用、观测数据和信息的高可靠质量控制与高精度定量反演，以及面向社会化服务的应用需求和面向国家、区域安全监测的需求。

欧美等空间技术强国在天基平台、遥感载荷性能、数据质量方面均占据较大优势。美国光学成像载荷观测的可见光谱段空间分辨率可达 0.1m（民用公开无歧视分发 0.25m），短波红外空间分辨率达 3.5m（民用公开无歧视分发 7.5m），热红外谱段空间分辨率可达 1m（非民用），光谱分辨率在可见光和近红外谱段可达 2 ~ 3nm、在短波红外谱段可达 5nm（非民用），合成孔径雷达成像观测的空间分辨率可达 0.15m（民用市场未见其星载合成孔径雷达成像数据）；德国合成孔径雷达成像观测的空间分辨率可达 0.25m（原载荷成像分辨率指标为 1m，改变成像模式后，可达 0.25m）。更为重要的是，国际空间技术强国十分重视利用卫星对地观测的优势，针对地球资源和环境特定目标观测的应用需求，开展成体系的关键技术研究和观测计划任务的实施，并在贯通遥感信息获取、处理与应用的全链路质量控制方面予以高度重视，极大推进了遥感定量化应用进程，从而在全球性信息的获取、支撑全球性资源环境问题研究的观测能力以及对地观测综合技术水平上，具有较大的领先优势。

在各航天大国继续加强全球性观测以及高空间、高时间分辨率大卫星遥感探测能力的同时，商业化微小卫星的发展已经进入了一个快速增长的阶段，商业对地观测微小卫星大规模部署，鸽群（Flock）、天空卫星（SkySat）、狐猴 -2（Spire）等一系列微小卫星进行了发射与组网，鸽群星座已完成 130 多颗卫星在轨部署，天空卫星已有 18 颗星在轨，狐猴已完成第二代型号的更替。同时，还有初创公司不断进军商业航天领域，提出更多新的微小商业卫星计划，包括美国数字宇宙公司 30 颗中分辨率的陆地制图（Landmapper）小卫星星座计划、美国卡佩拉公司（Capella）的 36 颗 SAR 立方体卫星计划等。随着越来越多的初创企业和商业遥感企业的加入，激发出更多应用创新，遥感产业链下游不断延伸发展。

我国已形成资源卫星 / 环境卫星、气象卫星、海洋卫星、科学试验卫星等国家投资管理的四大类对地观测卫星系列，初步形成了多分辨率、多谱段、有一定规模、稳定运行的卫星对地观测体系。我国通过空间基础设施和高分专项建设，自主遥感卫星数量类型多样化、性能大幅提升，定量化信息获取水平、信息化服务能力不断提升，全球变化、地球系统等前沿探索方面的载荷及平台技术持续加强；在探测类型、几何光谱及时间分辨率等指标方面不断赶超国际先进水平，部分核心技术已处于国际领先水平。但与国际空间技术强国相比，我国在航天遥感发展方面仍偏重卫星计划、数量规模和一般意义上的观测技术，我国现有航天遥感技术布局仍以高分辨率、可视化、陆表信息的短周期小尺度观测为重点，而对于系统性、集中获取全球物理要素信息任务的部署不足，对载荷所获取的遥感数据的质量及其长期业务监测控制也缺乏足够重视，导致对地观测数据与信息产品的辐射性能、光谱性能、几何定位精度不高，有碍于形成国际竞争优势。根据科技部开展的第五次国家技术预测的领域关键技术调研与分析，与发达国家相比我国在全球性信息、科学性信息、专业性信息的精准获取和定量化应用等方面存在十年以上的差距。

（二）航空遥感

国外已具备成熟的航空遥感技术体系，随着航空平台、遥感载荷等技术发展，国外航空遥感已趋向于高精度、集成化应用，规模化、集群化、产业化发展。我国在高精度、集成化航空遥感系统方面开展了大量研究，自主研制了可见光、红外、激光雷达、合成孔径雷达等航空遥感载荷和高精度高稳定的航空飞行平台，在测绘、地矿、农林、环保、减灾、城市、国防以及重大工程建设中发挥了重要作用。但目前国内高端航空遥感载荷的市场还基本上是被国外品牌占据，与国外成熟的航空遥感技术体系相比，我国航空遥感不仅在研究成果商业化应用上明显不足，而且在系统设计、工程研制等方面也存在较大的差距。

（三）遥感数据处理和信息服务

国际空间技术强国在遥感载荷数据处理软件方面持续领先，并且基本垄断了中高分辨率遥感数据市场。例如，在通用遥感数据处理软件方面，ERDAS IMAGINE、ENVI、PCI Geomatica 等软件几乎占据了全部市场。在高空间分辨率数据方面，美国的 GeoEye、DigitalGlobe 和法国的 SPOT Image 公司基本垄断了主要数据市场。在中等空间分辨率遥感数据方面，Landsat 8 自 2013 年升空以后，美国出于维持原有市场格局、配合高分辨率卫星的全球市场开拓考虑，对 Landsat 8 数据采取全球无歧视免费分发。在遥感数据产品服务方面，欧洲 Meteosat、MetOp、美国 GOES 和 NOAA 等气象卫星系列早已有成熟稳定的系列产品；以 MODIS 为代表，自 1999 年以来向全世界分发了算法不断更新并附有质量标识的 28 种高级行业应用产品，成为国际近年来应用最为广泛的资源卫星产品；2012 年升空的 Suomi NPP/VIIRS 延续了 MODIS 的基本设计，为用户持续提供与 MODIS 产品具有一致性质量标准的大气、水文、土壤、植被、海洋等增值产品。美国航天基金会 2018 年 7 月发布的《航天报告（2018）》中指出：2017 年商业遥感产业估计产值为 33.5 亿美元，其中传统卫星数据销售收入仅占其 1/3，其余大部分收入来自增值服务、信息产品和大数据分析服务；通过大数据计算与海量遥感数据应用的结合，通过与卫星导航、5G 通信、移动互联网等技术的深入融合，进一步降低从数据到信息的门槛，使遥感卫星数据应用实现从专业应用向规模化应用到大众应用的转变。

根据美国忧思科学家联盟数据显示，截至 2020 年 7 月我国在轨遥感卫星 181 颗。我国民用卫星也多采取免费服务策略，但是用户市场占有率仍不及 20%。导致这一问题的原因是多方面的，与欧美等空间技术强国相比，除了在高性能载荷和长寿命高可靠卫星平台等硬件方面尚有不足，我国在完善的星上定标技术、及时准确的在轨载荷性能变化监测方法、标准化的遥感产品质量控制手段等方面的欠缺，成为遥感定量化应用新时代影响我国遥感数据处理与信息服务水平的关键问题。为了满足我国遥感物理量反演精准度、数据长时间获取稳定性、全球遥感信息产品可比性的迫切要求，科技部从“十一五”以来持续投入对遥感载荷性能以及对数据与信息获取关键环节质量追溯的技术攻关，成果集成于包头遥感综合定标场，目前已初步形成面向航天航空的载荷综合验证和信息服务能力。国内相关大学与机构建设的其他定标场网也相继投入使用。

我国在遥感数据处理算法和软件技术上具有较高的水平，也开发了有自主知识产权的遥感图像处理系统、数字摄影测量软件，初步形成从空间数据获取到专题信息产品输出全数字化的技术体系，研发了 DPGrid、PixelGrid 等新一代数字摄影测量数据处理平台，国产通用遥感处理软件初具雏形，全数字摄影测量系统 VirtuoZo、数字摄影测量工作站 JX–4 等优势软件占据了较大量的国内市场份额。与国际同类工作相比，我国的发展差距主要体现在以下两个方面：一是缺乏市场经济创新意识，不重视产品化技术研究和处理软件系统的商业化，自研自用，缺乏市场推动的压力，与市场脱节；二是缺乏科技创新意识，满足于对现有处理模式和系统能力的扩展，对信息经济时代遥感的任务、作用缺乏前瞻性认识，前沿技术凝炼能力不强，满足于原有体系的修修补补，基于进口商业化软件二次开发的现象较为普遍。总体上呈现技术水平高、研发能力低、大型高端有市场竞争力的系统产品少的状态。

三、技术发展趋势

随着遥感技术的进步及人们对地球资源认识的不断深化，用户需求越来越集中于定量化、高可靠、准实时的遥感信息产品获取，遥感技术及应用发展正在向“高精度”“社会化”方向迈进，从遥感平台、载荷到遥感数据处理与应用的对地观测技术体系将为“高精度遥感”和“社会化服务”提供有效支撑。

（一）星－临－空多层次立体化遥感平台体系正逐步形成

卫星遥感系统向高分辨率、多传感器组合、低成本组网观测、高精度、准实时、全定量化方向发展，卫星观测更强调综合、协作与数据共享；临近空间遥感独特的空间环境，具有得天独厚的发展优势，并可作为新型卫星与载荷技术的测试平台；航空遥感系统向高精度、集成化方向发展，无人飞行器等轻小型航空遥感系统将成为特定任务环境下的有效观测手段。星－临－空多层次立体化协同观测将成为对地观测技术发展的必然趋势。

（二）贯通定量遥感信息获取与应用的系统定标理念深入人心

定量遥感是信息社会对遥感技术发展的必然要求。随着新型对地观测系统技术的不断应用，探测精度和准确度不断提升，应用定量的方法对探测目标的属性进行评估成为新时代遥感的基本特征之一，欧美等空间技术强国在载荷生命周期内，都有严格的定标过程以控制数据产品质量。发展高稳定性、高频次、高精度的在轨定标技术，对遥感载荷性能及数据与信息获取关键环节进行质量追溯，保证遥感物理量反演精准度、数据长时间获取稳定性、多源信息产品一致性，为用户提供具有质量标识的可溯源遥感信息产品，已逐渐成为当前国际遥感界在遥感技术发展进程中的共识。

（三）多样性和新型遥感载荷发展迅速

利用传统成像体制研制的遥感载荷继续向其技术极限逼近，如星载微波载荷、高分辨率高精度光学载荷、先进星载高光谱成像仪、星载高光谱红外成像仪；基于新原理、新方法的载荷技术成为创新理念核心与前沿技术发展重点，如高分辨率静止轨道主被动遥感成像、激光－可见光光学共孔径立体成像、太赫兹成像、量子成像、热磁成像等。

（四）遥感数据处理向自动化、智能化、实时化发展

伴随着载荷技术进步、空间数据获取能力增强以及遥感信息产业化进程的推进，遥感数据处理、信息提取及应用技术将面对信息获取与分发的可定制化、社会化服务需求，迫切需要发展自动化、智能化和实时化的数据处理技术，实现多源大数据量实

时处理、高效快速信息智能分析与识别，完成海量遥感数据到可用遥感信息的转化，极大降低遥感技术应用的门槛，加速遥感信息技术产业化的发展步伐。

（五）遥感应用模式与领域进一步拓展与深入

随着新原理、新理念的遥感技术不断涌现，创新遥感应用的新模式成为推进遥感技术深入应用的必由之路；紧跟时代步伐凝练与遥感应用需求相匹配的新要求，是遥感技术不断创新发展的动力之源；在我国当前经济转型发展的关键阶段，遥感技术将成为执行新决策的重要技术手段，紧密结合国家重大需求提出遥感应用的新概念，可以创造遥感技术为国家服务的机遇。如全球虚拟星座先进数据分析技术支持全球问题的宏观监测，地球空间物理量探测类研究增强全球环境观测能力，多层次立体遥感观测平台技术为国家“一带一路”规划的实施提供不可或缺的空间信息获取支撑手段。

（六）低成本微小卫星助力商业遥感信息服务的发展

在各航天大国继续加强高空间、高时间分辨率大卫星遥感探测能力的同时，商业化微小卫星的发展已经进入了一个快速增长的阶段，并随着包含初创公司在内的商业公司不断进军商业遥感领域，商业遥感卫星，特别是微小卫星得到了大规模规划与部署，其数量由初期的爆炸式增长逐步转入稳定部署与运行阶段，并开启了以低成本为核心、面向遥感技术产业化应用的地理空间信息综合服务新模式。欧洲咨询公司 2019 年 10 月发布的《2028 年前卫星对地观测市场预测报告》预测未来 10 年对地预测卫星数据与服务市场将以年均 9.4% 的速度增长，按乐观预计到 2028 年市场总规模有望达到 121 亿美元。然而从目前商业角度来说，现有的这些商业卫星项目的设计多数都无法给人带来蓝海市场的启发，依然还是以政府各行业应用部门及国防应用为主要用户，遥感产业发展依然依赖传统的市场。因此，还需通过大数据计算与海量遥感数据应用的结合，通过与卫星导航、5G 通信、移动互联网等技术的深入融合，进一步降低从数据到信息的门槛，使遥感卫星应用实现从专业应用向规模化应用到大众应用的转变，打通其应用生态的“最后一公里”。

第二节　遥感学科技术预测分析

一、遥感技术需求分析

遥感技术以提升地球观测技术水平和信息服务能力为根本，建设面向全球性问题科学监测、地球资源环境信息获取以及面向大数据时代信息社会化的全方位观测与应用能力。遥感技术是信息社会发展必须占领的空间信息技术制高点，是地球科学研究的关键前沿技术，是及时了解和把握全球及国家资源与环境状况，解决资源紧缺、环境恶化、人口剧增、灾害频发等一系列重大问题的重要基础性支撑技术，是资源、环境、土地、农林、城市、海洋、灾害等领域实施高新技术调查的核心手段，是信息经济社会可持续发展的重要资源。在当前我国国民经济飞速发展的时代背景下，遥感技术的重要性体现在以下几个方面。

（一）国家重大发展战略规划与经济社会可持续发展的需要

遥感技术是涉及航天、光电、物理、计算机、信息科学等诸多学科和应用领域的尖端综合性技术，它利用地面车塔、气球、飞艇、飞机（航空、航天）、卫星等遥感观测平台，对陆地、大气、海洋实现不同尺度的立体、动态观测，提供宏观、准确、综合、连续多样的地球表面信息。我国正处于社会经济高速发展时期，农业、资源、环境、减灾救灾、测绘和大型基础设施建设等都对以高分辨率、高时效、高质量与高效率信息提取为特征的先进遥感技术提出了迫切需求。在国土资源方面，及时的、覆盖全国乃至全球的中高分辨率、多时相、高精度的遥感数据将为开展各类资源调查和监测提供信息与技术支持；城市管理方面，以高分辨率光学成像和激光雷达为代表的高精度航天、航空遥感测绘系统，可为城市规划和“智慧城市”建设提供丰富的遥感数据源；环境监测方面，全天时、全天候、多尺度的先进遥感系统可迅速准确获取水、土壤、大气、生物物理等环境信息，为了解和把握地区、国家乃至全球环境态势，解决资源紧缺、环境恶化、人口剧增、灾害频发等一系列重大问题提供决策依据，提高环境保护能力；灾害与应急管理方面，多分辨率、多尺度的光学、SAR、地磁、重力等先进遥感系统，将有效提升我国在灾害监测、灾害预警以及突发事件中的应急响应能力。遥感技术还是提升我国国防能力，掌握地缘政治格局与军事动态，维护国家主权和领土完整不可或缺的重要手段。

此外，长期高速经济增长和大规模城镇化使我国的自然环境结构发生剧烈的变化，在当前应对全球气候环境变化和人类社会可持续性发展主题下，先进遥感技术将为我国制定旨在提高国民安全（国家安全、生态安全、能源安全）与健康（生态环境健康、人居环境健康、交通环境健康）水平、促进经济繁荣、优化行业竞争力、实现可持续发展的国家战略规划提供支持。

（二）提升我国地球系统科学研究水平和信息获取能力，占据国际空间科技领先地位的需要

遥感技术不仅在国民经济各行业中发挥出巨大的作用，在全球气候变化、极地冰盖消融、森林退化、大气污染等事关人类生存与发展的重大问题研究方面，更具有独特的优势。研究表明，地球生态系统的发展演变受到大气、水文、生物圈、岩石圈以及人类活动共同作用的影响，而空间对地观测是当前探索上述因素相互关联、相互依赖和相互作用规律的最有效手段。此外，先进空间观测技术在监测平流层臭氧损耗、探索大气污染物全球传输扩散规律、测算冰川与海冰消融速度、监测全球耕地变化、了解土地与气溶胶变化造成的气候模式变化特征、探索全球尺度上厄尔尼诺和拉尼娜现象对天气和洋流的影响、预测与监测干旱、地震、飓风/台风、海啸、洪水等自然灾害强度、评估灾难损失程度与救援决策等方面同样具有重要作用。

以美国、日本、欧盟为代表的空间技术强国及其科研机构在空间对地观测战略规划中，都将利用先进遥感技术开展地球系统科学研究应对全球变化作为一项重要内容，并制定一系列大型观测计划，实现从单纯观测地球向预测地球环境及气候变化的转变，以继续其先进遥感技术的主导地位。在此背景下，我国先进遥感技术发展同样需要以提升我国地球系统科学研究水平，提升专业性、科学性、全球性、战略性对地观测信息获取与应用能力为目标，合理布局与规划，加快面向地球系统科学研究的定量遥感信息技术体系与学科建设，加快实现从遥感大国向遥感强国的跨越迈进，掌握国际空间科技主导权与话语权，提升利用先进遥感技术捍卫国家主权的能力。

（三）提升我国遥感数据质量和遥感定量化应用水平，促进我国遥感产品走向国际产业化的需要

我国遥感技术发展几十年来，在遥感载荷设计研制与运行管理过程中，往往缺乏对于遥感载荷数据质量与应用性能的重视，因而如何定量评价并有效应用遥感数据，一直是遥感技术有效支撑地球系统科学研究和各类行业应用中亟待解决的问题。随着遥感技术的进步及人们对地球资源认识的不断深化，用户的需求越来越集中于对定量化、高可靠、准实时遥感信息产品的需求，遥感技术及应用正在向高精度方向迈进。对于定量遥感信息产品质量控制，诸如全链路系统性能动态检测、遥感数据与信息产品真实性检验以及统一质量标准的产品质量追溯等难题有待得到有效解决；对于长周期下全球物理特征变化研究（如温度变化、臭氧变化、气候变化等），遥感数据的质量、稳定性以及信息提取的精度均有待进一步提升。

通过开展以系统性提升我国遥感数据质量和遥感信息定量化应用水平为目标的先进遥感技术研究，将促使我国的遥感产业迈入定量化、精准性与可用性的新阶段，提高我国遥感技术系统的投入产出比；使我国的高质量遥感产品在国际产品化道路上具备足够的竞争力，通过为用户提供高分辨率、高精度、高可靠的遥感信息产品，每年创造出巨大的经济效益。此外，遥感数据质量和遥感定量化应用水平的提升，还将有助于贯通高精度定量遥感信息获取与应用服务技术链路，提升我国遥感载荷研制水平与高精度数据获取能力，推动我国占据国际定量遥感技术与地球系统科学领域的制高点。

（四）促进国家新兴产业与新决策发展的需要

在信息化飞速发展的 21 世纪，遥感信息技术已经在农业、林业、国土、水利、城乡建设、环境、测绘、交通、气象、海洋等多类行业，以及全球资源、环境、气候变化与人类社会可持续性发展研究中展现巨大的应用价值与发展潜力。为了推动遥感技术的行业服务水平，CEOS 于 2005 年提出了“虚拟星座”的概念，旨在为灾害、健康、能源、气候、水资源、天气、生态系统、农业和生物多样性等应用领域提供具备统一质量标准的“虚拟星座”信息产品服务。美国等空间技术强国也相继提出利用遥感技术支持国家经济绿色增长，利用遥感技术支持金融交易等概念，预示着遥感技术社会化应用的深度与广度有了进一步的提升。我国由于遥感定量化研究起步较晚，业务运行机构往往缺乏提供高质量遥感信息产品的社会化服务能力，距离普通民众对个性化遥感产品的需求更是相差甚远，因而开展以全面提升我国遥感信息化、社会化服务水平为目标的先进遥感技术研究，将进一步拓展我国遥感应用模式与应用领域，将有助于提高我国遥感数据的自动化、定量化处理以及遥感信息理解能力，有助于建立我国定量遥感信息产品的社会化服务技术体系，为普通民众和国民经济各行业提供多种信息服务，并成为促进我国地理信息产业、导航定位服务产业、装备制造产业、物联网等其他相关行业用户提升竞争能力的新动力，促进国家战略性新兴产业发展，有效支撑国家经济发展与社会进步，为国家全球化战略保驾护航。

二、技术水平分析

欧美等空间技术强国注重基础技术创新、关键技术研发、核心技术集成，利用已形成的遥感观测系统技术优势，针对全球性问题和国计民生等重大应用需求，制定长期、系统性的观测计划，构建新型空间信息技术体系，注重地球物理量信息的定量化反演与应用，正在与其他空间技术国家形成新的代差和不对称优势，以满足其国家与区域性发展目标所需的信息获取能力，为增强其国际政治和外交话语权提供重要信息支撑。另外，欧美等空间技术强国在加强遥感技术提供专业信息服务的同时，也积极开拓空间技术社会化创新服务模式，研发与之相匹配的核心技术和业务运行系统，推进各项技术从实验室阶段向产业化阶段发展，将技术优势转化为应用优势，不仅大力推进空间技术在本国的社会化服务能力与产业化发展水平，而且不遗余力地向国际市场推销自己的空间技术与产品，以保持其长期领先的技术优势和国际竞争力。

我国已成为遥感技术研究与应用大国，天基实时成像观测体系与设计、卫星任务规划与控制技术、无人机遥感系统设计与综合运行管理技术、遥感卫星一体化设计与平台载荷集成技术、静止轨道主被动遥感成像技术、遥感卫星实时信息提取技术、遥感数据同化技术等多个关键技术与国际领先水平的差距正在逐步缩小，强度关联成像应用技术等部分技术达到国际领先水平。但是，受长期以来重工程技术、规模化和短期效益发展理念的影响，也由于现有体制机制重视对资源的拥有而导致资源布局"破碎化"的桎梏，我国遥感技术的发展在关键性信息和专业化信息获取能力上，在数据质量和定量化信息提取水平上，与国际先进水平相比还存在较大差距。在技术和应用层面，依然停留在"看图识字"的可视化遥感阶段，在高精度、定量化物理要素信息获取技术上仍存在较大差距，针对遥感载荷全链路定标尤其是在轨定标，以及针对遥感产品定量应用的真实性检验等技术落后于国际空间技术强国。对影响人类生存和地球生态系统长期发展的一些科学性强、精度要求高、大尺度时空观测下的物理信息和物理要素获取的重要性缺乏深入认识、布局考虑不足；自主研发的对地观测业务化应用体系在精准性、稳定性、专业化等方面非常欠缺，难以满足信息社会发展对于优质可靠定量遥感信息产品的迫切需求；缺乏市场经济创新意识，在商业化数据政策、体制机制、遥感信息服务等多方面与国际商业产品存在较大差距，对我国遥感技术整个体系的健康、快速发展形成掣肘。

与欧美空间技术强国相比，我国遥感技术产业竞争能力总体处于劣势。根据科技部第五次国家技术预测问卷调查显示，目前欧美等空间技术强国在遥感技术领域有 53.8% 的技术处于产业化阶段，而我国仅有 7.7% 处于产业化阶段，且产业化程度低。为了保障可持续发展，使我国遥感技术的发展不受制于人，除了要鼓励研发创新，积极发展优势技术，抢占遥感技术制高点，还要积极开拓优势技术的应用模式和服务能力，实现将来源技术发展成为领先技术，将领先技术推向产业化发展。

总的来看，经过半个世纪的发展，我国遥感技术已取得了长足的进步，与国际领先水平的技术差距明显缩小，在体量上已进入遥感大国行列，发展程度总体上达到国际先进，部分核心技术处于国际领先水平。但在探测能力、核心元器件等方面，与欧美等空间技术强国相比，仍存在 10 ~ 20 年的差距，亟待原始创新发展。针对科学性信息、专业化信息获取和应用的体系规划和系统性项目的计划与设立，缺乏清晰的方向性导引、缺乏体制机制和政策层面的支持，遥感技术整体发展布局仍有待进一步优化。稳定、大型的专业软件和应用系统仍被国外软件垄断，面向社会化、大众化、商业化、自主性的信息服务水平和业务化运行能力不足，呈现出市场经济创新意识不足、技术效益产出与国外先进水平相比存在较大差距的总体发展态势。

第三节　遥感学科关键技术分析

结合遥感学科重大科技需求和科技发展趋势，多次组织专家开展技术预测问卷调查及备选技术研讨等工作，并在多次技术预测调查的基础上，基于“利益、原创性、可持续发展、前瞻性、安全”五大原则和“经济发展、技术进步、社会发展、可行性”四大准则，通过对国内各专家各单位提供的技术建议反复商讨和凝炼，形成遥感学科关键技术选择建议清单，详细描述如下。

一、空间辐射测量基准技术

全球气候变化研究需要高精度的对地光谱测量数据，而当前星上定标技术难以满足数据精度要求。目前，国际研发的空间高光谱对地遥感成像光谱仪器仍然没有统一的辐射基准。为解决这一问题，美国发起了 CLARRO 计划，欧洲也发起了 TRUTH 计划，其目标都直指通过发射具有极高辐射测量精度的卫星，建立空间辐射测量基准，实现星星定标基准传递，彻底解决遥感卫星不能向 SI 溯源的问题，从而满足超高精度定量遥感的需要。我国已经连续在两个五年计划中，支持空间辐射测量基准技术的发展。未来有望在“十四五”期间，发射中国空间辐射测量基准卫星，成为国际第一个建立空间辐射测量基准的国家。

二、全球统一质量标准的遥感定标基准网技术

全球性问题的科学研究、信息经济社会发展对质量标准一致的长时序、多星遥感数据产品提出了迫切要求。在对地观测遥感数据获取能力已实现规模化发展的今天，为了获取高精度、高可靠、可业务化支撑运行的定标结果，遥感定标研究的重点正在从实验室仪器定标向不同地域环境条件和不同大气条件下的网络化定标技术发展。建立统一质量标准的全球遥感定标基准网络体系，极大减少由于地域、季相、环境不同而带来的定标不确定因素，逐渐成为国际遥感定标领域的共识。我国已形成规模化的对地观测遥感数据获取能力，迫切需要加速发展全球统一质量标准的遥感定标基准网技术，形成溯源至国际计量标准的我国定标节点系统及载荷无关标准化遥感定标产品获取能力，保障不同来源的遥感产品质量满足行业应用需求。

三、星载 InSAR 技术

干涉测量与地表形变监测在基础设施建设、地质灾害预警、军事侦察等领域作用重大。目前我国的 SAR 卫星尚不具备干涉能力，导致我国在以 InSAR 为技术基础的全球 DEM 制作、地表形变信息获取等方面都需要依赖国外数据。为此，我国亟须自主研制高精度干涉 SAR 卫星，探讨 X 波段、C 波段、L 波段以及毫米波等不同波段下双天线模式、编队飞行模式以及重复轨道模式的干涉 SAR 卫星的适用性，开展干涉 SAR 卫星的高精度姿态量测与控制技术、高精度保相位成像技术、高精度几何检校技术、地表微形变提取技术、大区域星载 InSAR 平差技术以及高精度 InSAR 测图等技术的自主研制，实现国产星载 SAR 卫星的干涉成像能力，为国产 SAR 卫星的工程研制奠定技术基础，并推动国产干涉 SAR 卫星的工程化应用。

四、纳米级全谱段超光谱成像定量遥感技术

纳米级光谱分辨率的全谱段超光谱成像（光谱分辨率为 $\Delta\lambda/1000$）定量遥感技术可以满足精细农业对农作物长势和水肥的精细评估、土壤污染监测与修复评估、地壳活动痕量气体探测及地震预报、植被覆盖区矿产资源探测、大气挥发性有机气体监测等重大应用需求。突破紫外－可见－红外（0.3～12.5μm）纳米级（紫外可见 0.5nm，短波中波红外＜1nm，长波红外＜5nm）分辨率精细分光、超高灵敏度红外焦平面、

高稳定低温光机设计与装调技术、高精度全谱段定标技术等关键技术，研制纳米级全谱段超光谱成像仪，对于遥感卫星地物组分探测能力具有重要意义。

五、甚长波红外高光谱成像技术

甚长波红外探测波长范围在 14～30μm（对应的地表温度范围在 100～200K），特别适合低温目标的高效精细化探测。目前，从科学研究、经济社会发展和未来战略规划中日益受到关注的地球两极和月球、火星等深空星体的探测，均存在深低温下的地表地物属性和构造成分研究的难点。常规的光谱探测类仪器难以对深低温目标进行有效探测，必须发展峰值探测波长在甚长波红外范围的高光谱成像仪器。其意义不仅是解决深低温目标探测的难题，推进我国对两极和深空环境资源及其自身演变情况的精细深入掌握，也是突破和提升红外光谱成像技术实现跨越式发展的有效手段。

六、紫外遥感技术

大气紫外散射光谱对大气密度、大气臭氧、气溶胶及其他微量气体的密度和垂直分布极为敏感，因此利用紫外光谱观测可以同时获取整层大气密度和臭氧等三维分布，这是其他遥感波段难以做到的。欧盟等航天遥感强国从 20 世纪 70 年代就开展紫外遥感大气探测载荷研制与应用研究，逐步形成了业务化的运行能力，我国在这方面尚处于起步阶段。亟须加快空间紫外光学遥感技术的研究，在星载紫外光谱遥感探测仪器、数据处理与反演方法等方面形成突破，奠定集天底、临边和掩星成像探测于一体的高精度紫外遥感技术基础。

七、甚宽覆盖多光谱相机技术

星载多光谱载荷广泛应用于土地资源普查、环境变化监测、灾害监测评估等多个领域。随着遥感应用领域的进一步扩展和细分，现有的星载多光谱载荷相对较窄的幅宽、过长的重访周期以及通用化的谱段配置策略逐渐成为制约其应用规模进一步扩大的瓶颈。因此，开展甚宽覆盖多光谱相机技术研究，形成优于 1000km 幅宽（650km 轨道高度）、星下点成像分辨率 8m（全色）/16m（多光谱）、视场 76°、8 个以上可定制的多谱段高灵敏度成像能力，为面向大幅宽成像、精细多光谱数据和个性化谱段设置需求提供技术支持，全面提升多光谱遥感载荷的应用水平。

八、星载高精度激光雷达技术

激光雷达利用激光直线传播方向性好、测量精度高的特点，能够精确、快速获取地面及地面目标三维空间信息以及进行大气参数测量，其中激光成像雷达技术被列为对地观测系统最核心的信息获取技术之一。世界主要发达国家都开展了星载激光雷达在高程信息探测及地球大气探测方面的研究。而国内星载激光雷达技术在星载对地观测领域尚处于起步阶段。因此亟须开展星载高精度激光雷达技术研究，重点突破星载高功率高光束质量激光光源、高灵敏度激光信号接收、全波形反演技术、高精度距离测量、差分吸收探测等技术，提升我国对地观测技术领域能力。

九、高轨高分辨率遥感技术

在地球同步轨道上实现高几何分辨率、高光谱分辨率探测技术，将解决大范围高精度连续快速自动搜索、识别和分类的对地观测应用难题。开展光子筛薄膜衍射成像技术研究，完成复杂折叠机构的观测系统总体及其光学系统设计，突破高柔性大口径型面精度保持技术，研制轻量化、大口径、低成本的高轨高几何分辨率（1m 静止轨道，20m 口径）对地观测系统；开展高光谱高灵敏度探测、高效高稳定及快速调测大口径光学成像、大规模高帧频红外探测器组件集成、多次细分采样亚像元超分辨率探测、一体化定标及智能处理应用等技术研究，研制同步轨道空间分辨率达到 50m，谱段范围到 12.5μm，幅宽达到 4000 像元（红外）的高光谱成像探测系统；最终形成高几何分辨率、高光谱分辨率高轨卫星探测技术及应用的跨越式发展。

十、凝视观测强度关联成像技术

鬼成像是一种利用电磁波场的二阶关联特性（即强度涨落关联）对目标进行成像的新型成像技术，可以突破经典成像的空间分辨率极限。目前，美国军方已经实现了实验室的光波鬼成像和微波鬼成像，成像分辨率可达到亚波长量级。针对高轨地球同步卫星分辨率较低，低轨高清卫星不能全天时实时监测的缺陷，将鬼成像技术应用于地球同步轨道星载遥感领域，可突破远场光学和微波成像衍射极限，解决当前星载遥感分辨率低的问题，实现全天候、全时段、高分辨率的对地观测成像与动态监测。

十一、综合地球观测数据共享服务关键技术

地球观测数据共享服务是发挥地球观测技术系统效能及应用价值的关键环节，也是空间信息产业化发展的必由之路。为了提高地球观测数据共享服务水平和服务范围，地球观测数据共享服务正朝着大众化、智能化方向发展。目前国际地球观测数据共享服务一方面继续向行业应用提供深度多源遥感数据融合应用服务，另一方面开始向社会大众提供普及化的遥感共享应用服务支持。因此，我国应该加速发展面向行业应用的多频段多时相多尺度地球观测数据挖掘与深度多源遥感数据融合服务、面向多机构管理的大数据协同组织与高效传输、面向社会大众的公众遥感共享服务关键技术，形成业务化地球观测数据服务标准规范、信息平台与支撑技术的综合集成系统，提升地球观测数据的智能化、社会化服务水平，推动我国遥感应用和空间信息产业进入新的发展阶段。

十二、星上智能化信息实时提取与应用技术

伴随着空间技术进步以及遥感信息产业化进程的推进，遥感卫星信息获取、处理及应用技术将突破现有获取与分发应用模式，朝着满足信息获取与分发的可定制化方向发展。为此需要开展面向可定制个性化需求的星载遥感数据智能化获取、在轨实时处理及信息分析、新型运行管理技术以及信息分发服务技术研究，解决智能观测数据获取、基于知识库的在轨目标识别、星载大数据量实时处理、面向应用的光谱信息优化组合以及大众应用终端技术。

十三、微小卫星载荷组网监测系统技术

针对目前国际微小卫星载荷在无控制点时定位精度低的问题，重点突破基于一体化智能载荷纳卫星与一体化光学小卫星的分布式联合智能遥感技术，开展微小卫星的姿态测量、姿态保持、姿态机动及遥感载荷的标准化技术研究，突破遥感载荷在轨的自主参数标定、成像策略调整和成像路径自动规划等技术，实现多卫星星间联合成像，满足大区域遥感成像、高精度定量监测、成像模式灵活、响应速度快的全方位应用需求。

十四、遥感定量反演与智能识别技术

面向全球环境多样性定量观测以及可定制遥感应用服务需求，开展多频段、多时

相、多尺度地球观测数据挖掘与综合应用、多样性地物特征匹配与全谱段多目标智能识别技术；解决智能观测数据获取、基于知识库的目标识别和面向综合应用的环境多参量遥感定量反演；构建耦合空天多源多尺度遥感数据的深层次信息挖掘技术体系，提升遥感技术的定量化应用以及产业化服务水平。

十五、地球模拟系统技术

地球模拟系统技术涉及航空航天、物理、地球科学、信息科学等诸多领域，为全面了解地球时空多维动态演变规律和地球模拟观测体系构建提供技术支持。研发米级地表典型要素遥感信息提取和算法关键技术与标准，开展全球米级地表典型要素数据集成技术研究；分析地表地物动态变化特点，开展全球重点区域目标特性库构建技术研究；在地球典型要素观测数据和目标特性信息集成的基础上，深入研究地球动态演变机理和地球动力学物理机理，构建地球动态演变机理模型，实现多层次多维地球信息的仿真模拟，最终服务于全球综合对地观测及应用。

十六、全国环境关键要素监测及全球资源环境遥感应用

环境资源与公共安全是人类生存和可持续发展战略中世界大国普遍关注的重要问题。开展全球尺度资源与环境遥感监测重大应用基础理论研究、方法体系构建，重点针对我国雾霾、水污染、粮食短缺等重大环境事件，建立稳定运行的农情监测、大气环境监测、水资源环境监测等地球观测信息应用服务系统，为解决资源和能源供给、生态环境保护等重大问题提供科学依据、技术支撑和解决方案，支持生态环境遥感监测报告发布，为国家和社会公众服务。

十七、低空无人机影像实时处理及跨平台一体化三维测图

针对当前低空无人机影像处理人工干预多、效率低下、难以满足应急响应需求的现状，突破单片低空数码影像搜救信息实时分发计算、无须初始信息的全自动航线恢复与无效影像自动剔除、多重叠 / 变化重叠低空影像多级自动匹配等关键技术，实现在无须导航数据的情况下，20 分钟内完成 300 幅 2000 万像素级影像自动处理的目标。研制跨传感器平台、矢量数据采集与三维重建一体化的测图系统，解决大区域无缝测图、影像的精密立体匹配、正射影像同步高程模型以及人机交互智能式地物快速提取与三维重建等关键技术，更好地适应遥感对地观测高效获取地理空间信息的重要需求。

十八、无人值守无人机遥感系统技术

无人机遥感系统具有运营成本低、任务配置灵活、操作智能化程度高等特点，但目前无人机应急系统数据获取效率低。将无人机技术、轻小型遥感载荷技术、无线电通信技术、数据高效智能处理技术相结合，突破实景三维影像处理、航空数据高速处理、远程控制与规划等关键技术，集成无人机遥感系统，满足恶劣气候与环境地区以及海上边防巡查、抢险救灾、长期科考等需求。

十九、大气三维动力参数探测技术

大气风场、气压等参数是短期和小尺度气象预报的关键要素，也是大气遥感与气象应用技术尚未突破的关键技术。围绕上述问题，突破大气三维动力参数遥感的机理和探测频率选择、云雨条件下大气三维风场与气压探测与反演、高光谱探测、星载高分辨率微波和毫米波探测的天线与扫描、高精度定标与三维大气动力参数遥感真实性检验等关键技术，研制大气三维动力参数遥感探测仪器，对于提高天气系统预报准确度，特别是灾害性天气的预报预警能力具有重要意义。

二十、云、对流和降水监测技术

科学和应用目标包括云覆盖度和光学特性、对流和云动力学的监测；固态和液态水的降水率和水程的监测；云和降水的昼夜循环监测。现有观测手段的不足主要体现在无法实现昼夜循环监测；在EarthCARE任务结束后，将不能进行降雨、降雪、对流和云动力学的监测。研究雷达和多频率微波辐射计，提高空间采样率至水平1～4km、垂直250m，降雨量精度至0.2mm/h；研究发展动力学和对流多普勒雷达探测与应用技术，对于全球降雨和降雪监测的空间分辨率达到4～10km，降雪量精度至1mm/h。

二十一、灾害性空间天气预警与决策技术

为应对灾害性空间天气对人类生活、生产等活动的影响，通过天地基观测网络对太阳活动和其他空间环境扰动进行持续监测，开展太阳活动和地球空间环境的整体关联性模式研究，预报太阳活动扰动在行星际空间的传播及其驱动磁层、电离层和中高层大气的扰动变化，通过对扰动变化的等级及其典型效应的危害程度进行评估来预报

空间天气变化对各种用户系统的影响。开展空间天气典型效应监测技术、空间天气效应危害评估技术、空间环境预警模型、灾害应对安全预警与决策技术研究，研制的演示验证系统具备从太阳到中高层大气的数值化的空间环境预报功能，实现可实用化的地球空间环境精准预报。

第四节　关键技术案例发展分析

一、空间辐射基准技术

（一）技术重要性

空间对地观测系统历经半个世纪的发展，在全球观测的时空跨度和分辨能力方面取得了巨大的进步，作为影响和应用领域不断扩大的国家基础设施，目前面临的最为显著的难题是提升数据准确性以及长期保持高准确性。

空间辐射基准技术是美欧于21世纪初提出的一项重大空间技术，最初的科学目标主要针对全球长期气候变化的准确监测。随着多个国际机构和多个空间计划的推动和展开论证，这项技术对于提升空间对地观测体系整体性能和牵引多学科技术发展的巨大潜力得到不断深入的发掘，高精度将与高时空尺度、高时空分辨共同构筑下一代空间对地观测系统的技术基石。

确定全球环境及气候变化的方向、程度和趋势，是21世纪最重大的科学研究课题之一，是未来空间科学的最重要使命之一，也是影响国家利益的重大政治和经济问题。全球环境及气候变化具有缓慢、影响要素多、影响机制复杂的特点。

在空间平台上实施长期、连续的全球环境及气候观测，是预测全球环境及气候变化趋势和程度的关键手段。全球变化观测的对象是长期、缓慢和微幅变化的地球物理参量，例如0.1℃/10年的大气和地面温度变化趋势，1%/10年的臭氧变化，以及太阳辐射输出0.1%/10年的微小变化。

全球环境及气候变化观测的最大技术难题，是保持对微小变化的绝对观测精度和长期一致性。根据GCOS（全球气候观测系统）和WCRP（世界气候研究计划）归纳的20条气候观测原则，辐射测量精度将是观测空间、时间、光谱特征之外不可缺失的“第四维”观测要素。

目前公认的气候观测精度要求为：在10年尺度上观测0.1%的微小变化，并且能够保障多种载荷观测数据的有效衔接和相互可比较。这一要求已达到甚至超过了目前计量和辐射测量学的精度极限，所有载荷的观测数据都必须溯源到国际单位制（SI）是达到这一要求的唯一技术途径。

目前通用的每个业务观测卫星都配置自己专用辐射定标系统的做法，在工程实现和应用中已难以满足气候观测的绝对精度和长期稳定性要求，原因在于：①有效载荷无法校正自身的系统性不确定度（例如响应度的本底漂移）；②溯源至共同基准（SI单位）的精度保障存在技术困难；③效费比难以接受，超高精度要求将大大提高定标器的设计、研制和应用成本，定标系统的复杂程度和研制成本可能会超过载荷本身。

在空间部署专用的辐射基准有效载荷已成为满足全球环境及气候观测要求的共识，即必须建立独立、共用并且可溯源至SI的空间辐射基准平台，以互定标为基本手段，借助全球定标场网，为所有全球环境及气候观测业务有效载荷提供长期的辐射/光谱/偏振定标和观测结果校验。

（二）技术发展水平分析

1. 技术发展现状分析

空间辐射基准技术在具有技术先进性和合理性的同时，也面临巨大的技术挑战，其三大关键难题：高精度空间辐射基准技术、全球定标场网技术和多观测要素匹配技术，目前均为国际前沿研究课题，尚无成熟方案，国际发起了数个研究计划，简述如下。

（1）观测气候变化的卫星仪器定标工作组

为了制定气候观测卫星仪器的定标技术路线，美国NIST（国家标准与技术研究所）、NPOESS综合办公室、NOAA和NASA联合发起了“观测气候变化的卫星仪器定标工作组”（Achieving Satellite Instrument Calibration for Climate Change，简称ASIC3）。

ASIC3的主题是规划国家级的定标技术路线图，使科学家和研究人员明确并实现长期气候变化相关的要求。在经过数次集中研讨后，ASIC3提出了气候观测的10项原则，其中与定标直接相关的3项为：

1）必须采用多种完全独立的方法，以测试长期全球气候记录中的系统性误差，每种方法都应当满足气候观测的（绝对）准确度的要求。

2）长期气候观测的基础必须建立在国际标准的基础上，必须以SI单位为基础确定核心测量的绝对标度。

3）气候观测必须在轨与SI单位相联系，具有规定的误差分配。

基于上述原则，ASIC3 提出一项顶层建议：研发和在空间部署一系列具有高准确性的基准仪器，这些仪器以高光谱分辨率测量地球反射或发射的能量，其绝对量值可以溯源到国际单位，并可以在轨校准。这些仪器不仅自身能够提供可靠的长期记录，而且能够作为空间的参考标准来定标其他的卫星传感器。

（2）全球天基互定标系统

世界气象组织（WMO）发起的全球天基互定标系统（Global Space-based Inter-Calibration System，简称 GSICS），目的是加强卫星观测的定标和校验，开展全球观测系统的关键参量互定标。GSICS 试图首先从全球的气象卫星着手，建立可以相互比对数据的技术平台。中国气象局代表中国参与了该系统的学术活动。GSICS 的技术目标具体有 3 项：

1）通过卫星遥感器的业务化互定标，提高天基全球气象、气候和环境观测的应用效能。

2）利用 GSICS 互定标系统，提供存档卫星数据的再定标能力，以生成稳定和长期的气候数据系列。

3）利用互定标和参考场地的校验，保障仪器能够满足指标要求，发射前测试能够溯源到 SI 标准，能通过精细分析仪器性能保障在轨仪器良好定标。

（3）美国的空间辐射基准计划（CLARREO）

为了探索和验证气候观测所需要的高精度定标技术，美国已开始实施“气候绝对辐射和折射观测平台”计划（Climate Absolute Radiance and Refractivity observatory，简称 CLARREO），并将其列为“十年调查任务”中优先级最高的 4 个任务之一。

CLARREO 肩负着提供全球气候记录永久基准，进而建立相应的观测标准的重要任务，对认识和预测全球气候，减少不确定性具有很重要的意义。CLARREO 的 3 个最重要目标是：

1）为今后气候记录提供基准，检验其他系统的系统误差进而建立国际标准。

2）建立依靠最先进观测和计算技术的业务气候预报系统。

3）用准确的资料和预报推进国际商业和促进社会稳定与安全。

在开展具体的技术攻关之前，CLARREO 计划首先梳理了需要解决的关键问题和关键技术，并划分了技术优先级，如表 3-1 所示。

表 3-1　CLARREO 计划解决的关键问题

优先级	问题
1	哪种气候变化要素（如云、水汽、温度等）可以作为基准辐射？
1	哪种气候变化要素可通过交叉定标作为基准？ 是否可以基于滤光片式辐射计交叉定标，获取气候观测所需精度？
2	GNSS 射频掩星的精度能确定气候记录的系统误差吗？
2	独立验证 CLARREO 数据精度的最优方法是什么？
3	空间、时间和角度范围如何满足需要？
4	光谱分辨率要求多高（红外和太阳辐射）？ 注："十年调查任务" 建议 $1cm^{-1}$（IR），15nm（solar）
4	最佳的相互定标和校验的地面采样间隔尺寸是什么？
4	红外的光谱范围要求是多少？

CLARREO 计划于 2006 年提出，相关研究机构提出了空间辐射基准的研制方案，并展开了先期关键技术攻关。威斯康星大学和哈佛大学正在联合研发"先进精确星载仪器"（AASI），试图解决超高准确度（<0.1K，3s）的红外亮温测量技术。NASA 的 Langley 研究中心正在研发"大气远红外光谱辐亮度的定标观测器"（CORSAIR），以解决 $200 \sim 2000cm^{-1}$ 波段范围内 $1cm^{-1}$ 光谱分辨率和 0.1K（3s）绝对辐射测量准确度的关键技术。科罗拉多大学则致力于解决可见光 - 近红外波段的高精度超光谱成像技术，期望实现 0.2% 的 SI 溯源精度。

在太阳光谱波段，CLARREO 利用"太阳辐照度监测仪"（SIM）连续观测太阳，将太阳辐射观测溯源于电替代辐射计（ESR），SIM 的主要技术参数见表 3-2。采用高光谱成像仪直接观测太阳，由已知的太阳绝对辐照度来定标高光谱成像仪，高光谱成像仪要求的主要性能参数见表 3-3；交叉定标时，高光谱成像仪与待定标业务载荷同步观测地面目标，将待定标载荷的输出溯源于 SI。

表 3-2　CLARREO 的太阳辐照度监测仪（SIM）主要性能参数

参数	指标值
波长范围	200 ~ 2000nm
相对标准不确定度	300ppm（1s）
相对稳定性	60ppm/ 年

续表

参数	指标值
精度	SNR ≈ 1000@300nm SNR ≈ 50000@800nm
尺寸	19cm × 33cm × 80cm（H × W × D）
质量	18.2kg
功耗	42.6W（2 个光谱仪）
设计寿命	5 年
视场 FOV	1.5° × 1.5°
指向要求	1arc min

表 3-3　CLARREO 的高光谱成像仪要求的主要性能参数

参数	指标值
空间分辨率	0.5km
空间分辨率（垂直轨道）	200km
光谱波段	300 ~ 2300nm
相对标准不确定度	0.2%

（4）欧洲的空间辐射基准计划（TRUTHS）

英国国家物理实验室（NPL）倡议的“支持陆地和太阳研究的可溯源辐射测量”计划（Traceable Radiometry Underpinning Terrestrial-and Helio-Studies，简称 TRUTHS）的科学目标是：

1）以 10 倍于任何其他卫星的准确度，针对支持地球生命的入射太阳辐射和呈现地球表面的反射太阳辐射，进行光谱分辨的观测。

2）以直接溯源于 SI 单位的方式表征参考目标，从而使 TRUTHS 的准确度能够传递到其他地球观测卫星。

3）通过相对于初级标准的飞行中辐射和光谱定标，建立飞行中传感器的真实可溯源性，避免发射前定标、存储、发射、老化等引起的偏差和不确定性。

4）为产生明确无误的高质量数据提供支撑，使科学家能够为决策者就可持续发展和应对气候变化等问题提供建议。

TRUTHS 提出的技术目标为：

1）建立一系列参考场址和目标（陆地、水体、太阳和月亮），作为下一代地球观测传感器的定标参考。

2）以 20m 地面分辨率和高准确度（0.1%）观测地球的超光谱、偏振辐亮度（400～2500nm）。

3）同时比较地面、航空和空间光谱辐亮度的测量结果，改进大气辐射传输模型的准确度和可靠性。

4）分别以 0.01% 和 0.1% 的不确定度，确定太阳总辐照度（TSI）和太阳光谱辐照度（SSI）。

5）演示空间光学观测仪器的自定标。

TRUTHS 计划研发和应用 5 种空间载荷，其中以低温太阳绝对辐射计（CSAR），作为所有载荷的共同基准，利用地球成像仪（EI）进行 20m 空间分辨率的地球超光谱辐亮度成像观测，采用滤光片偏振辐射计（PFR）校正大气影响，应用光谱定标单色仪（SCM）实现波长准确校准，利用太阳光谱辐照度监测仪（SSIM）实现地球系统入射辐射的高精度观测。

2. 国内研究基础

我国目前已研发和运行了太阳总辐射和地球辐射收支仪等有效载荷，但均作为单独的观测手段，不具备空间辐射基准或互定标的功能，尚未实现满足气候观测要求的空间辐射基准卫星技术。

“十二五”的“863”计划和“十三五”重点研发计划分别支持了“空间辐射基准技术研究”和“空间辐射测量基准与传递定标技术”等项目研究，开展了空间辐射测量基准、基准传递定标及地基验证、国产多系列遥感卫星历史数据再定标、数据与信息产品基准溯源等关键技术攻关，目前原理性验证已取得了进展，但技术集成和工程化与国际相关研究水平仍有差距。

（三）重点技术分析

1. 空间辐射基准的技术指标体系设计

针对空间对地观测系统的高精度和长期一致性要求，分解和分析核心观测要素的绝对不确定度要求和观测一致性的技术指标，结合未来高精度、超光谱气候和环境观测有效载荷的业务观测体制要求，提出空间辐射基准卫星的平台、载荷研制技术指标，以及数据产品开发与校验技术指标。

需要解决的关键技术包括：

1）气候观测基础辐射量的确定及其观测不确定度的要求分析。

2）绝对辐射量的 SI 溯源技术链路设计。

3）可见光 – 热红外空间辐射基准载荷的指标设计。

4）卫星平台和轨道的参数设计。

5）空间辐射基准载荷的精度和稳定性验证方案。

6）多星互定标的技术导则设计。

7）基础辐射量数据产品的开发与校验技术要求。

2. 自校准体制的空间辐射基准载荷技术

空间平台与地面最高计量基准之间很难保持不断裂的传递链路，因此空间辐射基准载荷必须采用自校准的工作体制，即在空间平台上复现国际计量标准 SI。为了避免空间环境的影响，复现的手段应当基于不依赖于环境因素的客观物理效应或物理常数。例如以相变点物质复现国际温度标准，以校准星载黑体绝对温度；基于参量下转换效应复现光绝对能量标准，以校准星载光谱辐射计 / 光谱仪。

依据基础辐射量的观测不确定度指标要求，提出可见光 – 热红外基准载荷的观测技术指标，研究基准载荷的空间自校准技术途径和手段。

需要解决的关键技术包括：

1）可见光 – 短波红外的空间平台绝对光谱辐照度与辐亮度自校准载荷技术。

2）中波和长波红外空间平台绝对辐射温度自校准载荷技术。

3）可见光 – 红外超光谱比辐射基准器技术。辐射基准卫星的基本配置载荷，在指定的工作谱段实现交叉定标和高精度独立观测。

4）长时间序列空间辐射基准相互比对验证技术。

3. 空间互定标的多维要素匹配与大气校正技术

研究基于空间辐射基准的互定标技术实施方法，建立光谱和辐射互定标的全球场网数据库，开发互定标的时相、谱段、视场等多要素匹配算法模型，开展同步大气校正和多卫星互定标的演示验证实验。

需要解决的关键技术包括：

1）全球互定标场网数据库技术。选择具有广泛地理分布和差异性气候类型、地表和大气辐射传输特性的全球参考场地，积累再定标历史数据。

2）基于全球定标场网的在轨定标智能规划算法技术。根据载荷的工作体制和参数设置，智能化和最优化地确定互定标的时相和场地。

3）空间互定标多维要素匹配技术。针对观测时相、视场、光谱、角度等多维要素的差异，开发观测量值匹配和修正算法，解决长时间序列的多星数据互定标技术。

4）大气同步校正技术。基于大气光谱偏振的实时观测结果，开发基础辐射量的同步修正模型，解决大气传输特性的中小尺度时空非均匀性对观测结果的影响。

4. 实验室新一代超光谱辐射基准技术

为了支撑空间辐射基准的研发和性能评估，建立实验室的宽谱段、超光谱辐射基准是必不可少的技术环节。目前国际和国家的光谱辐射基准不能满足空间辐射基准的绝对校准要求，必须建立宽谱段调谐单色面光源，作为载荷的实验室绝对辐射定标的新一代参考光源，绝对辐亮度响应度溯源至低温辐射计，同时引入光频梳等新一代频率/波长标准，绝对不确定度达到0.03%（可见光－短波红外）和0.05K（中远红外），绝对波长不确定度小于1pm。建立可变光谱面光源，开展载荷系统级的性能测试。

需要解决的关键技术包括：

1）实验室超光谱辐射亮度的SI溯源技术。

2）高光谱分辨（0.01nm）和高波长准确性（1pm）的光谱中心波长校准技术。

3）可见光－热红外宽谱段可调谐单色参考光源技术。

4）辐射基准载荷的系统级性能测试技术。

5. 基础辐射量数据产品地基校验技术

针对CO_2、CH_4、水汽、地表和海表温度等关键气候要素，研究地基和机载廓线观测校验方法，解决地面长时间序列自动观测技术，形成全球网络化的校验能力，开发和完善数据处理的数值模型。

需要解决的关键技术包括：

1）基础辐射量（反射率、辐照度、温度）的高精度和自动化地基观测技术。

2）互定标测试场的辐射特性长时间序列数据比对技术。

3）核心数据产品（温室气体柱浓度、水汽廓线）的校验技术。

4）星－机－地联合校验技术。

（四）技术发展能力分析

开展空间辐射基准系统关键技术攻关，可以得到我国在相关技术方向上的研究基础的支持，其中包括：

1）我国空间平台技术已满足建立空间辐射基准的基础平台要求。

2）地面高精度辐射 / 光谱基准已有近 20 年研发基础，通过技术攻关可满足提高共同溯源精度的要求。

3）高精度标准器在近 3 年已应用于星上定标，工程研发具有基础。

4）“中国遥感卫星辐射校正场”已业务运行近 10 年，科技部国家遥感中心“国家高分辨遥感综合定标场”被纳入 CEOS 全球自主辐射定标场网首批示范场，互定标所要求的多要素匹配可以得到定标场技术的支持。

5）中国科学院建立了“通用光学定标与表征技术重点实验室”和“定量遥感信息技术重点实验室”，在学科建设和人才队伍方面具有有利条件。

（五）技术发展趋势与应用前景

1. 技术发展趋势分析

空间辐射基准以“高准确性”作为最核心的技术内涵，有别于以宽时空跨度和高时空分辨为主要技术追求的目前空间系统：

首先，寻求创新性的设计方案和运行体制，在空间平台上实现可溯源至 SI 的绝对辐射量值，建立所有业务卫星溯源到空间辐射基准的链路。在现有的技术能力和工业水平下，为此目的可能需要适当降低空间辐射基准自身的时空分辨能力，避免强调将所有高指标集中到基准载荷，有利于在“高准确性”方面尽快取得实质性的技术突破。这也是国际学术界反复论证后形成的共识。

其次，布局完整的空间辐射基准技术系统。特别应当注意的是，基准载荷本身准确并不足以解决所有业务卫星的共同溯源问题。互定标的量值传递准确性有苛刻的前提条件，应当同步部署和解决互定标涉及的多要素匹配关键技术，以及利用全球定标场网进行长期精度验证的关键技术。国内布局和建设多种类型的、配备长期稳定自动观测设备的基准场，是我国独立掌控和运行空间辐射基准系统的不可或缺的技术环节。

最后，布局空间辐射基准的支撑体系。其中包括新型实验室的辐射、波谱、偏振高精度计量标准技术、空间高稳定的器件制备与材料加工工艺技术，体现空间辐射基准的多学科交叉与技术牵引能力。

2. 应用情景分析

遥感技术与应用领域正在经历着由观测物体状态形貌到物理属性，由观测陆地为主到陆地、海洋、冰川、大气等近地空间全方位观测，由定性观测到高精度定量观测的进步。21 世纪以来，我国在“高分专项”等国家计划的支持下，正在成系列地发射多类遥感卫星，在数量上形成了一定的规模。通过建立独立、共用并且可溯源SI的空间辐射基准平台，以互定标为基本手段，借助全球定标场网，为我国多系列业务卫星提供长期的辐射定标和观测结果校验，为全球变化等科学研究及公众应用提供可靠的数据源。

（1）满足环境及气候变化等全球问题的高精度长期遥感观测需求

环境及气候变化是影响人类生存和未来发展的重大政治、经济和科学问题。在空间平台上实施长期、连续的气候观测，是预测全球变化趋势和程度的关键手段，是未来空间科学的最重要使命之一。全球尺度的环境及气候观测的对象是长期、缓慢和微幅变化的地球物理参量，其最大技术难题是保持对微小变化的绝对观测精度和长期一致性。目前公认的气候观测精度要求为：在10年尺度上观测可见光和热红外波段的0.1%和0.1K的微小辐射量变化，并且能够保障多种有效载荷观测数据的有效衔接和相互可比较。这一要求远高于所有目前业务载荷的观测精度，已接近目前国际辐射计量基准的最高精度，现有卫星光学遥感载荷定标精度很难满足以精细化、定量化为发展方向的全球环境及气候变化研究、地球环境和资源监测等领域对高精度遥感数据的需求。建立可直接追溯至SI的高精度卫星光学辐射定标技术平台和应用系统，对于全球生态环境变化、气候变暖、极端灾害预报等人类生存相关的重大问题持续深入研究具有深远的意义。

（2）提高在轨业务卫星的定量化应用水平和工程效益

我国在目前到未来的20年中，将相继实施“高分辨率对地观测系统”“空间基础设施”“新一代气象卫星”等多个重大空间观测计划，部署的业务卫星载荷和科学探测载荷数目将大幅度增加，载荷的功能和科学使命将出现前所未有的细分和多样化。提高观测定量化水平，在宽广工作谱段内满足高精度的定标要求，是实现空间科学应用目标的必要条件。目前通用的每个业务观测卫星都配置自己专用辐射定标系统的做法，不仅技术上难以满足观测绝对精度和长期稳定性要求，且所有载荷独立实施定标的效费比也难以接受，定标系统的复杂程度和研制成本可能会超过载荷本身。空间辐射基准卫星作为新一代定标技术的实施平台，将发挥两项重要功能：①作为空间平台上独立和共用的辐射基准，在合适的轨道和时空交叠条件下，为不同系列业务卫星提供高精度、高频次的交叉定标；②实现业务有效载荷向国际单位制SI的共同溯源，保障不同平台、长时间序列观测数据的绝对量值可比较、可衔接。这将有效提高国产遥感数据产品的可靠性以及质量稳定性，保证我国多系列卫星具备统一的数据质量，拓展国产遥感产品的服务领域和范畴，提升遥感卫星的社会经济效益转化质量和回报效率。

（3）提升遥感信息的社会化服务水平，满足大众多样化应用需求

定量遥感在农业、林业、国土、水利、城乡建设、环境、测绘、交通、气象、海洋等多个国民经济行业已展现了其巨大的应用价值与发展潜力。在全球气候变化、极地冰盖消融、热带森林退化等事关人类生存与发展的重大问题研究方面，更是具有独特的优势与作用，成为发达国家掌控国际话语权的重要砝码。我国由于遥感定量化技术起步较晚，业务运行机构往往缺乏提供高级遥感产品的社会化服务能力，距离普通民众对个性化遥感产品的需求更是相差甚远。空间辐射基准及传递定标技术通过对遥感信息定量化关键技术的研究和突破，在提高遥感信息定量化获取能力的同时降低其成本，使用户充分享受技术突破带来的福祉，将成为我国遥感技术产业化发展的突破口，其不仅是地理信息产业持续高速增长的新引擎，也成为导航定位服务产业、装备制造产业、物联网等其他相关行业用户提升竞争能力的新动力，有助于为普通民众和国民经济各行业应用提供决策支持的遥感信息服务，有效支撑国家经济发展与社会进步。

（六）存在问题与建议

1. 存在的问题

虽然国家科技部通过“863”计划和国家重点研发计划开展了空间辐射基准相关关键技术的前期技术攻关研究，但我国在“高分辨率对地观测系统”重大科技专项等计划中迄今尚没有针对高精度观测及基准传递的特殊要求开展辐射基准卫星关键技术的研究。这一共性关键技术的缺失或能力不足，将直接影响未来遥感观测数据的绝对量值精度、数据的长期一致性和可比较性，从而影响遥感科学及定量化应用目标的实现。

针对我国空间科学的未来发展和对地观测的应用要求，以近年来卫星遥感器高精度定标技术的技术积累为基础，开展以空间辐射基准卫星技术的关键技术研究，将是保障对地观测使命，使我国在未来高精度对地观测领域具有一席之地的不可或缺的技术基础，是十分必要和迫切的。

2. 对策建议

中国空间辐射测量基准技术的发展按照“统筹规划，分步实施”的原则，已经持续支持了两个五年计划。希望通过最后一个五年计划的支持，研制可以满足高精度

遥感定量化应用及全球变化研究需求的空间辐射测量基准载荷，建立空间辐射基准星座、全球数字化定标场网和国内核心基准场网三个分系统，实现国产遥感卫星向国际SI单位的在轨溯源，形成天地一体、长期稳定运行和不断技术升级的完整技术体系，实现空间对地观测系统准确性提升1～2个量级的实质性技术进步，为我国实现从遥感卫星大国向遥感技术强国的跨越奠定最为重要的基础。

二、微小卫星对地观测技术

（一）技术重要性

微小卫星具有体积小、重量轻、性能好、研制周期短、成本低、发射方式灵活等特点，近年来，随着对地观测技术发展以及对地观测市场应用需求不断增加，微小卫星对地观测技术的发展受到国内外航天、军事、工业及相关研究机构的普遍关注，成为当前航天遥感技术发展的重要方向之一，并显示出良好的经济和社会效益。

微小卫星（通常是指重量在500kg以下的卫星）以一种全新的概念、崭新的设计思想成为航天领域最活跃的研究方向。微小卫星技术是指研制、运行管理和操控微小卫星系统的工程技术和先进概念技术，主要包括微小卫星系统总体技术、微小卫星平台技术、微小卫星载荷技术以及适用于微小卫星的相关工程大系统技术。微小卫星大量采用高新技术，具有功能密度与技术性能高、投资与营运成本低、灵活性强、研制周期短、风险小等优点，使它既能以单星廉价快速地完成多项航天任务，又能以多星组网或编队飞行方式，完成大卫星难以胜任的空间任务。微小卫星总体设计是在传统卫星总体技术的基础上，结合微小卫星“小、轻、快、省”特点，突破体积、能源、数据率等约束，优化各系统之间的关系，使微小卫星在对地观测各个方面的应用达到最大化。在各种实际应用中，微小卫星能够实现更新升级快、设备复杂度低、功能与抗毁性强、应急能力与灵活性强、安全性实用性高，以及系统建设周期短、投资风险小和航天费用低等优点，简言之，微小卫星与传统卫星相比的优点在于：更快、更好、更省、灵活。

高分辨率、大幅宽成像观测是微小卫星对地观测的重要发展方向，尤其是兼顾分辨率和幅宽两个技术指标的技术，对于提高卫星观测的时间分辨率和空间分辨率具有非常重要的意义。对于传统大卫星来说，高分辨率和大幅宽意味着复杂的载荷设计，不利于卫星的轻小型化，计算光学技术利用载荷与数据计算的一体化设计，可以通过较简单、轻量化的载荷结构，实现高分辨率成像，是未来发展微小卫星高分辨率对地观测能力的重要实现途径。通过将载荷、卫星与转动机构的集成创新，可以实现大幅宽和高分辨率成像兼顾的卫星设计，也是未来微小卫星对地观测的重要技术。

1. 微小卫星的特点

（1）轻量化、小型化和高功能密度比

轻量化、小型化和高功能密度比是微小卫星的突出特点之一，也是微小卫星设计追求的目标。自20世纪80年代以来，微电子、微机械技术突飞猛进，计算机、通信、图像处理、能源、结构等设备体积越来越小，质量越来越轻，功能却越来越强。它涉及的技术领域极为广泛，主要包括微系统（MicroSystem）、微机电系统（MEMS）、微光电机械系统（MOEMS）、微小技术（MNT）以及专用集成微器件（ASIMs）等。微小卫星轻量化、小型化和高功能密度比所能带来的最直接的效果是高可靠性、实用性和低成本。

微小卫星一体化设计思想贯穿在微小卫星设计和制造的各个环节，包括功能一体化设计，主要分系统和设备采用标准化、模块化设计和超小型化技术、工艺的研究和利用。一体化的主要途径是：将分系统间相同模块进行集成，多任务中组件交叉使用及不断出现的创新设计和高强度轻量化结构材料和智能材料、微电子技术的大量应用，微小卫星将实现卫星平台集成化、一体化设计，具备质量轻、体积小、功能密度比高的明显优势。

（2）网络化、自主化和协同工作

满足社会经济发展及国防军事安全的需求，重点构建完备的天基对地观测综合信息网，以便将各种功能和用途的卫星根据需要进行配置和组网，实现各种信息的获取、存储、传输、交换、融合、分发、管理和控制等。而网络化、自主化和多星协作是借助微小卫星技术易于实现的先天优势，通过多颗卫星相互间的快速协同交互能力，由多颗微小卫星组成编队、伴随、星座等协同工作的航天系统，可大大拓展航天器功能，甚至产生全新的应用领域，满足大量通信、遥感、科学技术试验及保证军事安全的需求。

（3）低成本、短周期和新技术验证

传统大卫星在研制过程中资源投入大、研发费用高、研制周期长，冷战结束后的预算压力迫使发达国家的卫星研究发展出现紧迫感。微小卫星技术的成本低、周期短和更新升级能力强等特点，使之逐渐成为航天新技术较为理想的验证平台。第一，微小卫星的研制周期较大卫星明显缩短，有效地降低和分散了风险；第二，一颗大型卫星要求的工作寿命往往是微小卫星工作寿命的数倍，这样算来，在每一代大卫星运行期间，微小卫星可进行多次技术改进，不断吸纳和采用新技术并进行试验验证，更新替换速度明显加快，为航天技术不停创新发展提供了可能；第三，微小卫星的轻小特点使其显著降低了发射入轨成本，容易实现快速发射入轨。微小卫星与快速反应的小型运载火箭结合使用，可节省发射费用，又能随时机动发射，若发射失败，经费损失较小，重新组织发射也较容易。用较大的运载火箭也可发射微小卫星星座，一次可组合发射多颗。

基于上述微小卫星的优势和特点，其成为新材料、新器件、新技术验证和演示的良好平台是技术发展的必然，作为航天新技术的先行和探路者，微小卫星技术将为型号装备的战略大卫星的发展奠定技术基础。

2. 对地观测微小卫星应用领域

我国地域辽阔，对地观测的需求也是多样化的。“数字地球”的兴起，对遥感信息的需求日益增大。对地观测微小卫星能够提供连续、长周期、准实时的遥感数据，可为国民经济建设发展提供高效的信息服务。对地观测微小卫星的重要应用即为对地的高分辨率成像及大幅宽成像，对地观测微小卫星星座的快速周期全覆盖的数据获取能力为大范围目标的信息提取和定期统计提供了数据基础，为遥感商业大数据带来了巨大的机遇，可广泛应用于科学研究和工农业生产领域，包括国土与资源普查、农作物估产、矿产和石油勘探、铁路选线、地质与测绘、自然灾害监视、重大工程建设的前期工作以及对环境的动态监测等，也可为城市规划、工程评估、精准农业、林业、测绘、资源普查、自然灾害应急监测提供技术手段。

高频次大范围的对地观测数据获取，其所获取的地表多粒度、多时相、多方位、多层次的观测信息可与物理模型、地理信息数据、人工智能、大数据挖掘可视化等方面的信息与技术结合，实现对地观测信息服务产业的创新应用，通过对时空连续数据的深入分析，形成信息产品，形成知识，乃至智慧服务。同时，微小卫星对地观测技术大规模、低成本、定期全覆盖的数据采集和监测能力能提供可靠的数据保障能力和服务，开拓非传统弱遥感应用领域（如农业保险、大宗商品、违章建筑、建筑垃圾等），提升对地观测技术在环境遥感、城市规划、地形图更新、精准农业、智慧城市等方面的应用效能。

（二）技术发展水平分析

自 20 世纪 80 年代以来，随着计算机、新材料、纳米、微电子机械、高密度能源以及空间推进技术的迅速发展，微小卫星以全新的概念、崭新的设计思想成为航天领域最活跃的研究方向。微小卫星以“更快、更好、更省”为发展目标（见图 3–1），

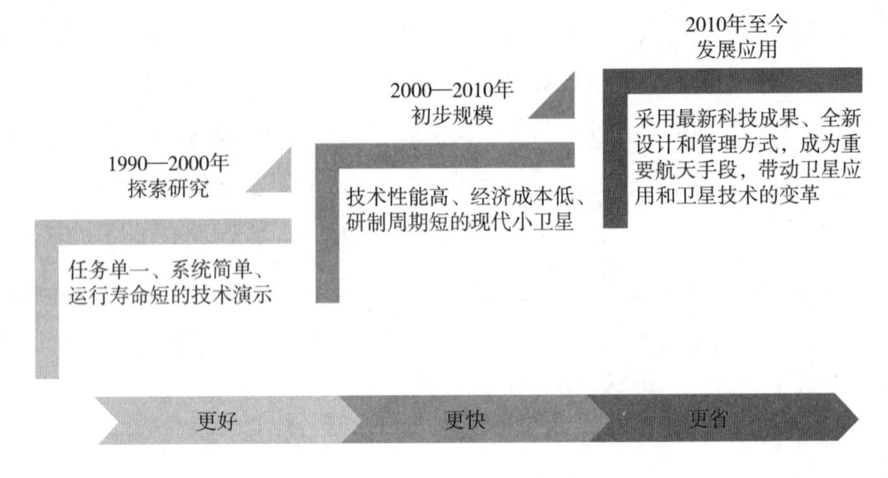

图 3-1　微小卫星发展阶段

大量采用高新技术，具有功能密度与技术性能高、投资与营运成本低、灵活性强、研制周期短、风险小等优点，使其既能以单星廉价快速地完成多项航天任务，又能以多星组网或编队飞行方式，完成大卫星难以胜任的空间任务。

随着微小卫星技术进入商业应用领域以及微小型化技术的发展，卫星更趋轻型化，美国智囊机构 SpaceWorks 预测，50kg 以下的微小卫星将迎来跳跃式发展。2012 年的全年发射不足 50 颗，自 2013 年起，随着 Skybox、Planet 等卫星的成功发射，微纳卫星（NanoSat）开始得到飞速发展，创新型企业也取代政府机构成为航天卫星的主角。

目前，微小卫星已广泛应用于对地观测、电子侦察、通信、导航、空间攻防、空间目标跟踪、在轨服务、战术快响、空间科学探测和新技术试验等领域，并且已成为空间系统的重要组成部分。美国 Futron 公司对微小卫星在 30 多个潜在应用领域进行调查后指出，近期内最具发展前景的 6 个领域包括：军事科学与技术，情报、监视和侦察，偏远地区通信，数据采集，高分辨率地球观测以及环境监测。这 6 个领域每年将产生 40 ~ 75 颗微小卫星的需求，潜在收入将超过 5 亿美元 / 年。

立方体卫星是微小卫星领域的典型案例，于 1999 年由斯坦福大学的 Bob Twiggs 提出。立方体卫星形状如名，是边长 10cm 的立方体，重量不足 1.3kg，输出功率相当于手机，在几瓦范围内。根据任务的需要，立方体卫星可扩展为双单元、三单元，甚至六单元，是典型的纳卫星平台。与传统卫星相比，立方体卫星在航天工程教育和培训以及国际合作中发挥了重要作用，成为培养航天人才、进行航天工程培训的重要途径。随着集成电路、微电子技术以及信息技术的发展，立方体卫星的应用得到了快速的扩展，2U 和 3U 标准的立方体卫星渐渐成为搭载小型化载荷的高效平台，顺利完成了多项空间技术论证和太空环境监测任务。自 2003 年第一例立方体纳卫星发射获得成功以来，全球范围内统计获得的立方体纳卫星数目（包括已发射的和正处于在研阶段）已超过 200 颗。

当今社会技术更新的周期已缩短到 6 个月，技术的发展使得立方体卫星单星性能，尤其是功能密度、敏捷机动能力、自主生存能力和卫星寿命得到了大幅度提升，结合研制周期短、成本低等特点，使立方体卫星已成为一些领域和部分新技术、新概念演示验证的重要平台。

在医学上，立方体卫星正在用来测试在微重力下“芯片实验室”制药学研究的可行性。在 NASA 的艾姆斯氏研究中心研究者已经用立方体纳卫星 Gene-Sat-1（图 3-2）来检验抗菌药物在空间的有效性，此实验为长期载人飞行任务开发空间专用药物打下了基础。在 2010 年，休斯敦 NanoRacks 公司在国际空间站上安装了一个立方体卫星平台，目的是租给制药公司、研究机构和教育机构，供其进行相关研究。

图 3-2 Gene-Sat-1（3U）

立方体卫星在环境科学和低层大气测量领域也找到了自己的角色。美国空军的 CloudSat 发射于 2006 年，被设计用来研究垂直云的形成和结构，这些信息气象学家已经不能借助飞机来获得。美国地震探测者公司与斯坦福大学共同研发了用来改善地震预测，研究地球磁场和检测空间气象的立方体卫星 QuakeSat，于 2003 年发射。2009 年发射的 SwissCube 用来分析研究地球大气层的气辉现象。

立方体卫星相对于传统卫星承载能力有限，但是它的低廉价格使得它和传统的大卫星相比，是一个非常有吸引力的选择。当今全世界的科学家正在寻找一些方法，来突破重量、功耗以及低速率的限制，把立方体卫星变成一个廉价、长寿命、可靠性高的有效应用性平台。近年来，国内微小卫星技术也取得了长足进步。哈尔滨工业大学、清华大学、浙江大学、南京航空航天大学、上海微纳卫星工程中心、国防科技大学等高校和研究所都发射过自己研制的微小卫星，其中包括哈工大的“试验卫星一号”、清华大学的“航天清华一号”和“纳星一号”、浙江大学的“皮星一号”、南航的“天巡一号”、上海微小卫星的“创新一号”和神七“伴星一号”、国防科技大学的“天拓一号”等。这些成功的发射案例均引入了微电子、计算机、微机械、新材料、新工艺等现代科学技术，很大程度上推进了国内微小卫星的发展。

在高分辨率成像方面，随着国民经济的发展，国内对于高分辨率遥感卫星数据的应用需求也愈加强烈。而目前，国内所需的卫星遥感数据 90% 以上来自欧美等遥感技术强国。商业遥感卫星领域，国内在 2005 年由北京市发射了“北京一号”商业遥感卫星，2015 年发射了首个商业遥感卫星星座“北京二号”和吉林省的“吉林一号”商业遥感卫星。“北京一号”是第一颗专门为北京市服务的小卫星，主要服务于北京市的城市规划、生态环境监测。“北京二号”包括 3 颗高分辨率卫星，均为 1m 全色、4m 多光谱成像。

除此之外，还有许多省市也都把卫星产业放到了越来越重要的位置上。吉林省于 2008 年成立吉林省小卫星工程中心，致力于“吉林一号”的研制，大力发展遥感卫星及应用产业。2015 年，“吉林一号”一组共 4 颗卫星发射成功，包括一颗光学遥感卫星，两颗视频星和一颗技术验证星，对高分辨率对地成像、视频观测、微光成像等多类型成像载荷进行了在轨验证。后续还将研制发射一系列高分辨率遥感卫星，为用户提供全球范围内高分辨率遥感信息产品。陕西提出将形成 30 家大型卫星应用核心企业，实现卫星应用产业总产值 1000 亿元；湖北省武汉市则计划投资 30 亿元，引进美国休斯、以色列卫星公司等 100 家中外高科技企业，打造国家卫星产业国际创新园；广东、福建、河北、甘肃等地也都陆续制定了本地区的卫星产业规划。

中国的商业高分辨率遥感卫星发展进入加速阶段。中国航天科技集团首次执行发射 0.5m 级高分辨率商业遥感卫星，并将于 2022 年左右组建中国首个 0.5m 级高分辨率商业遥感卫星系统。

这一局面的背后，不仅是飞速发展的卫星产业，更是可以通过发展卫星、载荷与测控产业，建立自主遥感信息获取、处理和运营服务产业系统，打造一个完整的“卫星研制—在轨运营—图像处理、分发—图像产品营销”商业化卫星产业链条，带动其他配套产业发展，并形成集群。卫星的发射，不仅是航天技术的进步，同时对机械制造技术、光学制造技术、材料的生产技术、光电传感技术等领域，都起到带动作用。

（三）重点技术分析

根据当前微小卫星的情况和发展趋势，其自身涉及的关键技术主要包括微小卫星系统总体技术、微小卫星平台技术。

1. 微小卫星系统总体技术

（1）微小卫星星团 / 编队技术

卫星星团（Star Cluster）是指两颗或多颗位于不同或相同轨道上的卫星，组合具备一颗大型卫星的功能，来执行预定任务的卫星系统，相互之间不需要特殊的几何构型；卫星编队飞行（Formation Flying）则是指基于对多个卫星的空间位置和方位的精确控制，来构建一个虚拟的刚性平台；这两种控制通常需要由卫星群自主完成。星团与编队中的卫星不仅仅是单颗的复制，其中的一颗会扮演领导的角色，作为空间分布的基准。星团与编队飞行的规模最少为两颗，多则数十颗。

星团 / 编队卫星的有效载荷及其他各分系统可分别发射入轨，使其以星团或编队方式在轨运行并通过无线链路紧密相连，从而构成一颗完整大型卫星的功能。由于星团 / 编队飞行卫星的轨道分布和数目可以根据任务需要来设计，这样的“虚拟卫星”具有很强的任务适应能力。星团 / 编队结构所涉及的关键技术有：星团 / 编队系统功能分解、高速率低功率无线网络和 IP 路由技术。

（2）星座系统技术

由若干颗功能基本一致的微小型卫星，按设计要求分布在单轨道或多轨道平面，以提高对地面的覆盖范围和重访效率，这样的系统称为星座（Constellation），也称为分布式系统，可弥补大卫星在应用中的一些不足。目前，为了适应通信、导航和对地观测领域的广泛需求，大量卫星星座正在研制和开发中，部分已投入运行，美国的 GPS、我国的北斗导航星座便是成功的范例。

星座系统的运行需要一定数量卫星的支持，根据任务要求进行合理的设计以确保星座系统以较低的成本、合理的投入获取较为理想的应用能力。我国应当建立自主的通信、导航等星座系统，其中应当着重建设全球性的低轨通信星座系统，以满足我国全球战略的需要。

（3）一体化、模块化和标准化技术

一体化设计是指对系统中各个部分进行适当改进、以促成整体合理、优化地融合的过程，以提高系统紧凑性和功能密度；一体化的思想应当贯穿于微小卫星设计、制造和测试的各个环节，包括平台与载荷一体化、星务综合电子一体化、集成综合测试技术等。

采用模块化设计思想，是指将功能相对独立的系统、分系统或部件作为封装的系统进行设计、研制和测试。模块化设计减小了子系统之间的相互依赖性，通过对大系统能力的合理分解，同样的模块可以任意应用于不同载荷和轨道的任务需求，增加了卫星的任务灵活性。

标准化设计是指对于同一或同类系统中具有相似、接近的特征，进行一致的设计、制造与测试，并进行推广，以提高生产设计的协作水平、促进系统功能的扩展和升级。

此外，系统设计中还可以引入即插即用的设计思想。即插即用技术是建立在标准化接口基础上，通过软硬件的协调来实现的。在硬件方面，星载即插即用电子系统（SPA）工作组研制的通用串行总线标准（USB）比较适合低速数据传输。对于高速数据传输的需求，Spacewire和以太网可以作为备选方案，目前Spacewire可以实现400Mbps的空间应用传输效率，以太网技术在高速传输方面也具备极大的潜能。在软件方面，采用专用卫星操作系统，如VxWorks系统或RT-Linux系统等商业成熟系统，将大大提高软件系统即插即用能力。即插即用技术在空间系统中的应用将为卫星快速设计、集成、测试和发射以及空间能力的快速重建，增加一种十分有效的手段。

（4）虚拟设计、仿真与制造技术

良好的系统设计是航天任务顺利实施的重要基础，设计阶段及时发现问题并及时纠正问题，从整个研制流程来看，所花费的代价是最小的。当今的信息技术为系统的虚拟设计、仿真和制造提供了强大的手段，深入、细致、详细的虚拟设计能明显缩短工程实施周期、提高协同工作效率。

（5）先进的元器件和传感器技术

利用微光电系统、微机电系统、微小技术以及专用集成微器件技术，将逐步促成元器件微小型化和集成度的提高，使传感器探测能力显著增强、信息处理速度迅速提高，从而增强系统的综合能力。未来的传感器将向小型化、质量轻、功耗低、功能密度高的方向发展。

2. 微小卫星平台技术

微小卫星平台技术涵盖了现有的对于卫星系统提供支撑保障功能的各个分系统：结构与机构、热控制、能源与电路、姿态与轨道控制、星务计算机以及导航与测控分系统。

（1）轻质量、多功能结构设计技术

微小卫星的结构设计应当以更轻的质量、更丰富的功能、灵活多变的设计，满足整星的力学条件要求，主要涉及的关键技术包括：

1）纳米技术。纳米技术主要涉及纳米材料、纳米器件和纳米系统技术。性能优异的各种纳米材料正在不断涌现，纳米技术已开发出集机电、光子学功能于一体的纳机电器件，将构建出全新的空间应用系统。纳米技术的发展与应用，将促进材料、制造、信息、能源、生物等多个技术领域的发展，推动卫星装备功耗更低、重量更轻、工作效能更高。

2）功能材料技术。新型结构材料正在大量应用于微小卫星平台，平台质量显著降低，特殊任务对平台提出的特别要求将逐步得到满足。例如目前已经在卫星上应用的碳纤维材料、新型轻质高性能抗辐射材料将派上用场，大大减轻元器件的辐射敏感性，延长商用器件的抗辐射寿命，这将给商用高性能电子器件的空间应用带来机遇，大大弱化空间辐射的影响。良好的舱内环境有利于提高星载计算机的处理能力，提高整星的功能密度。

（2）小型化热控技术

热控分系统的主要任务是为卫星提供合适的热环境，确保卫星上面的仪器设备在不同的飞行阶段，可靠地工作在所规定的温度范围内。未来微小卫星的热控制系统将变得更加简便和高效，首先是热控制能力的增强，其次是大部分星上设备的热控制要求逐步降低，热控制系统所占的系统资源将越来越少。

（3）先进能源技术

先进的能源技术，是指对卫星供电中，电能密度大、供电时间长、质量和尺寸小的电池技术，包括高效的锂离子电池、燃料电池技术等。德国地平线燃料电池技术公司采用非挥发性高分子膜研制的燃料电池，输出功率达 1kW，质量只有 3kg，美国超级电池公司生产的 XX25 型 25W 甲醇燃料电池，重量只有同类充电电池的 75%。

高效能源技术将显著提高系统连续工作能力，电能源供给等保障任务强度也将大幅度减轻，在受到攻击和执行任务时不会受到能源问题制约，显著提高卫星攻防对抗的能力。

（4）自主管理技术

自主管理技术是指在没有外界遥控指令情况下，航天器根据自身状态、目标任务、安全保障等条件要求，实现自主动态规划和编排航天器的行为动作，使航天器在自身安全、完成目标任务的效率、能源消耗等方面达到最优化状态，以摆脱地面控制的束缚，这主要依靠一种基于长效可靠性微处理器的软件规划算法技术。包括如下关键技术：抗辐射加固微处理器、高容量数据存储单元、可自主控制和自检纠错等、自主任务管理和规划软件。

软件包括如下功能：航天器日常任务（维持航天器正常运行的保障性要求）、编队维持、目标接近对接等多条件、多目标的动态规划算法软件模块等。

（5）自主测控导航技术

卫星自主测控导航技术，是指卫星可以在不依赖地面干预甚至所有外界人工信息的条件下，根据自然环境特征进行自主定位和定轨，或利用地面或空间目标特征以及地磁场信息进行定位和定姿，也可以通过天文方式或星间的相对方式进行测控导航。包括如下关键技术：星间相对测控与导航、天然信息定位定轨（包括天文、地磁、地貌等参照系）。

此外，为了保障天基系统的安全性，降低或完全不依赖于地面支持，需要发展卫星的自主生存技术。实现自主生存的前提是自主导航，从安全、发展的角度讲，进行卫星自主导航研究具有重大的现实意义，可以考虑两种方案：一种是基于我国导航系统的自主导航，另一种是开发微波雷达自主定轨方法。

（四）技术发展趋势与应用前景

1. 技术发展趋势分析

未来20年是我国经济和国防现代化建设的重要战略机遇期，但同时也将面临严峻的国际、周边军事形势和空间安全问题。微小卫星技术的发展与应用作为卫星发展的研究热点和重点，在我国构建中国特色“大航天”的战略背景下，贯彻科学发展观，贯彻“自主创新、重点跨越、支撑发展、引领未来”的科技指导方针，在航天装备体系框架中推动微小卫星的技术研发，加速微小卫星技术与信息、微机电、材料等高新技术的融合，推动微小卫星技术及其应用由试验应用型向业务服务型的转变，促进微小卫星批量化、产业化发展，做到“审时度势、跟踪前沿、突出重点、权衡发展”。

微小卫星能力和应用的最终实现，依赖各项关键技术的有效突破。关键技术的分析，要从微小卫星的需求和应用领域中着手，结合考虑我国的国情进行梳理和分解；

要在国家的工业和技术发展的基础上，确定我们应当发展的高新技术项目；要分清轻重缓急，对于那些确实必要、而我国目前不具备发展条件的关键技术，也应该进行前期准备，为未来发展创造条件。

当今世界卫星技术的发展已经进入了第三阶段，并正在迈向第四阶段，而微小卫星对地观测技术发展趋势主要体现在如下方面：

1）微小卫星的低成本、批量化、快速制造是未来发展方向，星座规模不断扩大，卫星小型化、微型化趋势明显。轻量化、微小型元部件技术在微小卫星设计与制造中得到进一步应用，包括高性能功能材料、结构材料和器件，姿态敏感与控制技术、高效的电源/能源系统，智能化控制管理技术、微小型化的热控制与热管理装置以及微型机电系统（MEMS）技术等。

2）卫星星座的设计理念、应用模式和运行管理全面创新。一体化的思想贯彻卫星设计制造的各个环节，包括功能一体化，分系统与设备的模块化、标准化，低成本制造工具和技术等，简化星上功能，强化地面处理；注重与信息技术深度融合，面向更广泛的非专业用户。

3）卫星星座应用能力进一步实用化、应用领域全面化，微小卫星星座编队、组网技术以及全自主定位定轨技术的发展及其应用将使微小卫星对地观测应用能力获得进一步提升，领域进一步全面化，从局部遥感应用向体系化、业务化的信息服务扩展已成为必然趋势；应用轨道进一步立体化，立足低轨、迈向中高轨发展格局已露端倪。

2. 技术发展途径

以基于应用模式来明确各领域应用任务所要求的能力，逐步引导相应微小卫星技术发展。在未来，我国重点发展领域及其主要技术发展途径为：

1）采取长期规划、持续发展策略，建立多领域并行与渐进发展的模式，加强技术创新。

2）未来的微小卫星将朝着网络化方向发展，将部署在不同轨道、执行不同任务的航天器及其相应的地面系统连通起来，并与陆、海、空的相关系统一起，组成一体化的指挥、控制、通信、计算机、侦察体系，实现信息的快速获取、融合和分发，从整体上提高卫星系统的综合应用效能，增强其生存能力，建立起功能完善、军民兼备的对地遥感网络。

3）密切关注跟踪微系统、微机电系统、微光电机械系统、微小技术、专用集成微器件、计算机、通信、图像处理、能源、结构、材料等各领域技术的最新进展和成果，通过微小卫星的技术演示来验证创新概念设计、新工作模式、新突破的关键技术以及关键元器件性能等，加快新技术、新材料、新能源及新工艺在航天领域的应用。

3. 应用情景分析

进入 21 世纪以来，随着我国经济建设以及航天事业的快速发展，用户对高空间分辨率、高时间分辨率、高光谱分辨率和全天候的卫星遥感数据的需求越来越迫切。遥感卫星的发展也不再是长寿命、高效率、大容量、多用途的大型卫星独领风骚，低成本、高性能、快速灵活、面向市场以及社会化大众服务的小卫星以及小卫星星座和编队技术也日趋受到重视。因而具备高分辨率、轻量化、低成本的卫星群且能够进行长时间协同观测从而迅捷地提供高质量遥感数据既是市场需要，也是一个国家航天领域进步的标志以及国际航天地位的体现。

对航天装备使用的国产元器件、国产部组件，特别是新概念、新技术，如果采用传统大卫星搭载验证，其设计周期长、成本高，不适用于新技术的快速验证与研究改进，微纳卫星能够快速研制、发射并开展空间飞行试验，利用微纳卫星在轨演示验证系统，可以很好地实现对相关硬件和软件技术的空间试验，推动我国航天新技术的发展，满足未来信息化战争发展趋势，为我国军事与国防事业提供强有力的空间信息资源保障。

微小卫星体积重量小、成本相对低，更容易进行组网，布成星座，在时间分辨率和对全球的覆盖特性上具有传统卫星无法比拟的优势。小卫星星座带来的巨大军事与经济效益，已引起全球民用与军事应用领域的高度重视，出现了各国竞相研究开发高分辨率微小卫星星座及其应用技术的热潮。微小卫星研制与发射带来的经济效益主要有以下 3 个方面：

（1）能够带动一大批先进技术的发展创新

卫星的研制、发射、在轨服务全过程涉及多个学科和技术领域，是在多个不同技术领域共同攻关实现技术突破的结果，包括新材料技术、机械制造技术、光学技术、微电子技术、光电传感技术等。有利于带动战略新兴产业的发展，增强卫星数据应用领域的实力；增强高校及科研院所多学科交叉及自主创新能力，培养相关领域人才，进行科技成果转化、探索体制机制改革创新。

（2）推动高分遥感卫星数据应用领域拓展和创新

随着互联网、大数据技术等的快速发展，微小卫星对地观测获得的海量数据还将推动遥感数据增值业务发展，深入挖掘遥感图像数据价值，发展包括油气资源勘探、城市规划、土地管理、精准农业、期货交易等在内的增值业务（图 3-3）。

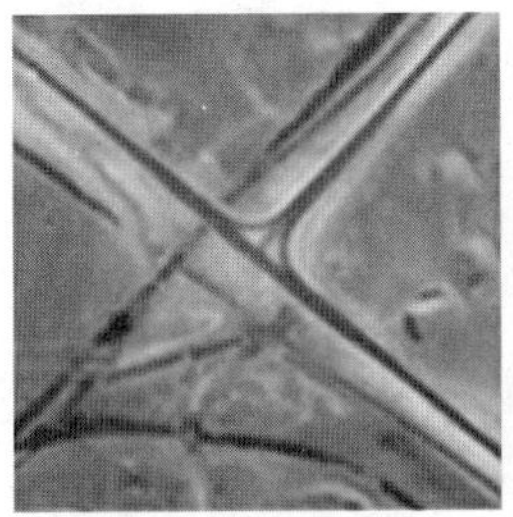
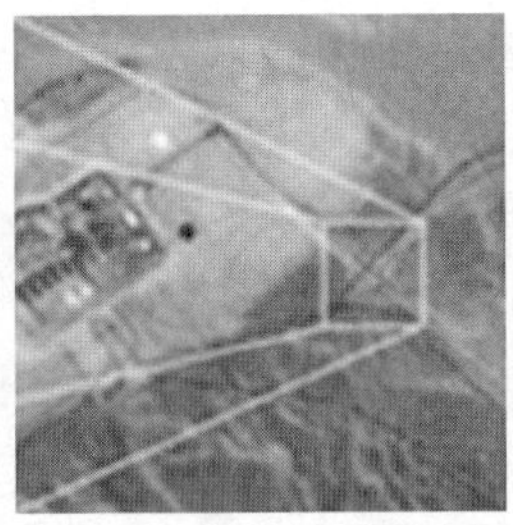

（a）矿产油气资源勘探

（b）能源安保监控

（c）城市规划、地籍管理

图 3-3 微小卫星遥感数据增值服务示例

（3）带动全产业链的快速发展，创造新的就业机会

卫星技术发展以提供全国覆盖、及时、廉价、丰富的卫星高分辨率遥感信息服务为最终目标，通过降低单星成本、一箭多星发射，实现微纳卫星星座在轨服务，将极大地提升遥感数据更新频率，将目前半年为周期的更新速率缩小到半个小时。

随着卫星数量增多，更新频率的加快，更多新的相关产业和技术将发展起来，如基于微纳卫星观测数据的大宗农作物期货交易咨询公司，利用卫星追踪农作物长势及天气情况，结合历史天气、售价给出农作物估产估价，获取精准实时的农作物信息（图 3-4）。

（五）存在问题与建议

1. 存在的问题

（1）我国卫星应用产业化发展水平不高

我国形成了以通信、导航、遥感观测为主的应用卫星体系，但卫星应用发展起步晚、规模小，对经济社会的发展尚未充分发挥其应有的战略带动价值。商业化应用开发尚不成熟。基于北斗系统的自主导航产品市场仍处于起步阶段。我国卫星遥感应用以满足公益需求为主，其综合应用、定量化应用能力相对滞后，数据质量保障有所欠缺。

图 3-4　微小卫星群遥感数据服务示例

（2）产业政策尚不健全

我国卫星及应用产业存在管理体制较为分散，难以形成合力等问题，产业资源难以统筹协调，空间基础设施及数据资源使用效率不高；产业标准化进程缓慢，标准规范缺失和滞后；商业遥感卫星产业规范管理、卫星数据政策不健全，影响了商业卫星遥感产业的发展；对遥感数据的应用以及遥感数据的接入和输出缺乏明确的界定和规范，面临着国外高分辨率数据无限制大量涌入的状况。

（3）技术创新能力有待加强

目前，我国卫星总体性能和技术水平与国外先进国家相比存在较大差距，一些急需领域尚处空白，如我国尚未建立卫星移动通信系统，所需的卫星移动通信和卫星宽带服务都是代理国外的系统，难以获得完备的通信安全机制；卫星长寿命、高可靠性能有待进一步提高，卫星平台、有效载荷、核心器件的性能亟待提高，部分关键技术、关键原材料、关键元器件、关键设备等受制于人；航天装备的设计、制造技术与工艺仍较落后，其研制、生产周期相对较长。

2. 对策建议

航天技术在国家发展中的定位就是服务于国家经济建设、国家安全和社会进步，带动国家科技发展，支撑国家重大政策和战略的制定和实施，即“服务、带动、支撑”。通过微小卫星技术的发展带动航天新技术、新材料、新工艺的突破，提高航天产品性能，提高卫星使用灵活性、降低成本，拓展服务的广度和深度，支撑引领未来航天事业的发展，为航天装备技术体系的建设和完善提供有力支撑，可以更好地服务于国防、国民经济建设，建设创新型国家，带动科技进步和经济社会发展。

结合目前国内小卫星领域的研究现状，借鉴成熟的发展经验，要实现小卫星关键技术的突破和整体航天技术的跨越，未来主要应从以下几个方面展开工作：

1）加大投资、加速发展，关键技术发展注重能力与需求之间平衡，避免忽视指标超前于技术成熟度而导致失败。采用有计划分步骤地渐进式发展模式，缩短从技术初始到技术应用时间，便于吸纳最新技术。

2）军民结合，发挥国内各科研单位优势，吸引民间公司实体，集各家所长，降低航天领域进入门槛，出台措施吸引更多的科研单位和商业经济实体，扩大竞争范围。

3）鼓励冒险，勇于探索，正确对待失败的科研理念，营造利于创新的发展环境；积极推动技术供应链创新；鼓励创新能力强的研发单位。

4）掌握国内外发展最新态势，吸取借鉴，扩展思路。按照科学技术的规律和恰到好处满足需求的思路去完成关键技术攻关，大胆创新，勇于突破。

参考文献

[1] 2018 State of the Satellite [EB/OL]. https://www.sia.org/wp-content/uploads/2018/06/2018-SSIR-2-Pager-pdf.

[2] ADM-Aeolus Overview2 [EB/OL]. http://www.esa.int/Our_Activities/Observing_the_Earth/he_Living_Planet_Programme/Earth_Explorers/ADM-Aeolus/Overview2.

[3] CNES in 2016-Innovation & Inspiration, Publié le lundi [EB/OL]. https://www.france-science.org/CNES-in-2016-Innovation.html.

[4] EarthCARE Overview2 [EB/OL]. http://www.esa.int/Our_Activities/Observing_the_Earth/The_Living_Planet_Programme/Earth_Explorers/EarthCARE/Overview2.

[5] Euroconsult. SATELLITE-BASED EARTH OBSERVATION MARKET PROSPECTS TO 2026 [R]. 2017.

[6] BioMass [EB/OL]. http://www.esa.int/Our_Activities/Observing_the_Earth/The_Living_Planet_Programme/Earth_Explorers/Future_missions/Biomass.

[7] Living Planet Programme [EB/OL]. https://en.wikipedia.org/wiki/Living_Planet_Programme.

[8] Living Planet Symposium [EB/OL]. http://www.esa.int/Our_Activities/Observing_the_Earth/Living_

Planet_Symposium.

[9] Metop-SG [EB/OL]. https://directory.eoportal.org/web/eoportal/satellite-missions/m/metop-sg.

[10] Satellite Industry Association. State of the Satellite Industry Report [R]. http://sia.org/news-resources/state-of-the-satellite-industry-report/.

[11] 龚燃．2017 国外民商用对地观测卫星发展综述 [J]．国际太空，2018 (2)：43-50.

[12] 蒋兴伟，林明森，张有广，等．海洋遥感卫星及应用发展历程与趋势展望 [J]．卫星应用，2018 (5)：10-18.

[13] 科技部高新司地球观测与导航技术领域研究组．地球观测与导航技术领域国内外技术竞争综合研究报告 [R]．2015.

[14] 科技部高新司地球观测与导航技术领域研究组．地球观测与导航技术领域技术预测报告 [R]．2015.

[15] 林来兴．小卫星越来越小，发射量越来越多 [J]．国际太空，2018 (7)：52-54.

[16] 卢乃锰，谷松岩．静止轨道微波大气探测的技术现状与发展展望 [J]．气象科技进展，2016，6 (1)：120-123.

[17] 杨国鹏，余旭初，冯伍法，等．高光谱遥感技术的发展与应用现状 [J]．测绘通报，2008 (10)：1-4.

[18] 原民辉．遥感卫星及其商业模式的发展 [J]．卫星应用，2015 (3)：15-19.

[19] 中国信息与电子工程科技发展战略研究中心．中国电子信息工程科技发展研究（综合篇）[M]．北京：科学出版社，2017.

第四章　遥感学科发展规划路线图

遥感是信息经济社会不可或缺的空间信息获取技术手段，是支撑国防安全、国民经济和社会可持续发展的战略必争领域，其发展彰显着国家实力和科技水平，是国家综合国力的重要表现。自 21 世纪 60 年代以来，遥感技术得到快速发展，初步具备了空–天–地全方位对地观测能力，在防灾减灾、公共卫生、能源、气候气象、水资源、生态环境、农业、生物多样性等关乎社会民生的社会领域得到愈加广泛而深入的应用，遥感基础理论和应用方法不断发展与完善，遥感学科体系初步建成。我国遥感学科蓬勃发展，总体态势良好，部分核心技术达到国际领先水平，但面向全球性科学问题尚缺乏对大尺度、长周期、体系化地球物理要素探测的系统性顶层规划，科学性、专业化、精准性信息获取能力和业务化应用水平也不足以满足我国全球性地球综合观测与全方位信息服务需求。本章结合我国科技发展实际，充分考虑国家科技战略需求和学科前沿技术突破，从学科发展的角度，按照整体规划分步实施的原则，提出遥感学科各阶段发展任务，对产业领域、民生领域遥感技术近期重点任务进行了梳理，编制形成遥感学科发展规划路线图，为推动学科健康有序发展，更好地服务社会经济建设提供有力支撑。

第一节　遥感学科发展规划

一、指导原则

面向国家中长期发展战略需求，以国民经济社会发展、国家与公共安全等为导向，加强原始技术创新和核心技术突破，探寻并解决遥感学科关键科学问题及技术瓶颈，加快推进遥感数据获取技术、应用服务技术等的研发，形成有效服务国家全球战略和创新型国家建设的天空地一体化综合观测与应用服务体系，实现我国遥感学科跨越式发展。指导原则如下：

1）统筹部署，持续推进。统筹国家不同计划间的技术发展与成果衔接，持续稳步推进现有系列遥感卫星系统建设；同时，统筹开展前沿技术攻关与理论方法研究，规划研建新型遥感装备，增加遥感数据有效供给。

2）市场牵引，创新发展。立足国家及市场需求，开展遥感学科核心技术与产品研发，发展有自主知识产权并具有国际竞争力的遥感技术成果，推动我国遥感产业市场跨越发展；将创新技术研发、系统研制和应用发展紧密结合，加快天空地一体化综合观测与应用服务体系建设，服务国民经济主战场。

二、总体任务

面向国民经济社会发展和国家与公共安全等重大需求，以显著提升遥感学科信息应用服务水平与技术支撑能力为目标，以突破提高综合应用质量和技术投入产出比的关键技术、复杂系统集成共性技术为主线，在前沿技术攻关的同时掌握遥感学科核心技术，遥感学科综合实力居国际领先地位；建成我国自主可控的天空地一体化综合观测与应用服务体系，为我国经济和社会持续发展提供大量、有效和不可替代的解决方案，为和平开发利用外层空间、推动人类社会进步与发展做出贡献。

三、战略目标及路线图

（一）战略目标 1（产业领域）

完善现有对地观测系列卫星系统的基础上，突破小卫星平台技术、新型遥感载荷研制技术、遥感系统性定标技术等关键技术和瓶颈技术，建成我国自主可控的天空地一体化综合观测与应用服务体系，对地监测与服务能力显著增强；同时，积极培育并发展商业遥感市场，实现我国自主遥感数据及处理分析系统占据市场主导地位。

（二）战略目标 2（民生领域）

面向科学研究和民众应用需求，发展国际科学数据交换与发布平台，开展气溶胶、云和降水、植被、地表变形和变化、温室气体、水和能量循环、生态系统等信息观测与研究，在应对全球气候变化、生态退化、重大自然灾害等全球问题上形成突破；同时，深入拓展遥感技术在资源调查、环境监测、农林管理等社会民生领域的应用，建成可常态化运行业务系统，增强认识和探索地球的能力，实现我国从遥感技术应用大国向强国的跨越。

（三）路线图

遥感学科发展路线图见图 4-1。

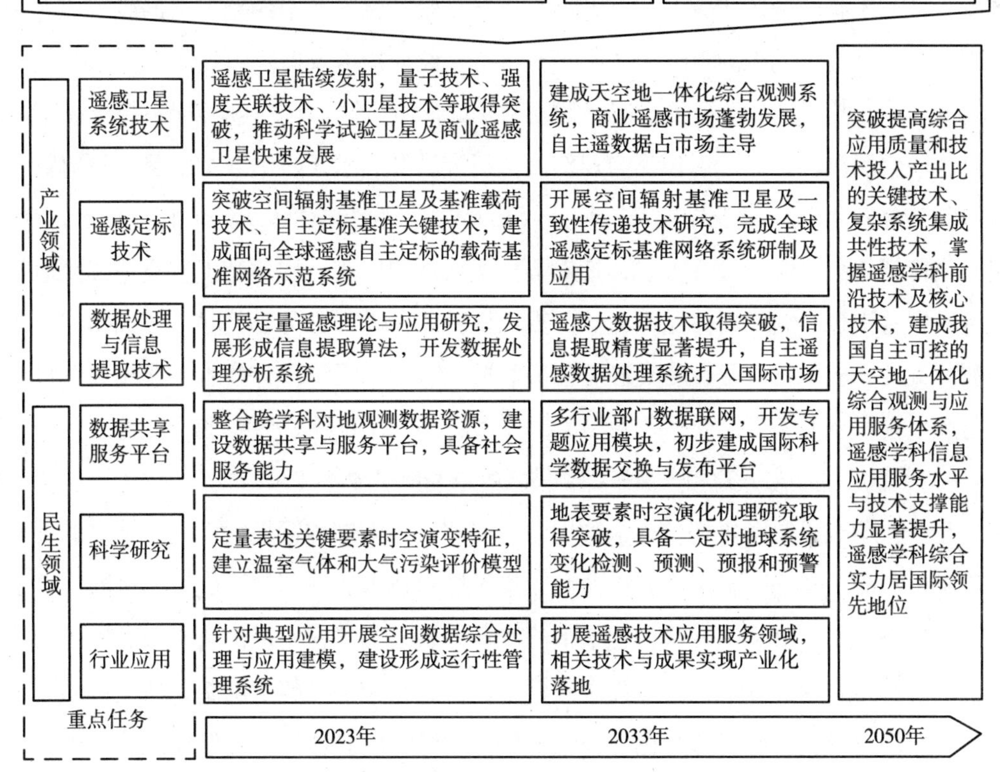

图 4-1　遥感学科发展路线图

第二节　近期重点任务

一、产业领域

（一）新型微波成像系统研制

微波成像技术自身持续发展和遥感应用产业化发展迫切需要开展微波成像新理论、新体制和新方法的研究，高低轨异构平台多基微波成像是一种新的概念和体制，具有重要的实际应用价值。深入研究基于高低轨异构体制的微波遥感探测新体制，通过多学科联合攻关，揭示复杂时空因素下运动平台微波成像及高分辨率凝视成像作用机理等关键科学问题；突破基于高低轨异构平台的多基微波成像机理，为建立统一的标准体系、技术体系、产品体系和应用体系提供基础。主要研究内容包括：①开展基于高轨辐照源的多基高分辨率成像新体制与新方法研究，采用理论研究、仿真分析与实验验证系统相结合的研究方法，开展基于静止轨道微波辐射源照射下的凝视成像新机理研究；②开展高低轨联合双/多基平台系统设计技术及同步方法研究，系统性开展高低轨联合双/多基平台的空间、时间及频率同步方法研究；③开展可控环境下的高轨合作辐照源的目标散射模型与反演方法研究，开展基于实测数据的目标散射特性模型的建立；④开展基于高轨合作辐照源的全球遥感系统总体及试验验证技术研究，研究成像新体制的实验验证方法，针对典型场景观测应用，构建基于航空平台或地基平台的实验平台，完成新体制和方法的原理性验证；⑤开展基于关联量子成像理论的微波凝视关联成像技术研究。突破微波关联成像机理和系统设计技术、非相关信号调制与产生技术、关联成像处理技术等关键技术研究，并开展实验室演示验证。

（二）基于主动激光源和光量子探测技术的空间量子成像技术

量子成像技术具备极弱信号成像能力，能够有效抑制传输损耗，对发展遥感技术有着重要意义。开展基于主动激光源和光量子探测技术的空间量子成像相机的研发工作，研制随机激光信号调制器、超窄带滤波器等核心部件，实现机载典型应用场景的飞行试验，并完成计算量子成像算法与模型，研制激光信号随机调制、超窄带滤波器等核心部件，研制量子成像相机，并完成机载飞行演示验证试验，形成星地一体化量子成像系统总体初步方案。主要研究内容包括：①基于主动激光源的计算量子成像方法研究；②反射信号与计算信号关联成像遥感技术；③单光子探测技术在量子成像技术中的应用；④量子成像数据处理技术研究。

（三）高性能空天地一体化组网监测系统技术

面向新体制新架构对地观测系统发展前沿，着力发展分布式可重构、微纳载荷与平台一体化等核心技术方法，研究多用途、高性能、灵活机动的空天地一体化组网监测系统总体技术、平台技术、协同观测组网与智能管理技术，为构建我国高效能的空天地一体综合监测网络技术体系提供技术支撑。

（四）微纳卫星载荷快速定标技术研究

针对微纳成像卫星入轨后高精度、高时效性定标需求，突破全球多场地定标靶标特性的遥感获取与转换、定标靶标及其特性测量的高精度自主运行、苛刻平台条件下的几何误差估计与校正等关键技术，研制出面向微纳成像卫星交叉定标的光学和微波全球参考目标库、光学自主辐射定标系统、微波自动跟踪卫星角反射器系统、微纳成像卫星应急快速高精度定标软件原型系统、多星多载荷数据与众源地理数据的自动匹配软件、多星多载荷相对位置耦合优化软件、图像颤振反演试验系统定标处理软件原型系统，通过实际外场在轨快速定标效果验证试验，达到原型系统状态，具备开展微纳成像卫星应急快速定标能力，有力支撑微纳成像卫星应用。

（五）时空谱角一致性定量遥感信息融合技术

综合利用全球对地观测资源，实现不同来源遥感信息的融合互补，已成为全球对地观测系统发展的趋势与共识，但如何深刻认知遥感信号获取与信息提取物理过程、构建信息融合高效算法，如何保证融合信息的时空谱角一致性、实现具备可比性的融合产品质量标识，依然是当前国际亟待突破的瓶颈问题。突破多源定量遥感信息转换及融合应用技术，提升我国现有对地观测资源在行业领域的应用效益，主要研究内容包括：①研究载荷成像物理机制以及载荷几何、光谱、角度之间的制约关系，构建全链路载荷成像机理模型；②借鉴时空谱角一体化融合技术，研究多源遥感数据多要素匹配和转换方法，突破基于载荷成像机理和辐射传输模型的具有时空谱角一致的遥感数据构建关键技术；③研究同一时空谱角尺度下虚拟数据构建过程中的不确定要素，分析各要素对融合信息综合质量的影响，构建面向时空谱角一致性的统一质量标准；④研究载荷数据时空谱角多要素耦合情况下的虚拟数据生成模型，实现统一质量基准的长时间序列遥感数据构建高效算法；⑤开展城市动态变化、农田作物生长监测应用示范及真实性检验。

（六）面向全球粮食监测的星载宽幅红外成像技术

粮食安全问题是世界各国共同关注的首要问题。目前国际发射了多个热红外对地观测载荷，利用遥感技术精确定量反演陆面温度将在旱灾预报、农作物缺水、农作物产量估算、数字天气预报等领域具有广泛的应用前景。针对全球粮食监测的需求，突破星载热红外宽幅中高分辨率超低畸变成像、基于全球定标网的一致性定标及多时相广域热红外高精度融合应用等关键技术，设计研制百米量级地面分辨率、2000km 以上幅宽的红外遥感载荷，并通过严格的星上及地面定标技术，满足全球大面积高精度粮食监测对遥感载荷的性能要求。

（七）民用星载全谱段高光谱观测体系建设及产业应用

高光谱遥感技术可在宽谱段范围内获取成百上千连续精细的光谱特征信息，形成集目标几何、光谱及辐射信息于一体的三维数据立方体，实现地物的“指纹”式辨识。高光谱观测遥感体系的建立将为各国获取农业、资源能源、环境生态、海洋等相关信息提供技术基础，可作为信息互联互通的基础设施，在城镇化、粮食安全、能源安全和水安全等各国关注的重要问题上发挥巨大作用。突破全谱段高光谱高灵敏度探测技术、星载高光谱大范围实时智能处理技术、高光谱观测体系示范性应用及产业化推广等关键技术，为形成波段范围覆盖紫外到热红外、米级地面分辨率、百公里幅宽以及轨道覆盖低轨到静止轨道的高光谱观测体系奠定基础，对行业部门的业务化载荷提供技术支撑，同时形成成熟的高光谱遥感影像实时智能处理平台，促进高光谱遥感技术的产业化应用。

（八）分布稳步式小卫星 SAR 综合成像系统

SAR 成像系统具有不受光照和气候条件等限制实现全天时、全天候对地观测的特点，甚至可以透过地表或植被获取其掩盖的信息，是光学遥感的重要补充。在单颗 SAR 卫星研制基础上，突破卫星组网相关技术，构建分布稳步式小卫星 SAR 综合成像系统。该系统由彼此间隔在几米到几十千米之间、整体构形上相对稳定的多颗小卫星组成，卫星采用绕飞轨道（即伴随轨道）围绕一个存在或不存在的“中心卫星”运行，这些卫星在整体功能上组合成一颗大卫星——“虚拟卫星”，通过对波束指向的控制可合成所需的大波束，提高系统方位向分辨率。该项技术具有广泛的应用前景，可提供地形构造信息、油气和水文信息、海洋状况分布信息等，通过在“一带一路”区域的应用，可以加强“一带一路”国家的合作和联系，为实施跨国家、区域的基础建设包括公路网、铁路网、油气管道、跨界桥梁、输电线路、光缆传输等提供有效的数据支持和保障。

二、民生领域

（一）地球系统科学与区域监测遥感应用技术

面向快速获取、动态观测、有效管理、广泛共享全球重点资源的迫切需求，开展全球多尺度大范围地表特征、资源、环境、生态、灾害等典型要素信息提取，以及全球毫米级全球历元地球参考框架构建等共性关键技术研究；开展全球地理信息高精度快速处理，以及近地空间环境、地球生态与环境、地表覆盖、资源、灾害动态监测与定量分析等应用关键技术研究；研发基于国际互联网的全球综合地球观测成果集成管理及共享服务系统；形成具备区域节点的多尺度多要素全球观测信息综合观测与服务技术体系，全面提升全球典型要素信息获取与全球资源动态观测能力，提高成果共享服务水平，有效支撑国家全球战略实施，支撑我国地球科学研究，提高我国在全球可持续发展生态环境监测、气候变化等全球性问题上的决策能力与话语权。

（二）全球综合观测成果应用示范

利用我国综合观测成果，开展周边地区应用示范研究，带动区域经济协同发展，具体研究内容包括：①油气管道及中欧铁路通道应用：面向油气管道、中欧铁路通道建设和运营需求，提供工程沿线综合观测成果，在此基础上构建空 - 天 - 地一体化监测系统，进行管线和交通基础设施的形变及沉降监测，为运维管理、优势产业空间布局提供动态位置服务支持；②空间信息技术区域合作示范：利用我国空间基础设施资源，与相关国家合作开展区域空间数据基础设施建设、生态环境监测、农林业务管理、交通路网建设与对接、公共卫生安全、防灾减灾与应急响应、资源能源调查等空间信息应用研究；合作研发定量化遥感、高精度导航与位置服务地面基础设施，推动我国空间信息产品国际市场的开拓，增强我国海外战略性地面基础设施支撑能力，支持“一带一路”地区的社会经济发展。

（三）区域公共安全协同监测与应急服务技术体系

面向国土安全与突发事件的应急响应，重点针对边境地区敏感和关键地带，研究基于卫星普查观测、高空浮空器定点观测、长航时无人机巡航观测、轻小型无人机重点观测、地面移动终端信息实时采集的空天地一体化观测优化布局和应用系统集成技术，突破目标信息提取、传输、决策、指令调度应急响应体系关键技术，开展国土安全、边境与口岸管理的多平台协同监测与应急响应技术的应用与示范，形成空天地一体化应急响应空间技术服务支撑能力，实现分米级移动信息采集与调度导航技术，奠定构建我国国土安全应急服务技术体系的技术基础，为突发事件的预防与处置提供技术保障，支撑国土安全应急决策。主要研究内容包括：①目标信息提取、传输、决策、指令调度应急响应体系关键技术；②空天地一体化协同监测与应急响应系统集成技术；③公共安全与突发事件应急响应应用示范。

（四）城市大气环境立体化实时监测系统

严峻的城市大气污染问题日益受到关注，因此，当务之急是摸清城市大气污染现状、掌握污染物来源及运移规律，进而采取有效措施改善城市大气环境、保证城市环境安全。深入研究城市大气环境（以气溶胶与颗粒物为主）的地面移动监测和卫星遥感反演等关键技术，开发地面移动监测数据处理和遥感定量反演的先进方法和模型，形成低成本、快速、实用的城市大气环境立体化实时监测示范系统，从而实现对城市大气污染的高时空分辨率密集监测，并通过通信网络系统实时获取城市大气环境详细的时空变化情况。主要研究内容包括：①发展基于传感网的地面监测终端的在线自标校技术，提高地面网络监测的运行可靠性；②发展运行成本低廉的城市大气环境立体化实时监测应用系统。

（五）天然气微泄漏红外联动成像检测技术

随着我国国民经济的高速发展，能源的需求也在逐年增加，横贯东西纵穿南北的输气干线已经全面实施，天然气在我国能源结构中所占的比例也逐日增大。但由于管内气体的不断冲刷，温度、压力、振动、季节变化、地质变化等导致管道的老化、锈蚀，再加上突发性自然灾害以及人为破坏等，使得天然气输送管道不可避免地会发生密封失效的问题，造成天然气管道泄漏现象。研究能够实现长距离天然气泄漏探测定位和定量化反演的新型天然气微泄漏红外联动成像检测设备，综合利用可见－近红外多光谱相机宽覆盖、高分辨率、符合人眼视觉感受，以及中红外光谱成像能够敏锐捕捉甲烷气体吸收变化的特点，实现对于管道、阀组、槽车、液化天然气油轮等运输载体的实时跟踪定位及甲烷气体检漏、预警，实现高效、精准的天然气运输载体泄漏监测。研制的天然气微泄漏红外联动成像检测设备，包括中红外泄漏检测成像光谱仪、可见光宽幅成像单元、联动控制平台及软件单元，其探测距离、探测效率等技术指标超过国外同类仪器，且能够定量化精确反映甲烷气体泄漏的时空变化，达到国际领先水平。

（六）面向安达曼海域的空间应急救援系统技术

海洋经济是东盟经济的一个重要发展支柱，包括海洋渔业、海洋运输、海洋养殖、海洋旅游、海洋资源开发等，其贡献率至少占据东盟经济的半壁江山。鉴于东盟国家空间救灾基础设施薄弱、海洋抗灾救灾水平有限，实施大区域的海洋应急救援心有余而力不足，通过分析东盟安达曼海及泰国湾的海洋作业应急救援需求，以我国先进、成熟的遥感、导航定位和地理信息系统技术为基础，研发灾害应急救助及减灾救灾信息服务技术及业务模式，构建面向安达曼海及泰国湾的应急救援空间信息服务平台，形成集应急救援任务接收、处理与分发、应急救援决策支持于一体的技术体系，为安达曼海及泰国湾区域的海洋应急救援提供支持。研究不仅有利于东盟的海洋经济的进一步发展，而且可以为东盟百姓的日常海洋作业活动提供更好的基础保障；同时，通过科技合作，为东盟国家培养高水平的海洋空间技术应用人才，提高东盟空间技术应用、海洋监测和应急管理能力，提升我国海洋科技的国际影响力，最终实现双方互惠共赢。

（七）面向欧亚区域的粮食安全红外遥感监测系统技术

目前世界粮食综合生产能力显著提高，然而却并不稳定，粮食供求关系存在明显的结构性和地域性问题，粮食缺口加大导致各国粮食安全存在较为严重危机，保障粮食安全和主要农产品供给是当前各国发展的重大战略需求。通过分析我国周边各国粮食安全监测的需求，以我国先进的宽幅红外成像技术为基础，利用宽幅多谱段红外成像技术，建立面向欧亚区域性粮食安全监测系统，形成集日常数据获取、接收、处理与分发于一体的粮食监测系统，实现高频次全球红外图像获取，提取全球粮食产业现状，为全球提供农情信息服务，有助于提高全球粮食生产信息的透明度和可靠性，同时能更好地促进我国在农情遥感监测领域的发展，并为全球提供服务。

（八）地质矿产与工程地质遥感调查和监测应用

“一带一路”沿线国家能源与矿产等战略资源极其丰富，但开发相对滞后，是我国实施“走出去”战略、寻求和建立产能输出、资源能源开发对接首选之地。以我国国产卫星数据为主要数据源，针对丝绸之路经济带沿线中亚地区特点和工作重点，制定相关技术规范，制作相关遥感影像图和遥感三维影像图，开展 1∶500000 自然地理、基础地质、矿产资源、土地资源、生态地质环境、地质灾害等遥感解译，探索重大地学问题卫星遥感观测应用，编制形成遥感解译系列专题图件，初步建立中亚各国资源环境遥感解译“一张图”平台，为国家能源资源战略部署、基础设施建设和互联互通规划等的顺利实施提供遥感技术支撑和基础数据。

（九）山地灾害监测与应急调查空间技术应用服务示范

南亚是纵向贯通“一带一路”陆上国际大通道和海洋运输大通道的枢纽地区，其中最为关键的中巴、中缅孟印经济走廊和中尼经济通道是“一带一路”的重要战略支点。该区域地处喜马拉雅地震带，地震活动强烈，频繁发生的山地灾害已经成为我国与周边国家互联互通的“拦路虎”。针对南亚地区开展滑坡、泥石流、堰塞湖、冰湖等潜在山地灾害点及其孕灾环境背景要素遥感调查与动态监测，建立不同时空尺度的数据产品，研发专题数据发布系统及配套的互联网应用，从而提供与需求匹配的准实时信息服务，形成服务于南亚战略通道建设与维护的准实时数据平台，为山地灾害管理、应急科学决策和社会服务提供支撑。

（十）森林资源遥感监测系统建设与示范应用

森林蕴含丰富的物种和大量宝贵的资源，在保护生物多样性、维持全球碳氧平衡、调节气候等方面具有重要作用。但由于农业扩张、非法砍伐、生境破碎化和城市化等的不断加剧，由此产生的生态、环境、气候等问题不容忽视。在分析气候环境特点的基础上，结合森林典型植被波谱特征，综合运用多种类、多尺度、多时相遥感数据，开展全区域森林资源面积年度变化监测和重点林区的森林碳储量估测，设计开发适合我国森林类别特征提取与变化监测的方法，建设区域森林资源遥感监测系统，完成地区森林制图；在此基础上，对重点林区开展森林碳储量估测、森林资源破坏严重地区森林资源精细尺度遥感监测等示范应用，提高森林资源经营管理水平与空间信息技术水平，服务于森林资源的保护及合理开发利用，为做好资源保护提供决策支持，研究成果也可为我国森林资源规划利用、进出口贸易等提供有价值的参考。

（十一）橡胶林监测管理系统建设与示范应用

天然橡胶是四大工业原材料之一，更是国家的重要战略物资。随着全球对橡胶需求的增长，东南亚地区橡胶林种植面积逐年增加，橡胶种植已逐步发展为该地区的支柱产业和优势产业。利用不同时相多源遥感数据，分析研究不同林龄橡胶林的光谱特征、植被指数、纹理特征等，发展橡胶林特征信息提取与林区变化监测、顾及林龄特征的橡胶林判识算法，探索橡胶林病虫害遥感监测方法；在此基础上，结合地理信息与导航定位技术，构建橡胶林动态监测管理系统，实现橡胶林种植面积、空间分布、林龄结构、长势分析等综合监测及信息管理，并在泰国、老挝开展示范应用，为橡胶林科学管理提供技术支持，同时也将有助于发现并解决橡胶种植业快速发展产生的生态环境问题，为合理种植提供指导，促进区域生态环境可持续发展。

（十二）海洋环境监测管理系统及其示范应用

全球气候变化引发了海表温度增高、海平面上升、海洋灾害增多、海岸带被蚕食等问题，加之过度渔业、人口激增、城镇化及工业化进程加剧等人类活动的影响，使得海洋环境退化、生态系统失衡，目前人类面临的生态安全形势十分严峻。众多国家共同面临海洋生态环境问题，主要包括河口海湾生态系统服务功能丧失严重，滨海湿地消失，红树林、海草床面积大量丧失，珊瑚礁面积急剧减少甚至毁灭性死亡，自然岸线保有率不足，许多重要海洋经济生物的产卵场、抚育场、索饵场、洄游通道等被破坏甚至消亡，渔业资源衰退严重。充分整合卫星、航空、地面立体化海洋观测资源，在可见光、红外、紫外、微波等多波段遥感数据支持下，开展海洋环境要素、海洋环境污染、海冰、海岸带等动态监测，并针对油污、赤潮等海洋灾害开展预报预警技术研究，构建形成从空间数据综合处理、分析再到应用的海洋环境监测业务运行管理系统并开展示范应用，为更好地掌握并利用海洋资源提供技术支持。

（十三）媒传性疾病和食源性疾病监测预警系统建设与示范应用

疟疾、血吸虫病、肝吸虫病等严重威胁着居民健康，也对区域经济发展造成了严重影响。在充分调研东盟国家湄公河疟疾、血吸虫病、肝吸虫病孳生环境特征和传播机理的基础上，利用遥感、导航定位和地理信息系统技术，建设基于空间技术的血吸虫病监测和预警系统，获取疟疾、血吸虫病、肝吸虫病宿主媒介的时空分布规律，在湄公河疟疾、血吸虫病、肝吸虫病泛滥的国家开展示范应用，获得湄公河流域寄生虫的分布及传播趋势，为湄公河流域国家的疟疾、血吸虫病、肝吸虫病防控决策提供第一手大范围的监测资料。利用空间技术进行疟疾、血吸虫病、肝吸虫病的监测与预警，具有成本低、监测信息更新快的特点，非常适合在东盟国家使用，将有助于东盟国家疟疾、血吸虫病、肝吸虫病监测从地面手工调查阶段转变为利用现代信息阶段，显著提高东盟国家卫生防控的现代化水平。同时，通过对湄公河流域的疟疾、血吸虫病、肝吸虫病监测，调查清楚该区域疟疾、血吸虫病、肝吸虫病的发病规律与传播趋势，也有助于我国疟疾、血吸虫病、肝吸虫病的防治，并提高我国疟疾、血吸虫病、肝吸虫病等媒传性疾病的防治技术水平和国际影响力。

（十四）区域性农作物叶片水分监测预警系统及其示范应用

农业在国民经济发展中占据重要地位，利用遥感技术开展大范围、实时、快速的农作物叶片含水量监测，将有利于掌握作物生长状况，及时调整作物灌排，对实施精细农业管理具有指导作用。通过开展中红外光谱反射率在植被叶片中的辐射传输机理研究，构建中红外植被冠层光谱与方向反射率模型，并针对我国周边区域国家可共享的遥感数据，建立中红外植被叶片含水量遥感反演模型；通过在典型区域的示范应用，最终发展形成区域性农作物叶片水分自动监测预警系统。开展基于中红外反射率的区域性作物叶片含水量遥感监测研究，可以实现复杂大气状况下植被叶片含水量的动态精准获取，对于农作物的生长态势监测、水分管理、作物估产等具有广阔的应用前景，将产生非常大的经济、环境效益。

（十五）大区域地膜动态监测系统及其示范应用

农用地膜因其具有保湿、保温、抗虫、防病、抑制杂草生长等作用，而在农业种植中得到广泛应用，地膜覆盖技术在极大促进农业生产发展的同时，也因大量废弃地膜难以回收利用，而给生态环境造成了较大的“白色污染”问题，迫切需要加强对地表覆膜情况的监测与管理。针对农业经济可持续发展对大区域精确地膜识别与高效动态监测的迫切需求，开展基于地膜光谱特性分析的多时相多源遥感数据协同应用研究，研制消除“膜－土”混合效应的地膜目标高精度快速识别算法；在此基础上，研究面向数据存储、处理、算法运行以及专题展示等多模块一体化、通用化设计技术，构建面向业务化运行的大区域地膜动态监测系统；针对我国作物种植面积广、地膜覆盖率高的重点地区开展地膜快速识别、动态监测应用示范，最终将系统进一步完善并推广建立业务化运行的农业地膜动态监测系统，实现多区域长周期地膜监测的系统化、规范化和常态化，不仅可以为农业生产提供准确的基础数据，还可以指导合理铺膜、及时回收残留地膜，对于加强区域农业管理、促进区域生态环境可持续发展均具有重要作用。

（十六）跨国境河流河道演变及河岸带生态环境遥感调查

我国西南跨境河流，包括雅鲁藏布江、澜沧江和怒江，关注西南跨境河流的河道演变及生态环境问题对国际河流的合理利用与保护具有重要意义。利用长时间序列遥感数据，开展我国西南边境主要跨国境河流近 40 年河道变化研究，分析河道演变驱动力及河道变化对国家社会经济影响，为境内河道维护提供指导；同时，开展不同时期河岸带土地利用及入海口的遥感监测，综合分析河岸带尺度的岸边湿地和河岸带植被覆盖等，积累跨国境河岸带植被覆盖等土地利用本底数据，为河流健康评价及可持续发展提供技术支撑。我国西南地区跨境河流蕴含丰富的水力资源，利用遥感技术调查获取流河道演变及河岸带生态环境信息，可以指导水电资源的开发和利用，为摆脱国家贫困、逐步实现工业化和现代化提供战略依托；同时，也有利于促进我国境内水资源的开发及国际合作。

第三节　组织实施

一、组织实施机制

遥感学科技术链路长、应用面宽、关联的行业部门和研究机构多，为切实解决核心关键技术问题，并确保研究成果在国民经济主战场和行业部门应用中发挥重大效益，采取分阶段分层次逐步实施、动态调整维护的方式，确保路线图的时效性和科学合理性。产业领域项目应紧密跟踪国际发展前沿，积极推动成果产业化；民生领域应用示范类项目，应结合国民经济发展需求进行优先级排序，确定应用迫切、支撑力度大、有业务运行技术基础的先期支持发展，真正发挥研究成果的经济效益和社会效益。

研究项目建议由国家相关科技管理部门部署并进行管理，在实施过程中，建立科研攻关与工程建设相结合的管理体系，建立跨部门、跨区域的组织领导机构，设立专家咨询委员会进行指导，设立管理办公室负责技术状态、计划、质量管理，规范各项任务管理与实施过程。

二、保障措施

借鉴国际先进的科研项目管理机制，同时有机结合我国的特点，在项目的组织模式上进行创新。在开展工作的过程中，健全自主创新机制，增强自主创新能力与信息服务能力；通过吸纳高新技术企业、地方政府参与技术研究及空间信息服务应用示范，培育全面有效的竞争市场，构建实力雄厚、行之有效的空间信息服务体系，推进空间信息服务产业化进程；通过军民资源的有效融合，最大化整合现有资源，政府、民间社团、企业多层面多种方式合作，扩大合作广度和深度；通过国际合作、国际联合培养与企业联合培养等多种途径，大力推进中青年科技骨干、学术带头人、学科带头人培养工作，重视学科人才梯队建设，重点培养具有战略思维决策型人才。另外，明确的数据政策、统一的技术标准是开展区域乃至全球空间技术合作的前提与基础，应在政府层面给予支持，加快推进相关政策及标准的制定。

三、效益与风险分析

遥感学科发展路线图的实施将进一步增强我国空间信息获取及应用服务能力、推动我国从空间大国迈向空间强国，提升我国地球观测空天遥感信息获取与应用的技术水平，推动我们空间信息产业发展的进程与高端光电设备研制国产化水平的提升，增进我国对全球及重点区域持续观测能力，夯实国家战略安全基础，更好地满足我国新常态经济发展中公共安全、环境保护、防灾减灾救灾、精细农业、新型城镇化建设等方面对于地球观测信息获取与应用服务的重大需求，对“一带一路”倡议的实施也将起到十分重要的技术支撑作用。

由于技术领域跨度大、技术研究链条长、关联应用行业部门多，遥感学科路线图的实施必须高度重视关键技术突破与系统建设的密切衔接、重视应用示范与国民经济主战场的密切衔接，必须做好跨领域跨行业跨地区任务实施协调管理，切实找对实施的支撑点、找准成果的落脚点，从而有效推动遥感学科全面进步与发展。